大学数学信息化教学丛书

高等数学

（下册）（第二版）

张明望　沈忠环　杨雯靖　主编

科 学 出 版 社

北 京

内 容 简 介

本书第二版遵照教育部高等学校大学数学课程教学指导委员会关于高等数学课程教学的基本要求，在第一版的基础上修订而成. 本次修订广泛吸取教学研究成果及读者反馈意见，调整一些重要概念的论述，优化部分习题配置，使内容更精炼，系统更完整，便于教学. 本书采用“纸质教材＋数字资源”的出版形式，分上、下两册出版. 上册共六章，内容为函数与极限、导数与微分、微分中值定理与导数的应用、不定积分、定积分及其应用、常微分方程；下册共五章，内容为向量代数与空间解析几何、多元函数微分法及其应用、重积分、曲线积分与曲面积分、无穷级数. 书末附有部分习题答案与提示.

本书可作为高等院校理工科各专业高等数学的教材，也可作为其他相关专业参考用书.

图书在版编目（CIP）数据

高等数学. 下册/张明望，沈忠环，杨雯靖主编. —2 版. —北京：科学出版社，2020.2

（大学数学信息化教学丛书）

ISBN 978-7-03-064356-8

Ⅰ. ①高…　Ⅱ. ①张…　②沈…　③杨…　Ⅲ. ①高等数学—高等学校—教材　Ⅳ. ①O13

中国版本图书馆 CIP 数据核字(2020)第 008128 号

责任编辑：谭耀文　张　湾/责任校对：高　嵘

责任印制：彭　超/封面设计：苏　波

科 学 出 版 社 出版

北京东黄城根北街 16 号

邮政编码：100717

http://www.sciencep.com

武汉市首壹印务有限公司印刷

科学出版社发行　各地新华书店经销

*

开本：787×1 092　1/16

2020 年 2 月第　二　版　　印张：18

2020 年 2 月第一次印刷　　字数：422 000

定价：55.00 元

（如有印装质量问题，我社负责调换）

《高等数学（下册）》（第二版）编委会

主　编　张明望　沈忠环　杨雯靖

副主编　朱永刚　周意元

编　委　（按姓氏笔画排序）

朱永刚　杨雯靖　沈忠环　张小华

张明珠　张明望　张渊渊　陈东海

陈继华　周意元　赵守江　崔　盛

第二版前言

本书第二版遵照教育部高等学校大学数学课程教学指导委员会关于高等数学课程教学的基本要求，在第一版的基础上修订而成. 本次修订广泛吸取教学研究成果及读者反馈意见，采用“纸质教材+数字资源”的方式对教材的内容进行了整体设计，力争使本书更适合教学模式改革的要求. 本书这次再版主要具有以下特点.

（1）以“ε-$N(\varepsilon$-$\delta)$”极限理论为基础展开编写，在保持数学学科本身的科学性、系统性的前提下，恰当处理有关定理的严谨性与适用性问题.

（2）在“互联网+”的时代背景下，为了适应大学数学教学模式改革的要求，本书针对高等数学部分知识点、方法及应用案例，融入微视频，使线上、线下课程教学有机结合. 读者通过扫描教材中相应位置的二维码，便可直接看到教材编者对书中一些主要概念、定理和重要知识点的讲解小视频. 围绕着本书的网络教学平台的资源建设也将同步进行，并不断维护及更新.

（3）调整习题配备，使其具有明显的层次性.

（4）为与中学数学衔接，将反三角函数、极坐标及常见平面曲线的图形等内容作为附录，放在本书上册.

本书由张明望、沈忠环和杨雯靖主编，朱永刚、周意元任副主编. 参加编写的主要人员有朱永刚、张小华、张明珠、张渊渊、陈东海、陈继华、周意元、赵守江、崔盛等. 全书由杨雯靖、沈忠环负责统稿，张明望负责审阅.

三峡大学理学院、教务处和教材供应中心对本书的编写与出版给予了大力支持，对此表示衷心的感谢！

由于编者水平有限，书中难免有不妥之处，敬请广大读者批评指正.

编　者

2019 年 12 月

第一版前言

本书是为理工科各专业编写的教材，分为上、下两册.上册包括一元函数微分学、一元函数积分学和微分方程，下册包括空间解析几何与向量代数、多元函数微分学、多元函数积分学和无穷级数论. 这些理论与方法为解决自然科学和工程技术领域的相关问题提供了有力的工具.

本书具有以下特点：

第一，按照精品课程教材的要求，努力反映国内外高等数学课程改革和学科建设的最新成果，从实例出发，引入微积分的一些基本概念，在保持数学学科本身的科学性、系统性的同时，简化了一些概念的叙述和烦琐的数学推理. 同时，对于那些学生必需的基本理论、基本知识和基本技能，我们不惜篇幅，力求解说清楚，使学生容易接受和理解. 另外，本书还着重介绍有关理论、方法在科学技术领域的应用，使学生了解数学与实际问题的紧密联系，以及学习数学对后续课程的重要性.

第二，第一章以张景中院士提出的非 ε 极限理论为基础展开编写. 所谓非 ε 极限理论，就是用科学严谨而又易于为学生接受的方式讲述极限概念的一种理论. 这种理论不讲述 ε 语言，讲述方式也不同于 ε 极限理论由极限到无穷小再到无穷大的次序，而是由无穷大到无穷小再到极限的次序来讲述极限理论. 我们的教学实践表明，教学效果良好.

第三，第五章将定积分的基本概念、基本计算方法以及定积分的应用等知识点整合在一起，使教材的结构得到优化.

第四，为了适应大学数学改革以及创新人才培养模式的要求，也为了将数学实验引入课堂，本书在每一章中，针对相关内容，引入了 Mathematica 进行微积分的基本计算，并且利用 Mathematica 强大的数值计算功能和图形功能，演示、验证了微积分的概念和理论.

第五，本书的习题按节配备，每章后面有总习题，总习题中有填空题、选择题、计算题以及证明题. 题目遵循循序渐进的原则，既注意到对基本概念、基本理论和基本方法的考查，又注重加强对概念的理解和一些解题技巧的训练. 另外，为了更好地与中学数学教学相衔接，本书将极坐标系简介作为附录，放在本书的最后.

本书不仅可供高等学校理工类学生作为教材使用，也可供其他学科学生选用或参考.

本书由张明望、沈忠环和杨雯靖主编. 参加编写的主要人员有：朱永刚、赵克健、张小华，另外，崔盛、陈将宏等也参与了一部分书稿的编写工作. 全书由杨雯靖、沈忠环负责统稿，张明望负责审阅.

三峡大学理学院、教务处和教材供应中心对本书的编写与出版给予了大力支持，对此我们表示衷心的感谢！

由于编者水平有限，书中难免有不妥甚至错误之处，敬请广大读者批评指正.

编　者

2012 年 5 月

目　录

第七章　向量代数与空间解析几何

类似于平面解析几何，空间解析几何也是通过建立空间直角坐标系，把空间中的点与三元有序实数组一一对应，使空间中的曲面(曲线)与代数方程(组)对应起来，从而可以用代数方法来研究空间几何问题.

本章先介绍向量的概念，向量的线性运算、乘法运算与坐标表示，然后以向量为工具，讨论空间的平面与直线，最后介绍空间曲面与曲线的有关内容.

第一节　向量及其线性运算　向量的坐标表示

一、向量的概念

在自然界中，有一些量完全由数值的大小决定，如时间、长度、质量等，这种只有大小的量叫作数量(或标量). 还有一些量，它们不仅有大小而且有方向，如速度、加速度、力等，这种既有大小又有方向的量叫作向量(或矢量).

数学上常用一条有向线段来表示向量. 有向线段的长度表示向量的大小，有向线段的指向表示向量的方向. 以 A 为起点、B 为终点的有向线段表示的向量记作 $\overrightarrow{AB}$，如图 7-1 所示. 为了区别于数量，向量常用一个粗体的字母或带箭头的字母来表示，如 $\boldsymbol{a}, \boldsymbol{v}, \boldsymbol{r}, \boldsymbol{F}$ 或 $\vec{a}, \vec{v}, \vec{r}, \vec{F}$ 等.

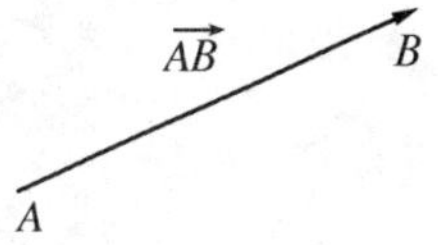

图 7-1

这里只讨论与起点无关的向量，这样的向量称为自由向量，简称向量.

向量的大小称为向量的模. 向量 $\boldsymbol{a}$，$\overrightarrow{AB}$ 的模分别记作 $|\boldsymbol{a}|$，$|\overrightarrow{AB}|$. 模为 1 的向量称为单位向量. 模为 0 的向量称为零向量，记作 $\boldsymbol{0}$ 或 $\vec{0}$，它的方向可以看作任意的.

如果两个向量 $\boldsymbol{a}$ 与 $\boldsymbol{b}$ 大小相等且方向相同，就称它们是相等的，记作 $\boldsymbol{a}=\boldsymbol{b}$.

若向量 $\boldsymbol{a}$ 与 $\boldsymbol{b}$ 方向相同或相反，则称向量 $\boldsymbol{a}$ 与向量 $\boldsymbol{b}$ 平行，记作 $\boldsymbol{a}//\boldsymbol{b}$. 把若干个平行向量的起点移至同一点，则它们的终点与公共起点都位于同一直线上，故也称这些向量是共线的. 与向量 $\boldsymbol{a}$ 的模相同而方向相反的向量，称为 $\boldsymbol{a}$ 的负向量，记作 $-\boldsymbol{a}$.

把若干个向量平移到同一起点，若它们的终点与公共起点都位于同一平面上，则称这些向量是共面的.

二、向量的线性运算

1. 向量的加法

定义 7-1　设有两个向量 $\boldsymbol{a}$ 与 $\boldsymbol{b}$，任取一点 A，平移向量 $\boldsymbol{a},\boldsymbol{b}$，使它们的起点重合于 A．作 $\overrightarrow{AB}=\boldsymbol{a}$，$\overrightarrow{AD}=\boldsymbol{b}$，如图 7-2 所示，以 AB,AD 为邻边的平行四边形 $ABCD$ 的对角线向量 $\overrightarrow{AC}=\boldsymbol{c}$，称 $\boldsymbol{c}$ 为向量 $\boldsymbol{a}$ 与 $\boldsymbol{b}$ 的和，记作 $\boldsymbol{a}+\boldsymbol{b}$，即

$$\boldsymbol{c}=\boldsymbol{a}+\boldsymbol{b}\ (\text{或 } \overrightarrow{AC}=\overrightarrow{AB}+\overrightarrow{AD}).$$

上述方法称为向量加法的平行四边形法则．若在图 7-2 中平移 $\boldsymbol{b}$，使 $\boldsymbol{b}$ 的起点与 $\boldsymbol{a}$ 的终点重合，则由 $\boldsymbol{a}$ 的起点到 $\boldsymbol{b}$ 的终点的向量就是 $\boldsymbol{a}$ 与 $\boldsymbol{b}$ 的和 $\boldsymbol{a}+\boldsymbol{b}$，如图 7-3 所示，这一方法称为向量加法的三角形法则．

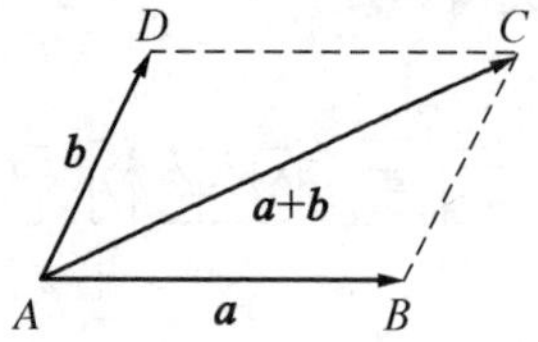

图 7-2

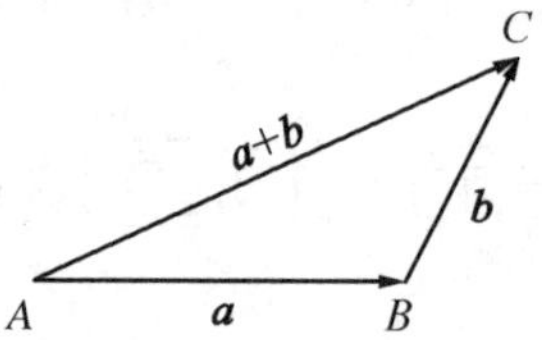

图 7-3

根据三角形法则，将几个非零向量依次平移，使其首尾相接，则由第一个向量的起点到最后一个向量终点的向量，就是这几个向量的和，如图 7-4 所示，有 $\boldsymbol{s}=\boldsymbol{a}+\boldsymbol{b}+\boldsymbol{c}+\boldsymbol{d}$．

向量加法有以下运算规律．

(1) 交换律，$\boldsymbol{a}+\boldsymbol{b}=\boldsymbol{b}+\boldsymbol{a}$．

(2) 结合律，$\boldsymbol{a}+\boldsymbol{b}+\boldsymbol{c}=(\boldsymbol{a}+\boldsymbol{b})+\boldsymbol{c}=\boldsymbol{a}+(\boldsymbol{b}+\boldsymbol{c})$ (图 7-5)．

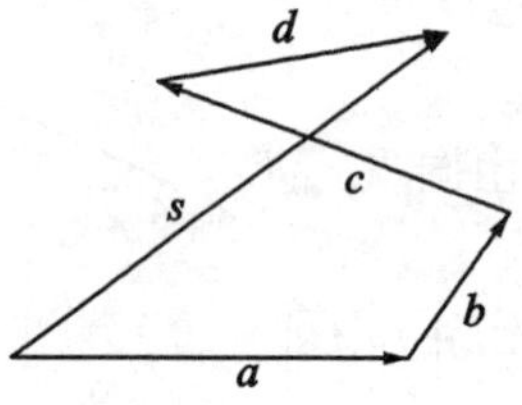

图 7-4

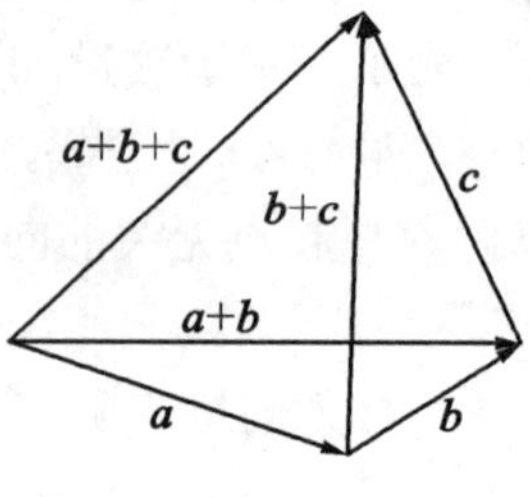

图 7-5

特别地，$\boldsymbol{a}+\boldsymbol{0}=\boldsymbol{a}$，$\boldsymbol{a}+(-\boldsymbol{a})=\boldsymbol{0}$．

称 $\boldsymbol{b}+(-\boldsymbol{a})$ 为向量 $\boldsymbol{b}$ 与 $\boldsymbol{a}$ 的差，记作

$$\boldsymbol{b}+(-\boldsymbol{a})=\boldsymbol{b}-\boldsymbol{a},$$

如图 7-6 所示．若把向量 $\boldsymbol{a}$ 和 $\boldsymbol{b}$ 平移到同一起点，则由 $\boldsymbol{a}$ 的终点到 $\boldsymbol{b}$ 的终点的向量就是 $\boldsymbol{b}$ 与 $\boldsymbol{a}$ 的差 $\boldsymbol{b}-\boldsymbol{a}$，如图 7-7 所示．

从图 7-7 中可见，任给向量 $\overrightarrow{AB}$ 及点 O，都有

$$\overrightarrow{AB}=\overrightarrow{AO}+\overrightarrow{OB}=\overrightarrow{OB}-\overrightarrow{OA}.$$

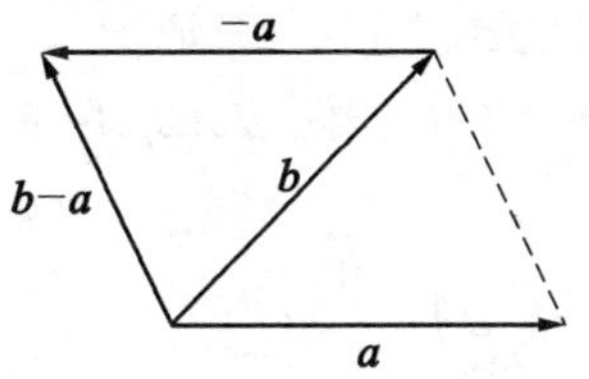

图 7-6

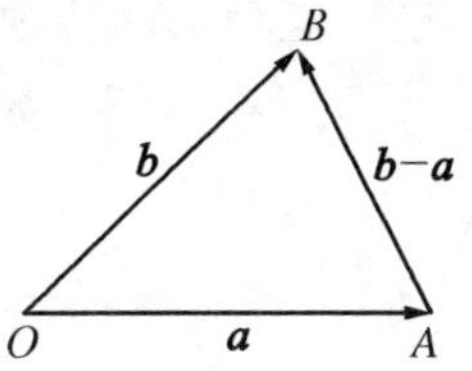

图 7-7

由三角形两边之和大于第三边, 有

$$|a+b|\leqslant|a|+|b|,\qquad |a-b|\leqslant|a|+|b|.$$

2. 向量与数的乘法

定义 7-2　向量 $\boldsymbol{a}$ 与实数 λ 的乘积记作 $\lambda\boldsymbol{a}$, 规定 $\lambda\boldsymbol{a}$ 是一个向量, 它的模

$$|\lambda\boldsymbol{a}|=|\lambda||\boldsymbol{a}|.$$

当 $\lambda>0$ 时, $\lambda\boldsymbol{a}$ 与 $\boldsymbol{a}$ 同向; 当 $\lambda<0$ 时, $\lambda\boldsymbol{a}$ 与 $\boldsymbol{a}$ 反向; 当 $\lambda=0$ 时, $\lambda\boldsymbol{a}=\boldsymbol{0}$.

向量与数的乘法有以下运算规律.

(1) 结合律, $\lambda(\mu\boldsymbol{a})=\mu(\lambda\boldsymbol{a})=(\lambda\mu)\boldsymbol{a}$.

(2) 分配律, $(\lambda+\mu)\boldsymbol{a}=\lambda\boldsymbol{a}+\mu\boldsymbol{a}$, $\lambda(\boldsymbol{a}+\boldsymbol{b})=\lambda\boldsymbol{a}+\lambda\boldsymbol{b}$.

设 $\boldsymbol{a}$ 为非零向量, 与 $\boldsymbol{a}$ 同方向的单位向量记作 $\boldsymbol{a}^\circ$ (或 $\boldsymbol{e}_a$), 则有

$$\boldsymbol{a}^\circ=\frac{\boldsymbol{a}}{|\boldsymbol{a}|},$$

这一过程称为向量的单位化.

温量的加法运算和数乘运算统称为向量的线性运算.

定理 7-1　设向量 $\boldsymbol{a}\neq\boldsymbol{0}$, 则 $\boldsymbol{a}//\boldsymbol{b}$ 的充分必要条件是存在唯一的实数 λ, 使 $\boldsymbol{b}=\lambda\boldsymbol{a}$.

证　充分性. 设 $\boldsymbol{b}=\lambda\boldsymbol{a}$, 当 $\lambda\neq0$ 时, 由向量与数相乘的定义知 $\boldsymbol{a}//\boldsymbol{b}$; 当 $\lambda=0$ 时, 必然有 $\boldsymbol{b}=\boldsymbol{0}$, 显然 $\boldsymbol{a}//\boldsymbol{b}$.

必要性. 设 $\boldsymbol{a}//\boldsymbol{b}$, 当 $\boldsymbol{b}$ 与 $\boldsymbol{a}$ 同向时取 $\lambda=\dfrac{|\boldsymbol{b}|}{|\boldsymbol{a}|}$, 当 $\boldsymbol{b}$ 与 $\boldsymbol{a}$ 反向时取 $\lambda=-\dfrac{|\boldsymbol{b}|}{|\boldsymbol{a}|}$, 因此 $\boldsymbol{b}$ 总与 $\lambda\boldsymbol{a}$ 同向, 且

$$|\lambda\boldsymbol{a}|=|\lambda||\boldsymbol{a}|=\frac{|\boldsymbol{b}|}{|\boldsymbol{a}|}|\boldsymbol{a}|=|\boldsymbol{b}|,$$

故 $\boldsymbol{b}=\lambda\boldsymbol{a}$.

再证数 λ 的唯一性. 又设 $\boldsymbol{b}=\mu\boldsymbol{a}$, 得

$$\lambda\boldsymbol{a}-\mu\boldsymbol{a}=(\lambda-\mu)\boldsymbol{a}=\boldsymbol{b}-\boldsymbol{b}=\boldsymbol{0},$$

因此 $|\lambda-\mu||\boldsymbol{a}|=0$. 又由于 $\boldsymbol{a}\neq\boldsymbol{0}$, 故 $|\lambda-\mu|=0$, $\lambda=\mu$.

例 7-1　证明三角形两边中点连线平行于第三边, 且长度等于第三边的一半.

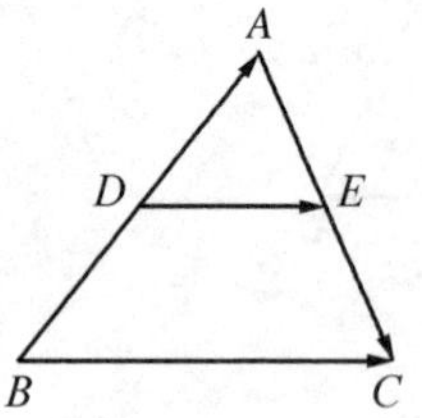

图 7-8

证　如图 7-8 所示, D, E 分别是$\triangle ABC$的两边AB, AC的中点, 显然有

$$\overrightarrow{DE}=\overrightarrow{DA}+\overrightarrow{AE}=\frac{1}{2}\overrightarrow{BA}+\frac{1}{2}\overrightarrow{AC}$$
$$=\frac{1}{2}\left(\overrightarrow{BA}+\overrightarrow{AC}\right)=\frac{1}{2}\overrightarrow{BC},$$

所以$\overrightarrow{DE}//\overrightarrow{BC}$, 且$\left|\overrightarrow{DE}\right|=\frac{1}{2}\left|\overrightarrow{BC}\right|$.

三、向量的坐标表示

1. 向量在轴上的投影

设有两个非零向量$\boldsymbol{a},\boldsymbol{b}$, 任取空间一点 O, 作$\overrightarrow{OA}=\boldsymbol{a}$, $\overrightarrow{OB}=\boldsymbol{b}$, 规定不超过$\pi$的$\angle AOB$(设$\angle AOB=\theta, 0\leqslant\theta\leqslant\pi$)称为向量$\boldsymbol{a}$与$\boldsymbol{b}$的夹角, 如图 7-9 所示, 记作$(\widehat{\boldsymbol{a},\boldsymbol{b}})$或$(\widehat{\boldsymbol{b},\boldsymbol{a}})$. 当$\theta=0$时, $\boldsymbol{a}$与$\boldsymbol{b}$同向; 当$\theta=\pi$时, $\boldsymbol{a}$与$\boldsymbol{b}$反向; 当$\theta=\frac{\pi}{2}$时, $\boldsymbol{a}$与$\boldsymbol{b}$垂直, 记作$\boldsymbol{a}\perp\boldsymbol{b}$. 零向量与另一向量的夹角可以在 0 与$\pi$之间任意取值.

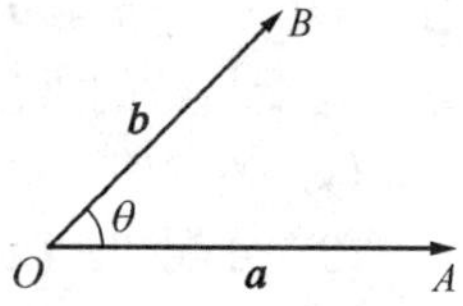

图 7-9

类似地, 可规定向量与轴的夹角.

设有u轴, A为轴外任一点, 过点A作与u轴垂直的平面, 交u轴于点A', 则称点A'为点A在u轴上的投影, 如图 7-10 所示.

设向量$\boldsymbol{a}=\overrightarrow{AB}$与$u$轴之间的夹角为$\varphi$, 如图 7-11 所示. 点$A$和点$B$在$u$轴上的投影分别为$A'$和$B'$. 将向量$\overrightarrow{AB}$在$u$轴上的投影记为$\mathrm{Prj}_u\overrightarrow{AB}$或$(\overrightarrow{AB})_u$, 并规定

$$\mathrm{Prj}_u\overrightarrow{AB}=\begin{cases}\left|\overrightarrow{A'B'}\right|, & 0\leqslant\varphi<\frac{\pi}{2},\\ 0, & \varphi=\frac{\pi}{2},\\ -\left|\overrightarrow{A'B'}\right|, & \frac{\pi}{2}<\varphi\leqslant\pi.\end{cases}$$

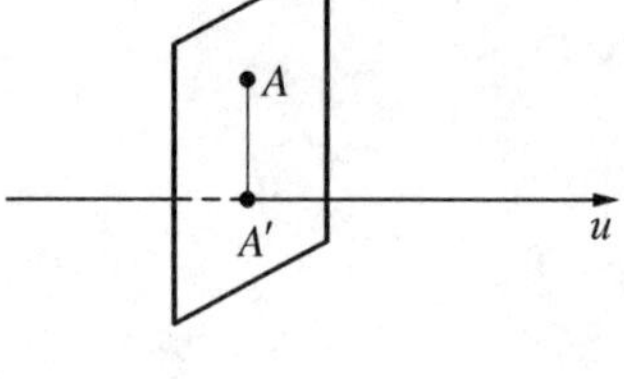

图 7-10

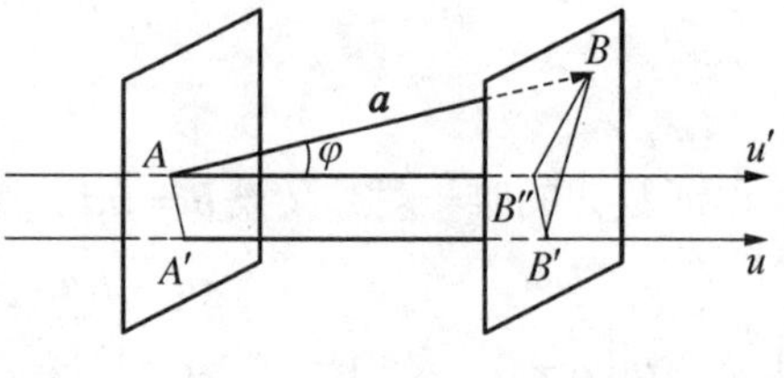

图 7-11

显然, 向量在轴上的投影是一个数值. 当点A'和点B'在u轴上对应的坐标分别是

u_A 和 u_B 时，则

$$\mathrm{Prj}_u \overrightarrow{AB} = u_B - u_A .$$

类似地，可以定义向量在向量上的投影.

向量的投影具有如下性质.

性质 7-1 $\mathrm{Prj}_u \overrightarrow{AB} = \left|\overrightarrow{AB}\right| \cos\varphi$.

性质 7-2 $\mathrm{Prj}_u (\lambda \boldsymbol{a}) = \lambda \mathrm{Prj}_u \boldsymbol{a}$.

性质 7-3 $\mathrm{Prj}_u (\boldsymbol{a}+\boldsymbol{b}) = \mathrm{Prj}_u \boldsymbol{a} + \mathrm{Prj}_u \boldsymbol{b}$ (图 7-12).

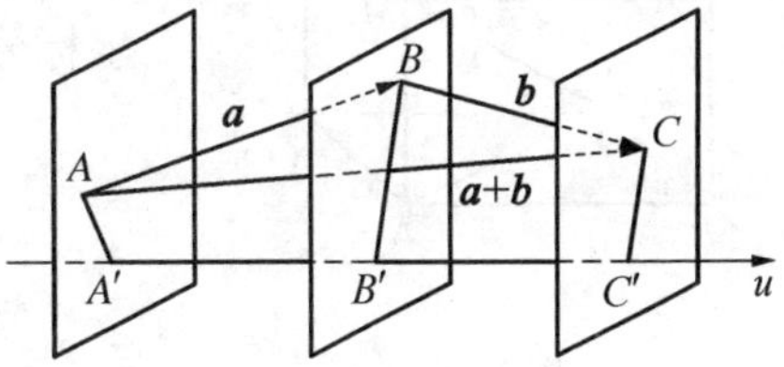

图 7-12

2. 空间直角坐标系

在空间取定一点 O 和三个两两相互垂直的单位向量 $\boldsymbol{i}, \boldsymbol{j}, \boldsymbol{k}$，就确定了三条以 O 为原点且两两垂直的数轴，依次称为 x 轴(横轴)，y 轴(纵轴)和 z 轴(竖轴)，它们统称为坐标轴. 通常将 x 轴和 y 轴放置在水平面上，z 轴铅直放置. 三个轴的正方向符合右手规则，即以右手握住 z 轴，当右手的四个手指从 x 轴正向以 $\frac{\pi}{2}$ 角度转向 y 轴时，大拇指的指向就是 z 轴的正向，这样的三条坐标轴就构成了一个空间直角坐标系，如图 7-13 所示.

由 x 轴和 y 轴所确定的平面叫作 xOy 面，y 轴和 z 轴所确定的平面叫作 yOz 面，z 轴和 x 轴所确定的平面叫作 zOx 面，它们统称为坐标面. 三个坐标面将空间分成八个部分，每一部分叫作一个卦限，八个卦限分别用 Ⅰ，Ⅱ，Ⅲ，Ⅳ，Ⅴ，Ⅵ，Ⅶ，Ⅷ表示，如图 7-14 所示.

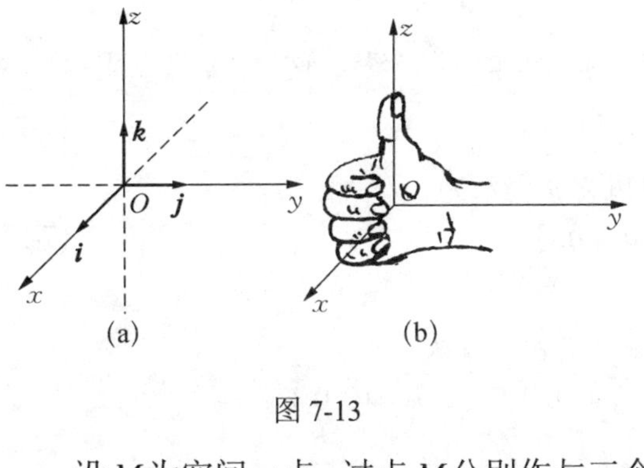

图 7-13

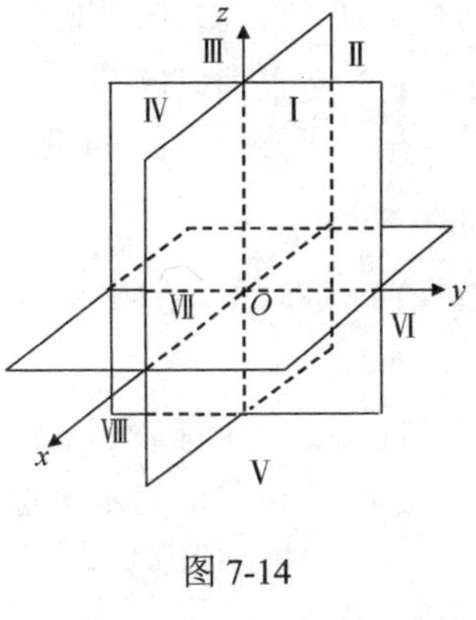

图 7-14

设 M 为空间一点，过点 M 分别作与三个坐标轴垂直的平面，依次交坐标轴于 P, Q, R 三点，它们的坐标依次为 x, y, z，则点 M 唯一确定一个有序数组 (x,y,z)；反之，对任意一个有序数组 (x,y,z)，在三个坐标轴上可以找到坐标分别为 x, y, z 的三个点 P, Q, R，过点 P, Q, R 分别作垂直于它们所在坐标轴的平面，这三个平面就相交于唯一的点 M，如图 7-15 所示. 这样，空间点 M 与有序数组 (x,y,z) 之间就建立了一一对应关系. 称有序数组 (x,y,z) 为点 M 的直角坐标，记作 $M(x, y, z)$.

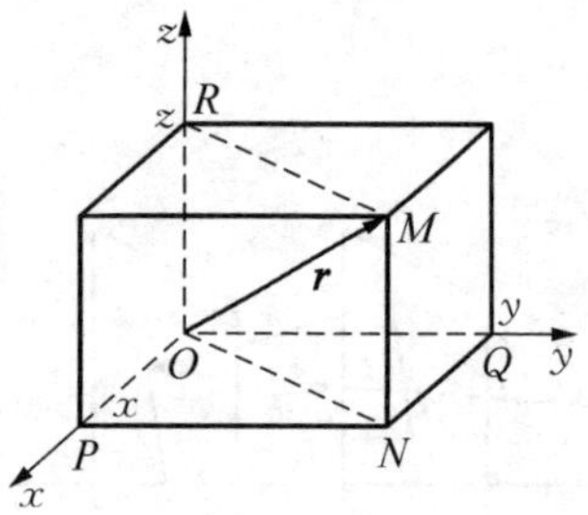

图 7-15

原点、坐标轴和坐标面上的点的坐标各有特点. 原点的坐标为 $(0,0,0)$；x 轴，y 轴，z 轴上点的坐标分别为 $(x,0,0)$, $(0,y,0)$ 和 $(0,0,z)$；xOy 面，yOz 面和 zOx 面上点的坐标分别为 $(x,y,0)$，$(0,y,z)$ 和 $(x,0,z)$.

3. 向量的坐标

起点在原点 O，终点为 $M(x,y,z)$ 的向量 $\boldsymbol{r}=\overrightarrow{OM}$ 称为点 M 关于原点 O 的向径. 如图 7-15 所示，由向量的线性运算，有

$$\boldsymbol{r}=\overrightarrow{OM}=\overrightarrow{OP}+\overrightarrow{PN}+\overrightarrow{NM}=\overrightarrow{OP}+\overrightarrow{OQ}+\overrightarrow{OR},$$

因为 $\overrightarrow{OP}=x\boldsymbol{i}$，$\overrightarrow{OQ}=y\boldsymbol{j}$，$\overrightarrow{OR}=z\boldsymbol{k}$，所以

$$\boldsymbol{r}=\overrightarrow{OM}=x\boldsymbol{i}+y\boldsymbol{j}+z\boldsymbol{k}. \tag{7-1}$$

式(7-1)称为向量 $\boldsymbol{r}$ 的坐标分解式，$x\boldsymbol{i}$，$y\boldsymbol{j}$，$z\boldsymbol{k}$ 称为向量 $\boldsymbol{r}$ 沿三个坐标轴方向的分向量，有序数 x，y，z 分别是 $\boldsymbol{r}$ 在三个坐标轴上的投影，称为向量 $\boldsymbol{r}$ 的坐标，记作 $\boldsymbol{r}=(x,y,z)$.

显然，给定向径 $\boldsymbol{r}$ 就确定了点 M 及 $\overrightarrow{OP}$，$\overrightarrow{OQ}$，$\overrightarrow{OR}$ 三个分向量，从而确定了 x，y，z 三个有序数，反之亦然. 这样，点 M、向径 $\boldsymbol{r}$ 与有序数组 (x,y,z) 之间就有一一对应关系：

$$M\longleftrightarrow \boldsymbol{r}=\overrightarrow{OM}=x\boldsymbol{i}+y\boldsymbol{j}+z\boldsymbol{k}\longleftrightarrow (x,y,z).$$

空间中的一个点与该点的向径有相同的坐标，记号 (x,y,z) 既可表示点 M，又可表示该点的向径 $\overrightarrow{OM}$. 注意，在几何中点与向量是两个不同的概念，以后当看到记号 (x,y,z) 时，必须从上下文来加以区分.

向量 $\boldsymbol{a}$ 在三个坐标轴上的投影 a_x，a_y，a_z 称为向量 $\boldsymbol{a}$ 的坐标，这样，$\boldsymbol{a}$ 可以用

$$\boldsymbol{a}=a_x\boldsymbol{i}+a_y\boldsymbol{j}+a_z\boldsymbol{k} \tag{7-2}$$

表示，式(7-2)就是向量 $\boldsymbol{a}$ 的坐标分解式. 也可以将 $\boldsymbol{a}$ 表示为

$$\boldsymbol{a}=(a_x,a_y,a_z), \tag{7-3}$$

式(7-3)就是向量 $\boldsymbol{a}$ 的坐标表示式.

例如，零向量和三个基本单位向量的坐标表示式分别为

$$\boldsymbol{0}=(0,0,0),\quad \boldsymbol{i}=(1,0,0),\quad \boldsymbol{j}=(0,1,0),\quad \boldsymbol{k}=(0,0,1).$$

4. 利用坐标进行向量的线性运算

引入向量的坐标后，向量间的线性运算就能通过向量坐标的代数运算进行.

设向量 $\boldsymbol{a}=(a_x,a_y,a_z)$，$\boldsymbol{b}=(b_x,b_y,b_z)$，则

$$\boldsymbol{a}+\boldsymbol{b}=(a_x+b_x,a_y+b_y,a_z+b_z),$$

$$\boldsymbol{a}-\boldsymbol{b}=(a_x-b_x,a_y-b_y,a_z-b_z),$$

$$\lambda\boldsymbol{a}=(\lambda a_x,\lambda a_y,\lambda a_z)\ (\lambda\text{ 为实数}).$$

由定理 7-1 知，当向量 $\boldsymbol{a}\neq\boldsymbol{0}$ 时，向量 $\boldsymbol{a}/\!/\boldsymbol{b}$ 等价于 $\boldsymbol{b}=\lambda\boldsymbol{a}$，即

$$(b_x, b_y, b_z)=\lambda(a_x, a_y, a_z),$$

这也就等价于向量 $\boldsymbol{b}$ 与 $\boldsymbol{a}$ 对应的坐标成比例，即

$$\frac{b_x}{a_x}=\frac{b_y}{a_y}=\frac{b_z}{a_z},$$

上式中若有分母为零，则应理解为相应的分子也为零.

设 $\overrightarrow{M_1M_2}$ 是以 $M_1(x_1,y_1,z_1)$ 为起点、$M_2(x_2,y_2,z_2)$ 为终点的向量，则

$$\overrightarrow{M_1M_2}=\overrightarrow{OM_2}-\overrightarrow{OM_1}=(x_2-x_1,y_2-y_1,z_2-z_1).$$

例 7-2　已知两点 $A(x_1,y_1,z_1)$ 和 $B(x_2,y_2,z_2)$ 及实数 $\lambda\neq-1$，在直线 AB 上求点 M，使

$$\overrightarrow{AM}=\lambda\overrightarrow{MB}.$$

解　如图 7-16 所示，设点 $M(x,y,z)$ 为所求的点，则有

$$\overrightarrow{AM}=(x-x_1,y-y_1,z-z_1),\qquad \overrightarrow{MB}=(x_2-x,y_2-y,z_2-z),$$

由已知条件 $\overrightarrow{AM}=\lambda\overrightarrow{MB}$，有

$$(x-x_1,y-y_1,z-z_1)=\lambda(x_2-x,y_2-y,z_2-z),$$

因为两相等向量对应的坐标必相等，于是有

$$x-x_1=\lambda(x_2-x),$$
$$y-y_1=\lambda(y_2-y),$$
$$z-z_1=\lambda(z_2-z),$$

解之，可得点 M 的坐标为

$$x=\frac{x_1+\lambda x_2}{1+\lambda},\qquad y=\frac{y_1+\lambda y_2}{1+\lambda},\qquad z=\frac{z_1+\lambda z_2}{1+\lambda}.$$

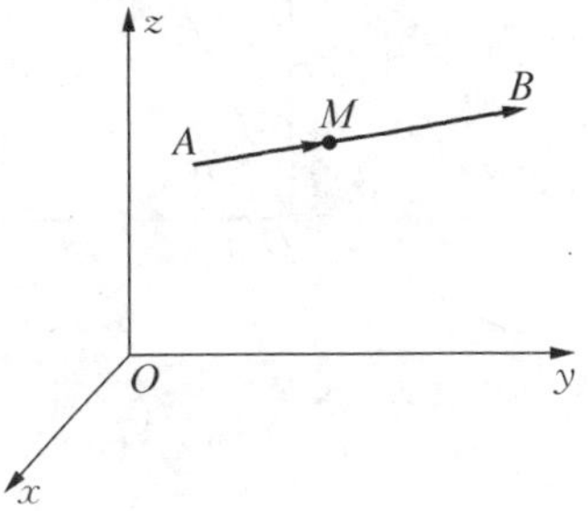

图 7-16

点 M 叫作有向线段 $\overrightarrow{AB}$ 的 λ 分点. 特别地，当 $\lambda=1$ 时，点 M 是有向线段 $\overrightarrow{AB}$ 的中点，其坐标为

$$x=\frac{x_1+x_2}{2},\qquad y=\frac{y_1+y_2}{2},\qquad z=\frac{z_1+z_2}{2}.$$

四、向量的模、方向角与方向余弦

1. 向量的模与两点间的距离公式

设向量 $\boldsymbol{r}=(x,y,z)$，作 $\overrightarrow{OM}=\boldsymbol{r}$，参见图 7-15 和式(7-1)，由勾股定理可得向量模的坐标表示式为

$$|\boldsymbol{r}|=\left|\overrightarrow{OM}\right|=\sqrt{|OP|^2+|OQ|^2+|OR|^2}=\sqrt{x^2+y^2+z^2}. \tag{7-4}$$

对于向量 $\boldsymbol{a}=(a_x,a_y,a_z)$，将 $\boldsymbol{a}$ 的起点移至坐标原点 O，则它的终点 M 的坐标就是

(a_x, a_y, a_z)，于是，$\boldsymbol{a}$ 的模就是原点到点 M 的距离，即

$$|\boldsymbol{a}| = |\overrightarrow{OM}| = \sqrt{a_x^2 + a_y^2 + a_z^2}\,. \tag{7-5}$$

两点 $M_1(x_1, y_1, z_1)$ 与 $M_2(x_2, y_2, z_2)$ 间的距离 $|M_1M_2|$ 就是向量 $\overrightarrow{M_1M_2}$ 的模. 已知 $\overrightarrow{M_1M_2} = (x_2 - x_1, y_2 - y_1, z_2 - z_1)$，则两点间的距离公式为

$$|M_1M_2| = |\overrightarrow{M_1M_2}| = \sqrt{(x_2 - x_1)^2 + (y_2 - y_1)^2 + (z_2 - z_1)^2}\,. \tag{7-6}$$

2. 方向角与方向余弦

非零向量 $\boldsymbol{a} = (a_x, a_y, a_z)$ 与三个坐标轴的夹角 α, β, γ 称为向量 $\boldsymbol{a}$ 的方向角，如图 7-17 所示. $\cos\alpha, \cos\beta, \cos\gamma$ 称为向量 $\boldsymbol{a}$ 的方向余弦.

由向量的投影的性质 7-1 有

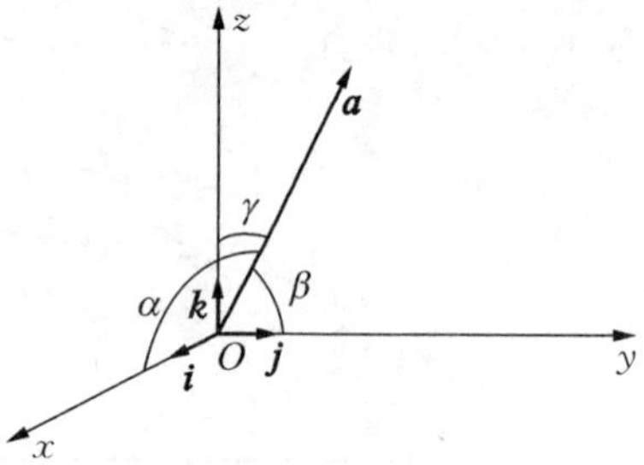

图 7-17

$$\mathrm{Prj}_x\boldsymbol{a} = |\boldsymbol{a}|\cos\alpha = a_x,$$
$$\mathrm{Prj}_y\boldsymbol{a} = |\boldsymbol{a}|\cos\beta = a_y,$$
$$\mathrm{Prj}_z\boldsymbol{a} = |\boldsymbol{a}|\cos\gamma = a_z,$$

于是可得

$$\begin{cases} \cos\alpha = \dfrac{a_x}{|\boldsymbol{a}|} = \dfrac{a_x}{\sqrt{a_x^2 + a_y^2 + a_z^2}}, \\ \cos\beta = \dfrac{a_y}{|\boldsymbol{a}|} = \dfrac{a_y}{\sqrt{a_x^2 + a_y^2 + a_z^2}}, \\ \cos\gamma = \dfrac{a_z}{|\boldsymbol{a}|} = \dfrac{a_z}{\sqrt{a_x^2 + a_y^2 + a_z^2}}. \end{cases} \tag{7-7}$$

显然，方向余弦满足关系式:

$$\cos^2\alpha + \cos^2\beta + \cos^2\gamma = 1\,. \tag{7-8}$$

将非零向量 $\boldsymbol{a}$ 单位化，得

$$\begin{aligned} \boldsymbol{a}^\circ &= \frac{1}{|\boldsymbol{a}|}\boldsymbol{a} = \frac{1}{\sqrt{a_x^2 + a_y^2 + a_z^2}}(a_x, a_y, a_z) \\ &= \left(\frac{a_x}{\sqrt{a_x^2 + a_y^2 + a_z^2}}, \frac{a_y}{\sqrt{a_x^2 + a_y^2 + a_z^2}}, \frac{a_z}{\sqrt{a_x^2 + a_y^2 + a_z^2}}\right), \end{aligned}$$

即

$$\boldsymbol{a}^\circ = (\cos\alpha, \cos\beta, \cos\gamma)\,. \tag{7-9}$$

例 7-3　已知两点 $A(1, -2, \sqrt{2})$ 和 $B(2, -3, 0)$，求向量 $\overrightarrow{AB}$ 的模、方向余弦、方向角及与 $\overrightarrow{AB}$ 平行的单位向量.

解　因为向量 $\overrightarrow{AB}=(2-1,-3+2,0-\sqrt{2})=(1,-1,-\sqrt{2})$，所以 $\overrightarrow{AB}$ 的模为

$$\left|\overrightarrow{AB}\right|=\sqrt{1^2+(-1)^2+(-\sqrt{2})^2}=2;$$

方向余弦为

$$\cos\alpha=\frac{1}{2},\qquad \cos\beta=-\frac{1}{2},\qquad \cos\gamma=-\frac{\sqrt{2}}{2};$$

方向角为

$$\alpha=\frac{\pi}{3},\qquad \beta=\frac{2\pi}{3},\qquad \gamma=\frac{3\pi}{4}.$$

由于 $\overrightarrow{AB}$ 方向的单位向量是 $\boldsymbol{e}_{\overrightarrow{AB}}=(\cos\alpha,\cos\beta,\cos\gamma)=\left(\frac{1}{2},-\frac{1}{2},-\frac{\sqrt{2}}{2}\right)$，故与 $\overrightarrow{AB}$ 平行的单位向量为

$$\pm\left(\frac{1}{2},-\frac{1}{2},-\frac{\sqrt{2}}{2}\right).$$

例 7-4　设有向量 $\overrightarrow{AB}$，已知 $\left|\overrightarrow{AB}\right|=2$，它与 x 轴和 y 轴的夹角分别为 $\frac{\pi}{3}$ 和 $\frac{\pi}{4}$，如果点 A 的坐标为(1, 0, 3)，求点 B 的坐标.

解　设点 B 的坐标为(x,y,z)，则 $\overrightarrow{AB}=(x-1,y,z-3)$．已知 $\overrightarrow{AB}$ 的方向角 $\alpha=\frac{\pi}{3}$，$\beta=\frac{\pi}{4}$，则 $\cos\alpha=\frac{1}{2}$，$\cos\beta=\frac{\sqrt{2}}{2}$．由 $\cos^2\alpha+\cos^2\beta+\cos^2\gamma=1$，可得 $\cos\gamma=\pm\frac{1}{2}$．又由

$$\cos\alpha=\frac{x-1}{\left|\overrightarrow{AB}\right|}=\frac{x-1}{2}=\frac{1}{2},$$

$$\cos\beta=\frac{y}{\left|\overrightarrow{AB}\right|}=\frac{y}{2}=\frac{\sqrt{2}}{2},$$

$$\cos\gamma=\frac{z-3}{\left|\overrightarrow{AB}\right|}=\frac{z-3}{2}=\pm\frac{1}{2},$$

得 $x=2$，$y=\sqrt{2}$，$z=2$ 或 $z=4$．所以，点 B 的坐标为 $(2,\sqrt{2},2)$ 或 $(2,\sqrt{2},4)$．

例 7-5　设立方体的一条对角线为 OM，一条棱为 OA，且 $|OA|=a$，求 $\overrightarrow{OA}$ 在 $\overrightarrow{OM}$ 方向上的投影 $\mathrm{Prj}_{\overrightarrow{OM}}\overrightarrow{OA}$．

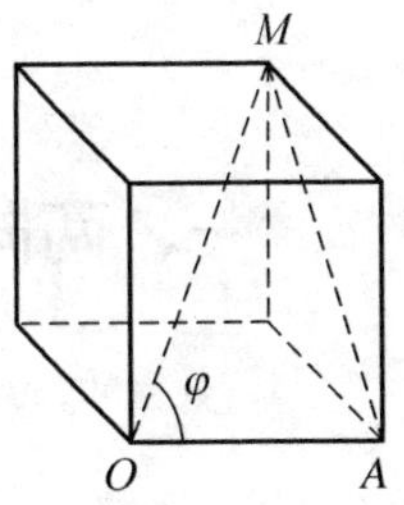

图 7-18

解　如图 7-18 所示，记 $\angle MOA=\varphi$，有

$$\cos\varphi=\frac{|OA|}{|OM|}=\frac{a}{\sqrt{a^2+a^2+a^2}}=\frac{1}{\sqrt{3}},$$

于是

$$\mathrm{Prj}_{\overline{OM}}\ \overrightarrow{OA}=|OA|\cos\varphi=\frac{a}{\sqrt{3}}.$$

习　题　7-1

1. 在空间直角坐标系中, 指出下列各点所在的卦限.

$A(2,-1,3)$;　　$B(1,1,-4)$;　　$C(-3,-1,-2)$;　　$D(1,-4,-2)$.

2. 求点 $P(2,-1,-3)$ 分别关于 yOz 面、x 轴及原点的对称点坐标.

3. 求点 $(4,-3,5)$ 到原点、y 轴和 zOx 面的距离.

4. 在四边形 $ABCD$ 中, $\overrightarrow{AB}=\boldsymbol{a}+2\boldsymbol{b}$, $\overrightarrow{BC}=-4\boldsymbol{a}-\boldsymbol{b}$, $\overrightarrow{CD}=-5\boldsymbol{a}-3\boldsymbol{b}$, 其中 $\boldsymbol{a},\boldsymbol{b}$ 为非零向量. 证明: $ABCD$ 是梯形.

5. 在 x 轴上求一点, 使它到点 $(-3,2,-2)$ 的距离为 3.

6. 设 $\boldsymbol{a}=\boldsymbol{i}+2\boldsymbol{j}+3\boldsymbol{k}$, $\boldsymbol{b}=2\boldsymbol{i}-2\boldsymbol{j}+3\boldsymbol{k}$, 求:

(1) $\boldsymbol{a}+\boldsymbol{b}$;　(2) $\boldsymbol{a}-\boldsymbol{b}$;　(3) $2\boldsymbol{a}-3\boldsymbol{b}$;

(4) 以 $\boldsymbol{a},\boldsymbol{b}$ 为邻边的平行四边形的两条对角线的长度.

7. 已知两点 $A(2,-2,5)$ 和 $B(-1,6,7)$, 求向量 $\overrightarrow{AB}$ 的坐标分解式、模、方向余弦, 以及与 $\overrightarrow{AB}$ 平行的单位向量.

8. 从点 $A(2,-1,7)$ 沿向量 $\boldsymbol{a}=8\boldsymbol{i}+9\boldsymbol{j}-12\boldsymbol{k}$ 的方向取线段 AB, 使 $|\overrightarrow{AB}|=34$, 求点 B 的坐标.

9. 设力 $\boldsymbol{F}_1=2\boldsymbol{i}+3\boldsymbol{j}+6\boldsymbol{k}$, $\boldsymbol{F}_2=2\boldsymbol{i}+4\boldsymbol{j}+2\boldsymbol{k}$ 都作用于点 $M(1,-2,3)$ 处, 且点 $N(p,q,19)$ 在合力的作用线上, 求 p,q 的值.

10. 在 yOz 面上, 求与三点 $A(3,1,2)$, $B(4,-2,-2)$ 和 $C(0,5,1)$ 等距离的点.

11. 设 $\boldsymbol{m}=3\boldsymbol{i}+5\boldsymbol{j}+8\boldsymbol{k}$, $\boldsymbol{n}=2\boldsymbol{i}-4\boldsymbol{j}-7\boldsymbol{k}$ 和 $\boldsymbol{p}=5\boldsymbol{i}+\boldsymbol{j}-4\boldsymbol{k}$, 求向量 $\boldsymbol{a}=4\boldsymbol{m}+3\boldsymbol{n}-\boldsymbol{p}$ 在 x 轴上的投影及在 y 轴上的分向量.

12. 已知向量 $\boldsymbol{a}=(-1,3,2)$, $\boldsymbol{b}=(2,5,-1)$, $\boldsymbol{c}=(6,4,-6)$, 证明 $\boldsymbol{a}-\boldsymbol{b}$ 与 $\boldsymbol{c}$ 平行.

13. 设点 M 的向径长为 b, 且与 x 轴夹角为 $\dfrac{\pi}{4}$, 与 y 轴夹角为 $\dfrac{\pi}{3}$, 它的 z 坐标为负值, 求点 M 的坐标.

第二节　向量的乘法运算

一、两向量的数量积

1. 数量积的概念

设一物体在恒力 $\boldsymbol{F}$ 作用下沿直线从点 A 移动到点 B, 力 $\boldsymbol{F}$ 的方向与位移 $\overrightarrow{AB}=\boldsymbol{s}$ 的夹角为 θ, 如图 7-19 所示. 由物理学知道, 力 $\boldsymbol{F}$ 所做的功为

$$W=|\boldsymbol{F}|\,|\boldsymbol{s}|\cos\theta.$$

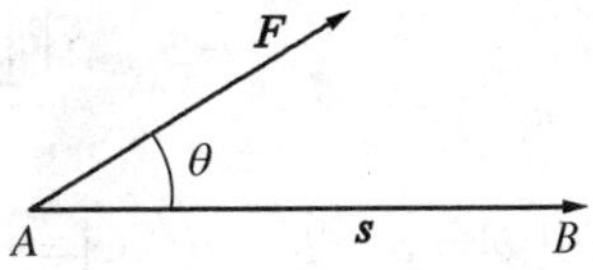

图 7-19

这里，由两个向量 $\boldsymbol{F},\boldsymbol{s}$ 确定了一个数量 $|\boldsymbol{F}|\,|\boldsymbol{s}|\cos\theta$. 类似的运算在其他问题中也会遇到. 下面引入数量积的概念.

定义 7-3　两个向量 $\boldsymbol{a},\boldsymbol{b}$ 的模与它们之间夹角 θ 的余弦的乘积，称为向量 $\boldsymbol{a}$ 与 $\boldsymbol{b}$ 的数量积，记作 $\boldsymbol{a}\cdot\boldsymbol{b}$，即

$$\boldsymbol{a}\cdot\boldsymbol{b}=|\boldsymbol{a}||\boldsymbol{b}|\cos\theta. \tag{7-10}$$

两向量的数量积是一个数，数量积又称为点积或内积.

据此定义，上述问题中力所做的功 W 是 $\boldsymbol{F}$ 与 $\boldsymbol{s}$ 的数量积，即 $W=\boldsymbol{F}\cdot\boldsymbol{s}$.

由向量投影的性质可知，当 $\boldsymbol{a}\neq\boldsymbol{0}$ 时，有

$$\boldsymbol{a}\cdot\boldsymbol{b}=|\boldsymbol{a}||\boldsymbol{b}|\cos\theta=|\boldsymbol{a}|\ \mathrm{Prj}_{\boldsymbol{a}}\boldsymbol{b},$$

当 $\boldsymbol{b}\neq\boldsymbol{0}$ 时，有

$$\boldsymbol{a}\cdot\boldsymbol{b}=|\boldsymbol{b}||\boldsymbol{a}|\cos\theta=|\boldsymbol{b}|\ \mathrm{Prj}_{\boldsymbol{b}}\boldsymbol{a}.$$

2. 数量积的运算规律

根据数量积的定义及向量投影的性质可知，数量积有以下运算规律.

(1) 交换律，$\boldsymbol{a}\cdot\boldsymbol{b}=\boldsymbol{b}\cdot\boldsymbol{a}$.

(2) 分配律，$\boldsymbol{a}\cdot(\boldsymbol{b}+\boldsymbol{c})=\boldsymbol{a}\cdot\boldsymbol{b}+\boldsymbol{a}\cdot\boldsymbol{c}$.

(3) 结合律，$\lambda\boldsymbol{a}\cdot\boldsymbol{b}=(\lambda\boldsymbol{a})\cdot\boldsymbol{b}=\boldsymbol{a}\cdot(\lambda\boldsymbol{b})$ （λ 为实数).

由数量积的定义可以推出如下结论.

(1) $\boldsymbol{a}\cdot\boldsymbol{a}=|\boldsymbol{a}|^2$;

(2) 两个非零向量 $\boldsymbol{a}$ 与 $\boldsymbol{b}$ 垂直的充分必要条件是 $\boldsymbol{a}\cdot\boldsymbol{b}=0$.

由 $\boldsymbol{a}\cdot\boldsymbol{b}=|\boldsymbol{a}||\boldsymbol{b}|\cos\theta$ 可知，若 $\boldsymbol{a}\cdot\boldsymbol{b}=0$，由于 $|\boldsymbol{a}|\neq0,|\boldsymbol{b}|\neq0$，则 $\cos\theta=0$，从而 $\theta=\dfrac{\pi}{2}$，即 $\boldsymbol{a}\perp\boldsymbol{b}$；反之，若 $\boldsymbol{a}\perp\boldsymbol{b}$，则 $\theta=\dfrac{\pi}{2}$，$\cos\theta=0$，从而 $\boldsymbol{a}\cdot\boldsymbol{b}=|\boldsymbol{a}||\boldsymbol{b}|\cos\theta=0$.

因为零向量与任何向量都垂直，所以上述结论可叙述为，向量 $\boldsymbol{a}\perp\boldsymbol{b}$ 的充分必要条件是 $\boldsymbol{a}\cdot\boldsymbol{b}=0$.

特别地，有

$$\boldsymbol{i}\cdot\boldsymbol{i}=\boldsymbol{j}\cdot\boldsymbol{j}=\boldsymbol{k}\cdot\boldsymbol{k}=1,$$
$$\boldsymbol{i}\cdot\boldsymbol{j}=\boldsymbol{j}\cdot\boldsymbol{k}=\boldsymbol{k}\cdot\boldsymbol{i}=0,$$
$$\boldsymbol{j}\cdot\boldsymbol{i}=\boldsymbol{k}\cdot\boldsymbol{j}=\boldsymbol{i}\cdot\boldsymbol{k}=0.$$

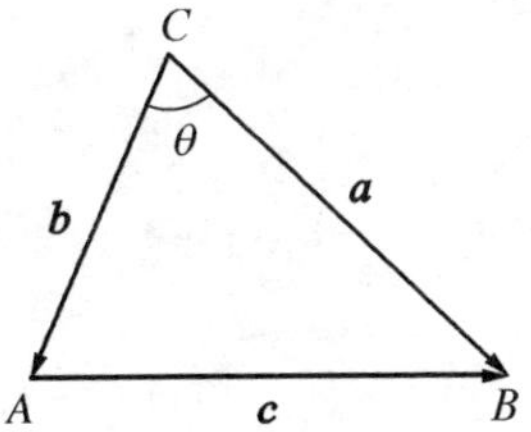

图 7-20

例 7-6　证明三角形的余弦定理.

证　如图 7-20 所示，设在 $\triangle ABC$ 中 $\angle BCA=\theta$，$|CB|=a$，$|CA|=b,|AB|=c$，即要证

$$c^2=a^2+b^2-2ab\cos\theta.$$

记 $\overrightarrow{AB}=\boldsymbol{c}$，$\overrightarrow{CB}=\boldsymbol{a}$，$\overrightarrow{CA}=\boldsymbol{b}$，则有 $\boldsymbol{c}=\boldsymbol{a}-\boldsymbol{b}$，从而

$$|\boldsymbol{c}|^2=\boldsymbol{c}\cdot\boldsymbol{c}=(\boldsymbol{a}-\boldsymbol{b})\cdot(\boldsymbol{a}-\boldsymbol{b})=\boldsymbol{a}\cdot\boldsymbol{a}+\boldsymbol{b}\cdot\boldsymbol{b}-2\boldsymbol{a}\cdot\boldsymbol{b}$$
$$=|\boldsymbol{a}|^2+|\boldsymbol{b}|^2-2|\boldsymbol{a}||\boldsymbol{b}|\cos\theta,$$

由$|\boldsymbol{a}|=a$，$|\boldsymbol{b}|=b$，$|\boldsymbol{c}|=c$，得

$$c^2=a^2+b^2-2ab\cos\theta.$$

3. 数量积的坐标表示

设$\boldsymbol{a}=a_x\boldsymbol{i}+a_y\boldsymbol{j}+a_z\boldsymbol{k}$，$\boldsymbol{b}=b_x\boldsymbol{i}+b_y\boldsymbol{j}+b_z\boldsymbol{k}$，按数量积的运算律，有

$$\begin{aligned}\boldsymbol{a}\cdot\boldsymbol{b}&=(a_x\boldsymbol{i}+a_y\boldsymbol{j}+a_z\boldsymbol{k})\cdot(b_x\boldsymbol{i}+b_y\boldsymbol{j}+b_z\boldsymbol{k})\\&=a_xb_x\boldsymbol{i}\cdot\boldsymbol{i}+a_xb_y\boldsymbol{i}\cdot\boldsymbol{j}+a_xb_z\boldsymbol{i}\cdot\boldsymbol{k}\\&\quad+a_yb_x\boldsymbol{j}\cdot\boldsymbol{i}+a_yb_y\boldsymbol{j}\cdot\boldsymbol{j}+a_yb_z\boldsymbol{j}\cdot\boldsymbol{k}\\&\quad+a_zb_x\boldsymbol{k}\cdot\boldsymbol{i}+a_zb_y\boldsymbol{k}\cdot\boldsymbol{j}+a_zb_z\boldsymbol{k}\cdot\boldsymbol{k},\end{aligned}$$

即

$$\boldsymbol{a}\cdot\boldsymbol{b}=a_xb_x+a_yb_y+a_zb_z.\qquad(7\text{-}11)$$

当$\boldsymbol{a}$,$\boldsymbol{b}$为非零向量时，由数量积的定义可得

$$\cos(\widehat{\boldsymbol{a},\boldsymbol{b}})=\frac{\boldsymbol{a}\cdot\boldsymbol{b}}{|\boldsymbol{a}||\boldsymbol{b}|}=\frac{a_xb_x+a_yb_y+a_zb_z}{\sqrt{a_x^2+a_y^2+a_z^2}\sqrt{b_x^2+b_y^2+b_z^2}}.\qquad(7\text{-}12)$$

由此可见，向量$\boldsymbol{a}\perp\boldsymbol{b}$当且仅当$a_xb_x+a_yb_y+a_zb_z=0$.

例 7-7 已知三点$M(1,1,1)$, $A(2,2,1)$和$B(2,1,2)$，求$\angle AMB$.

解 因为向量$\overrightarrow{MA}=(1,1,0)$，$\overrightarrow{MB}=(1,0,1)$，所以

$$\cos\angle AMB=\frac{\overrightarrow{MA}\cdot\overrightarrow{MB}}{|\overrightarrow{MA}||\overrightarrow{MB}|}=\frac{1\times1+1\times0+0\times1}{\sqrt{1^2+1^2+0}\sqrt{1^2+0+1^2}}=\frac{1}{2},$$

于是有

$$\angle AMB=\frac{\pi}{3}.$$

用 Mathematica 可以进行向量的加法、数量积等运算，它们的输入格式及运算符号与通常的定义基本类似. 例如，例 7-7 在 Mathematica 中计算如下:

```
In[1]:= MA={1, 1, 0}
Out[1]= {1, 1, 0}
In[2]:= MB={1, 0, 1}
Out[2]= {1, 0, 1}
In[3]:= Dot[MA, MB]/(Norm[MA]*Norm[MB])
Out[3]= 1/2
```

```
In[4]:= ArcCos[%]
Out[4]= π/3
```

其中, Dot[]表示求向量的数量积, Norm[]表示求向量的模.

例 7-8　求在 xOy 面上与向量 $\boldsymbol{a}=-4\boldsymbol{i}+3\boldsymbol{j}+7\boldsymbol{k}$ 垂直的单位向量.

解　已知 $\boldsymbol{a}=(-4,3,7)$, 设所求向量为 $\boldsymbol{b}=(x,y,0)$. 由于 $\boldsymbol{b}\perp\boldsymbol{a}$ 且 $\boldsymbol{b}$ 是单位向量, 故有

$$\boldsymbol{a}\cdot\boldsymbol{b}=-4x+3y=0,$$

且

$$|\boldsymbol{b}|^2=x^2+y^2=1,$$

解之得

$$x=\frac{3}{5},\qquad y=\frac{4}{5},$$

或

$$x=-\frac{3}{5},\qquad y=-\frac{4}{5},$$

于是, 所求向量为

$$\boldsymbol{b}=\pm\left(\frac{3}{5},\frac{4}{5},0\right).$$

例 7-9　设液体流过平面 Π 上面积为 S 的一个区域 D, 液体在该区域上各点处的流速为常向量 $\boldsymbol{v}$. 设 $\boldsymbol{n}$ 为垂直于平面 Π 的单位向量, 如图 7-21 (a) 所示, 计算单位时间内经过区域 D 流向 $\boldsymbol{n}$ 所指一侧的液体的质量 m (液体的密度为 ρ).

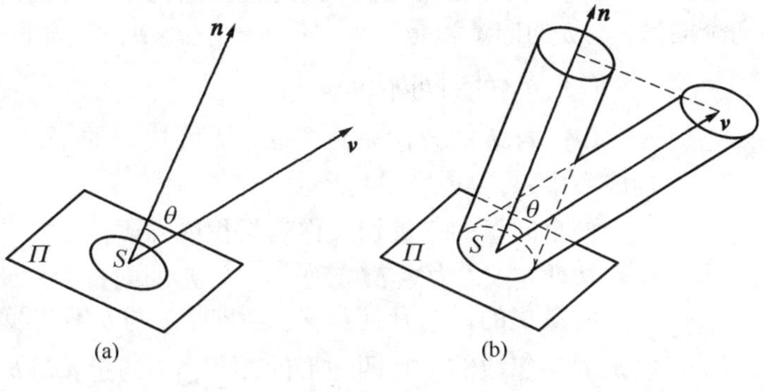

图 7-21

解　单位时间内流过区域 D 的液体体积, 就是底面积为 S、斜高为 $|\boldsymbol{v}|$ 的斜柱体体积, 如图 7-21 (b) 所示. 设 $\boldsymbol{v}$ 与 $\boldsymbol{n}$ 的夹角为 θ, 则该柱体的高为 $|\boldsymbol{v}|\cos\theta$, 体积为

$$V=S|\boldsymbol{v}|\cos\theta=S\boldsymbol{v}\cdot\boldsymbol{n},$$

故单位时间内经过区域 D 流向 $\boldsymbol{n}$ 所指一侧的液体质量为

$$m=\rho V=\rho S\boldsymbol{v}\cdot\boldsymbol{n}.$$

二、两向量的向量积

1. 向量积的概念

力对于可绕轴转动的物体的作用，既与力的大小有关，又与力的作用线到转轴的垂直距离(称为力臂)有关. 为了全面刻画力对绕轴转动物体的这种作用，需要引入力矩的概念.

如图 7-22 所示，设 O 为一杠杆 L 的支点，力 $\boldsymbol{F}$ 作用于该杠杆上的点 P 处，$\boldsymbol{F}$ 与 $\overrightarrow{OP}$ 的夹角为 θ. 由力学知道，力 $\boldsymbol{F}$ 对点 O 的力矩是一向量 $\boldsymbol{M}$，它的模

$$|\boldsymbol{M}| = |\overrightarrow{OQ}||\boldsymbol{F}| = |\overrightarrow{OP}||\boldsymbol{F}|\sin\theta,$$

而 $\boldsymbol{M}$ 的方向垂直于 $\overrightarrow{OP}$ 与 $\boldsymbol{F}$ 所确定的平面，$\boldsymbol{M}$ 的指向按右手规则确定，即当右手的四指从 $\overrightarrow{OP}$ 以不超过 π 的角转向 $\boldsymbol{F}$ 握拳时，大拇指的指向就是 $\boldsymbol{M}$ 的方向，如图 7-23 所示. 为叙述方便，也称这样的有序向量组 $\overrightarrow{OP}, \boldsymbol{F}, \boldsymbol{M}$ 构成右手系.

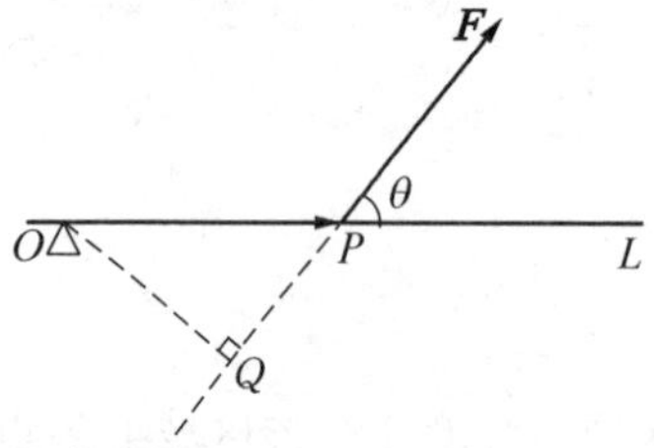

图 7-22

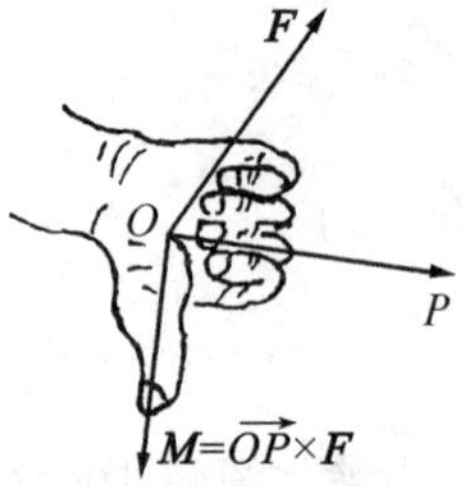

图 7-23

类似的情形在力学及其他学科中还会遇到，由此抽象出两个向量的向量积的概念.

定义 7-4 两个向量 $\boldsymbol{a}$ 与 $\boldsymbol{b}$ 的向量积是一个向量，记作 $\boldsymbol{a}\times\boldsymbol{b}$，它按下列规则确定:

(1) $|\boldsymbol{a}\times\boldsymbol{b}| = |\boldsymbol{a}||\boldsymbol{b}|\sin(\widehat{\boldsymbol{a},\boldsymbol{b}})$.

(2) $\boldsymbol{a}\times\boldsymbol{b}$ 的方向垂直于 $\boldsymbol{a}$ 与 $\boldsymbol{b}$ 所决定的平面，且 $\boldsymbol{a}, \boldsymbol{b}$ 与 $\boldsymbol{a}\times\boldsymbol{b}$ 构成右手系，如图 7-24 所示.

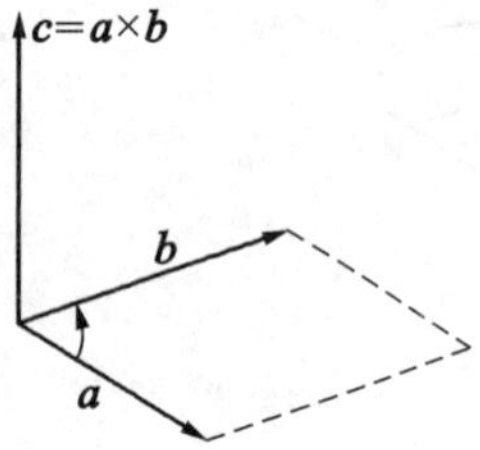

图 7-24

两个向量的向量积又称为叉积或外积.

按此定义，力矩 $\boldsymbol{M}$ 等于 $\overrightarrow{OP}$ 与 $\boldsymbol{F}$ 的向量积，即 $\boldsymbol{M} = \overrightarrow{OP}\times\boldsymbol{F}$.

向量积的模的几何意义：当向量 $\boldsymbol{a}$ 与 $\boldsymbol{b}$ 不共线时，$|\boldsymbol{a}\times\boldsymbol{b}|$ 就是以 $\boldsymbol{a}, \boldsymbol{b}$ 为邻边的平行四边形的面积；当向量 $\boldsymbol{a}$ 与 $\boldsymbol{b}$ 共线时，$|\boldsymbol{a}\times\boldsymbol{b}|$ 为零.

2. 向量积的运算规律

对任意向量 $\boldsymbol{a}, \boldsymbol{b}, \boldsymbol{c}$ 和实数 λ，向量积有以下运算规律.

(1) 反交换律，$\boldsymbol{b}\times\boldsymbol{a} = -\boldsymbol{a}\times\boldsymbol{b}$.

(2) 结合律，$(\lambda\boldsymbol{a})\times\boldsymbol{b} = \boldsymbol{a}\times(\lambda\boldsymbol{b}) = \lambda(\boldsymbol{a}\times\boldsymbol{b})$ (λ 为实数).

(3) 分配律，$\boldsymbol{a}\times(\boldsymbol{b}+\boldsymbol{c})=\boldsymbol{a}\times\boldsymbol{b}+\boldsymbol{a}\times\boldsymbol{c}$，$(\boldsymbol{b}+\boldsymbol{c})\times\boldsymbol{a}=\boldsymbol{b}\times\boldsymbol{a}+\boldsymbol{c}\times\boldsymbol{a}$.

由向量积的定义可推出如下结论.

(1) $\boldsymbol{a}\times\boldsymbol{a}=\boldsymbol{0}$.

(2) 两个非零向量 $\boldsymbol{a}$ 与 $\boldsymbol{b}$ 平行的充分必要条件是 $\boldsymbol{a}\times\boldsymbol{b}=\boldsymbol{0}$.

由 $|\boldsymbol{a}\times\boldsymbol{b}|=|\boldsymbol{a}||\boldsymbol{b}|\sin(\widehat{\boldsymbol{a},\boldsymbol{b}})$ 可知，若 $\boldsymbol{a}/\!/\boldsymbol{b}$，则 $(\widehat{\boldsymbol{a},\boldsymbol{b}})=0$或$\pi$，必有 $\sin(\widehat{\boldsymbol{a},\boldsymbol{b}})=0$，从而 $|\boldsymbol{a}\times\boldsymbol{b}|=0$，故 $\boldsymbol{a}\times\boldsymbol{b}=\boldsymbol{0}$；反之，如果 $\boldsymbol{a}\times\boldsymbol{b}=\boldsymbol{0}$，因为 $|\boldsymbol{a}|\neq0,|\boldsymbol{b}|\neq0$，故必有 $\sin(\widehat{\boldsymbol{a},\boldsymbol{b}})=0$，于是 $(\widehat{\boldsymbol{a},\boldsymbol{b}})=0$或$\pi$，即 $\boldsymbol{a}/\!/\boldsymbol{b}$.

因为零向量与任何向量都平行，所以上述结论可叙述为，向量 $\boldsymbol{a}/\!/\boldsymbol{b}$ 的充分必要条件是 $\boldsymbol{a}\times\boldsymbol{b}=\boldsymbol{0}$.

特别地，有

$$\boldsymbol{i}\times\boldsymbol{i}=\boldsymbol{j}\times\boldsymbol{j}=\boldsymbol{k}\times\boldsymbol{k}=\boldsymbol{0},\qquad \boldsymbol{i}\times\boldsymbol{j}=-\boldsymbol{j}\times\boldsymbol{i}=\boldsymbol{k},\qquad \boldsymbol{j}\times\boldsymbol{k}=-\boldsymbol{k}\times\boldsymbol{j}=\boldsymbol{i},\qquad \boldsymbol{k}\times\boldsymbol{i}=-\boldsymbol{i}\times\boldsymbol{k}=\boldsymbol{j}.$$

3. 向量积的坐标表示

设 $\boldsymbol{a}=a_x\boldsymbol{i}+a_y\boldsymbol{j}+a_z\boldsymbol{k}$，$\boldsymbol{b}=b_x\boldsymbol{i}+b_y\boldsymbol{j}+b_z\boldsymbol{k}$，根据向量积的运算规律，有

$$\begin{aligned}\boldsymbol{a}\times\boldsymbol{b}&=(a_x\boldsymbol{i}+a_y\boldsymbol{j}+a_z\boldsymbol{k})\times(b_x\boldsymbol{i}+b_y\boldsymbol{j}+b_z\boldsymbol{k})\\&=a_x\boldsymbol{i}\times(b_x\boldsymbol{i}+b_y\boldsymbol{j}+b_z\boldsymbol{k})+a_y\boldsymbol{j}\times(b_x\boldsymbol{i}+b_y\boldsymbol{j}+b_z\boldsymbol{k})+a_z\boldsymbol{k}\times(b_x\boldsymbol{i}+b_y\boldsymbol{j}+b_z\boldsymbol{k})\\&=a_xb_x\ \boldsymbol{i}\times\boldsymbol{i}+a_xb_y\ \boldsymbol{i}\times\boldsymbol{j}+a_xb_z\ \boldsymbol{i}\times\boldsymbol{k}\\&\quad+a_yb_x\ \boldsymbol{j}\times\boldsymbol{i}+a_yb_y\ \boldsymbol{j}\times\boldsymbol{j}+a_yb_z\ \boldsymbol{j}\times\boldsymbol{k}\\&\quad+a_zb_x\ \boldsymbol{k}\times\boldsymbol{i}+a_zb_y\ \boldsymbol{k}\times\boldsymbol{j}+a_zb_z\ \boldsymbol{k}\times\boldsymbol{k},\end{aligned}$$

则

$$\boldsymbol{a}\times\boldsymbol{b}=(a_yb_z-a_zb_y)\boldsymbol{i}+(a_zb_x-a_xb_z)\boldsymbol{j}+(a_xb_y-a_yb_x)\boldsymbol{k},\tag{7-13}$$

或

$$\boldsymbol{a}\times\boldsymbol{b}=(a_yb_z-a_zb_y,\ a_zb_x-a_xb_z,\ a_xb_y-a_yb_x).\tag{7-14}$$

利用三阶行列式，可将 $\boldsymbol{a}$ 与 $\boldsymbol{b}$ 的向量积写成如下形式：

$$\boldsymbol{a}\times\boldsymbol{b}=\begin{vmatrix}\boldsymbol{i}&\boldsymbol{j}&\boldsymbol{k}\\a_x&a_y&a_z\\b_x&b_y&b_z\end{vmatrix}=\begin{vmatrix}a_y&a_z\\b_y&b_z\end{vmatrix}\boldsymbol{i}-\begin{vmatrix}a_x&a_z\\b_x&b_z\end{vmatrix}\boldsymbol{j}+\begin{vmatrix}a_x&a_y\\b_x&b_y\end{vmatrix}\boldsymbol{k}.$$

例 7-10　设 $\boldsymbol{a}=2\boldsymbol{i}+5\boldsymbol{j}+7\boldsymbol{k}$，$\boldsymbol{b}=\boldsymbol{i}+2\boldsymbol{j}+4\boldsymbol{k}$，计算 $\boldsymbol{a}\times\boldsymbol{b}$.

解　$\boldsymbol{a}\times\boldsymbol{b}=\begin{vmatrix}\boldsymbol{i}&\boldsymbol{j}&\boldsymbol{k}\\2&5&7\\1&2&4\end{vmatrix}=6\boldsymbol{i}-\boldsymbol{j}-\boldsymbol{k}$.

在 Mathematica 中，可用 `Cross[]` 来求两向量的向量积. 对例 7-10，利用 Mathematica，有

```
In[1]:= a={2, 5, 7}
Out[1]= {2, 5, 7}
In[2]:= b={1, 2, 4}
Out[2]= {1, 2, 4}
In[3]:= Cross[a, b]
Out[3]= {6, -1, -1}
```

例 7-11　求以点 $A(1,2,3)$, $B(3,4,5)$ 和 $C(2,4,7)$ 为顶点的$\triangle ABC$ 的面积 S.

解　根据向量积的几何意义, 可知所求三角形的面积为

$$S=\frac{1}{2}\left|\overrightarrow{AB}\times\overrightarrow{AC}\right|,$$

而 $\overrightarrow{AB}=(2,2,2)$, $\overrightarrow{AC}=(1,2,4)$, 因此

$$\overrightarrow{AB}\times\overrightarrow{AC}=\begin{vmatrix}\boldsymbol{i} & \boldsymbol{j} & \boldsymbol{k}\\ 2 & 2 & 2\\ 1 & 2 & 4\end{vmatrix}=(4,-6,2),$$

于是

$$\begin{aligned}S&=\frac{1}{2}\left|\overrightarrow{AB}\times\overrightarrow{AC}\right|\\&=\frac{1}{2}\sqrt{4^2+(-6)^2+2^2}=\sqrt{14}.\end{aligned}$$

例 7-12　求同时垂直于向量 $\boldsymbol{a}=(3,4,-2)$ 和 z 轴的单位向量.

解　由向量积的定义可知, 向量 $\boldsymbol{c}=\boldsymbol{a}\times\boldsymbol{k}$ 同时垂直于 $\boldsymbol{a}$ 和 $\boldsymbol{k}=(0,0,1)$, 而

$$\boldsymbol{c}=\boldsymbol{a}\times\boldsymbol{k}=\begin{vmatrix}\boldsymbol{i} & \boldsymbol{j} & \boldsymbol{k}\\ 3 & 4 & -2\\ 0 & 0 & 1\end{vmatrix}=(4,-3,0),$$

故所求的单位向量为

$$\pm\boldsymbol{c}^{\circ}=\pm\frac{\boldsymbol{c}}{|\boldsymbol{c}|}=\pm\frac{1}{5}(4,-3,0).$$

*三、向量的混合积

1. 向量混合积的概念

定义 7-5　设有三个向量 $\boldsymbol{a},\boldsymbol{b},\boldsymbol{c}$, 如果先作两向量 $\boldsymbol{a}$ 和 $\boldsymbol{b}$ 的向量积 $\boldsymbol{a}\times\boldsymbol{b}$, 把所得向量与第三个向量 $\boldsymbol{c}$ 再作数量积 $(\boldsymbol{a}\times\boldsymbol{b})\cdot\boldsymbol{c}$, 这样得到的数量叫作三向量 $\boldsymbol{a},\boldsymbol{b},\boldsymbol{c}$ 的混合积, 记作 $[\boldsymbol{abc}]$.

三向量的混合积是一个数量. 如果 $\boldsymbol{a}\times\boldsymbol{b}\neq\boldsymbol{0}$, 由混合积的定义有

---

* 该部分内容为选学.

$$[\boldsymbol{abc}]=(\boldsymbol{a}\times\boldsymbol{b})\cdot\boldsymbol{c}=|\boldsymbol{a}\times\boldsymbol{b}|\ \mathrm{Prj}_{\boldsymbol{a}\times\boldsymbol{b}}\boldsymbol{c}.$$

将$\boldsymbol{a},\boldsymbol{b},\boldsymbol{c}$平移至公共起点$O$，并以它们为棱构成一个平行六面体，如图 7-25 所示，可见$|\boldsymbol{a}\times\boldsymbol{b}|$为平行六面体的底面积，$\mathrm{Prj}_{\boldsymbol{a}\times\boldsymbol{b}}\boldsymbol{c}$为$\boldsymbol{c}$在垂直于该底面的向量$\boldsymbol{a}\times\boldsymbol{b}$上的投影，且

$$|[\boldsymbol{abc}]|=|\boldsymbol{a}\times\boldsymbol{b}|\ |\mathrm{Prj}_{\boldsymbol{a}\times\boldsymbol{b}}\boldsymbol{c}|,$$

其中，$|\mathrm{Prj}_{\boldsymbol{a}\times\boldsymbol{b}}\boldsymbol{c}|$为平行六面体的高. 因此，$|[\boldsymbol{abc}]|$就是该平行六面体的体积. 当$\boldsymbol{a},\boldsymbol{b},\boldsymbol{c}$构成右手系时，混合积$[\boldsymbol{abc}]>0$；否则$[\boldsymbol{abc}]<0$.

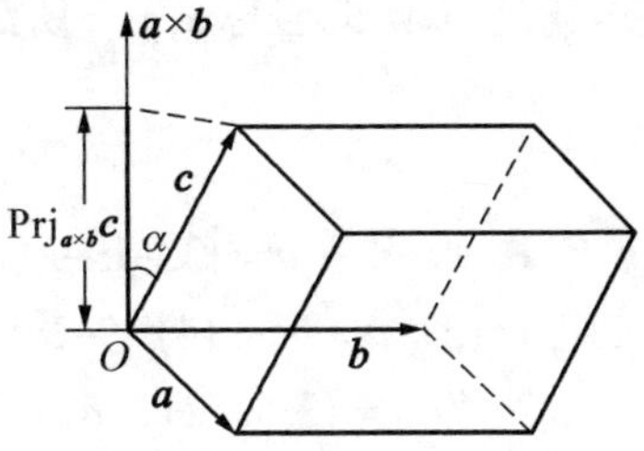

图 7-25

当$[\boldsymbol{abc}]=0$时，平行六面体的体积为零，此时六面体的三条棱落在同一个平面上，即三向量$\boldsymbol{a},\boldsymbol{b},\boldsymbol{c}$共面；反之亦然. 于是有下述结论：

三向量$\boldsymbol{a},\boldsymbol{b},\boldsymbol{c}$共面的充分必要条件是它们的混合积$[\boldsymbol{abc}]=0$.

向量的混合积有以下性质.

(1) $[\boldsymbol{abc}]=[\boldsymbol{bca}]=[\boldsymbol{cab}]$.

(2) $[\boldsymbol{abc}]=-[\boldsymbol{bac}]$.

2. 混合积的坐标表示

设向量$\boldsymbol{a}=(a_x,a_y,a_z)$，$\boldsymbol{b}=(b_x,b_y,b_z)$，$\boldsymbol{c}=(c_x,c_y,c_z)$，因为

$$\boldsymbol{a}\times\boldsymbol{b}=\begin{vmatrix}\boldsymbol{i}&\boldsymbol{j}&\boldsymbol{k}\\a_x&a_y&a_z\\b_x&b_y&b_z\end{vmatrix}=\left(\begin{vmatrix}a_y&a_z\\b_y&b_z\end{vmatrix},-\begin{vmatrix}a_x&a_z\\b_x&b_z\end{vmatrix},\begin{vmatrix}a_x&a_y\\b_x&b_y\end{vmatrix}\right),$$

按两向量数量积的坐标表示式并利用三阶行列式，可将混合积写成如下形式：

$$\begin{aligned}[\boldsymbol{abc}]&=(\boldsymbol{a}\times\boldsymbol{b})\cdot\boldsymbol{c}\\&=c_x\begin{vmatrix}a_y&a_z\\b_y&b_z\end{vmatrix}-c_y\begin{vmatrix}a_x&a_z\\b_x&b_z\end{vmatrix}+c_z\begin{vmatrix}a_x&a_y\\b_x&b_y\end{vmatrix}\\&=\begin{vmatrix}a_x&a_y&a_z\\b_x&b_y&b_z\\c_x&c_y&c_z\end{vmatrix}.\end{aligned}$$

例 7-13　已知$A(1,2,0)$，$B(2,3,1)$，$C(4,2,2)$，$M(x,y,z)$四点共面，求点M的坐标x, y, z所满足的关系式.

解　A, B, C, M四点共面相当于$\overrightarrow{AB}$，$\overrightarrow{AC}$，$\overrightarrow{AM}$三向量共面. 这里$\overrightarrow{AB}=(1,1,1)$，$\overrightarrow{AC}=(3,0,2)$，$\overrightarrow{AM}=(x-1,\ y-2,z)$. 根据三向量共面的充分必要条件，可得

$$[\overrightarrow{AM}\ \overrightarrow{AB}\ \overrightarrow{AC}]=\begin{vmatrix}x-1&y-2&z\\1&1&1\\3&0&2\end{vmatrix}=0,$$

即

$$2x+y-3z-4=0,$$

这就是点 M 的坐标 x, y, z 所满足的关系式.

习　题　7-2

1. 设向量 $\boldsymbol{a}=(3,-1,-2)$，$\boldsymbol{b}=(1,2,-1)$，求: (1) $\boldsymbol{a}$ 与 $\boldsymbol{b}$ 夹角的余弦; (2) $\mathrm{Prj}_{\boldsymbol{b}}\boldsymbol{a}$ 和 $\mathrm{Prj}_{\boldsymbol{a}}\boldsymbol{b}$; (3) $\boldsymbol{a}\times\boldsymbol{b}$; (4) $(-2\boldsymbol{a})\cdot(3\boldsymbol{b})$ 及 $\boldsymbol{a}\times(2\boldsymbol{b})$.

2. 设 $\boldsymbol{a}=(3,5,-2)$，$\boldsymbol{b}=(2,1,4)$，试确定 λ 和 μ 的关系使 $\lambda\boldsymbol{a}+\mu\boldsymbol{b}$ 与 z 轴垂直.

3. 证明三角形的正弦定理.

4. 设有向量 $\boldsymbol{a},\boldsymbol{b}$，证明 $|(\boldsymbol{a}+\boldsymbol{b})\times(\boldsymbol{a}-\boldsymbol{b})|=2|\boldsymbol{a}\times\boldsymbol{b}|$.

5. 已知 $\boldsymbol{a}=(2,1,1),\boldsymbol{b}=(1,-1,1)$，求与 $\boldsymbol{a}$ 和 $\boldsymbol{b}$ 都垂直的单位向量.

6. 已知点 $A(1,-1,2)$, $B(5,-6,2)$ 和 $C(1,3,-1)$，求:

(1) 同时垂直于 $\overrightarrow{AB}$ 和 $\overrightarrow{AC}$ 的单位向量; (2) $\triangle ABC$ 的面积; (3) AC 边上的高.

7. 设向量 $\boldsymbol{m},\boldsymbol{n},\boldsymbol{p}$ 两两垂直且构成右手系，而 $|\boldsymbol{m}|=4,|\boldsymbol{n}|=2,|\boldsymbol{p}|=3$，求 $(\boldsymbol{m}\times\boldsymbol{n})\cdot\boldsymbol{p}$.

第三节　空间平面及其方程

本节和第四节以向量为工具，在空间直角坐标系中讨论两类简单且重要的几何图形——平面和直线.

一、平面的点法式方程

设有三元方程 $F(x,y,z)=0$，若凡是平面 Π 上的点的坐标 x, y, z 都满足该方程，而不在平面 Π 上的点的坐标 x, y, z 都不满足该方程，则称方程 $F(x,y,z)=0$ 为平面 Π 的方程，而平面 Π 称为方程 $F(x,y,z)=0$ 的图形.

由立体几何知识知道，过空间一点有且仅有一个平面垂直于已知直线(或非零向量).

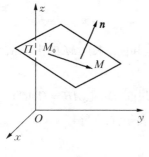

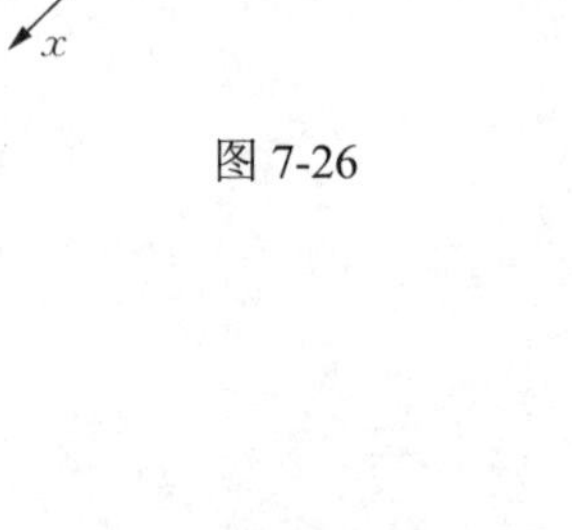

图 7-26

垂直于平面 Π 的非零向量 $\boldsymbol{n}$ 称为该平面的法向量. 显然，一个平面的法向量有无穷多个，它们之间相互平行.

当平面 Π 上的一点 $M_0(x_0,y_0,z_0)$ 和该平面的一个法向量 $\boldsymbol{n}=(A,B,C)$ 为已知时，平面的位置就完全确定了. 下面来建立平面的方程.

设 $M(x,y,z)$ 是平面 Π 上的任一点，如图 7-26 所示，则向量 $\overrightarrow{M_0M}=(x-x_0,y-y_0,\ z-z_0)$ 必与平面的法向量 $\boldsymbol{n}$ 垂直，因此 $\boldsymbol{n}\cdot\overrightarrow{M_0M}=0$，即

$$A(x-x_0)+B(y-y_0)+C(z-z_0)=0, \tag{7-15}$$

这是平面 Π 上任一点 M 的坐标 x, y, z 所满足的方程.

若点 $M(x,y,z)$ 不在平面上，则向量 $\overrightarrow{M_0M}$ 与法向量 $\boldsymbol{n}$ 不垂直，从而 $\boldsymbol{n}\cdot\overrightarrow{M_0M}\neq 0$，即不在平面 Π 上的点 M 的坐标 x, y, z 不满足方程(7-15).

由此可知，方程(7-15)就是平面 Π 的方程，而平面 Π 就是方程(7-15)的图形. 由于方程(7-15)是由平面上的已知点 $M_0(x_0,y_0,z_0)$ 和它的一个法向量 $\boldsymbol{n}=(A,B,C)$ 所确定的，方程(7-15)称为平面的点法式方程.

例 7-14　求通过点 $(1,-1,2)$ 且垂直于向量 $\boldsymbol{n}=(1,-2,3)$ 的平面方程.

解　取向量 $\boldsymbol{n}=(1,-2,3)$ 为所求平面的法向量，由平面的点法式方程可得

$$(x-1)-2(y+1)+3(z-2)=0,$$

即

$$x-2y+3z-9=0.$$

例 7-15　求过三点 $M_1(1,-1,2)$，$M_2(2,4,-1)$ 和 $M_3(3,3,3)$ 的平面方程.

解　先求平面的法向量 $\boldsymbol{n}$. 由于 $\boldsymbol{n}$ 与向量 $\overrightarrow{M_1M_2}=(1,5,-3)$ 和 $\overrightarrow{M_1M_3}=(2,4,1)$ 都垂直，故可取它们的向量积为平面的法向量 $\boldsymbol{n}$，即

$$\boldsymbol{n}=\overrightarrow{M_1M_2}\times\overrightarrow{M_1M_3}=\begin{vmatrix}\boldsymbol{i} & \boldsymbol{j} & \boldsymbol{k}\\ 1 & 5 & -3\\ 2 & 4 & 1\end{vmatrix}=17\boldsymbol{i}-7\boldsymbol{j}-6\boldsymbol{k},$$

于是，所求平面的点法式方程为

$$17(x-1)-7(y+1)-6(z-2)=0,$$

即

$$17x-7y-6z-12=0.$$

一般地，通过不在同一条直线上的三点 $M_k(x_k,y_k,z_k)$ $(k=1,2,3)$ 的平面的方程为

$$\begin{vmatrix}x-x_1 & y-y_1 & z-z_1\\ x_2-x_1 & y_2-y_1 & z_2-z_1\\ x_3-x_1 & y_3-y_1 & z_3-z_1\end{vmatrix}=0, \tag{7-16}$$

式(7-16)称为平面的三点式方程.

例如，例 7-15 中的平面方程，也可由平面的三点式方程

$$\begin{vmatrix}x-1 & y+1 & z-2\\ 2-1 & 4+1 & -1-2\\ 3-1 & 3+1 & 3-2\end{vmatrix}=0$$

直接给出，解之，同样可得 $17x-7y-6z-12=0$.

二、平面的一般方程

平面的点法式方程还可写成更一般的形式. 将方程(7-15)展开可得

$$Ax + By + Cz - Ax_0 - By_0 - Cz_0 = 0,$$

令 $-Ax_0 - By_0 - Cz_0 = D$，则方程(7-15)可写成

$$Ax + By + Cz + D = 0. \tag{7-17}$$

因为空间任一平面都可由平面上的一点和它的一个法向量来确定，所以任何平面都可由式(7-17)这样的三元一次方程来表示. 反之，任给一个三元一次方程(7-17)，其中 A, B, C 不全为零，则它必是某个平面的方程. 事实上，可以求出一组满足方程(7-17)的数 x_0, y_0, z_0，即

$$Ax_0 + By_0 + Cz_0 + D = 0,$$

将方程(7-17)与上式相减，可得

$$A(x - x_0) + B(y - y_0) + C(z - z_0) = 0,$$

这正是过点 $M_0(x_0, y_0, z_0)$，且以 $\boldsymbol{n} = (A, B, C)$ 为法向量的平面方程. 显然方程(7-17)与方程(7-15)同解，因此，任意一个三元一次方程(7-17)的图形总是一个平面. 方程(7-17)称为平面的一般方程.

下面讨论平面的一般方程中系数的几何特征.

(1) 若 $D = 0$，方程为 $Ax + By + Cz = 0$，则该平面通过原点.

(2) 若 $A = 0$，方程为 $By + Cz + D = 0$，则该平面平行于 x 轴.

同样，若 $B = 0$ 或 $C = 0$，则平面平行于 y 轴或 z 轴.

(3) 若 $A = B = 0$，方程为 $Cz + D = 0$，则该平面平行于 xOy 面.

同样，若 $B = C = 0$ 或 $A = C = 0$，则平面平行于 yOz 面或 zOx 面.

例 7-16　求通过 x 轴及点 $M(3, 2, 1)$ 的平面方程.

解　因为平面通过 x 轴，则 $A = D = 0$. 于是，可设所求平面的一般方程为

$$By + Cz = 0,$$

又因为平面过点 $M(3, 2, 1)$，所以有

$$2B + C = 0,$$

即 $C = -2B$，于是所求的平面方程为

$$y - 2z = 0.$$

例 7-17　如图 7-27 所示，已知平面与 x 轴，y 轴，z 轴的交点分别为 $P(a, 0, 0)$，$Q(0, b, 0)$ 和 $R(0, 0, c)$ $(abc \neq 0)$，求该平面的方程.

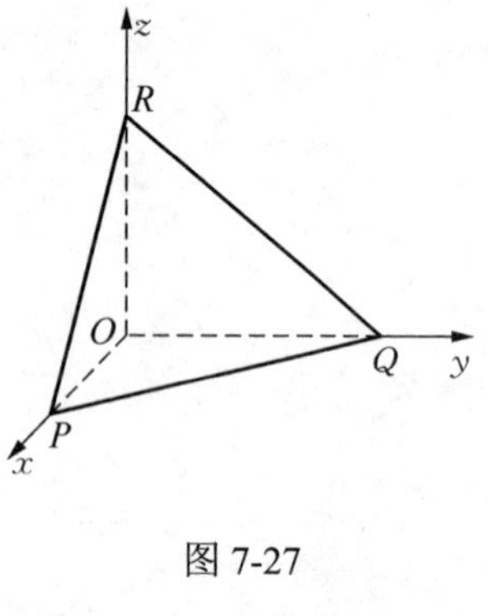

图 7-27

解　设所求平面的一般方程为

$$Ax + By + Cz + D = 0,$$

因为 P, Q, R 三点都在这个平面上，所以它们的坐标都满足该方程，即

$$\begin{cases} aA + D = 0, \\ bB + D = 0, \\ cC + D = 0, \end{cases}$$

解得 $A=-\frac{D}{a}$, $B=-\frac{D}{b}$, $C=-\frac{D}{c}$，于是

$$-\frac{D}{a}x-\frac{D}{b}y-\frac{D}{c}z+D=0,$$

由于平面不通过原点，故 $D\neq 0$，上式两边除以 D，所求平面的方程为

$$\frac{x}{a}+\frac{y}{b}+\frac{z}{c}=1. \tag{7-18}$$

式(7-18)称为平面的截距式方程，a,b,c 分别称为平面在 x 轴，y 轴，z 轴上的截距.

例 7-18　求过点 $M(2,3,4)$，且在 x 轴和 y 轴上的截距分别为 -2，-5 的平面方程，并求它在 z 轴上的截距.

解　设平面在 z 轴上的截距为 c，根据式(7-18)，所求平面的方程为

$$\frac{x}{-2}+\frac{y}{-5}+\frac{z}{c}=1,$$

将点 $M(2,3,4)$ 的坐标代入上式，得

$$c=\frac{20}{13},$$

故所求平面的方程为

$$\frac{x}{-2}+\frac{y}{-5}+\frac{13z}{20}=1,$$

或写成

$$10x+4y-13z+20=0.$$

三、两平面的夹角

两平面的法向量的夹角(规定不取钝角)称为两平面的夹角.

设平面 Π_1 和 Π_2 的法向量分别为 $\boldsymbol{n}_1=(A_1,B_1,C_1)$ 和 $\boldsymbol{n}_2=(A_2,B_2,C_2)$，则平面 Π_1 和 Π_2 的夹角 θ 应是 $(\widehat{\boldsymbol{n}_1,\boldsymbol{n}_2})$ 和 $(\widehat{-\boldsymbol{n}_1,\boldsymbol{n}_2})=\pi-(\widehat{\boldsymbol{n}_1,\boldsymbol{n}_2})$ 两者中的锐角或直角，如图 7-28 所示，因此

$$\cos\theta=\left|\cos(\widehat{\boldsymbol{n}_1,\boldsymbol{n}_2})\right|=\frac{|\boldsymbol{n}_1\cdot\boldsymbol{n}_2|}{|\boldsymbol{n}_1||\boldsymbol{n}_2|}=\frac{|A_1A_2+B_1B_2+C_1C_2|}{\sqrt{A_1^2+B_1^2+C_1^2}\sqrt{A_2^2+B_2^2+C_2^2}}. \tag{7-19}$$

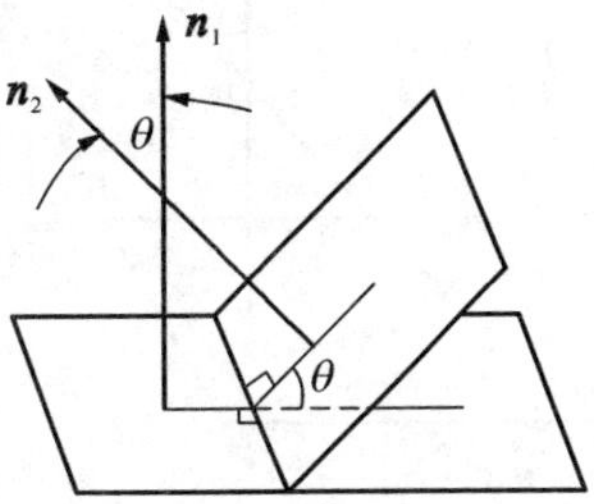

图 7-28

设平面 Π_1 与 Π_2 的方程分别为

$$\Pi_1: A_1x+B_1y+C_1z+D_1=0,$$

$$\Pi_2: A_2x+B_2y+C_2z+D_2=0,$$

根据向量垂直(或平行)的充分必要条件可得如下结论.

(1) 平面 Π_1 与 Π_2 垂直的充分必要条件是 $A_1A_2+B_1B_2+C_1C_2=0$.

(2) 平面 Π_1 与 Π_2 平行的充分必要条件是 $\dfrac{A_1}{A_2}=\dfrac{B_1}{B_2}=\dfrac{C_1}{C_2}\neq\dfrac{D_1}{D_2}$.

(3) 平面 Π_1 与 Π_2 重合的充分必要条件是 $\dfrac{A_1}{A_2}=\dfrac{B_1}{B_2}=\dfrac{C_1}{C_2}=\dfrac{D_1}{D_2}$.

例 7-19 求两平面 $2x+y+z-7=0$ 和 $x-y+2z+3=0$ 的夹角.

解 已知两平面的法向量分别为 $\boldsymbol{n}_1=(2,1,1)$ 及 $\boldsymbol{n}_2=(1,-1,2)$，由式(7-19)得

$$\cos\theta=\frac{|\boldsymbol{n}_1\cdot\boldsymbol{n}_2|}{|\boldsymbol{n}_1||\boldsymbol{n}_2|}=\frac{|2\times1+1\times(-1)+1\times2|}{\sqrt{2^2+1^2+1^2}\sqrt{1^2+(-1)^2+2^2}}=\frac{1}{2},$$

因此, 两平面的夹角为

$$\theta=\frac{\pi}{3}.$$

例 7-20 求通过点 $M_1(8,-3,1)$ 和 $M_2(4,7,2)$，且与平面 $3x+5y-7z+21=0$ 垂直的平面的方程.

解 因为所求平面的法向量 $\boldsymbol{n}$ 既垂直于 $\overrightarrow{M_1M_2}=(-4,10,1)$，又垂直于已知平面的法向量 $\boldsymbol{n}_1=(3,5,-7)$，所以

$$\boldsymbol{n}=\boldsymbol{n}_1\times\overrightarrow{M_1M_2}=\begin{vmatrix}\boldsymbol{i}&\boldsymbol{j}&\boldsymbol{k}\\3&5&-7\\-4&10&1\end{vmatrix}=25(3\boldsymbol{i}+\boldsymbol{j}+2\boldsymbol{k}),$$

所求平面的法向量可取为 $3\boldsymbol{i}+\boldsymbol{j}+2\boldsymbol{k}$，且平面通过点 $M_1(8,-3,1)$，因此平面方程为

$$3(x-8)+(y+3)+2(z-1)=0,$$

即

$$3x+y+2z-23=0.$$

四、点到平面的距离

设 $P_0(x_0,y_0,z_0)$ 是平面 $Ax+By+Cz+D=0$ 外一点, 下面来求点 P_0 到该平面的距离.

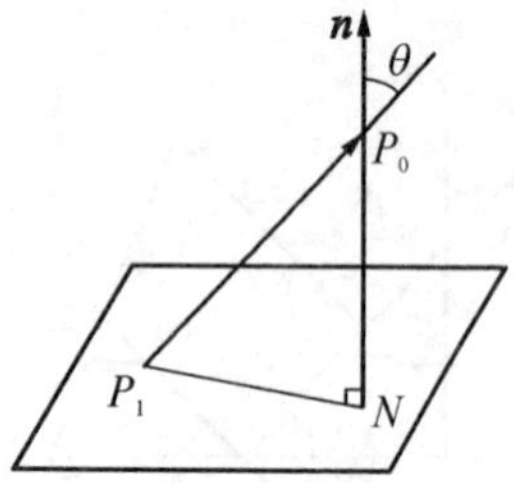

图 7-29

在平面上任取一点 $P_1(x_1,y_1,z_1)$，则向量

$$\overrightarrow{P_1P_0}=(x_0-x_1,y_0-y_1,\ z_0-z_1).$$

过点 P_0 作平面的法向量 $\boldsymbol{n}=(A,B,C)$，记 $\theta=(\widehat{\boldsymbol{n},\overrightarrow{P_1P_0}})$，由图 7-29 可知, 点 P_0 到平面的距离为

$$d=|\overrightarrow{P_1P_0}||\cos\theta|=\frac{|\overrightarrow{P_1P_0}\cdot\boldsymbol{n}|}{|\boldsymbol{n}|}$$

$$=\frac{|A(x_0-x_1)+B(y_0-y_1)+C(z_0-z_1)|}{\sqrt{A^2+B^2+C^2}},$$

因为点P_1在此平面上，所以$Ax_1+By_1+Cz_1+D=0$，故

$$d=\frac{|Ax_0+By_0+Cz_0+D|}{\sqrt{A^2+B^2+C^2}}. \tag{7-20}$$

式(7-20)称为点$P_0(x_0,y_0,z_0)$到平面$Ax+By+Cz+D=0$的距离公式.

例 7-21　求两平行平面Π_1：$Ax+By+Cz+D_1=0$与Π_2：$Ax+By+Cz+D_2=0$之间的距离.

解　两平行平面之间的距离可看作一个平面上的任一点到另一平面的距离.

设$P_0(x_0,y_0,z_0)$是平面Π_1上的任一点，则有

$$Ax_0+By_0+Cz_0+D_1=0,$$

由式(7-20)，即得点P_0到平面Π_2的距离为

$$d=\frac{|Ax_0+By_0+Cz_0+D_2|}{\sqrt{A^2+B^2+C^2}}=\frac{|D_2-D_1|}{\sqrt{A^2+B^2+C^2}},$$

这就是两平行平面Π_1与Π_2之间的距离.

习　题　7-3

1. 求满足下列条件的平面方程.

(1) 过点$(3,0,-1)$，且与平面$3x-7y+5z-12=0$平行；

(2) 过$(1,1,-1)$，$(-2,-2,2)$和$(1,-1,2)$三点；

(3) 过点$(2,0,-3)$，且与两平面$x-2y+4z-7=0$，$2x+y-2z+5=0$垂直；

(4) 过点$(5,-7,4)$，且在各坐标轴上的截距均相等；

(5) 平行于x轴，且过点$(4,0,-2)$和$(5,1,7)$；

(6) 过原点和点$(-2,7,3)$，且与平面$x-4y+5z-1=0$垂直.

2. 求平面$2x-2y+z+5=0$与xOy面的夹角的余弦.

3. 判断下列各对平面的位置关系，并求它们的夹角.

(1) $4x+2y-4z-7=0$，$2x+y-2z=0$；

(2) $3x-y-2z-1=0$，$x+2y-3z+2=0$；

(3) $6x+3y-2z=0$，$x+2y+6z+12=0$.

4. 求过点$A(6,3,0)$，且在三个坐标轴上的截距之比$a:b:c=1:3:2$的平面的方程.

5. 求过点$M(3,0,0)$和$P(0,0,1)$，且与xOy面成$\frac{\pi}{3}$角的平面方程.

6. 求点$(1,-1,1)$到平面$x+2y+2z=10$的距离.

7. 求两平行平面$2x-3y+6z-4=0$与$4x-6y+12z+21=0$之间的距离.

第四节　空间直线及其方程

一、直线的点向式方程与参数方程

已知直线上的一点和平行于该直线的一个非零向量，则这条直线的位置就完全确定了. 平行于已知直线的非零向量称为该直线的方向向量.

下面来建立直线的方程.

设点 $M_0(x_0, y_0, z_0)$ 是直线 L 上的一个定点，点 $M(x, y, z)$ 是直线 L 上的任一点，非零向量 $\boldsymbol{s} = (m, n, p)$ 是直线的一个方向向量，如图 7-30 所示.

因为向量 $\overrightarrow{M_0M} = (x - x_0,\ y - y_0, z - z_0)$ 在直线上，所以 $\boldsymbol{s} /\!/ \overrightarrow{M_0M}$，即

$$\frac{x - x_0}{m} = \frac{y - y_0}{n} = \frac{z - z_0}{p}. \tag{7-21}$$

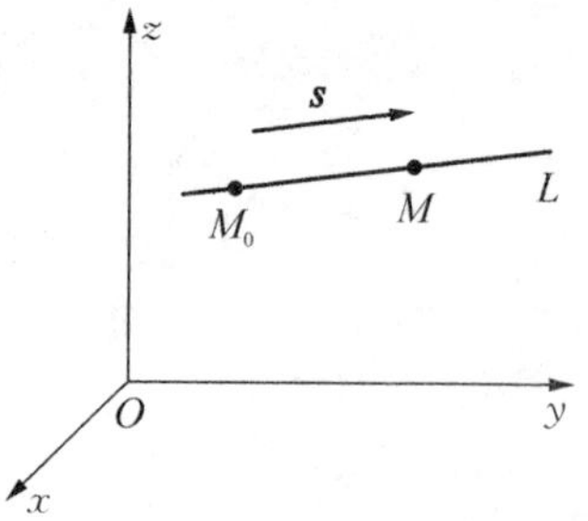

图 7-30

显然，凡是直线 L 上的点 M 的坐标 x, y, z 都满足方程组(7-21)，而不在直线 L 上的点 M 的坐标都不满足方程组(7-21)，因此方程组(7-21)就是直线 L 的方程，称为直线的点向式方程(或对称式方程).

当 m, n, p 中有一个或两个为零时，应理解为相应的分子也为零. 例如，当 $m \neq 0, n = 0, p \neq 0$ 时，方程组(7-21)应理解为

$$\begin{cases} \dfrac{x - x_0}{m} = \dfrac{z - z_0}{p}, \\ y = y_0. \end{cases}$$

由直线的点向式方程容易导出直线的参数方程，如设

$$\frac{x - x_0}{m} = \frac{y - y_0}{n} = \frac{z - z_0}{p} = t,$$

则

$$\begin{cases} x = x_0 + mt, \\ y = y_0 + nt, \\ z = z_0 + pt, \end{cases} \tag{7-22}$$

式(7-22)称为直线的参数方程，其中 t 为参数.

例 7-22　求过两点 $M_1(x_1, y_1, z_1)$，$M_2(x_2, y_2, z_2)$ 的直线方程.

解　可取 $\overrightarrow{M_1M_2} = (x_2 - x_1, y_2 - y_1, z_2 - z_1)$ 为所求直线的方向向量 $\boldsymbol{s}$，由直线的点向式方程(7-21)知，过两点 M_1，M_2 的直线方程为

$$\frac{x-x_1}{x_2-x_1}=\frac{y-y_1}{y_2-y_1}=\frac{z-z_1}{z_2-z_1},\tag{7-23}$$

方程(7-23)称为直线的两点式方程.

二、直线的一般方程

由于两个不平行的平面必相交于一条直线，故空间任一直线L都可以看作两个不平行平面Π_1：$A_1x+B_1y+C_1z+D_1=0$与Π_2：$A_2x+B_2y+C_2z+D_2=0$的交线，如图7-31所示. 因此，直线L上任一点M的坐标x, y, z应同时满足这两个平面的方程，即

$$\begin{cases}A_1x+B_1y+C_1z+D_1=0,\\A_2x+B_2y+C_2z+D_2=0,\end{cases}\tag{7-24}$$

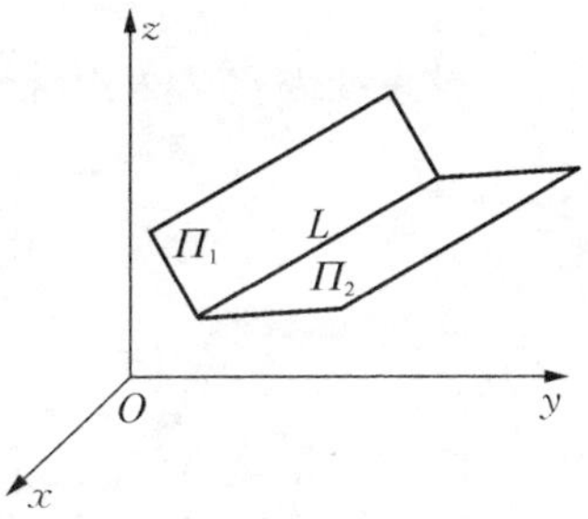

图 7-31

如果点M不在直线L上，它就不可能同时在平面Π_1和Π_2上，即它的坐标不满足方程组(7-24). 所以，直线L可以用方程组(7-24)来表示，方程组(7-24)称为空间直线的一般方程.

例 7-23　用点向式方程和参数方程表示直线

$$\begin{cases}2x-3y+z-5=0,\\x+4y-3z+1=0.\end{cases}$$

解　用点向式方程表示直线，必须知道直线上的一点及直线的一个方向向量，为此，先找出直线上的一点$M_0(x_0,y_0,z_0)$. 不妨取$z_0=1$，代入方程组，有

$$\begin{cases}2x-3y=4,\\x+4y=2,\end{cases}$$

解之得$x_0=2$，$y_0=0$，即$(2,0,1)$是该直线上的一点.

再找出该直线的一个方向向量. 因为两平面的交线与这两个平面的法向量$\boldsymbol{n}_1=(2,-3,1)$和$\boldsymbol{n}_2=(1,4,-3)$都垂直，所以可以取直线的方向向量为

$$\boldsymbol{s}=\boldsymbol{n}_1\times\boldsymbol{n}_2=\begin{vmatrix}\boldsymbol{i}&\boldsymbol{j}&\boldsymbol{k}\\2&-3&1\\1&4&-3\end{vmatrix}=5\boldsymbol{i}+7\boldsymbol{j}+11\boldsymbol{k},$$

于是，所给直线的点向式方程为

$$\frac{x-2}{5}=\frac{y}{7}=\frac{z-1}{11}.$$

令$\dfrac{x-2}{5}=\dfrac{y}{7}=\dfrac{z-1}{11}=t$，得直线的参数方程为

$$\begin{cases}x=2+5t,\\y=7t,\\z=1+11t.\end{cases}$$

三、两直线的夹角

两直线的方向向量的夹角(规定不取钝角)称为两直线的夹角.

设直线 L_1 和 L_2 的方向向量分别是 $\boldsymbol{s}_1=(m_1,n_1,p_1)$ 和 $\boldsymbol{s}_2=(m_2,n_2,p_2)$，那么，两直线的夹角 φ 应是 $(\widehat{\boldsymbol{s}_1,\boldsymbol{s}_2})$ 和 $(\widehat{-\boldsymbol{s}_1,\boldsymbol{s}_2})=\pi-(\widehat{\boldsymbol{s}_1,\boldsymbol{s}_2})$ 两者中的锐角或直角，于是有

$$\begin{aligned}\cos\varphi&=\left|\cos(\widehat{\boldsymbol{s}_1,\boldsymbol{s}_2})\right|=\frac{|\boldsymbol{s}_1\cdot\boldsymbol{s}_2|}{|\boldsymbol{s}_1||\boldsymbol{s}_2|}\\&=\frac{|m_1m_2+n_1n_2+p_1p_2|}{\sqrt{m_1^2+n_1^2+p_1^2}\sqrt{m_2^2+n_2^2+p_2^2}}.\end{aligned}\tag{7-25}$$

设直线 L_1 与 L_2 的方程分别为

$$L_1:\frac{x-x_1}{m_1}=\frac{y-y_1}{n_1}=\frac{z-z_1}{p_1},$$

$$L_2:\frac{x-x_2}{m_2}=\frac{y-y_2}{n_2}=\frac{z-z_2}{p_2}.$$

由两向量垂直(或平行)的充分必要条件可得如下结论.

(1) 直线 L_1 和 L_2 垂直的充分必要条件是 $m_1m_2+n_1n_2+p_1p_2=0$.

(2) 直线 L_1 和 L_2 平行的充分必要条件是

$$m_1:n_1:p_1=m_2:n_2:p_2\neq(x_2-x_1):(y_2-y_1):(z_2-z_1);$$

(3) 直线 L_1 和 L_2 重合的充分必要条件是

$$m_1:n_1:p_1=m_2:n_2:p_2=(x_2-x_1):(y_2-y_1):(z_2-z_1).$$

例 7-24　求两直线 L_1: $\dfrac{x-1}{1}=\dfrac{y-2}{-4}=\dfrac{z-1}{1}$ 与 L_2: $\begin{cases}x+y+2=0,\\y-2z+2=0\end{cases}$ 的夹角.

解　直线 L_1 的方向向量为 $\boldsymbol{s}_1=(1,-4,1)$，直线 L_2 的方向向量为

$$\boldsymbol{s}_2=\begin{vmatrix}\boldsymbol{i}&\boldsymbol{j}&\boldsymbol{k}\\1&1&0\\0&1&-2\end{vmatrix}=(-2,2,1),$$

由式(7-25)得两直线 L_1 和 L_2 的夹角 φ 的余弦为

$$\cos\varphi=\frac{|\boldsymbol{s}_1\cdot\boldsymbol{s}_2|}{|\boldsymbol{s}_1||\boldsymbol{s}_2|}=\frac{|1\times(-2)-4\times2+1\times1|}{\sqrt{1^2+(-4)^2+1^2}\sqrt{(-2)^2+2^2+1^2}}=\frac{1}{\sqrt{2}},$$

所以 $\varphi=\dfrac{\pi}{4}$.

四、直线与平面的夹角

当直线 L 与平面 Π 不垂直时，直线和它在平面上的投影直线的夹角(通常指锐角)称为直线与平面的夹角；当直线 L 与平面 Π 垂直时，规定直线与平面的夹角为 $\dfrac{\pi}{2}$.

如图 7-32 所示，设直线 L 的方向向量为 $\boldsymbol{s}=(m,n,p)$，平面 Π 的法向量为 $\boldsymbol{n}=(A,B,C)$，直线与平面的夹角为 φ，那么 $\varphi=\left|\dfrac{\pi}{2}-(\widehat{\boldsymbol{n},\boldsymbol{s}})\right|$，故

$$\sin\varphi=\cos(\widehat{\boldsymbol{n},\boldsymbol{s}})=\frac{|\boldsymbol{n}\cdot\boldsymbol{s}|}{|\boldsymbol{n}||\boldsymbol{s}|}=\frac{|Am+Bn+Cp|}{\sqrt{A^2+B^2+C^2}\sqrt{m^2+n^2+p^2}}.\quad(7\text{-}26)$$

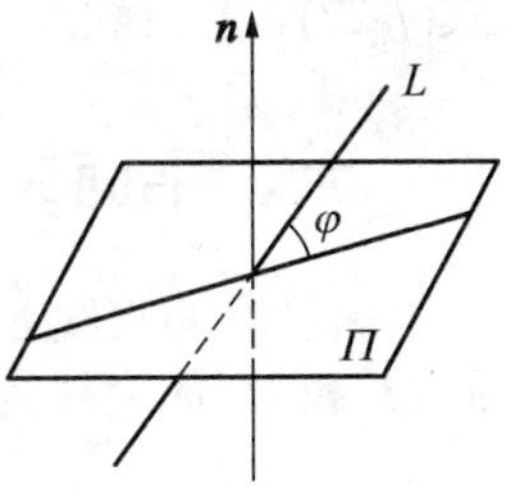

图 7-32

设直线 L 的方程为

$$\frac{x-x_0}{m}=\frac{y-y_0}{n}=\frac{z-z_0}{p},$$

平面 Π 的方程为

$$Ax+By+Cz+D=0.$$

因为直线 L 与平面 Π 垂直(或平行)相当于直线的方向向量 $\boldsymbol{s}$ 与平面的法向量 $\boldsymbol{n}$ 平行(或垂直)，于是有如下结论.

(1) 直线 L 与平面 Π 垂直的充分必要条件是 $\dfrac{A}{m}=\dfrac{B}{n}=\dfrac{C}{p}$.

(2) 直线 L 与平面 Π 平行的充分必要条件是 $Am+Bn+Cp=0$ 且

$$Ax_0+By_0+Cz_0+D\neq 0.$$

(3) 直线 L 在平面 Π 上的充分必要条件是 $Am+Bn+Cp=0$ 且

$$Ax_0+By_0+Cz_0+D=0.$$

例 7-25　求过点 $(1,-2,4)$，且与平面 $2x-3y+z-4=0$ 垂直的直线的方程.

解　因为所求直线与已知平面垂直，所以可取平面的法向量 $\boldsymbol{n}=(2,-3,1)$ 作为直线的方向向量，由此可得直线的点向式方程为

$$\frac{x-1}{2}=\frac{y+2}{-3}=\frac{z-4}{1}.$$

五、点到直线的距离

已知空间直线 L 和直线外一点 $P_0(x_0,y_0,z_0)$，L 的方向向量为 $\boldsymbol{s}=(m,n,p)$．在直线 L 上任取一点 $P_1(x_1,y_1,z_1)$，如图 7-33 所示，则向量 $\overrightarrow{P_1P_0}=(x_0-x_1,y_0-y_1,z_0-z_1)$．设过点 P_0 且与直线 L 垂直的平面为 Π，$\theta=(\widehat{\boldsymbol{s},\overrightarrow{P_1P_0}})$，则点 P_0 到直线 L 的距离为

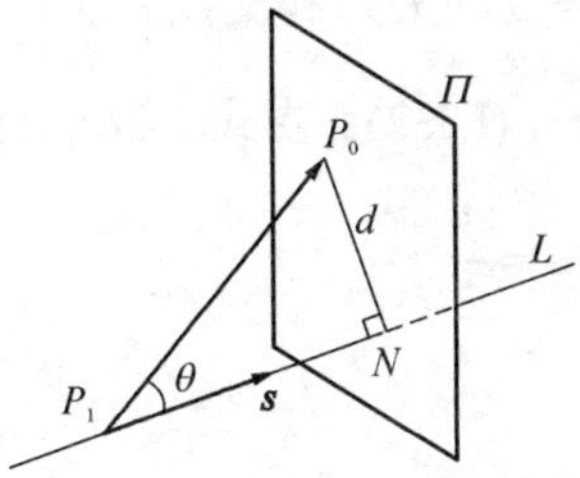

图 7-33

$$d=\left|\overrightarrow{P_1P_0}\right||\sin\theta|=\frac{\left|\overrightarrow{P_1P_0}\right||\boldsymbol{s}||\sin\theta|}{|\boldsymbol{s}|}=\frac{\left|\overrightarrow{P_1P_0}\times\boldsymbol{s}\right|}{|\boldsymbol{s}|}$$

$$=\frac{1}{\sqrt{m^2+n^2+p^2}}\left\|\begin{matrix}\boldsymbol{i}&\boldsymbol{j}&\boldsymbol{k}\\x_0-x_1&y_0-y_1&z_0-z_1\\m&n&p\end{matrix}\right\|,\quad(7\text{-}27)$$

式(7-27)就是直线外一点到直线的距离公式.

六、平面束方程

通过空间直线 L 的平面有无穷多个，这些平面的集合称为过直线 L 的平面束. 设平面 Π_1 和 Π_2 的交线为直线 L，其方程为

$$\begin{cases} A_1x+B_1y+C_1z+D_1=0, \\ A_2x+B_2y+C_2z+D_2=0, \end{cases} \tag{7-28}$$

其中，A_1,B_1,C_1 与 A_2,B_2,C_2 不成比例. 构造一个新的三元一次方程

$$A_1x+B_1y+C_1z+D_1+\lambda(A_2x+B_2y+C_2z+D_2)=0\,, \tag{7-29}$$

或

$$(A_1+\lambda A_2)x+(B_1+\lambda B_2)y+(C_1+\lambda C_2)z+(D_1+\lambda D_2)=0\,, \tag{7-30}$$

其中，λ 是任意常数.

由于直线 L 上点的坐标满足方程组(7-28)，从而也满足方程(7-29)，对于不同的 λ 值，三元一次方程(7-29)表示通过直线 L 的不同的平面(不含平面 Π_2)；反之，通过直线 L 的任何平面(不含平面 Π_2)都包含在方程(7-29)所表示的一束平面内. 将方程(7-29)称为通过直线 L 的平面束方程(缺少平面 Π_2 的平面束).

下面再举几个有关直线和平面的例题.

例 7-26　求过点 $(-3,2,5)$，且与两平面 $x-4z-3=0$ 和 $2x-y-5z=0$ 的交线平行的直线的方程.

解　所求直线与两平面的交线平行，则直线的方向向量 $\boldsymbol{s}$ 必同时与两平面的法向量 $\boldsymbol{n}_1$ 和 $\boldsymbol{n}_2$ 垂直，而 $\boldsymbol{n}_1=(1,0,-4)$，$\boldsymbol{n}_2=(2,-1,-5)$，于是取

$$\boldsymbol{s}=\boldsymbol{n}_1\times\boldsymbol{n}_2=\begin{vmatrix} \boldsymbol{i} & \boldsymbol{j} & \boldsymbol{k} \\ 1 & 0 & -4 \\ 2 & -1 & -5 \end{vmatrix}=-(4\boldsymbol{i}+3\boldsymbol{j}+\boldsymbol{k}),$$

扫码演示

故直线的点向式方程为

$$\frac{x+3}{4}=\frac{y-2}{3}=\frac{z-5}{1}.$$

例 7-27　求直线 $\dfrac{x-1}{2}=\dfrac{y-2}{-1}=\dfrac{z-3}{1}$ 与平面 $x+y+2z-3=0$ 的夹角和交点.

解　已知直线的方向向量为 $\boldsymbol{s}=(2,-1,1)$，平面的法向量为 $\boldsymbol{n}=(1,1,2)$，由式(7-26)，有

$$\sin\varphi=\frac{|\boldsymbol{n}\cdot\boldsymbol{s}|}{|\boldsymbol{n}||\boldsymbol{s}|}=\frac{|1\times2+1\times(-1)+2\times1|}{\sqrt{1^2+1^2+2^2}\sqrt{2^2+(-1)^2+1^2}}=\frac{1}{2},$$

故直线与平面的夹角为 $\varphi=\dfrac{\pi}{6}$.

直线的参数方程为 $x=1+2t$，$y=2-t$，$z=3+t$，代入所给的平面方程，有

$$(1+2t)+(2-t)+2(3+t)-3=0,$$

解之得 $t=-2$. 把 $t=-2$ 代入直线的参数方程, 得直线与平面的交点为 $(-3,4,1)$.

例 7-28 已知空间一点 $P_0(2,1,3)$ 及直线 L: $\dfrac{x+1}{3}=\dfrac{y-1}{2}=\dfrac{z}{-1}$, 求: (1) 点 P_0 到直线 L 的距离; (2) 过点 P_0 且与直线 L 垂直相交的直线方程.

解 (1) 已知直线 L 过点 $P_1(-1,1,0)$, L 的方向向量为 $\boldsymbol{s}=(3,2,-1)$, 且 $\overrightarrow{P_1P_0}=(3,0,3)$, 由式(7-27)得点 P_0 到直线 L 的距离为

$$d=\frac{\left|\overrightarrow{P_1P_0}\times\boldsymbol{s}\right|}{|\boldsymbol{s}|}=\frac{1}{\sqrt{3^2+2^2+(-1)^2}}\left\|\begin{matrix}\boldsymbol{i} & \boldsymbol{j} & \boldsymbol{k}\\ 3 & 0 & 3\\ 3 & 2 & -1\end{matrix}\right\|$$

$$=\frac{1}{\sqrt{14}}|(-6,12,6)|=\frac{6\sqrt{21}}{7}.$$

(2) 过点 $P_0(2,1,3)$ 且与直线 L 垂直的平面方程为

$$3(x-2)+2(y-1)-(z-3)=0, \tag{7-31}$$

直线 L 的参数方程为

$$x=-1+3t,\ y=1+2t,\ z=-t, \tag{7-32}$$

将式(7-32)代入式(7-31)中, 解得 $t=\dfrac{3}{7}$, 从而求得交点 $P_2\left(\dfrac{2}{7},\dfrac{13}{7},-\dfrac{3}{7}\right)$, 取向量

$$\overrightarrow{P_2P_0}=\frac{6}{7}(2,-1,4)$$

或

$$\boldsymbol{s}=(2,-1,4)$$

为所求直线的一个方向向量, 故直线的点向式方程为

$$\frac{x-2}{2}=\frac{y-1}{-1}=\frac{z-3}{4}.$$

本题(1)中也可先求出交点 P_2, 则点 P_0 到直线 L 的距离 $d=\left|\overrightarrow{P_2P_0}\right|$.

例 7-29 求直线 L: $\begin{cases}x-4y+2z=0,\\ 3x-2z-9=0\end{cases}$ 在平面 Π: $4x-y+z-1=0$ 上的投影直线的方程.

解 设平面 Π_1 通过直线 L 且与平面 Π 垂直, 则 Π 与 Π_1 的交线即所求的投影直线. 为此, 根据式(7-29)写出通过直线 L 的平面束方程为

$$x-4y+2z+\lambda(3x-2z-9)=0,$$

即

$$(1+3\lambda)x-4y+(2-2\lambda)z-9\lambda=0, \tag{7-33}$$

该平面的法向量为 $\boldsymbol{n}_1=(1+3\lambda,-4,2-2\lambda)$，而平面 Π 的法向量为 $\boldsymbol{n}=(4,-1,1)$，由两平面垂直的充分必要条件，有

$$\boldsymbol{n}\cdot\boldsymbol{n}_1=4\times(1+3\lambda)-1\times(-4)+1\times(2-2\lambda)=0,$$

解得 $\lambda=-1$．将 $\lambda=-1$ 代入式(7-33)，即得所求平面 Π_1 的方程为

$$-2x-4y+4z+9=0.$$

扫码演示

于是，所求投影直线的方程为

$$\begin{cases}-2x-4y+4z+9=0,\\4x-y+z-1=0.\end{cases}$$

习　题　7-4

1. 求满足下列条件的直线方程.

(1) 过点 $(2,-3,1)$，且与平面 $3x-y+4z-1=0$ 垂直;

(2) 过点 $(2,-1,3)$，且平行于直线 $\dfrac{x+1}{2}=\dfrac{y}{-1}=\dfrac{z-3}{4}$;

(3) 过点 $M(0,2,4)$，且与平面 $x+2z=1$ 和 $y-3z=2$ 都平行;

(4) 过点 $M(-1,-4,3)$，并与两直线 $\begin{cases}2x-4y+z=1,\\x+3y+5=0\end{cases}$ 和 $\dfrac{x-2}{4}=\dfrac{y+1}{-1}=\dfrac{z+3}{2}$ 都垂直.

2. 将直线 $\begin{cases}3x+2y+z-2=0,\\x+2y+3z+2=0\end{cases}$ 用点向式方程和参数方程表示.

3. 求过点 $(2,0,-3)$，且与直线 $\begin{cases}x-2y+4z-7=0,\\3x+5y-2z+1=0\end{cases}$ 垂直的平面方程.

4. 求直线 $\begin{cases}x+y+z-4=0,\\2x-y+z+1=0\end{cases}$ 与 $\dfrac{x-1}{1}=\dfrac{y+1}{-1}=\dfrac{z-2}{-2}$ 之间的夹角.

5. 求点 $(5,-1,2)$ 到直线 $\begin{cases}x-y-4z+12=0,\\2x+y-2z+3=0\end{cases}$ 的距离.

6. 求过点 $(3,1,-2)$，且通过直线 $\dfrac{x-4}{5}=\dfrac{y+3}{2}=\dfrac{z}{1}$ 的平面的方程.

7. 求过点 $(1,2,1)$，且与两直线 $\begin{cases}x+2y-z+1=0,\\x-y+z-1=0\end{cases}$ 和 $\begin{cases}2x-y+z=0,\\x-y+z=0\end{cases}$ 都平行的平面方程.

8. 求直线 $\dfrac{x-2}{1}=\dfrac{y-3}{1}=\dfrac{z-4}{2}$ 与平面 $2x+y+z-6=0$ 的交点及夹角.

9. 设一平面通过原点及点 $(6,-3,2)$，且与平面 $4x-y+2z=8$ 垂直，求该平面方程.

10. 求点 $P_0(1,2,-3)$ 在平面 $2x-y+3z+3=0$ 上的投影.

11. 求过点 $P_0(1,1,1)$ 且与直线 L_0: $\dfrac{x}{2}=\dfrac{y}{1}=\dfrac{z+2}{-3}$ 垂直相交的直线方程.

第五节　空间曲面及其方程

一、曲面方程的概念

在第三节中，将平面看作动点的几何轨迹，从而在平面与三元一次方程之间建立了一一对应关系．类似地，空间曲面 Σ 可与三元方程 $F(x,y,z)=0$ 建立一一对应关系．也就是说，如果曲面 Σ 上任一点的坐标都满足方程 $F(x,y,z)=0$，而不在曲面 Σ 上的点的坐标都不满足该方程，那么，方程 $F(x,y,z)=0$ 称为曲面 Σ 的方程，而曲面 Σ 称为方程 $F(x,y,z)=0$ 的图形，如图 7-34 所示．

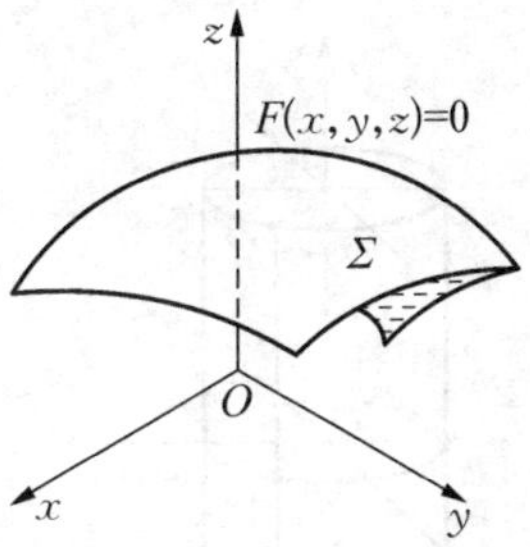

图 7-34

因此，空间解析几何关于曲面的研究，主要有以下两个基本问题．

(1) 已知一个曲面作为动点的几何轨迹时，建立该曲面的方程．

(2) 已知关于坐标 x,y,z 的一个方程时，研究该方程表示的曲面的形状．

例 7-30　求与点 $A(1,-1,2)$ 和点 $B(0,-2,-1)$ 等距离的点的轨迹方程．

解　设点 $M(x,y,z)$ 到点 A 和点 B 的距离相等，则有 $|AM|=|BM|$，即

$$\sqrt{(x-1)^2+(y+1)^2+(z-2)^2}=\sqrt{(x-0)^2+(y+2)^2+(z+1)^2},$$

得

$$2x+2y+6z-1=0,$$

它是线段 AB 的垂直平分面．

例 7-31　建立球心在点 $M_0(x_0,y_0,z_0)$，半径为 R 的球面方程．

解　设点 $M(x,y,z)$ 是球面上的任一点，则 $|M_0M|=R$，即

$$\sqrt{(x-x_0)^2+(y-y_0)^2+(z-z_0)^2}=R,$$

或

$$(x-x_0)^2+(y-y_0)^2+(z-z_0)^2=R^2. \tag{7-34}$$

特别地，当 $x_0=y_0=z_0=0$ 时，得到球心在原点的球面方程为

$$x^2+y^2+z^2=R^2.$$

例 7-32　方程 $x^2+y^2+z^2-2x+4z-1=0$ 表示怎样的曲面？

解　配方得

$$(x-1)^2+y^2+(z+2)^2=6,$$

由式(7-34)可知，该方程表示球心在点 $M_0(1,0,-2)$、半径 R 为 $\sqrt{6}$ 的球面.

一般地，设有三元二次方程

$$Ax^2+Ay^2+Az^2+Dx+Ey+Fz+G=0,$$

方程的特点是缺 xy, yz, zx 三项，且平方项的系数相同，如果该方程配方后可化为方程 (7-34)的形式，那么它的图形就是一个球面.

二、柱面

先来分析方程 $x^2+y^2=R^2$ 表示怎样的曲面.

在平面解析几何中，方程 $x^2+y^2=R^2$ 表示 xOy 面上圆心在原点、半径为 R 的圆. 在空间直角坐标系中，该方程不含竖坐标 z，说明对空间中的点 (x,y,z)，只要横坐标 x 和纵坐标 y 满足该方程，不管竖坐标 z 如何取值，这个点一定在该曲面上.

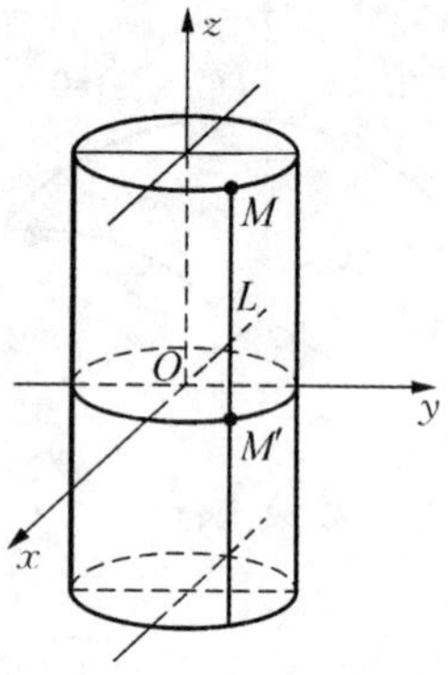

图 7-35

过 xOy 面的圆 $x^2+y^2=R^2$ 上一点 $M'(x,y,0)$，作平行于 z 轴的直线 L，则 L 上的点 $M(x,y,z)$ 都满足方程 $x^2+y^2=R^2$，因而都在曲面 $x^2+y^2=R^2$ 上. 所以该曲面可以看成由平行于 z 轴的直线 L，沿着 xOy 面上的圆 $x^2+y^2=R^2$ 移动形成，该曲面叫作圆柱面，如图 7-35 所示，xOy 面上的圆 $x^2+y^2=R^2$ 叫作它的准线，平行于 z 轴的直线 L 叫作它的母线.

一般地，直线 L 沿定曲线 C 平行移动形成的曲面叫作柱面，定曲线 C 叫作柱面的准线，动直线 L 叫作柱面的母线.

例如，空间中，方程 $x^2=2y$ 表示母线平行于 z 轴，准线是 xOy 面上的抛物线 $x^2=2y$ 的柱面，该柱面叫作抛物柱面，如图 7-36 所示.

又如，$x-y=0$ 表示母线平行于 z 轴，准线是 xOy 面上的直线 $x-y=0$ 的柱面，该柱面就是通过 z 轴的平面，如图 7-37 所示.

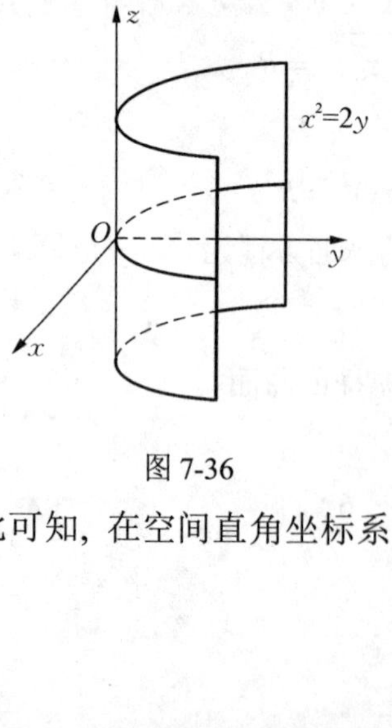

图 7-36

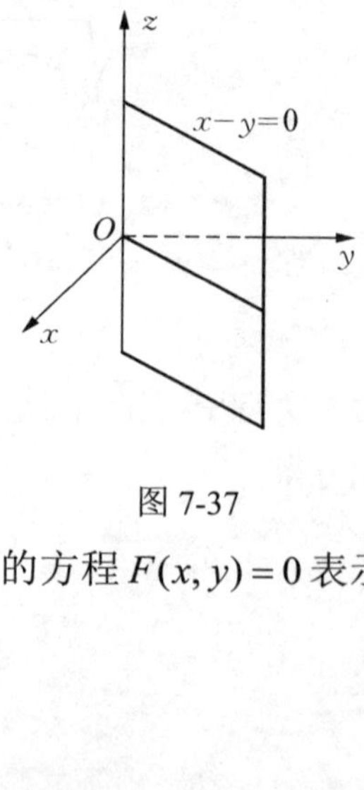

图 7-37

由此可知，在空间直角坐标系中，只含 x，y 而缺 z 的方程 $F(x,y)=0$ 表示母线平行

于 z 轴的柱面，其准线就是 xOy 面上的曲线 $C: F(x,y)=0$，如图 7-38 所示. 同理可知，只含 x,z 而缺 y 的方程 $G(x,z)=0$ 表示母线平行于 y 轴的柱面；只含 y,z 而缺 x 的方程 $H(y,z)=0$ 表示母线平行于 x 轴的柱面.

例如，方程 $x^2=4z$ 表示以 zOx 面上的抛物线 $x^2=4z$ 为准线，母线平行于 y 轴的抛物柱面，如图 7-39 所示.

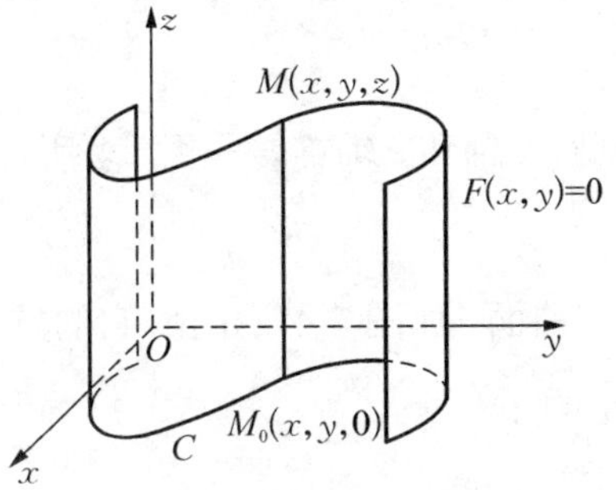

图 7-38

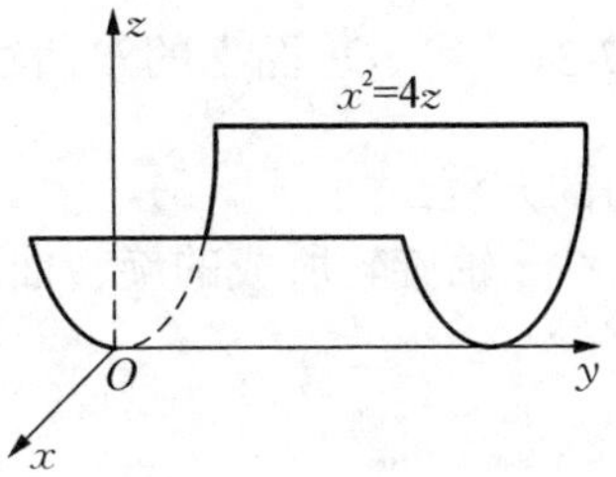

图 7-39

三、旋转曲面

平面上曲线 C 绕该平面上的一条定直线 L 旋转一周所形成的曲面叫作旋转曲面，曲线 C 叫作旋转曲面的母线，定直线 L 叫作旋转曲面的轴.

设在 yOz 面上有一已知曲线 C，它的方程为

$$f(y,z)=0,$$

将曲线 C 绕 z 轴旋转一周，得到一个以 z 轴为轴的旋转曲面，如图 7-40 所示. 下面来求这个旋转曲面的方程.

设 $M_1(0,y_1,z_1)$ 是曲线 C 上的任一点，则有

$$f(y_1,z_1)=0. \tag{7-35}$$

当曲线 C 绕 z 轴旋转时，点 M_1 的轨迹是旋转曲面上的一个圆周，当点 M_1 绕 z 轴转到另一点 $M(x,y,z)$ 时，$z=z_1$，且点 M 到 z 轴的距离就是这个圆周的半径，故有

$$d=\sqrt{x^2+y^2}=|y_1|.$$

将 $z_1=z$，$y_1=\pm\sqrt{x^2+y^2}$ 代入式(7-35)，得

$$f(\pm\sqrt{x^2+y^2},z)=0. \tag{7-36}$$

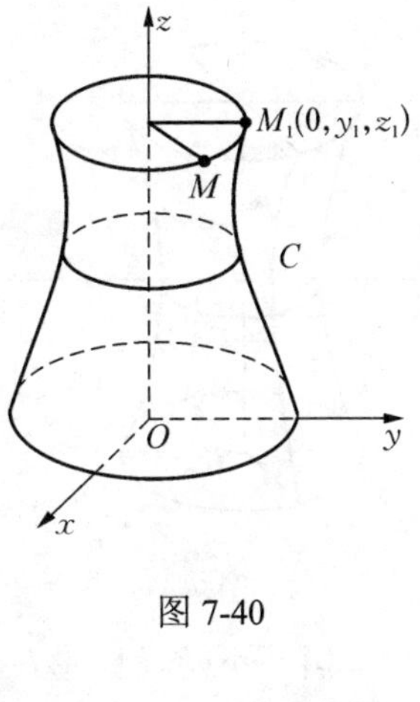

图 7-40

凡是这个旋转曲面上的点的坐标都满足方程(7-36)，而不在该旋转曲面上的点的坐标都不满足方程(7-36)，所以方程(7-36)就是所求旋转曲面的方程.

同理，曲线 C 绕 y 轴旋转所成的旋转曲面的方程为

$$f(y,\pm\sqrt{x^2+z^2})=0. \tag{7-37}$$

对于其他坐标面上的曲线，绕该坐标面内任一坐标轴旋转所成的旋转曲面的方程，可用类似的方法求得.

例 7-33　求 yOz 面上的抛物线 $y^2 = 2pz\ (p>0)$ 绕 z 轴旋转所得曲面的方程.

解　根据式(7-36)得所求旋转曲面的方程为

$$x^2 + y^2 = 2pz .$$

此曲面称为旋转抛物面.

例 7-34　将 zOx 面上的双曲线 $\dfrac{x^2}{a^2} - \dfrac{z^2}{c^2} = 1$ 分别绕 z 轴和 x 轴旋转一周，求所形成的旋转曲面的方程.

解　绕 z 轴旋转所成的旋转曲面叫作旋转单叶双曲面，如图 7-41 所示，它的方程为

$$\frac{x^2 + y^2}{a^2} - \frac{z^2}{c^2} = 1 .$$

绕 x 轴旋转所成的旋转曲面叫作旋转双叶双曲面，如图 7-42 所示，它的方程为

$$\frac{x^2}{a^2} - \frac{y^2 + z^2}{c^2} = 1 .$$

例 7-35　直线 L 绕与其相交的另一条直线旋转一周，所形成的旋转曲面叫作圆锥面. 两直线的交点叫作圆锥面的顶点，两直线的夹角 $\alpha\left(0 < \alpha < \dfrac{\pi}{2}\right)$ 叫作圆锥面的半顶角. 试建立顶点在坐标原点、旋转轴为 z 轴、半顶角为 α 的圆锥面的方程，如图 7-43 所示.

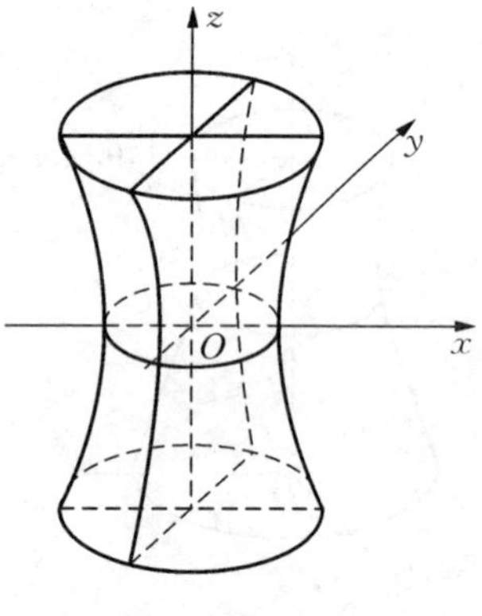

图 7-41

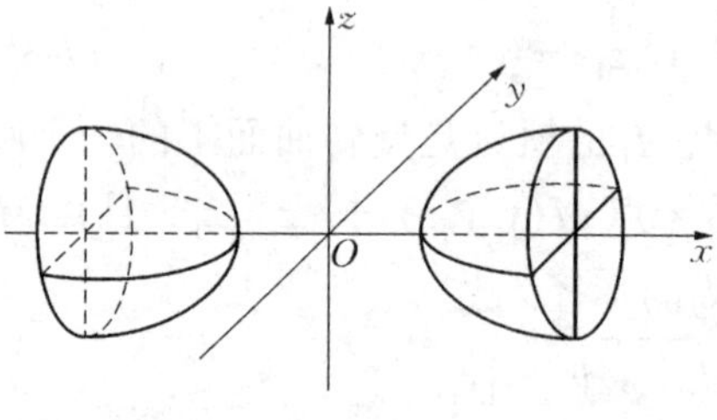

图 7-42

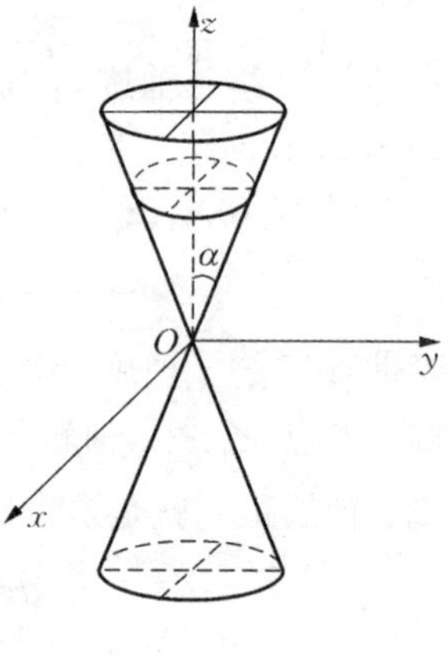

图 7-43

解　不妨设直线 L 在 yOz 面上，则它的方程为

$$z = y\cot\alpha .$$

因为旋转轴为 z 轴，所以圆锥面的方程为

$$z = \pm\sqrt{x^2 + y^2}\cot\alpha ,$$

若令 $a = \cot\alpha$，则

$$z^2 = a^2(x^2 + y^2). \tag{7-38}$$

四、二次曲面与截痕法

三元二次方程的图形称为二次曲面，除了前面介绍的几种旋转曲面和柱面外，还有许多二次曲面. 二次曲面的基本类型有椭球面、抛物面、双曲面、锥面.

一个平面与曲面的交线称为曲面在该平面上的截痕，通过考察这些截痕的变化来了解曲面的形状的方法称为截痕法.

下面就用截痕法来研究几种常见的二次曲面的形状.

1. 椭球面

$$\frac{x^2}{a^2} + \frac{y^2}{b^2} + \frac{z^2}{c^2} = 1 \quad (a>0, b>0, c>0). \tag{7-39}$$

由方程可知 $|x| \leqslant a, |y| \leqslant b, |z| \leqslant c$，这说明椭球面包含在 $x = \pm a, y = \pm b, z = \pm c$ 所围成的长方体内，a, b, c 叫作椭球面的半轴，椭球面与三个坐标轴的交点叫作顶点，如图 7-44 所示.

式(7-39)中只有 x, y, z 的平方项，故曲面关于原点、各坐标轴和坐标面都是对称的.

用 $z=0, x=0$ 和 $y=0$ 三个坐标面去截椭球面所得的截痕分别为

$$\frac{x^2}{a^2} + \frac{y^2}{b^2} = 1, \qquad \frac{y^2}{b^2} + \frac{z^2}{c^2} = 1, \qquad \frac{x^2}{a^2} + \frac{z^2}{c^2} = 1,$$

这些截痕都是椭圆. 若用平行于 zOx 面的平面 $y = y_1\ (-b < y_1 < b)$ 去截椭球面，有

$$\frac{x^2}{\frac{a^2}{b^2}(b^2 - y_1^2)} + \frac{z^2}{\frac{c^2}{b^2}(b^2 - y_1^2)} = 1,$$

这是平面 $y = y_1$ 上的椭圆，其中心在 y 轴上，两个半轴分别为 $\frac{a}{b}\sqrt{b^2 - y_1^2}$ 和 $\frac{c}{b}\sqrt{b^2 - y_1^2}$.

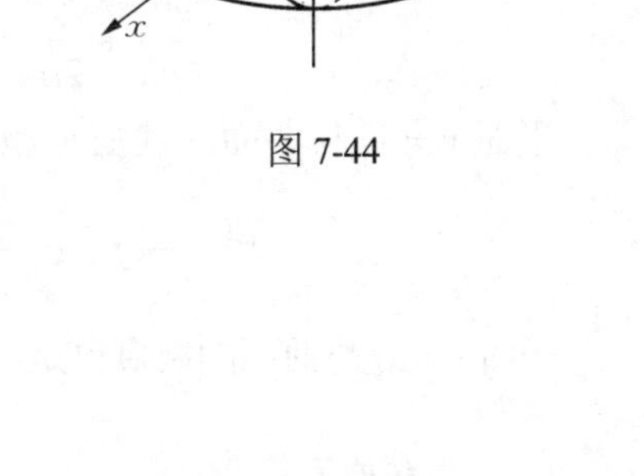

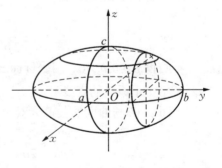

图 7-44

同理，用平行于 xOy 面和 yOz 面的平面去截椭球面也有类似的结论.

当 $a = b$ 时，式(7-39)变为

$$\frac{x^2 + y^2}{a^2} + \frac{z^2}{c^2} = 1,$$

它表示 yOz 面上的椭圆 $\frac{y^2}{a^2} + \frac{z^2}{c^2} = 1$ 绕 z 轴旋转而成的旋转曲面，称为旋转椭球面. 它与平行于 yOz 面，zOx 面的平面的截痕都是椭圆；它与平行于 xOy 面的平面的截痕都是圆.

当 $a=c$ 或 $b=c$ 时也有类似的结论.

特别地，当 $a=b=c$ 时，式(7-39)就成为球面方程 $x^2+y^2+z^2=a^2$.

2. 椭圆抛物面

$$\frac{x^2}{2p}+\frac{y^2}{2q}=z \quad (p,q\text{同号}). \tag{7-40}$$

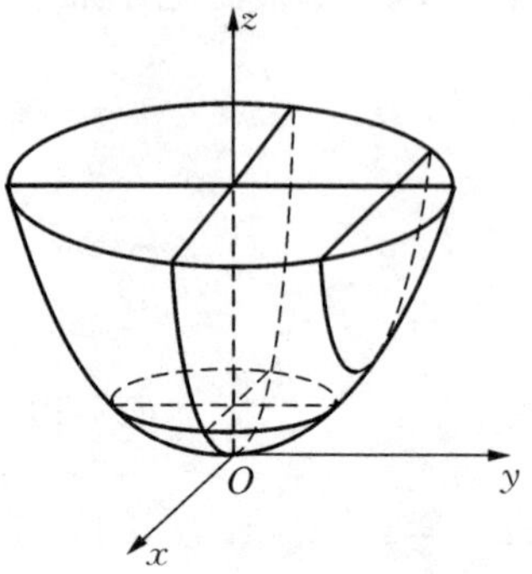

图 7-45

椭圆抛物面关于 yOz 面，zOx 面对称. 不妨设 $p>0$, $q>0$.

如图 7-45 所示，用平面 $z=z_1$ $(z_1>0)$ 截此曲面所得截痕为一椭圆

$$\frac{x^2}{2pz_1}+\frac{y^2}{2qz_1}=1.$$

用平面 $z=0$ 截曲面所得截痕为一点 $(0,0,0)$，平面 $z=z_1$ $(z_1<0)$ 与曲面不相交，故曲面过原点且在 xOy 面上方.

用 zOx 面截曲面所得截痕是 zOx 面上顶点在原点、开口向上的抛物线 $x^2=2pz$；用 yOz 面截曲面所得截痕是 yOz 面上顶点在原点、开口向上的抛物线 $y^2=2qz$. 用平面 $y=y_1$ 和 $x=x_1$ 截曲面所得截痕也都是开口向上的抛物线.

当 $p=q$ 时，椭圆抛物面就成为旋转抛物面.

3. 双曲抛物面(马鞍面)

$$-\frac{x^2}{2p}+\frac{y^2}{2q}=z \quad (p,q\text{同号}). \tag{7-41}$$

不妨设 $p>0, q>0$，用坐标面 $z=0$ 截此曲面所得截痕为两条相交于原点的直线.

平面 $z=h$ 与曲面的截痕为双曲线

$$-\frac{x^2}{2ph}+\frac{y^2}{2qh}=1.$$

平面 $y=y_1$ 与曲面的截痕是抛物线

$$x^2=-2p\left(z-\frac{y_1^2}{2q}\right).$$

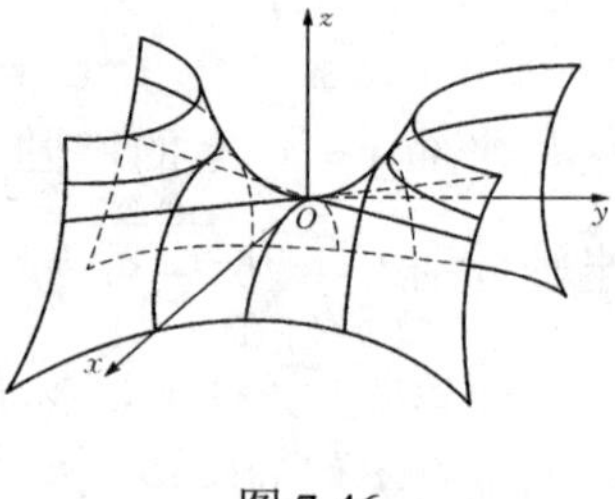

图 7-46

平面 $x=x_1$ 与曲面的截痕也是抛物线，如图 7-46 所示.

4. 单叶双曲面

$$\frac{x^2}{a^2}+\frac{y^2}{b^2}-\frac{z^2}{c^2}=1 \quad (a,b,c\text{为正数}). \tag{7-42}$$

如图 7-47 所示，平面 $z=z_1$ 与曲面的截痕是椭圆

$$\frac{x^2}{\frac{a^2}{c^2}(c^2+z_1^2)}+\frac{z^2}{\frac{b^2}{c^2}(c^2+z_1^2)}=1 .$$

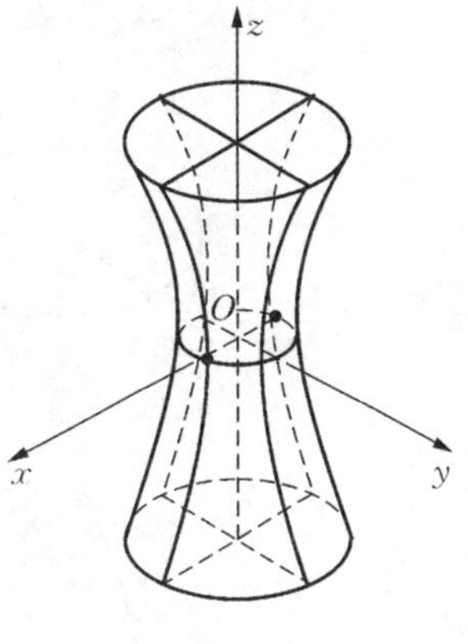

图 7-47

平面 $y=y_1$ 与曲面的截痕为 $\frac{x^2}{a^2}-\frac{z^2}{c^2}=1-\frac{y_1^2}{b^2}$. 当 $|y_1|<b$ 时，截痕为双曲线

$$\frac{x^2}{\frac{a^2}{b^2}(b^2-y_1^2)}-\frac{z^2}{\frac{c^2}{b^2}(b^2-y_1^2)}=1 ,$$

它的实轴平行于 x 轴；当 $|y_1|>b$ 时，截痕仍为双曲线

$$-\frac{x^2}{\frac{a^2}{b^2}(y_1^2-b^2)}+\frac{z^2}{\frac{c^2}{b^2}(y_1^2-b^2)}=1,$$

它的实轴平行于 z 轴；当 $|y_1|=b$ 时，截痕为相交直线

$$\frac{x}{a}\pm\frac{z}{c}=0 .$$

当 $a=b$ 时，方程(7-42)变成旋转单叶双曲面

$$\frac{x^2+y^2}{a^2}-\frac{z^2}{c^2}=1.$$

扫码演示

5. 双叶双曲面

$$\frac{x^2}{a^2}+\frac{y^2}{b^2}-\frac{z^2}{c^2}=-1 \quad (a, b, c\text{为正数}) . \tag{7-43}$$

曲面在 zOx 面及平面 $y=y_1$ 上的截痕为双曲线；在 yOz 面及平面 $x=x_1$ 上的截痕也为双曲线；在平面 $z=z_1(|z_1|>c)$ 上的截痕为椭圆，如图 7-48 所示.

6. 椭圆锥面

$$\frac{x^2}{a^2}+\frac{y^2}{b^2}=z^2 \quad (a, b\text{为正数}) . \tag{7-44}$$

曲面与 xOy 面相交于原点；平面 $z=z_1$ 与曲面的截痕为椭圆

$$\frac{x^2}{(az_1)^2}+\frac{y^2}{(bz_1)^2}=1 .$$

yOz 面和 zOx 面与曲面的截痕分别是过原点的两条直线；平面 $x=x_1$ 及 $y=y_1$ 与曲面的截痕都是双曲线.

当 $a=b$ 时，椭圆锥面就成为圆锥面，如图 7-49 所示.

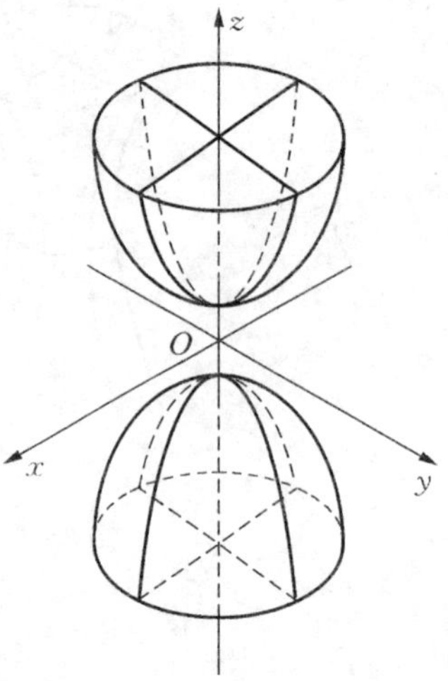

图 7-48

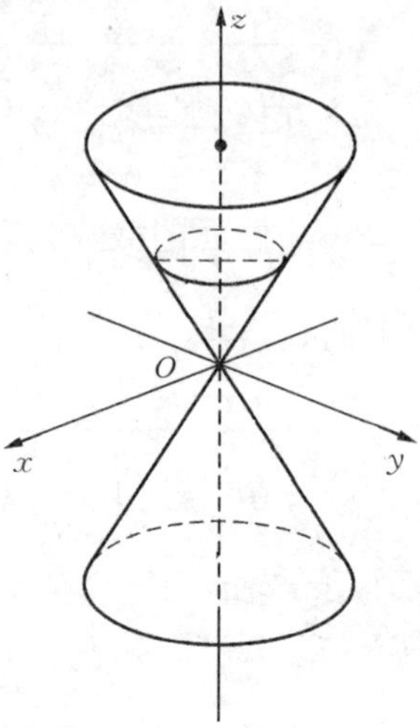

图 7-49

习　题　7-5

1. 求与点 $M_1(3,2,-1)$ 和 $M_2(4,-3,0)$ 等距离的点的轨迹方程.

2. 方程 $x^2+y^2+z^2+2x-2y-4z-3=0$ 表示什么曲面？

3. 求与坐标原点和点 $P_1(3,6,9)$ 的距离之比为 1∶2 的点的全体组成的曲面的方程，它表示怎样的曲面？

4. 求过点 $M_0(8,4,4)$，且与三个坐标面都相切的球面方程.

5. 画出下列方程所表示的曲面.

(1) $x^2+4(y-1)^2=4$；　　(2) $z=x^2+y^2$；

(3) $z=\sqrt{3(x^2+y^2)}$；　　(4) $z=\sqrt{4-x^2-y^2}$；

(5) $x-2y^2=0$；　　(6) $z=1-2x^2-2y^2$.

6. 求下列曲线绕指定轴旋转一周所生成的曲面方程.

(1) zOx 面上的抛物线 $4x^2-z=1$ 绕 z 轴；

(2) yOz 面上的直线 $z=2y$ 绕 y 轴；

(3) xOy 面上的双曲线 $4x^2-9y^2=36$ 分别绕 x 轴和 y 轴.

7. 在空间解析几何中下列方程各表示什么图形？如果是旋转曲面，说明它是如何形成的.

(1) $x^2+y^2=4$；　　(2) $(z-a)^2=x^2+y^2$；

(3) $z=\sqrt{x^2+y^2}$；　　(4) $x^2-4y^2+z^2=1$.

第六节　空间曲线及其方程

一、空间曲线的一般方程

空间直线可以看作两个平面的交线, 类似地, 空间曲线也可以看作两个曲面的交线.

设两个曲面 Σ_1 和 Σ_2 的方程分别是 $F(x,y,z)=0$ 和 $G(x,y,z)=0$, 它们的交线为 Γ, 如图 7-50 所示. 若点 M 在曲线 Γ 上, 则它的坐标 x, y, z 应同时满足这两个曲面的方程, 即满足方程组

$$\begin{cases} F(x,y,z)=0, \\ G(x,y,z)=0. \end{cases} \tag{7-45}$$

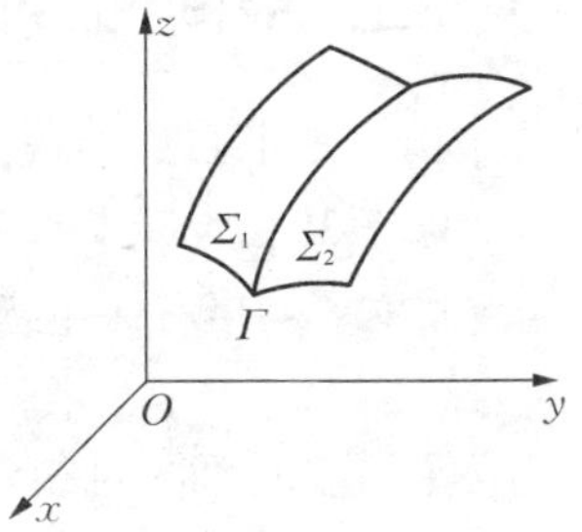

图 7-50

若点 M 不在曲线 Γ 上, 则它不可能同时在两个曲面上, 从而它的坐标不满足方程组(7-45). 因此, 方程组(7-45)就是曲线 Γ 的方程, 称为空间曲线的一般方程.

例 7-36　方程组 $\begin{cases} x^2+y^2=1, \\ 2x+3y+z=6 \end{cases}$ 表示怎样的曲线?

解　第一个方程表示母线平行于 z 轴的圆柱面, 其准线是 xOy 面上以原点为圆心的单位圆; 第二个方程表示在 x 轴, y 轴和 z 轴上的截距分别为 3, 2, 6 的平面. 因此, 方程组就表示上述平面与圆柱面的交线, 如图 7-51 所示.

例 7-37　方程组 $\begin{cases} x^2+y^2+z^2=a^2, \\ x^2+y^2-ax=0 \end{cases}$ 表示怎样的曲线?

解　第一个方程表示球心在原点、半径为 a 的球面; 第二个方程表示母线平行于 z 轴, 以 xOy 面上的圆 $\left(x-\dfrac{a}{2}\right)^2+y^2=\left(\dfrac{a}{2}\right)^2$ 为准线的圆柱面. 方程组就表示它们的交线, 如图 7-52 所示.

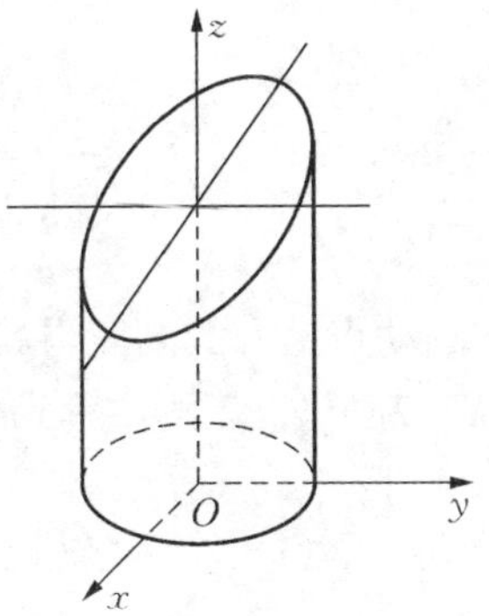

图 7-51

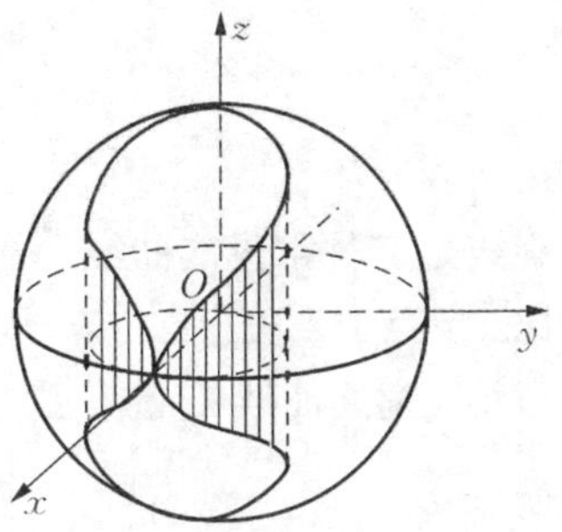

图 7-52

显然, 空间曲线的一般方程并不是唯一的, 如方程组

$$\begin{cases} x^2 + y^2 + z^2 = 25, \\ z = 3 \end{cases}$$

和

$$\begin{cases} x^2 + y^2 = 16, \\ z = 3 \end{cases}$$

均表示在平面 $z = 3$ 上的以点 $(0,0,3)$ 为圆心、半径为 4 的圆.

二、空间曲线的参数方程

如同空间直线一样，空间曲线也可用参数方程来表示.

例 7-38 设一动点 M 在圆柱面 $x^2 + y^2 = a^2$ 上以角速度 ω 绕 z 轴匀速旋转，同时又以线速度 v 沿平行于 z 轴的正方向匀速上升，该动点的轨迹称为螺旋线. 试建立螺旋线的方程.

解 取时间 t 为参数，设 $t = 0$ 时动点位于点 $A(a,0,0)$ 处，经过时间 t，运动到点 $M(x,y,z)$ 处，记它在 xOy 面上的投影为 $M'(x,y,0)$，如图 7-53 所示. 动点经时间 t 转过的角度 $\angle AOM' = \omega t$，沿 z 轴正方向上升了 vt，则螺旋线上动点 M 的坐标为

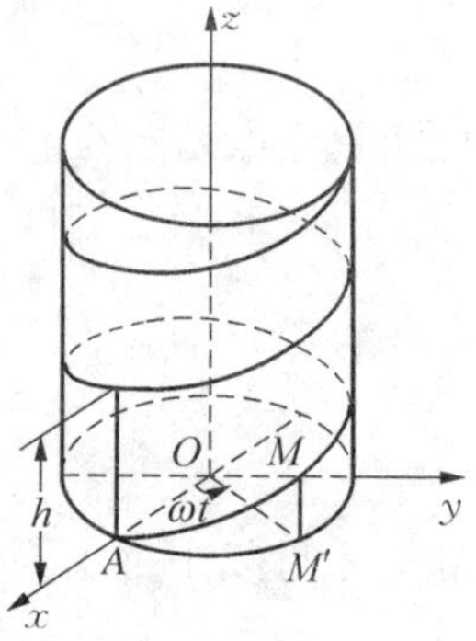

图 7-53

$$x = |OM'| \cos \angle AOM' = a \cos \omega t,$$
$$y = |OM'| \sin \angle AOM' = a \sin \omega t,$$
$$z = |M'M| = vt,$$

因此，螺旋线的参数方程为

$$\begin{cases} x = a\cos\omega t, \\ y = a\sin\omega t, \\ z = vt, \end{cases}$$

令 $\theta = \omega t$，并记 $b = \dfrac{v}{\omega}$，则螺旋线的参数方程可改写为

$$\begin{cases} x = a\cos\theta, \\ y = a\sin\theta, \\ z = b\theta. \end{cases} \tag{7-46}$$

螺旋线是一种常见的曲线. 由螺旋线的参数方程可知，动点上升的高度与其转过的角度成正比，当点 M 绕 z 轴旋转一周时，点 M 上升的高度 $h = 2\pi b$，在工程中称为螺距.

一般地，空间曲线 Γ 的参数方程为

$$\begin{cases} x = x(t), \\ y = y(t), \quad (\alpha \leqslant t \leqslant \beta). \\ z = z(t) \end{cases} \tag{7-47}$$

例 7-39　求空间曲线$\begin{cases} z=\sqrt{a^2-x^2-y^2}, \\ x^2-ax+y^2=0 \end{cases}$ $(a>0)$的参数方程.

解　第二个方程可改写成$\left(x-\dfrac{a}{2}\right)^2+y^2=\left(\dfrac{a}{2}\right)^2$，其参数方程是

$$x=\frac{a}{2}(1+\cos\theta),\quad y=\frac{a}{2}\sin\theta,$$

将其代入第一个方程，得

$$z=\frac{\sqrt{2}a}{2}\sqrt{1-\cos\theta},$$

于是，空间曲线的参数方程为

$$\begin{cases} x=\dfrac{a}{2}(1+\cos\theta), \\ y=\dfrac{a}{2}\sin\theta, \\ z=\dfrac{\sqrt{2}a}{2}\sqrt{1-\cos\theta} \end{cases} \quad (0\leqslant\theta\leqslant 2\pi).$$

*三、空间曲面的参数方程

将空间曲线$\varGamma$

$$\begin{cases} x=\varphi(t), \\ y=\psi(t), \\ z=\omega(t) \end{cases} \quad (\alpha\leqslant t\leqslant\beta)$$

绕z轴旋转，所得旋转曲面的方程为

$$\begin{cases} x=\sqrt{[\varphi(t)]^2+[\psi(t)]^2}\cos\theta, \\ y=\sqrt{[\varphi(t)]^2+[\psi(t)]^2}\sin\theta, \\ z=\omega(t) \end{cases} \quad (\alpha\leqslant t\leqslant\beta, 0\leqslant\theta\leqslant 2\pi). \tag{7-48}$$

因为给定一个t，就得到曲线$\varGamma$上的一点$M_1(\varphi(t),\psi(t),\omega(t))$，点$M_1$绕$z$轴旋转，得空间的一个圆，该圆在平面$z=\omega(t)$上，点$M_1$到$z$轴的距离$d=\sqrt{[\varphi(t)]^2+[\psi(t)]^2}$为其半径，所以给定$t$的方程(7-48)就是该圆的参数方程．当$t$在$[\alpha,\beta]$内变动时，方程(7-48)就是旋转曲面的参数方程.

例如，直线$\begin{cases} x=1, \\ y=t, \\ z=2t \end{cases}$绕$z$轴旋转(图 7-54)所得旋转曲面的参数方程为

$$\begin{cases} x = \sqrt{1+t^2}\cos\theta, \\ y = \sqrt{1+t^2}\sin\theta, \\ z = 2t. \end{cases}$$

这表示一个旋转单叶双曲面，因为从上式中消去参数 t 和 θ，得到曲面的直角坐标方程为

$$x^2 + y^2 - \frac{z^2}{4} = 1.$$

又如，将 zOx 面上的半径为 R 的半圆周

$$\begin{cases} x = R\sin\varphi, \\ y = 0, \\ z = R\cos\varphi \end{cases} \quad (0 \leqslant \varphi \leqslant \pi)$$

绕 z 轴旋转所得旋转曲面是球面，如图 7-55 所示. 该球面的参数方程为

$$\begin{cases} x = R\sin\varphi\cos\theta, \\ y = R\sin\varphi\sin\theta, \\ z = R\cos\varphi \end{cases} \quad (0 \leqslant \varphi \leqslant \pi，\ 0 \leqslant \theta \leqslant 2\pi).$$

球面(如地球)上一点的位置可以用纬度、经度来表示，这里参数 φ 和 θ 的实际意义就是球面上的纬度和经度，如图 7-56 所示.

从上式中消去参数 φ 和 θ 即得球面的直角坐标方程：$x^2 + y^2 + z^2 = R^2$.

一般地，空间曲面的参数方程是含有两个参数的方程

$$\begin{cases} x = x(s,t), \\ y = y(s,t), \\ z = z(s,t). \end{cases} \tag{7-49}$$

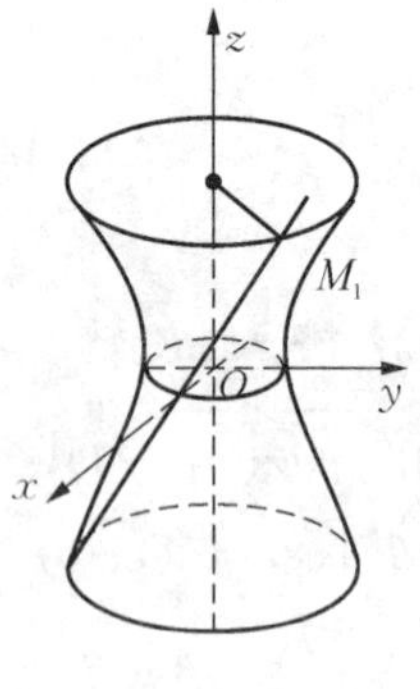

图 7-54

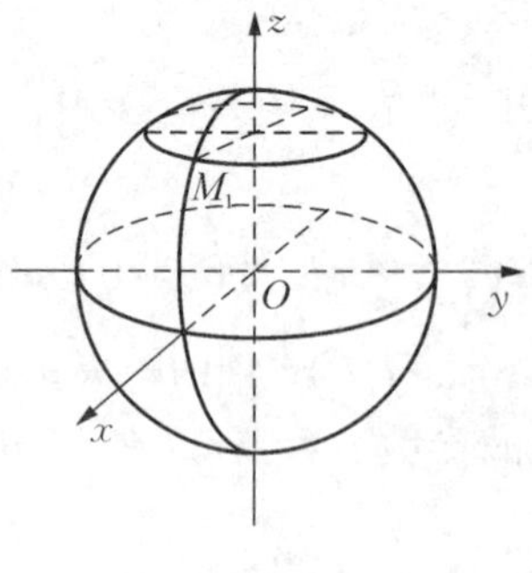

图 7-55

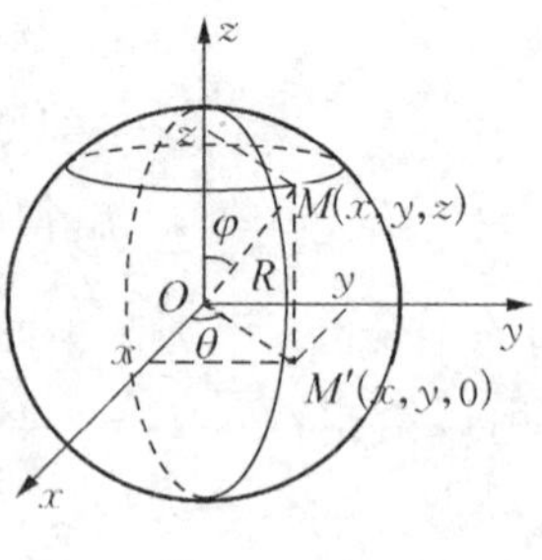

图 7-56

四、空间曲线在坐标面上的投影

先考察由方程组$\begin{cases}x^2+y^2=z,\\2x+2y-z=0\end{cases}$所表示的空间曲线$\Gamma$.

显然，曲线Γ是一个旋转抛物面与一个平面的交线. 从第二个方程解出$z=2x+2y$，将其代入第一个方程，消去变量z，可得

$$x^2+y^2-2x-2y=0,$$

即

$$(x-1)^2+(y-1)^2=2.$$

在空间中它表示母线平行于z轴的圆柱面，它与xOy面的交线就是xOy面上圆心在点$(1,1,0)$、半径为$\sqrt{2}$的圆. 显然，该圆柱面及xOy面上的这个圆与空间曲线Γ三者密切相关.

以曲线Γ为准线，母线平行于z轴的柱面称为曲线Γ关于xOy面的投影柱面，投影柱面与xOy面的交线称为空间曲线Γ在xOy面上的投影曲线，简称投影.

设空间曲线Γ的方程为

$$\begin{cases}F(x,y,z)=0,\\G(x,y,z)=0,\end{cases}$$

由该方程组消去变量z后得到方程

$$H(x,y)=0. \tag{7-50}$$

方程(7-50)表示一个母线平行于z轴的柱面. 当曲线Γ上的点M的坐标x,y,z满足方程组时，其前两个坐标x,y必满足方程(7-50)，这说明曲线Γ上的所有点都在由方程(7-50)所表示的柱面上，即该柱面必定包含曲线Γ，所以方程(7-50)表示的柱面必定包含投影柱面，而方程

$$\begin{cases}H(x,y)=0,\\z=0\end{cases} \tag{7-51}$$

所表示的曲线必定包含空间曲线Γ在xOy面上的投影.

同理，消去方程组(7-45)中的变量x或y，再分别与$x=0$或$y=0$联立，就可得到包含空间曲线Γ在yOz面或zOx面上的投影的曲线方程

$$\begin{cases}R(y,z)=0,\\x=0,\end{cases}$$

或

$$\begin{cases}T(x,z)=0,\\y=0.\end{cases}$$

关于投影曲线、投影柱面，也可以这样直观理解：空间曲线Γ上的每一点在平面

Π (如 xOy 面)上均有一个垂足(即投影点)及其相应的垂线. 由这些垂足形成的曲线就是 Γ 在 Π 上的投影曲线; 由这些垂线形成的柱面就是 Γ 在 Π 上的一个投影柱面.

例 7-40 已知两球面的方程 Σ_1: $x^2+y^2+z^2=1$ 和 Σ_2: $x^2+(y-1)^2+(z-1)^2=1$, 如图 7-57 所示, 求它们的交线 Γ 在 xOy 面上的投影方程.

解 先将两个方程相减并化简, 得

$$y+z=1,$$

再将 $z=1-y$ 代入球面 Σ_1(或 Σ_2)的方程, 即得

$$x^2+2y^2-2y=0.$$

这就是交线 Γ 关于 xOy 面的投影柱面方程, 所以两球面的交线在 xOy 面上的投影方程是

$$\begin{cases} x^2+2y^2-2y=0, \\ z=0. \end{cases}$$

在重积分和曲面积分的计算中, 常常需要确定一个空间立体或曲面在坐标面上的投影, 这时要利用投影柱面和投影曲线.

例 7-41 设一个立体由上半球面 $z=\sqrt{4-x^2-y^2}$ 和锥面 $z=\sqrt{3(x^2+y^2)}$ 所围成, 如图 7-58 所示, 求它在 xOy 面上的投影.

解 半球面和锥面的交线 Γ 为

$$\begin{cases} z=\sqrt{4-x^2-y^2}, \\ z=\sqrt{3(x^2+y^2)}. \end{cases}$$

在方程组中消去 z, 得到 $x^2+y^2=1$. 这是一个母线平行于 z 轴的圆柱面, 且恰好是交线 Γ 关于 xOy 面的投影柱面, 因此交线 Γ 在 xOy 面上的投影曲线为

$$\begin{cases} x^2+y^2=1, \\ z=0. \end{cases}$$

它是 xOy 面上的一个圆, 则所求立体在 xOy 面上的投影就是该圆在 xOy 面上所围的部分: $x^2+y^2\leqslant 1$.

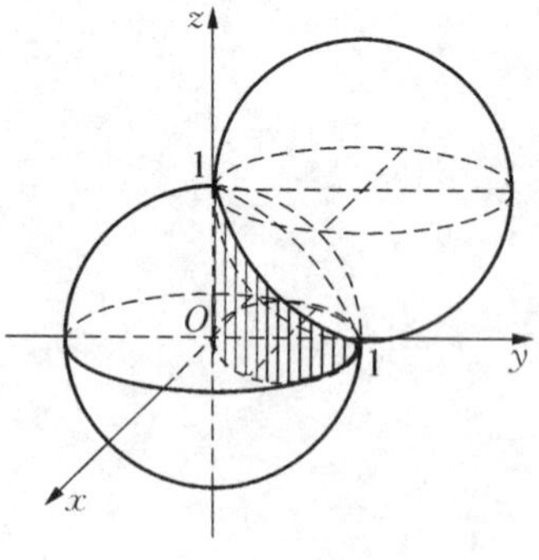

图 7-57

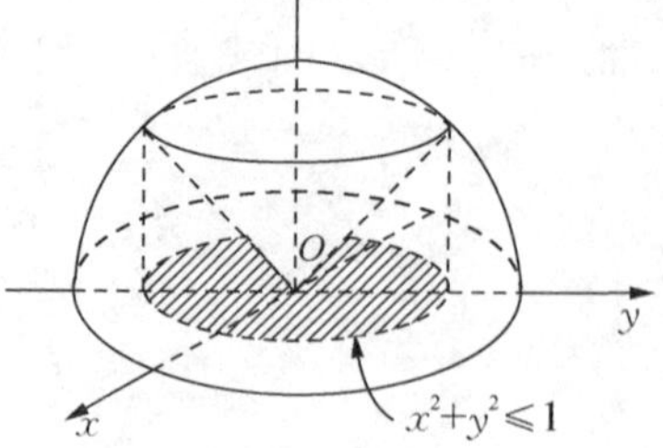

图 7-58

习　题　7-6

1. 画出下列曲线的图形.

(1) $\begin{cases} z=\sqrt{x^2+y^2}, \\ z=1; \end{cases}$　　(2) $\begin{cases} z=\sqrt{4-x^2-y^2}, \\ x-y=0; \end{cases}$

(3) $\begin{cases} z=x^2+y^2, \\ z=3; \end{cases}$　　(4) $\begin{cases} x^2+y^2=a^2, \\ x^2+z^2=a^2 \end{cases}$ (只画第 I 卦限).

2. 下列方程组在平面解析几何与空间解析几何中分别表示什么图形?

(1) $\begin{cases} y=x+1, \\ y=2x-1; \end{cases}$　　(2) $\begin{cases} x^2+2y^2=1, \\ x=1. \end{cases}$

3. 求通过曲线$\begin{cases} 2x^2+y^2+2z^2=12, \\ x^2+y^2-z^2=0, \end{cases}$且母线分别平行于 x 轴及 z 轴的柱面方程.

4. 将下列曲线的一般方程化为参数方程.

(1) $\begin{cases} x^2+y^2=1, \\ 2x+3z=6; \end{cases}$　　(2) $\begin{cases} x^2+y^2+z^2=4, \\ y=x. \end{cases}$

5. 求球面 $x^2+y^2+z^2=9$ 与平面 $x+z=1$ 的交线在 xOy 面上的投影曲线方程.

6. 求上半球面 $z=\sqrt{a^2-x^2-y^2}$ ，圆柱面 $x^2+y^2=ax\ (a>0)$ 及平面 $z=0$ 所围成的立体在 xOy 面和 zOx 面上的投影.

7. 求旋转抛物面 $z=x^2+y^2\,(0\leqslant z\leqslant 4)$ 在三个坐标面上的投影.

第七节　利用 Mathematica 绘制空间的几何图形

Mathematica 除了出色的符号计算功能外, 还具有优秀的绘图能力, 能方便地画出各种美观的曲面、曲线, 其丰富的图形表现效果能提供很好的可视化素材.

一、空间曲面的绘制

1. 绘制二元函数的图形

函数 $z=f(x,y)$ 的图形为空间曲面, 在 Mathematica 中绘制其图形的最简单的命令是 `Plot3D`, 其一般格式为

```
Plot3D[f[x, y], {x, a, b}, {y, c, d}, 选项参数]
```

其输出结果为空间曲面 $z=f(x,y)$ 在 $[a,b]\times[c,d]$ 上的图形.

例 7-42　利用 Mathematica 绘制函数 $f(x,y)=\cos(x^2+y^2)$ 的图形.

解
```
In[1]:= Plot3D[Cos[x^2+y^2], {x, -2, 2}, {y, -2, 2}]
Out[1]=
```
输出结果如图 7-59 所示.

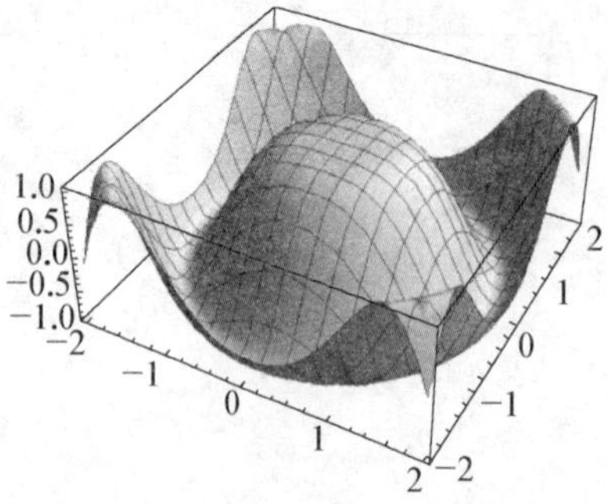

图 7-59

有时, 为了使输出的图形达到特定的效果, 可设置适当的选项参数. 下面以选项参数 PlotPoints 为例来说明, 其他选项参数可通过 Mathematica 的帮助菜单来获取相关说明. PlotPoints 指定生成图形时在每个方向上所用的点数, 其生成三维图形的默认值为 PlotPoints->15. 这种设置有时候会使图形显得不光滑, 适当增大 PlotPoints 的值就能改变所得图形的光滑性.

例 7-43 利用 Mathematica 绘制二元函数 $f(x,y)=x^2y^2\mathrm{e}^{-(x^2+y^2)}$ 的图形, 并设置不同的 PlotPoints 进行观察.

解
```
In[1]:= f[x_, y_]=x^2 y^2 Exp[-(x^2+y^2)]
```
Out[1]= $e^{-(x^2+y^2)}x^2y^2$
```
In[2]:= Plot3D[f[x, y], {x, -2, 2}, {y, -2, 2}]
Out[2]=
```
输出结果如图 7-60 所示.
```
In[3]:= Plot3D[f[x, y], {x, -2, 2}, {y, -2, 2}, PlotPoints->50]
Out[3]=
```
输出结果如图 7-61 所示.

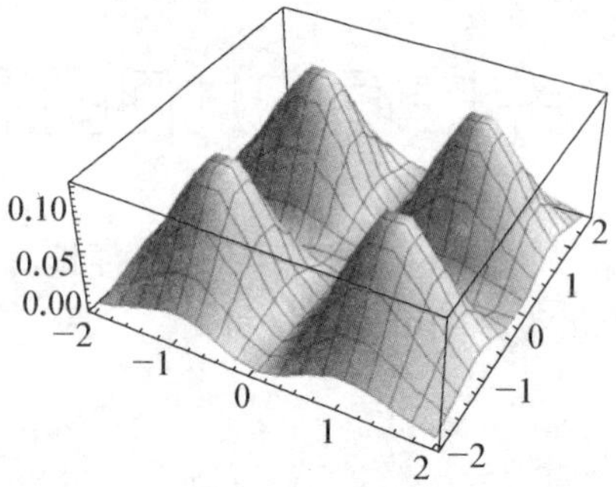

图 7-60

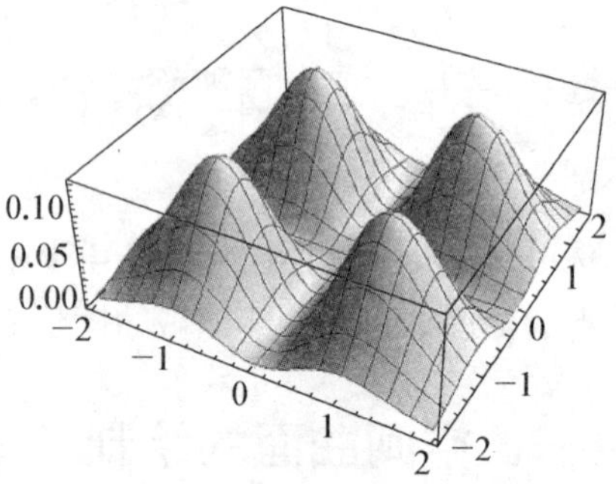

图 7-61

2. 绘制参数方程表示的曲面图形

如果空间曲面 $F(x,y,z)=0$ 可表示为参数方程, 则在 Mathematica 中绘制其图形的命令格式为

```
ParametricPlot3D[{x[s, t], y[s,t],z[s,t]},{s, s1, s2},{t, t1, t2}]
```

其输出结果为由参数方程 $x=x(s,t)$ ， $y=y(s,t)$ ， $z=z(s,t)$ 确定的空间曲面在 $[s_1,s_2]\times[t_1,t_2]$ 上的图形.

例 7-44　利用 Mathematica 绘制柱面 $x^2+y^2=1$.

解　柱面 $x^2+y^2=1$ 的参数方程为

$$\begin{cases} x=\cos\theta, \\ y=\sin\theta, \quad (0\leqslant\theta\leqslant 2\pi, -\infty<z<\infty), \\ z=z \end{cases}$$

于是

```
In[1]:= ParametricPlot3D[{Cos[θ], Sin[θ], z}, {θ, 0, 2Pi}, {z,
        -1, 1}]
Out[1]=
```

输出结果如图 7-62 所示.

例 7-45　利用 Mathematica 绘制椭球面 $\frac{x^2}{16}+\frac{y^2}{9}+\frac{z^2}{4}=1$.

解　椭球面 $\frac{x^2}{16}+\frac{y^2}{9}+\frac{z^2}{4}=1$ 的参数方程为

$$\begin{cases} x=4\cos\theta\sin\varphi, \\ y=3\sin\theta\sin\varphi, \quad (0\leqslant\theta\leqslant 2\pi, 0\leqslant\varphi\leqslant\pi), \\ z=2\cos\varphi \end{cases}$$

于是

```
In[1]:= ParametricPlot3D[{4Cos[θ]Sin[ϕ], 3Sin[θ]Sin[ϕ], 2Cos[ϕ]},
        {θ, 0, 2Pi}, {ϕ, 0, Pi}]
Out[1]=
```

输出结果如图 7-63 所示.

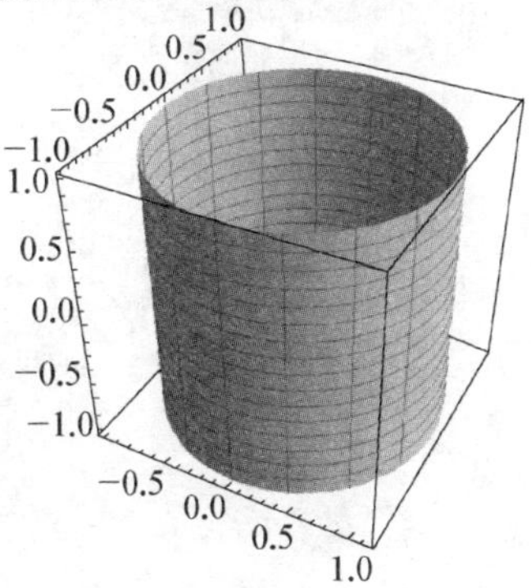

图 7-62

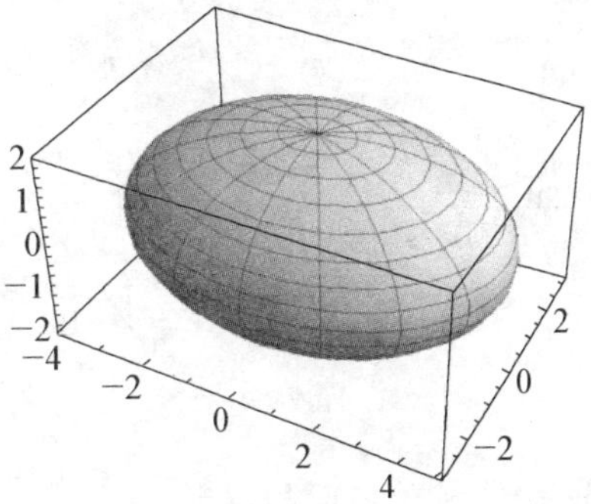

图 7-63

例 7-46　利用 Mathematica 绘制椭圆抛物面 $z=\frac{x^2}{25}+\frac{y^2}{9}$.

解　椭圆抛物面 $z=\frac{x^2}{25}+\frac{y^2}{9}$ 的参数方程为

$$\begin{cases} x = 5\sqrt{s}\cos\theta, \\ y = 3\sqrt{s}\sin\theta, \\ z = s \end{cases} \quad (0 \leqslant s < +\infty, 0 \leqslant \theta \leqslant 2\pi),$$

于是

```
In[1]:= ParametricPlot3D[{5Sqrt[s]Cos[θ], 3Sqrt[s]Sin[θ], s},
        {s, 0, 16}, {θ, 0, 2Pi}]
Out[1]=
```

输出结果如图 7-64 所示.

例 7-47 利用 Mathematica 绘制单叶双曲面 $\frac{x^2}{4}+\frac{y^2}{9}-\frac{z^2}{16}=1$.

解 单叶双曲面 $\frac{x^2}{4}+\frac{y^2}{9}-\frac{z^2}{16}=1$ 的参数方程为

$$\begin{cases} x = 2\cosh\theta\cos\varphi, \\ y = 3\cosh\theta\sin\varphi, \\ z = 4\sinh\theta \end{cases} \quad (-\infty < \theta < +\infty, 0 \leqslant \varphi \leqslant 2\pi),$$

于是

```
In[1]:= ParametricPlot3D[{2Cosh[θ]Cos[ϕ], 3Cosh[θ]Sin[ϕ],
        4Sinh[θ]}, {θ, -2, 2}, {ϕ, 0, 2Pi}]
Out[1]=
```

输出结果如图 7-65 所示.

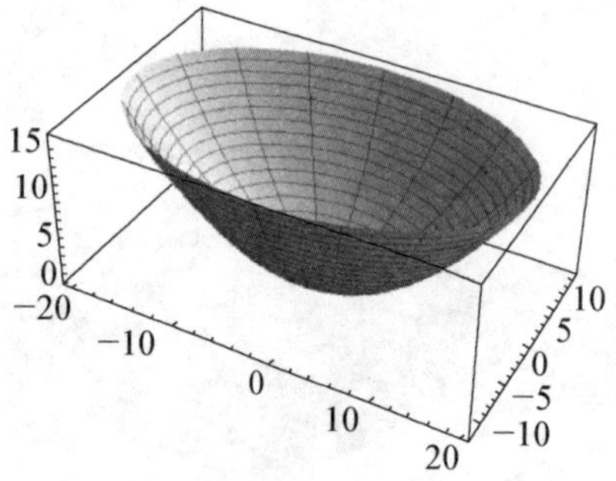

图 7-64

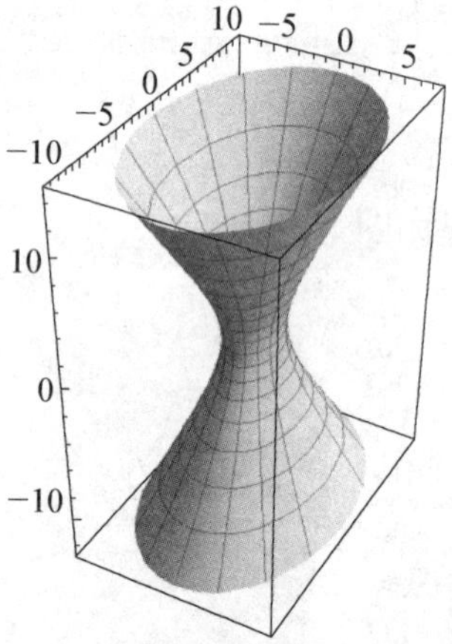

图 7-65

3. 绘制旋转曲面的图形

要绘制旋转曲面, 可先将旋转曲面方程表示为参数方程形式, 然后利用前面介绍的 `ParametricPlot3D[]` 命令绘制图形. 更为简便的方法是直接使用绘制旋转曲面的专用命令 `RevolutionPlot3D[]`, 其一般格式有

```
RevolutionPlot3D[f[x], {x, a, b}]
```

可画出 x 限定在区间 $[a,b]$ 上的曲线 f 绕 z 轴旋转所得到的旋转曲面;

```
RevolutionPlot3D[{x[t], z[t]}, {t, t1, t2}]
```

可画出由参数方程 $x=x(t)$，$z=z(t)$ $(t\in[t_1,t_2])$ 描述的空间曲线绕 z 轴旋转所得到的旋转曲面.

例 7-48　利用 Mathematica 绘制在 zOx 面上的曲线 $z=x^4-x^2$，$0\leqslant x\leqslant 1$ 绕 z 轴旋转所得到的旋转曲面.

解
```
In[1]:= RevolutionPlot3D[x^4-x^2, {x, 0, 1}]
Out[1]=
```

输出结果如图 7-66 所示.

例 7-49　利用 Mathematica 绘制 zOx 面上的曲线 $(x-2)^2+z^2=1$ 绕 z 轴旋转所得到的旋转曲面.

解　zOx 面上的曲线 $(x-2)^2+z^2=1$ 的参数方程为

$$\begin{cases}x=2+\cos\theta,\\ z=\sin\theta\end{cases}\quad(0\leqslant\theta\leqslant 2\pi),$$

于是

```
In[1]:= RevolutionPlot3D[{2+Cos[θ], Sin[θ]}, {θ, 0, 2Pi}]
Out[1]=
```

输出结果如图 7-67 所示.

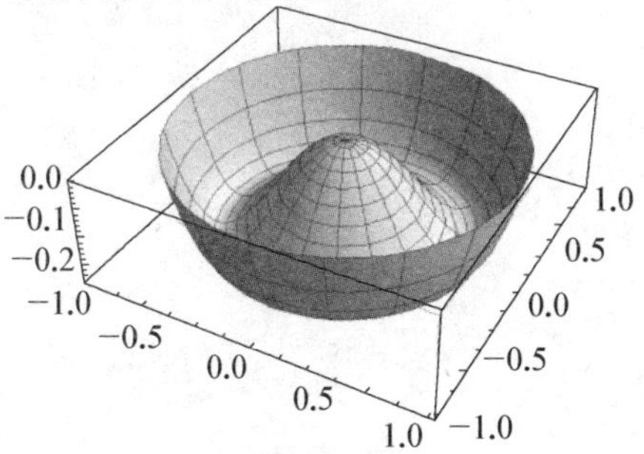

图 7-66

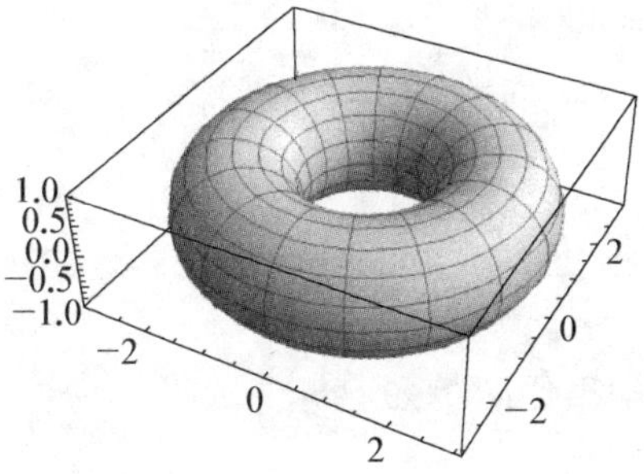

图 7-67

二、空间曲线的绘制

利用 Mathematica 绘制由参数方程 $x=x(t)$，$y=y(t)$，$z=z(t)$ 确定的空间曲线，其命令格式为

```
ParametricPlot3D[{x[t], y[t], z[t]}, {t, t1, t2}]
```

例 7-50　利用 Mathematica 绘制螺旋线 $\begin{cases}x=4\cos\theta,\\ y=4\sin\theta,\\ z=\theta.\end{cases}$

解
```
In[1]:= ParametricPlot3D[{4Cos[θ], 4Sin[θ], θ}, {θ, 0, 4Pi}]
```

Out[1]=

输出结果如图 7-68 所示.

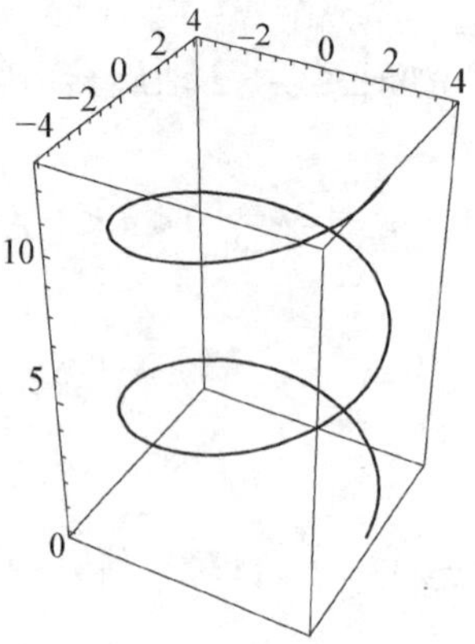

图 7-68

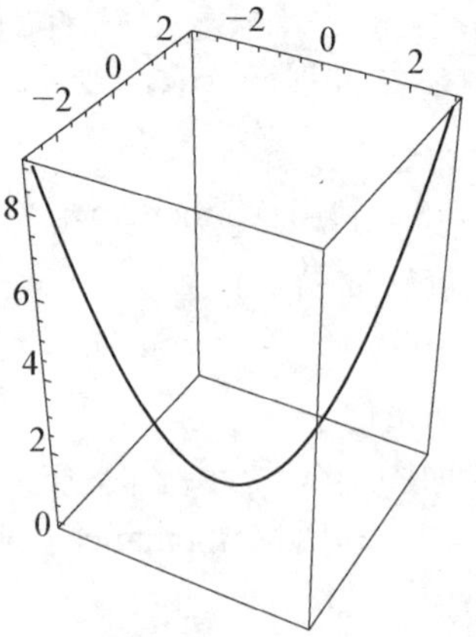

图 7-69

例 7-51 利用 Mathematica 绘制由$\begin{cases} z = x^2 - xy + y^2, \\ z = xy \end{cases}$表示的空间曲线.

解 曲线$\begin{cases} z = x^2 - xy + y^2, \\ z = xy \end{cases}$的参数方程为

$$\begin{cases} x = t, \\ y = t, \\ z = t^2, \end{cases}$$

于是

```
In[1]:= ParametricPlot3D[{t, t, t^2}, {t, -3, 3}]
Out[1]=
```

输出结果如图 7-69 所示.

例 7-52 利用 Mathematica 绘制由$\begin{cases} z = \sqrt{4 - x^2 - y^2}, \\ (x+1)^2 + y^2 = 1 \end{cases}$表示的空间曲线.

解 第一个方程表示的是半径为 2 的上半球面, 第二个方程表示的是准线为$(x+1)^2 + y^2 = 1$的圆柱面, 分别将两个方程用参数方程表示, 于是利用 Mathematica, 有

```
In[1]:=fig1=ParametricPlot3D[{2Sin[θ]Cos[ϕ], 2Sin[θ]Sin[ϕ],
        2Cos[θ]}, {θ, 0, 0.5Pi},{ϕ, 0, 2Pi}];(*绘制上半球面*)
fig2=ParametricPlot3D[{-1+Cos[θ], Sin[θ], z}, {θ, 0, 2Pi}, {z,
    0, 2}];(*绘制圆柱面*)
Show[fig1, fig2, ViewPoint->{-2, 2, 2}]
Out[1]=
```

输出结果如图 7-70 所示.

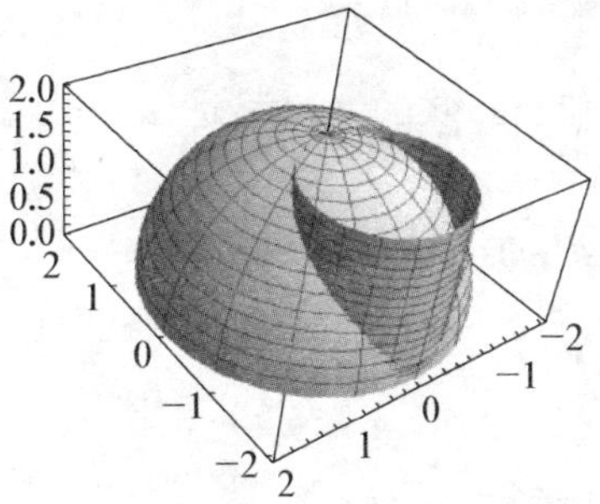

图 7-70

总习题七

1. 选择题.

(1) 设有空间三点 $M(1,-3,4)$, $N(-2,1,-1)$ 及 $P(-3,-1,1)$, 则 $\angle MNP=($　　$)$.

A. π　　B. $\frac{3\pi}{4}$　　C. $\frac{\pi}{2}$　　D. $\frac{\pi}{4}$

(2) 已知 $|\boldsymbol{a}|=1,|\boldsymbol{b}|=2$, 且 $(\widehat{\boldsymbol{a},\boldsymbol{b}})=\frac{\pi}{3}$, 则 $|\boldsymbol{a}-\boldsymbol{b}|=($　　$)$.

A. 3　　B. 1　　C. $\sqrt{3}$　　D. $\sqrt{7}$

(3) 设向量 $\boldsymbol{a}=(-1,1,2)$, $\boldsymbol{b}=(3,0,4)$, 则 $\mathrm{Prj}_{\boldsymbol{b}}\boldsymbol{a}=($　　$)$.

A. $\frac{5}{\sqrt{6}}$　　B. $-\frac{5}{\sqrt{6}}$　　C. 1　　D. -1

(4) 设三个非零向量 $\boldsymbol{a},\boldsymbol{b},\boldsymbol{c}$ 满足 $\boldsymbol{a}\times\boldsymbol{b}=\boldsymbol{a}\times\boldsymbol{c}$, 则(　　).

A. $\boldsymbol{b}=\boldsymbol{c}$　　B. $\boldsymbol{a}//(\boldsymbol{b}-\boldsymbol{c})$　　C. $\boldsymbol{a}\perp(\boldsymbol{b}-\boldsymbol{c})$　　D. $|\boldsymbol{b}|=|\boldsymbol{c}|$

(5) 已知 $|\boldsymbol{a}|=2,|\boldsymbol{b}|=3$, 且 $(\widehat{\boldsymbol{a},\boldsymbol{b}})=\frac{\pi}{3}$, 则 $|\boldsymbol{a}\times(2\boldsymbol{b}-3\boldsymbol{a})|=($　　$)$.

A. $6\sqrt{3}$　　B. 12　　C. $6\sqrt{3}-12$　　D. $6\sqrt{3}+12$

(6) 设向量 $\boldsymbol{a},\boldsymbol{b},\boldsymbol{c}$ 满足 $\boldsymbol{a}+\boldsymbol{b}+\boldsymbol{c}=\boldsymbol{0}$, 则 $\boldsymbol{a}\times\boldsymbol{b}+\boldsymbol{b}\times\boldsymbol{c}+\boldsymbol{c}\times\boldsymbol{a}=($　　$)$.

A. $\boldsymbol{0}$　　B. $\boldsymbol{a}\times\boldsymbol{b}\times\boldsymbol{c}$　　C. $3(\boldsymbol{a}\times\boldsymbol{b})$　　D. $\boldsymbol{b}\times\boldsymbol{c}$

(7) 直线 $\begin{cases}x+2y=1,\\2y+z=1\end{cases}$ 与直线 $\frac{x}{1}=\frac{y-1}{0}=\frac{z-1}{-1}$ 的位置关系是(　　).

A. 平行　　B. 重合

C. 垂直　　D. 既不平行也不垂直

(8) 下列直线中平行于 xOy 面的是(　　).

A. $\frac{x-1}{1}=\frac{y+2}{3}=\frac{z+3}{2}$　　B. $\begin{cases}4x-y-4=0,\\x-z-4=0\end{cases}$

C. $\frac{x+1}{0}=\frac{y-1}{0}=\frac{z}{1}$　　D. $x=1+2t, y=2+t, z=3$

2. 填空题.

(1) 设 $\boldsymbol{a},\boldsymbol{b},\boldsymbol{c}$ 都是单位向量，且满足 $\boldsymbol{a}+\boldsymbol{b}+\boldsymbol{c}=\boldsymbol{0}$，则 $\boldsymbol{a}\cdot\boldsymbol{b}+\boldsymbol{b}\cdot\boldsymbol{c}+\boldsymbol{c}\cdot\boldsymbol{a}=$ __________.

(2) 若 $(\boldsymbol{a}\times\boldsymbol{b})\cdot\boldsymbol{c}=2$，则 $[(\boldsymbol{a}+\boldsymbol{b})\times(\boldsymbol{b}+\boldsymbol{c})]\cdot(\boldsymbol{c}+\boldsymbol{a})=$ __________.

(3) 直线 L 在 yOz 面上的投影曲线为 $\begin{cases}2y-3z=1,\\x=0,\end{cases}$ 在 zOx 面上的投影曲线为 $\begin{cases}x+z=2,\\y=0,\end{cases}$ 则 L 在 xOy 面上的投影曲线为__________.

(4) 设直线 $\dfrac{x-1}{m}=\dfrac{y+2}{2}=\lambda(z-1)$ 与平面 $-3x+6y+3z+25=0$ 垂直，则 $m=$ __________，$\lambda=$ __________.

(5) 已知点 $A(2,3,1)$，$B(-5,4,1)$，$C(6,2,-3)$ 和 $D(5,-2,1)$，过点 A 且垂直于 B, C, D 所确定的平面的直线方程是__________.

(6) 已知球面的一条直径的两个端点为 $(2,-3,5)$ 和 $(4,1,-3)$，则该球面的方程是__________.

(7) 曲面 $z=\sqrt{x}$ 与 zOx 面的交线绕 x 轴和 z 轴旋转而成的旋转曲面方程分别为__________和__________.

3. 已知 $\triangle ABC$ 的顶点 $A(3,2,-1)$，$B(5,-4,7)$ 和 $C(-1,1,2)$，求从顶点 C 所引中线的长度.

4. 设 $|\boldsymbol{a}|=\sqrt{3}$，$|\boldsymbol{b}|=1$，$(\widehat{\boldsymbol{a},\boldsymbol{b}})=\dfrac{\pi}{6}$，求: (1) $\boldsymbol{a}+\boldsymbol{b}$ 与 $\boldsymbol{a}-\boldsymbol{b}$ 之间的夹角; (2) 以 $\boldsymbol{a}+2\boldsymbol{b}$ 与 $\boldsymbol{a}-3\boldsymbol{b}$ 为邻边的平行四边形的面积.

5. 设向量 $\boldsymbol{a}=(-1,3,2)$，$\boldsymbol{b}=(2,-3,-4)$，$\boldsymbol{c}=(-3,12,6)$，试证明三向量 $\boldsymbol{a},\boldsymbol{b},\boldsymbol{c}$ 共面，并用 $\boldsymbol{a},\boldsymbol{b}$ 表示 $\boldsymbol{c}$.

6. 求点 $A(-1,2,0)$ 在平面 $x+2y-z+3=0$ 上的投影点的坐标.

7. 求点 $A(2,3,1)$ 在直线 $\dfrac{x+7}{1}=\dfrac{y+2}{2}=\dfrac{z+2}{3}$ 上的投影点的坐标.

8. 求过点 $P_0(-1,0,4)$ 且与平面 $3x-4y+z-10=0$ 平行，又与直线 $\dfrac{x+1}{1}=\dfrac{y-3}{1}=\dfrac{z}{2}$ 相交的直线方程.

9. 求过直线 $L:\begin{cases}x+2y+z=0,\\x-z+4=0,\end{cases}$ 且与平面 $x-4y-8z+12=0$ 的夹角为 $\dfrac{\pi}{4}$ 的平面方程.

10. 求以曲线 $\begin{cases}2x^2+y^2+z^2=16,\\x^2-y^2+z^2=0\end{cases}$ 为准线，母线分别平行于 x 轴和 y 轴的柱面方程.

11. 求曲线 $\begin{cases}z=2-x^2-y^2,\\z=(x-1)^2+(y-1)^2\end{cases}$ 在三个坐标面上的投影曲线的方程.

第八章 多元函数微分法及其应用

上册中，讨论的是一元函数微分学与积分学，一元函数的自变量只有一个. 在很多实际问题中，往往需要考虑一个变量与多个变量之间的依赖关系，也就是多元函数问题. 本章将在一元函数微分学的基础上，讨论多元函数微分学，以二元函数为主，再推广到二元以上的函数.

第一节 多元函数的基本概念

一、邻域与区域

讨论一元函数的极限时用到了邻域和区间的概念. 为了讨论多元函数，需要将这些概念加以推广.

当在平面上引入一个直角坐标系后，平面上的点 P 与二元有序数组 (x, y) 之间就建立了一一对应关系，这种建立了坐标系的平面称为坐标平面. 二元有序数组 (x, y) 的全体，即 $\mathbf{R}^2=\mathbf{R}\times\mathbf{R}=\{(x,y)\,|\,x\in\mathbf{R}, y\in\mathbf{R}\}$ 就表示坐标平面，记作 xOy 平面.

1. 邻域

设 $P_0(x_0, y_0)$ 是 xOy 平面上的一点，δ 为某一正数，与 $P_0(x_0, y_0)$ 的距离小于 δ 的所有点 $P(x, y)$ 的全体称为点 $P_0(x_0, y_0)$ 的 δ 邻域，记作

$$\begin{aligned}U(P_0,\delta)&=\{P\,|\,|PP_0|<\delta\}\\&=\{(x,y)\,|\,\sqrt{(x-x_0)^2+(y-y_0)^2}<\delta\}.\end{aligned}$$

显然，在几何上，$U(P_0,\delta)$ 是指以点 $P_0(x_0, y_0)$ 为圆心、以 δ 为半径的圆的内部.

$U(P_0,\delta)$ 中去掉点 $P_0(x_0, y_0)$ 所对应的点的全体称为点 $P_0(x_0, y_0)$ 的去心 δ 邻域，记作 $\mathring{U}(P_0,\delta)$，即

$$\begin{aligned}\mathring{U}(P_0,\delta)&=\{P\,|\,0<|PP_0|<\delta\}\\&=\{(x,y)\,|\,0<\sqrt{(x-x_0)^2+(y-y_0)^2}<\delta\}.\end{aligned}$$

不强调邻域半径时，点 P_0 的邻域通常记作 $U(P_0)$；点 P_0 的去心邻域通常记作 $\mathring{U}(P_0)$.

2. 内点、外点、边界点、聚点

设 E 为 $\mathbf{R}^2$ 的一个点集，$P(x,y)$ 为 $\mathbf{R}^2$ 上的一点，若存在点 $P(x,y)$ 的一个邻域 $U(P,\delta)$，使得该邻域内的点都属于 E，即 $U(P,\delta)\subset E$，则称点 P 是 E 的内点，如图 8-1 中的点 A；若存在点 $P(x,y)$ 的一个邻域 $U(P,\delta)$，使得 $U(P,\delta)\cap E=\varnothing$，则称点 P 是 E 的外点，如图 8-1 中的点 B；若点 P 的任何一个邻域内既有属于 E 的点，又有不属于 E 的点，则称点 P 是 E 的边界点，如图 8-1 中的点 C；E 的边界点的全体称为 E 的边界，记作 ∂E；若点 P 的任何一个去心邻域内都有属于 E 的点(P 可能属于 E，也可能不属于 E)，则称点 P 是 E 的聚点.

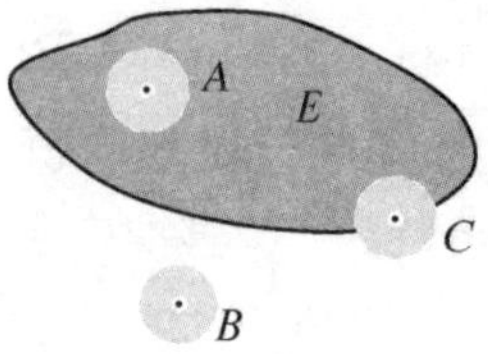

图 8-1

例如，点集 $E=\{(x,y)\,|\,4<x^2+y^2<9\}$ 中的点都是内点，也是聚点；$\{(x,y)\,|\,x^2+y^2=9\}$ 和 $\{(x,y)\,|\,x^2+y^2=4\}$ 都是点集 E 的边界点，也是聚点.

3. 开集与闭集

若点集 E 的所有点都是内点，则称 E 为开集；开集连同它的边界一起称为闭集. 例如，$\{(x,y)\,|\,4<x^2+y^2<9\}$ 为开集；$\{(x,y)\,|\,4\leqslant x^2+y^2\leqslant 9\}$ 为闭集；$\{(x,y)\,|\,4\leqslant x^2+y^2<9\}$ 既非开集又非闭集.

4. 有界集与无界集

E 为 $\mathbf{R}^2$ 的一个点集. 若存在一个正数 K，使得对于点集 E 内的任何一个点 $P(x,y)$，都有 $|OP|=\sqrt{x^2+y^2}\leqslant K$，则称 E 为有界集；否则，称 E 为无界集.

例如，$\{(x,y)\,|\,4<x^2+y^2<9\}$ 为有界开集；$\{(x,y)\,|\,4\leqslant x^2+y^2\leqslant 9\}$ 为有界闭集；$\{(x,y)\,|\,x^2-y<0\}$ 为无界开集.

5. 点集的连通性、区域与闭区域

E 为 $\mathbf{R}^2$ 的一个非空点集，若对于 E 的任意两点 P_1,P_2，都可用折线连接起来，并且该折线上的点都属于 E，则称点集 E 是连通的，如图 8-2 所示. 连通的开集称为区域(或开区域)；开区域连同它的边界称为闭区域.

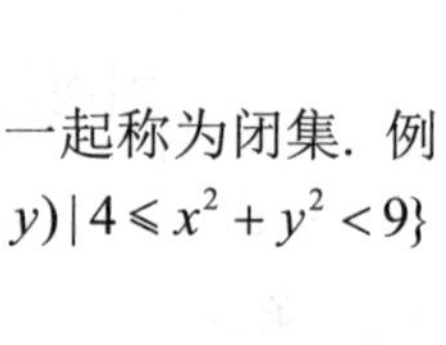

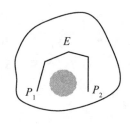

图 8-2

例如，$\{(x,y)\,|\,x^2+y^2<9\}$ 为开区域；$\{(x,y)\,|\,x^2+y^2\leqslant 9\}$ 为闭区域；$\{(x,y)\,\|\,x|>3, y\in\mathbf{R}\}$ 不是区域.

类似地，可以将以上概念推广到 $\mathbf{R}^n$①中. 例如，$\mathbf{R}^n$ 中点 P_0 的 δ

① $\mathbf{R}^n=\{(x_1,x_2,\cdots,x_n)\,|\,x_i\in\mathbf{R}\}$.

邻域是指与点 P_0 的距离小于 δ 的点的集合，即 $U(P_0,\delta)=\{P\in\mathbf{R}^n \mid |PP_0|<\delta\}$.

二、多元函数的概念

在实际问题中，常常会涉及多个变量之间的相互依赖问题. 例如，圆锥体的体积 V 与底面半径 r 和高 h 有关；又如，三角形的面积 S 和它的三个边 a,b,c 都有关系.

一般地，一元函数的有关性质与二元函数的有关性质有一些本质区别，但从二元函数到三元及以上的函数时，则往往可以类推. 为此，本节重点介绍二元函数及其性质.

定义 8-1　设 D 是 $\mathbf{R}^2$ 中的一个非空点集，从 D 到实数集 $\mathbf{R}$ 的映射 f 称为定义在 D 上的二元函数，记为

$$z=f(x,y)\quad ((x,y)\in D),$$

或写成“点函数”的形式

$$z=f(P)\quad (P\in D),$$

其中，变量 x 和 y 称为自变量，D 称为函数的定义域. 全体函数值组成的集合 $f(D)=\{z\,|\,z=f(x,y),(x,y)\in D\}$ 称为函数 $f(x,y)$ 的值域.

类似地，可以定义 $n\,(n\geqslant 3)$ 元函数，二元及二元以上的函数统称为多元函数.

在空间直角坐标系 $Oxyz$ 中，对于定义域 D 内的任何一个点 $P(x,y)$，根据函数关系 $z=f(x,y)$，就有空间中一点 $M(x,y,f(x,y))$ 与之对应. 在空间中，点集

$$\{(x,y,z)\,|\,z=f(x,y),(x,y)\in D\}$$

称为函数 $z=f(x,y)$ 的图形. 二元函数的图形通常表示空间中的一张曲面，并且该曲面在 xOy 坐标面上的投影就是函数 $z=f(x,y)$ 的定义域，如图 8-3 所示.

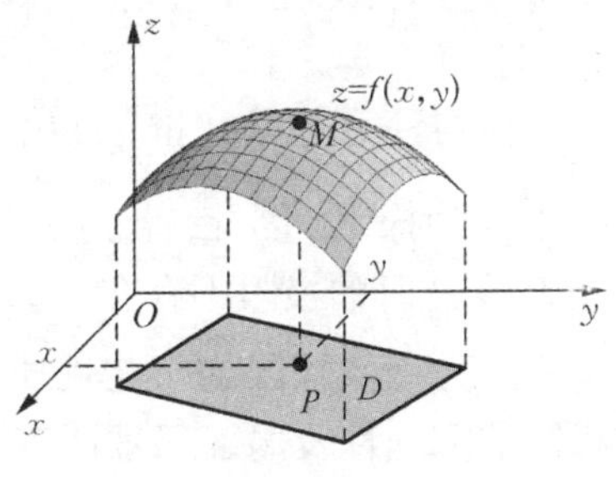

图 8-3

例如，函数 $z=\sqrt{4-x^2-y^2}$ 表示的几何图形是以原点为球心、以 2 为半径的上半球面，其定义域为 $D=\{(x,y)\,|\,x^2+y^2\leqslant 4\}$. 与一元函数一样，如果二元函数是解析表达式给出的，那么，函数的定义域就是使得表达式有意义的点所构成的集合，称这样的定义域为自然定义域.

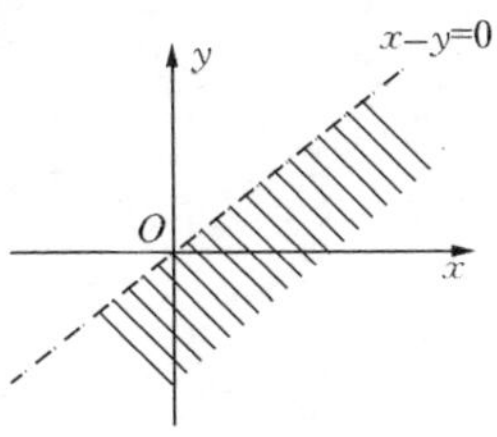

图 8-4

例如，函数 $z=\ln(x-y)$ 的定义域为 $\{(x,y)\,|\,x-y>0\}$，如图 8-4 所示；函数 $f(x,y)=\dfrac{\arcsin(3-x^2-y^2)}{\sqrt{x-y^2}}$ 的定义域为 $\{(x,y)\,|\,2\leqslant x^2+y^2\leqslant 4,\ x>y^2\}$，如图 8-5 所示；函数 $u=\arcsin(x^2+y^2+z^2)$ 的定义域为 $\{(x,y,z)\,|\,x^2+y^2+z^2\leqslant 1\}$，如图 8-6 所示.

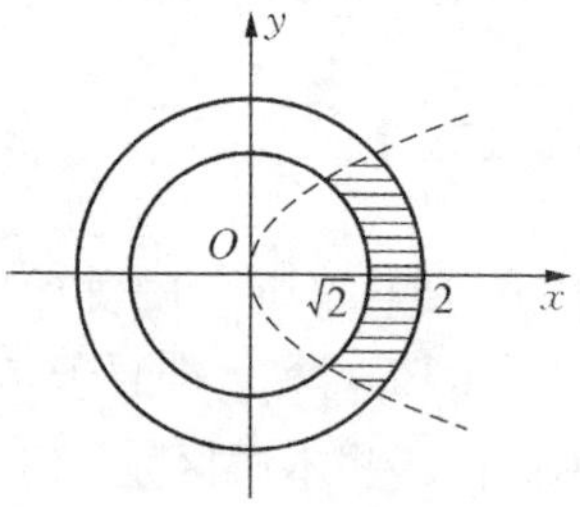

图 8-5

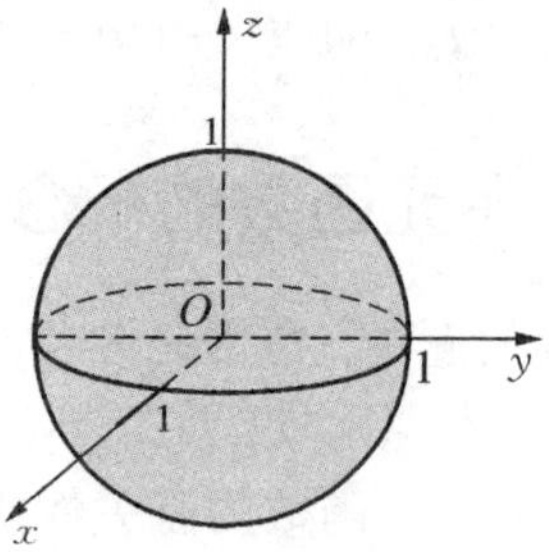

图 8-6

三、二元函数的极限

设函数 $f(x,y)$ 在点 $P_0(x_0,y_0)$ 的去心邻域内有定义，若当 $P(x,y)\to P_0(x_0,y_0)$ 时，对应的函数值无限接近于一个确定的常数 A，则称 A 是函数 $f(x,y)$ 当 $(x,y)\to(x_0,y_0)$ 时的极限. 与一元函数极限的严格定义类似，下面给出二元函数极限的概念.

定义 8-2　设 $P_0(x_0,y_0)$ 为二元函数 $z=f(x,y)$ 定义域 D 的聚点，A 为常数，如果对于任意的 $\varepsilon>0$，总存在 $\delta>0$，使得当点 $P(x,y)\in D\cap\mathring{U}(P_0,\delta)$ 时，恒有 $|f(x,y)-A|<\varepsilon$ 成立，则称常数 A 为函数 $f(x,y)$ 当 $(x,y)\to(x_0,y_0)$ (或 $x\to x_0$, $y\to y_0$)时的极限，记为 $\lim\limits_{(x,y)\to(x_0,y_0)}f(x,y)=A$ 或 $\lim\limits_{\substack{x\to x_0\\y\to y_0}}f(x,y)=A$，也可以写成点函数的形式，即 $\lim\limits_{P\to P_0}f(P)=A$.

值得注意的是，$\lim\limits_{P\to P_0}f(P)=A$ 是指点 P 沿着任意不同路径趋于点 P_0 时，函数 $f(P)$ 都以 A 为极限. 因此，若点 P 沿着不同的路径趋于点 P_0，$f(P)$ 的极限不同，则称 $f(P)$ 当 $P\to P_0$ 时的极限不存在.

一元函数极限的一些性质和运算法则，二元函数极限也同样具有. 例如，二元函数极限的唯一性及局部保号性等；二元函数极限的四则运算法则、复合函数的极限运算法则、夹逼准则等.

例 8-1　计算 $\lim\limits_{(x,y)\to(0,2)}\dfrac{\sin(xy)}{x}$.

解　当 $(x,y)\to(0,2)$ 时，$xy\to 0$，因此，

$$\lim_{(x,y)\to(0,2)}\frac{\sin(xy)}{x}=\lim_{(x,y)\to(0,2)}\frac{\sin(xy)}{xy}y=\lim_{(x,y)\to(0,2)}y=2.$$

例 8-2　已知

$$f(x,y)=\begin{cases}\dfrac{xy}{x^2+y^2}, & x^2+y^2\neq 0,\\ 0, & x^2+y^2=0,\end{cases}$$

求 $\lim\limits_{(x,y)\to(0,0)}f(x,y)$.

解　当 (x,y) 沿着斜率为 k 的直线趋于 $(0,0)$，即 $y=kx$，$x\to 0$ 时，

$$\lim_{\substack{(x,y)\to(0,0)\\ y=kx}} \frac{xy}{x^2+y^2} = \lim_{x\to 0} \frac{kx^2}{x^2+k^2x^2} = \frac{k}{1+k^2}.$$

显然，它随着k值的不同而改变，因此，$\lim\limits_{(x,y)\to(0,0)} f(x,y)$不存在.

例 8-3　已知

$$f(x,y)=\begin{cases}\dfrac{xy^2}{x^2+y^2}, & x^2+y^2\neq 0,\\ 0, & x^2+y^2=0,\end{cases}$$

求$\lim\limits_{(x,y)\to(0,0)} f(x,y)$.

解　由$2|xy|\leqslant x^2+y^2$可知，$\dfrac{xy}{x^2+y^2}$在点$(0,0)$的某去心邻域内是有界量，即$\left|\dfrac{xy}{x^2+y^2}\right|\leqslant\dfrac{1}{2}$，而$y$是当$(x,y)\to(0,0)$时的无穷小量，即$\lim\limits_{(x,y)\to(0,0)} y=0$，因此，由无穷小量与有界量的乘积仍为无穷小量可知

$$\lim_{(x,y)\to(0,0)} \frac{xy^2}{x^2+y^2}=0,$$

即

$$\lim_{(x,y)\to(0,0)} f(x,y)=0.$$

四、二元函数的连续性

定义 8-3　设二元函数$z=f(x,y)$的定义域是D，$P_0(x_0,y_0)$为D的聚点且$P_0\in D$，若$\lim\limits_{(x,y)\to(x_0,y_0)} f(x,y)=f(x_0,y_0)$，则称$z=f(x,y)$在点$P_0(x_0,y_0)$处连续，否则，称$z=f(x,y)$在点$P_0(x_0,y_0)$处间断(不连续).

由定义 8-3 及例 8-2 和例 8-3 的结果可知，函数

$$f(x,y)=\begin{cases}\dfrac{xy^2}{x^2+y^2}, & x^2+y^2\neq 0,\\ 0, & x^2+y^2=0\end{cases}$$

在点$(0,0)$处连续，而函数

$$f(x,y)=\begin{cases}\dfrac{xy}{x^2+y^2}, & x^2+y^2\neq 0,\\ 0, & x^2+y^2=0\end{cases}$$

在点$(0,0)$处不连续，因为该函数当$(x,y)\to(0,0)$时的极限不存在.

若二元函数$z=f(x,y)$在开(闭)区域E内的每一点处都连续，则称函数$z=f(x,y)$在E内连续，也称$z=f(x,y)$是E内的连续函数.

与一元初等函数一样，二元初等函数 $z=f(x,y)$ 是由常数、x 的基本初等函数和 y 的基本初等函数经过有限次四则运算与有限次复合运算而构成的，并能用一个数学式子表示的函数. 例如，$\ln(x+y)$，$\dfrac{xy}{x^2+y^2}$，$\sin\sqrt{xy}$，$\arccos\dfrac{x}{y}$ 等都是二元初等函数.

可以证明：一切二元初等函数在其定义区域内连续. 定义区域是指包含在自然定义域内的区域或闭区域.

求多元初等函数 $f(P)$ 当 $P\to P_0$ 时的极限，若 P_0 是函数定义区域内的点，则由函数的连续性可知，其极限值就等于函数 $f(P)$ 在点 P_0 处的函数值，即

$$\lim_{P\to P_0} f(P)=f(P_0).$$

例 8-4 求 $\lim\limits_{\substack{x\to 0\\ y\to 0}}\dfrac{e^{xy}\cos y}{1+x-2y}$.

解 因为函数 $f(x,y)=\dfrac{e^{xy}\cos y}{1+x-2y}$ 是初等函数，它的定义域为 $D=\{(x,y)\mid 1+x-2y\neq 0\}$，点 $P_0(0,0)$ 为 D 的内点，所以

$$\lim_{\substack{x\to 0\\ y\to 0}}\frac{e^{xy}\cos y}{1+x-2y}=f(0,0)=1.$$

例 8-5 求 $\lim\limits_{\substack{x\to 0\\ y\to 2}}\dfrac{\sqrt{xy+4}-2}{xy}$.

解 $\lim\limits_{\substack{x\to 0\\ y\to 2}}\dfrac{\sqrt{xy+4}-2}{xy}=\lim\limits_{\substack{x\to 0\\ y\to 2}}\dfrac{1}{\sqrt{xy+4}+2}=\dfrac{1}{4}$.

与闭区间上一元连续函数的性质类似，下面不加证明地给出有界闭区域上二元连续函数的性质.

性质 8-1 (最大值最小值定理) 若函数 $f(x,y)$ 在有界闭区域 D 上连续，则 $f(x,y)$ 在 D 上必有最大值 M 和最小值 m.

性质 8-2 (有界性定理) 若函数 $f(x,y)$ 在有界闭区域 D 上连续，则 $f(x,y)$ 在 D 上一定有界.

性质 8-3 (介值定理) 若函数 $f(x,y)$ 在有界闭区域 D 上连续，M 和 m 分别是 $f(x,y)$ 在 D 上的最大值和最小值，则对于任意 $c\in[m,M]$，至少存在一点 $(\xi,\eta)\in D$，使得 $f(\xi,\eta)=c$.

习 题 8-1

1. 设 $f(x+y,x-y)=x^2-xy+y^2$，求 $f(x,y)$.

2. 求下列函数的定义域，并画出定义域的图形.

(1) $z=\dfrac{\sqrt{x+y}}{\sqrt{x-y}}$； (2) $z=\dfrac{\sqrt{4x-y^2}}{\ln(2-x^2-y^2)}$；

(3) $z=\arccos(x-y)$；　　(4) $z=\sqrt{x^2+y^2-2x}+\ln(4-x^2-y^2)$；

(5) $z=\ln(y-x)+\dfrac{\sqrt{x}}{\sqrt{1-x^2-y^2}}$；　　(6) $z=\sqrt{1-\dfrac{x^2}{4}-\dfrac{y^2}{9}}$.

3. 已知函数 $z=x+3y+f(x-2y)$，当 $y=0$ 时，$z=3x$，求函数 $f(x)$ 的表达式，并用 x 和 y 直接表示 z.

4. 求下列函数的极限.

(1) $\lim\limits_{\substack{x\to1\\y\to0}}\dfrac{\ln(x+e^y)}{\sqrt{x^2+y^2}}$；　　(2) $\lim\limits_{\substack{x\to3\\y\to0}}\dfrac{\tan(xy)}{y}$；　　(3) $\lim\limits_{\substack{x\to0\\y\to4}}\dfrac{xy}{\sqrt{xy+9}-3}$；

(4) $\lim\limits_{\substack{x\to0\\y\to0}}\left(x\sin\dfrac{1}{y}+y\sin\dfrac{1}{x}\right)$；　　(5) $\lim\limits_{\substack{x\to0\\y\to2}}\left(1+\dfrac{x}{y}\right)^{\frac{2}{x}}$；　　(6) $\lim\limits_{\substack{x\to0\\y\to0}}\dfrac{1-\cos(x^2+y^2)}{x^2+y^2}$.

5. 证明下列函数的极限不存在.

(1) $\lim\limits_{\substack{x\to0\\y\to0}}\dfrac{x+y}{3x-2y}$；　　(2) $\lim\limits_{\substack{x\to0\\y\to0}}\dfrac{x^2y^2}{x^2y^2+(x-y)^2}$；　　(3) $\lim\limits_{\substack{x\to0\\y\to0}}\dfrac{x^2y^4}{(x+y^2)^4}$.

6. 指出下列函数在何处间断.

(1) $z=\dfrac{x+y}{1-x^2-y^2}$；　　(2) $z=\dfrac{x^2+2y}{y^2-2x}$.

第二节　偏　导　数

一、偏导数的定义及其计算方法

一元函数的导数是函数增量与自变量增量之比的极限，它表示函数的变化率. 对于多元函数来说，自变量不止一个，如果只有一个自变量变化而其他变量保持不变，这时所对应的函数增量称为函数的偏增量. 例如，函数 $z=f(x,y)$，变量 y 不变时对应的增量 $f(x_0+\Delta x,y_0)-f(x_0,y_0)$ 称为函数在点 (x_0,y_0) 处关于变量 x 的偏增量，记作 $\Delta_x z$，即

$$\Delta_x z=f(x_0+\Delta x,y_0)-f(x_0,y_0).$$

当考虑多元函数的偏增量与相应自变量增量之比的极限时，就可以得到函数关于相应自变量的变化率，即偏导数.

定义 8-4　函数 $z=f(x,y)$ 在点 (x_0,y_0) 的某邻域内有定义，如果

$$\lim_{\Delta x\to0}\frac{\Delta_x z}{\Delta x}=\lim_{\Delta x\to0}\frac{f(x_0+\Delta x,y_0)-f(x_0,y_0)}{\Delta x}$$

存在，则称此极限为函数 $f(x,y)$ 在点 (x_0,y_0) 处对变量 x 的偏导数，记作

$$\left.\frac{\partial z}{\partial x}\right|_{(x_0,y_0)},\quad \left.\frac{\partial f}{\partial x}\right|_{(x_0,y_0)},\quad z_x(x_0,y_0),\quad f_x(x_0,y_0),\quad f_1'(x_0,y_0).$$

类似地，函数 $z=f(x,y)$ 在点 (x_0,y_0) 的某邻域内有定义，若

$$\lim_{\Delta y\to 0}\frac{\Delta_y z}{\Delta y}=\lim_{\Delta y\to 0}\frac{f(x_0,y_0+\Delta y)-f(x_0,y_0)}{\Delta y}$$

存在，则称此极限为函数 $f(x,y)$ 在点 (x_0,y_0) 处对变量 y 的偏导数，记作

$$\left.\frac{\partial z}{\partial y}\right|_{(x_0,y_0)},\quad \left.\frac{\partial f}{\partial y}\right|_{(x_0,y_0)},\quad z_y(x_0,y_0),\quad f_y(x_0,y_0),\quad f_2'(x_0,y_0).$$

如果函数 $z=f(x,y)$ 在某个区域 D 内的每一点 $P(x,y)$ 处对 x 的偏导数都存在，那么这个偏导数仍是变量 x 和 y 的函数，该函数称为 $z=f(x,y)$ 对自变量 x 的偏导函数，记作

$$\frac{\partial z}{\partial x},\quad \frac{\partial f}{\partial x},\quad z_x,\quad f_x,\quad f_1'.$$

类似地，可以定义函数 $z=f(x,y)$ 对自变量 y 的偏导函数，记作

$$\frac{\partial z}{\partial y},\quad \frac{\partial f}{\partial y},\quad z_y,\quad f_y,\quad f_2'.$$

在不引起混淆的情况下，偏导函数也简称为偏导数.

显然，函数 $f(x,y)$ 在点 (x_0,y_0) 处的偏导数就是其相应的偏导函数在点 (x_0,y_0) 处的函数值.

由定义 8-4 可知，函数 $z=f(x,y)$ 在点 (x,y) 处对 x 的偏导数，是将函数 $z=f(x,y)$ 中的变量 y 看成常数，然后对变量 x 求导；而函数 $z=f(x,y)$ 在点 (x,y) 处对 y 的偏导数，是将函数 $z=f(x,y)$ 中的变量 x 看成常数，然后对变量 y 求导.

例 8-6 求函数 $z=\mathrm{e}^{2\sin x-3y}$ 在点 $\left(\frac{\pi}{6},1\right)$ 处的偏导数.

解 将 y 视为常数，对 x 求导得

$$\frac{\partial z}{\partial x}=\mathrm{e}^{2\sin x-3y}\cdot 2\cos x,$$

将 x 视为常数，对 y 求导得

$$\frac{\partial z}{\partial y}=\mathrm{e}^{2\sin x-3y}\cdot(-3),$$

所以

$$\left.\frac{\partial z}{\partial x}\right|_{\left(\frac{\pi}{6},1\right)}=\frac{\sqrt{3}}{\mathrm{e}^2},\qquad \left.\frac{\partial z}{\partial y}\right|_{\left(\frac{\pi}{6},1\right)}=-\frac{3}{\mathrm{e}^2}.$$

例 8-7 设 $z=y^x\ (y>0,\ y\neq 1)$，证明

$$\frac{1}{\ln y}\frac{\partial z}{\partial x}+\frac{y}{x}\frac{\partial z}{\partial y}=2z.$$

证 因为

$$\frac{\partial z}{\partial x}=y^x\ln y,\qquad \frac{\partial z}{\partial y}=xy^{x-1},$$

所以

$$\frac{1}{\ln y}\frac{\partial z}{\partial x}+\frac{y}{x}\frac{\partial z}{\partial y}=\frac{1}{\ln y}y^x\ln y+\frac{y}{x}xy^{x-1}$$
$$=2y^x=2z.$$

偏导数的概念可以推广到三元及三元以上的函数. 例如, 三元函数 $u=f(x,y,z)$, 它在点 (x,y,z) 处关于变量 y 的偏导数为

$$\frac{\partial u}{\partial y}=\lim_{\Delta y\to 0}\frac{f(x,y+\Delta y,z)-f(x,y,z)}{\Delta y}.$$

同样, 求三元函数关于变量 y 的偏导数时, 也是把函数中的变量 x 和 z 看成常数而对变量 y 求导.

例 8-8　已知理想气体状态方程为 $PV=RT$ (R 为常数), 证明

$$\frac{\partial P}{\partial V}\cdot\frac{\partial V}{\partial T}\cdot\frac{\partial T}{\partial P}=-1.$$

证　因为

$$P=\frac{RT}{V},\qquad V=\frac{RT}{P},\qquad T=\frac{PV}{R},$$

则

$$\frac{\partial P}{\partial V}=-\frac{RT}{V^2},\qquad \frac{\partial V}{\partial T}=\frac{R}{P},\qquad \frac{\partial T}{\partial P}=\frac{V}{R},$$

所以

$$\frac{\partial P}{\partial V}\cdot\frac{\partial V}{\partial T}\cdot\frac{\partial T}{\partial P}=-\frac{RT}{V^2}\cdot\frac{R}{P}\cdot\frac{V}{R}$$
$$=-\frac{RT}{PV}=-1.$$

例 8-8 表明, 偏导数的记号 $\frac{\partial P}{\partial V}$, $\frac{\partial V}{\partial T}$ 与 $\frac{\partial T}{\partial P}$ 是一个整体, 而不像一元函数的导数 $\frac{\mathrm{d}y}{\mathrm{d}x}$ 可以看成分子和分母之商.

二、偏导数的几何意义

设函数 $z=f(x,y)$ 在点 (x_0,y_0) 处的偏导数存在, $M_0(x_0,y_0,f(x_0,y_0))$ 是曲面 $z=f(x,y)$ 上与点 (x_0,y_0) 对应的点, 平面 $y=y_0$ 与曲面 $z=f(x,y)$ 相交得到一曲线, 其方程为

$$\begin{cases}z=f(x,y),\\ y=y_0.\end{cases}$$

因为函数 $z=f(x,y)$ 在点 (x_0,y_0) 处对 x 的偏导数就是一元函数 $z=f(x,y_0)$ 对 x 的导数, 所以由导数的几何意义可知: $f_x(x_0,y_0)$ 在几何上表示空间曲线 $\begin{cases}z=f(x,y),\\ y=y_0\end{cases}$ 在点 M_0 处的切线关于 x 轴的斜率.

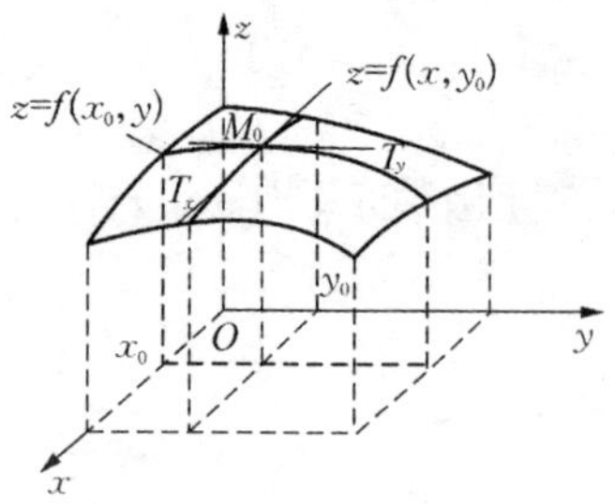

图 8-7

同样，$f_y(x_0, y_0)$ 在几何上表示空间曲线 $\begin{cases} z = f(x, y), \\ x = x_0 \end{cases}$ 在点 M_0 处的切线关于 y 轴的斜率，如图 8-7 所示.

在一元函数中，若 $f(x)$ 在点 x 处可导，则函数 $f(x)$ 在点 x 处一定连续. 然而，由定义 8-4 可知，如果二元函数 $z = f(x, y)$ 在点 (x_0, y_0) 处的偏导数存在，只能说明函数在点 (x_0, y_0) 处沿平行于坐标轴的方向是连续的，并不能保证函数在该点连续.

例 8-9　求函数

$$f(x, y) = \begin{cases} \dfrac{xy}{x^2 + y^2}, & x^2 + y^2 \neq 0, \\ 0, & x^2 + y^2 = 0 \end{cases}$$

的偏导数.

解　当 $x^2 + y^2 \neq 0$ 时，

$$f_x(x, y) = \frac{y(x^2 + y^2) - xy \cdot 2x}{(x^2 + y^2)^2} = \frac{y(y^2 - x^2)}{(x^2 + y^2)^2},$$

$$f_y(x, y) = \frac{x(x^2 + y^2) - xy \cdot 2y}{(x^2 + y^2)^2} = \frac{x(x^2 - y^2)}{(x^2 + y^2)^2}.$$

当 $x^2 + y^2 = 0$ 时，

$$f_x(0,0) = \lim_{x \to 0} \frac{f(x,0) - f(0,0)}{x} = \lim_{x \to 0} \frac{0 - 0}{x} = 0,$$

同理，

$$f_y(0, 0) = 0.$$

因此，

$$f_x(x, y) = \begin{cases} \dfrac{y(y^2 - x^2)}{(x^2 + y^2)^2}, & x^2 + y^2 \neq 0, \\ 0, & x^2 + y^2 = 0; \end{cases}$$

$$f_y(x, y) = \begin{cases} \dfrac{x(x^2 - y^2)}{(x^2 + y^2)^2}, & x^2 + y^2 \neq 0, \\ 0, & x^2 + y^2 = 0. \end{cases}$$

由例 8-9 知，函数 $f(x, y)$ 在点 $(0,0)$ 处的两个偏导数 $f_x(0, 0)$ 和 $f_y(0, 0)$ 都存在，但由例 8-2 知，$\lim\limits_{(x,y)\to(0,0)} f(x, y)$ 不存在，则函数 $f(x, y)$ 在点 $(0,0)$ 处不连续. 可见，对于多元函数来说，即使函数在某一点的偏导数都存在，函数在该点也不一定连续.

三、高阶偏导数

与一元函数一样，如果二元函数 $z=f(x,y)$ 的偏导函数 $f_x(x,y)$ 与 $f_y(x,y)$ 对 x 和 y 的偏导数依然存在，就可以再求一次偏导数，由此而得到的偏导数称为函数 $z=f(x,y)$ 的二阶偏导数.

函数 $z=f(x,y)$ 关于 x 的二阶偏导数定义为 $\frac{\partial}{\partial x}\left(\frac{\partial z}{\partial x}\right)$，记作 $\frac{\partial^2 z}{\partial x^2}$，$\frac{\partial^2 f}{\partial x^2}$，$f_{xx}$，$z_{xx}$，$f''_{11}$.

类似地，可定义其他三个二阶偏导数，下面分别给出它们相应的记号：

$\frac{\partial}{\partial y}\left(\frac{\partial z}{\partial x}\right)$，记作 $\frac{\partial^2 z}{\partial x\partial y}$，$\frac{\partial^2 f}{\partial x\partial y}$，$f_{xy}$，$z_{xy}$，$f''_{12}$；

$\frac{\partial}{\partial x}\left(\frac{\partial z}{\partial y}\right)$，记作 $\frac{\partial^2 z}{\partial y\partial x}$，$\frac{\partial^2 f}{\partial y\partial x}$，$f_{yx}$，$z_{yx}$，$f''_{21}$；

$\frac{\partial}{\partial y}\left(\frac{\partial z}{\partial y}\right)$，记作 $\frac{\partial^2 z}{\partial y^2}$，$\frac{\partial^2 f}{\partial y^2}$，$f_{yy}$，$z_{yy}$，$f''_{22}$.

其中，$\frac{\partial^2 z}{\partial x\partial y}$ 和 $\frac{\partial^2 z}{\partial y\partial x}$ 称为二阶混合偏导数.

二阶偏导函数的偏导数称为三阶偏导数，三阶偏导函数的偏导数称为四阶偏导数，…，$n-1$ 阶偏导函数的偏导数称为 n 阶偏导数. 相应的记号可仿照上面的记号给出.

例如，三元函数 $u=f(x,y,z)$ 的三阶偏导数有 f'''_{111}，f'''_{123}，f'''_{213} 等.

例 8-10　求函数 $z=\mathrm{e}^{ax-by}$ 的二阶偏导数.

解　函数 $z=\mathrm{e}^{ax-by}$ 的一阶偏导数为

$$\frac{\partial z}{\partial x}=a\mathrm{e}^{ax-by},\qquad \frac{\partial z}{\partial y}=-b\mathrm{e}^{ax-by},$$

因此，二阶偏导数为

$$\frac{\partial^2 z}{\partial x^2}=a^2\mathrm{e}^{ax-by},\qquad \frac{\partial^2 z}{\partial y^2}=b^2\mathrm{e}^{ax-by}$$

和

$$\frac{\partial^2 z}{\partial x\partial y}=-ab\mathrm{e}^{ax-by},\qquad \frac{\partial^2 z}{\partial y\partial x}=-ab\mathrm{e}^{ax-by}.$$

由例 8-10 可以看出，所给二元函数的两个混合偏导数相等，那么，是不是任意的多元函数，其混合偏导数都相等呢？

有兴趣的读者可以验证函数 $f(x,y)=\begin{cases} xy\dfrac{x^2-y^2}{x^2+y^2}, & x^2+y^2\neq 0,\\ 0, & x^2+y^2=0\end{cases}$ 在点 $(0,0)$ 处的二阶混合偏导数不相等.

函数满足什么条件，它的混合偏导数一定相等呢？

下面, 不加证明地给出如下定理.

定理 8-1　若函数 $z=f(x,y)$ 的两个二阶混合偏导数 $\frac{\partial^2 z}{\partial x\partial y}$ 和 $\frac{\partial^2 z}{\partial y\partial x}$ 在区域 D 内连续, 则在该区域内必有

$$\frac{\partial^2 z}{\partial x\partial y}=\frac{\partial^2 z}{\partial y\partial x}.$$

定理 8-1 说明, 若二元函数的两个二阶混合偏导数连续, 则其混合偏导数与求导次序无关. 该定理可以推广为: 高阶偏导数在连续的条件下与求导的次序无关.

因为多元初等函数的偏导数依然是多元初等函数, 所以由多元初等函数的连续性知, 多元初等函数的高阶偏导数与求导次序无关, 计算时, 可以选择一种比较容易计算的次序.

例 8-11　已知 $u=\frac{1}{r}$, 而 $r=\sqrt{x^2+y^2+z^2}$, 证明函数满足

$$\frac{\partial^2 u}{\partial x^2}+\frac{\partial^2 u}{\partial y^2}+\frac{\partial^2 u}{\partial z^2}=0.$$

证　因为

$$\frac{\partial u}{\partial x}=-\frac{1}{r^2}\frac{\partial r}{\partial x}=-\frac{1}{r^2}\frac{x}{r}=-\frac{x}{r^3},$$

所以

$$\begin{aligned}\frac{\partial^2 u}{\partial x^2}&=-\frac{1}{r^3}-x\cdot(-3r^{-4})\frac{\partial r}{\partial x}\\&=-\frac{1}{r^3}-x\cdot(-3r^{-4})\frac{x}{r}\\&=-\frac{1}{r^3}+\frac{3x^2}{r^5}.\end{aligned}$$

由函数关于自变量的对称性, 知

$$\frac{\partial^2 u}{\partial y^2}=-\frac{1}{r^3}+\frac{3y^2}{r^5},$$

$$\frac{\partial^2 u}{\partial z^2}=-\frac{1}{r^3}+\frac{3z^2}{r^5},$$

故

$$\begin{aligned}\frac{\partial^2 u}{\partial x^2}+\frac{\partial^2 u}{\partial y^2}+\frac{\partial^2 u}{\partial z^2}&=-\frac{1}{r^3}+\frac{3x^2}{r^5}-\frac{1}{r^3}+\frac{3y^2}{r^5}-\frac{1}{r^3}+\frac{3z^2}{r^5}\\&=-\frac{3}{r^3}+\frac{3(x^2+y^2+z^2)}{r^5}=0.\end{aligned}$$

例 8-11 中的方程称为拉普拉斯(Laplace)方程, 它是数学物理方程中一种很重要的方程.

在上册第二章中, 介绍了利用 Mathematica 来计算一元函数的导数及高阶导数, 这里主要介绍使用 Mathematica 计算多元函数的偏导数. 在 Mathematica 中, 计算多元函数偏

导数的命令格式有

```
D[f[x1, x2, …, xn], xi]
```

表示求函数 $f(x_1,x_2,\cdots,x_n)$ 对 x_i 的偏导数;

```
D[f[x1, x2, …, xn], {xi, n}]
```

表示求函数 $f(x_1,x_2,\cdots,x_n)$ 对 x_i 的 n 阶偏导数;

```
D[f[x1, x2, …, xn], {xi, ni}, {xj, nj}, …]
```

表示求函数 $f(x_1,x_2,\cdots,x_n)$ 对 x_i 及 x_j 的混合高阶偏导数.

例 8-12　设 $z=x^3y^2-3xy^3-xy+1$，利用 Mathematica 求 $\frac{\partial^2 z}{\partial x^2}$，$\frac{\partial^2 z}{\partial y\partial x}$，$\frac{\partial^2 z}{\partial y^2}$，$\frac{\partial^4 z}{\partial x^3\partial y}$.

解

```
In[1]:= f[x_, y_]=x^3 y^2-3x y^3-x y+1(*定义函数*)
Out[1]=1-xy+x^3y^2-3xy^3
In[2]:= D[f[x, y], {x, 2}](*求对 x 的二阶偏导数*)
Out[2]=6xy^2
In[3]:= D[f[x, y], {x, 1}, {y, 1}](*求对 x 及 y 的混合偏导数*)
Out[3]=-1+6x^2y-9y^2
In[4]:= D[f[x, y], {y, 2}](*求对 y 的二阶偏导数*)
Out[4]=2x^3-18xy
In[5]:= D[f[x, y], {x, 3}, {y, 1}](*求对 x 的三阶及对 y 的一阶混合高阶偏导数*)
Out[5]=12y
```

习　题　8-2

1. 已知 $f(x,y)=\mathrm{e}^{y^2}+(x-1)\arcsin\sqrt{x^2-y}$，求 $f_y(1,y)$.

2. 求下列函数的偏导数.

(1) $z=xy-\frac{x}{y}$;　(2) $z=\sqrt{\ln(xy)}$;　(3) $z=\frac{x^2+y^2}{xy}$;

(4) $z=\ln\sin(x-2y)$;　(5) $z=(1+xy)^x$;　(6) $u=x^{\frac{z}{y}}$;

(7) $z=\ln\tan\frac{x}{y}$;　(8) $u=\left(\frac{x}{y}\right)^z$;　(9) $z=\frac{x}{\sqrt{x^2+y^2}}$.

3. 求曲线 $\begin{cases} z=\dfrac{x^2+y^2}{4}, \\ x=0 \end{cases}$ 在点 $(0,2,1)$ 处的切线关于 y 轴的倾角.

4. 设 $z=\frac{y^2}{3x}+\varphi(xy)$，其中 $\varphi(u)$ 可导，证明 $x^2\frac{\partial z}{\partial x}+y^2=xy\frac{\partial z}{\partial y}$.

5. 设 $r=\sqrt{x^2+y^2+z^2}$，证明:

(1) $\left(\frac{\partial r}{\partial x}\right)^2+\left(\frac{\partial r}{\partial y}\right)^2+\left(\frac{\partial r}{\partial z}\right)^2=1$； (2) $\frac{\partial^2 r}{\partial x^2}+\frac{\partial^2 r}{\partial y^2}+\frac{\partial^2 r}{\partial z^2}=\frac{2}{r}$.

6. 求下列函数的二阶偏导数.

(1) $z=x\ln(x+y)$； (2) $z=\arctan\frac{y}{x}$；

(3) $z=\ln(\mathrm{e}^x+\mathrm{e}^y)$； (4) $z=x^y$.

7. 设 $z=x\ln(xy)$，求 $\frac{\partial^3 z}{\partial x^2\partial y}$ 和 $\frac{\partial^3 z}{\partial x\partial y^2}$.

8. 证明函数 $u=\varphi(x-ay)+\psi(x+ay)$ 满足方程 $a^2\frac{\partial^2 u}{\partial x^2}=\frac{\partial^2 u}{\partial y^2}$，其中 φ,ψ 二阶可导.

第三节 全 微 分

一、全微分及其计算

二元函数的偏导数是固定一个变量而对另一个变量求导，根据一元函数微分的近似计算可知

$$f(x+\Delta x,y)-f(x,y)=f_x(x,y)\Delta x+o(\Delta x),$$
$$f(x,y+\Delta y)-f(x,y)=f_y(x,y)\Delta y+o(\Delta y).$$

上面两式的左边分别是函数关于变量 x 和 y 的偏增量，右边的第一项分别称为函数关于变量 x 和 y 的偏微分.

但在实际问题中，经常会遇到二元函数的自变量同时变化带来的增量问题，即

$$\Delta z=f(x+\Delta x,y+\Delta y)-f(x,y),$$

这时的增量称为函数的全增量. 与一元函数相类似，也希望能用关于自变量的增量 Δx 和 Δy 的线性函数来近似地表示函数的全增量. 下面，先以二元函数为例进行讨论，然后再推广到三元及三元以上的函数.

定义 8-5 设函数 $z=f(x,y)$ 在点 (x,y) 的某邻域内有定义，$(x+\Delta x,y+\Delta y)$ 也在该邻域内，如果

$$\Delta z=f(x+\Delta x,y+\Delta y)-f(x,y)=A\Delta x+B\Delta y+o(\rho),$$

其中，A,B 是只与变量 x 和 y 有关，而与增量 Δx 和 Δy 无关的常数，$\rho=\sqrt{(\Delta x)^2+(\Delta y)^2}$，则称函数 $z=f(x,y)$ 在点 (x,y) 处可微，而 $A\Delta x+B\Delta y$ 称为函数 $z=f(x,y)$ 在点 (x,y) 处的全微分，记作 $\mathrm{d}z$，即

$$\mathrm{d}z=A\Delta x+B\Delta y.$$

若函数 $z=f(x,y)$ 在某一区域 D 内的每一点处都可微，则称函数 $z=f(x,y)$ 为区域 D 内的可微函数.

由本章第二节知道，函数 $z=f(x,y)$ 在点 (x,y) 处偏导数存在，并不能保证函数在该点连续. 但由定义 8-5 知，若 $z=f(x,y)$ 在点 (x,y) 处可微，则有

$$\lim_{\substack{\Delta x\to 0\\ \Delta y\to 0}}\Delta z=\lim_{\substack{\Delta x\to 0\\ \Delta y\to 0}}[f(x+\Delta x,y+\Delta y)-f(x,y)]$$

$$=\lim_{\substack{\Delta x\to 0\\ \Delta y\to 0}}[A\Delta x+B\Delta y+o(\rho)]=0$$

$$(\Delta x\to 0,\Delta y\to 0 \text{ 与 } \rho\to 0 \text{ 等价}),$$

即

$$\lim_{\substack{\Delta x\to 0\\ \Delta y\to 0}}f(x+\Delta x,y+\Delta y)=f(x,y).$$

因此，函数 $z=f(x,y)$ 在点 (x,y) 处连续.

由此可见，若函数 $z=f(x,y)$ 在点 (x,y) 处可微，则函数在点 (x,y) 处一定连续.

定理 8-2 (可微的必要条件)　若函数 $z=f(x,y)$ 在点 (x,y) 处可微，则 $z=f(x,y)$ 在点 (x,y) 处的偏导数一定存在，并且函数 $z=f(x,y)$ 在点 (x,y) 处的全微分为

$$\mathrm{d}z=\frac{\partial z}{\partial x}\Delta x+\frac{\partial z}{\partial y}\Delta y.$$

证　函数 $z=f(x,y)$ 在点 (x,y) 处可微，则

$$\Delta z=A\Delta x+B\Delta y+o(\rho),$$

于是有

$$\Delta_x z=A\Delta x+o(|\Delta x|)\quad(\Delta y=0).$$

因此，有

$$\lim_{\Delta x\to 0}\frac{\Delta_x z}{\Delta x}=\lim_{\Delta x\to 0}\left[A+\frac{o(|\Delta x|)}{\Delta x}\right]=A,$$

即函数 $z=f(x,y)$ 在点 (x,y) 处关于 x 的偏导数存在，且

$$\frac{\partial z}{\partial x}=A.$$

同理，函数 $z=f(x,y)$ 在点 (x,y) 处关于 y 的偏导数也存在，且

$$\frac{\partial z}{\partial y}=B.$$

故函数的全微分为

$$\mathrm{d}z=\frac{\partial z}{\partial x}\Delta x+\frac{\partial z}{\partial y}\Delta y.$$

与一元函数类似，在全微分中，通常将自变量的增量 Δx 和 Δy 写成相应的微分 $\mathrm{d}x$ 和 $\mathrm{d}y$，因此，函数的全微分又可写为

$$\mathrm{d}z=\frac{\partial z}{\partial x}\mathrm{d}x+\frac{\partial z}{\partial y}\mathrm{d}y. \tag{8-1}$$

式(8-1)中的 $\frac{\partial z}{\partial x}\mathrm{d}x$ 和 $\frac{\partial z}{\partial y}\mathrm{d}y$ 分别为函数关于 x 与 y 的偏微分. 因此，二元函数的全微

分等于它的两个偏微分之和，称二元函数的全微分符合叠加原理.

以上结论都可以推广到三元及三元以上的函数. 例如，三元函数 $u=f(x,y,z)$ 的全微分等于它的三个偏微分之和，即

$$\mathrm{d}u=\frac{\partial u}{\partial x}\mathrm{d}x+\frac{\partial u}{\partial y}\mathrm{d}y+\frac{\partial u}{\partial z}\mathrm{d}z.$$

一元函数可导是可微的充分必要条件. 但在二元函数中，函数 $z=f(x,y)$ 在某点的偏导数存在并不能保证函数 $z=f(x,y)$ 在该点可微，也就是说，尽管函数 $z=f(x,y)$ 在某点的两个偏导数 $\frac{\partial z}{\partial x}$ 和 $\frac{\partial z}{\partial y}$ 都存在，但 $\frac{\partial z}{\partial x}\Delta x+\frac{\partial z}{\partial y}\Delta y$ 并不一定是函数的全微分，这是因为 $\Delta z-\frac{\partial z}{\partial x}\Delta x-\frac{\partial z}{\partial y}\Delta y$ 不一定是比 ρ 高阶的无穷小.

例如，函数 $z=f(x,y)=\sqrt{|xy|}$，函数在点 $(0,0)$ 的两个偏导数为

$$f_x(0,0)=\lim_{x\to 0}\frac{\sqrt{|x\cdot 0|}-\sqrt{|0\cdot 0|}}{x}=0,\qquad f_y(0,0)=0,$$

于是

$$\Delta z-f_x(0,0)\Delta x-f_y(0,0)\Delta y=f(\Delta x+0,\Delta y+0)=\sqrt{|\Delta x\cdot\Delta y|},$$

而

$$\lim_{\substack{\Delta x\to 0\\ \Delta y=\Delta x}}\frac{\sqrt{|\Delta x\cdot\Delta y|}}{\sqrt{(\Delta x)^2+(\Delta y)^2}}=\lim_{\Delta x\to 0}\frac{\sqrt{|(\Delta x)^2|}}{\sqrt{(\Delta x)^2+(\Delta x)^2}}=\frac{1}{\sqrt{2}}\neq 0,$$

即 $\Delta z-f_x(0,0)\Delta x-f_y(0,0)\Delta y\neq o(\rho)$，所以函数在点 $(0,0)$ 处不可微.

由此可见，对于多元函数来说，偏导数存在只是函数可微的必要条件而不是充分条件，那么，函数满足什么条件一定可微呢？

定理 8-3 (可微的充分条件)　如果函数 $z=f(x,y)$ 在点 (x,y) 处两个偏导数 $f_x(x,y)$ 和 $f_y(x,y)$ 都连续，那么，函数 $z=f(x,y)$ 在点 (x,y) 处一定可微.

证　因为函数 $z=f(x,y)$ 在点 (x,y) 处两个偏导数 $f_x(x,y)$ 和 $f_y(x,y)$ 都连续，所以在点 (x,y) 的某一邻域内 $f_x(x,y)$ 和 $f_y(x,y)$ 存在.

设 $(x+\Delta x,y+\Delta y)$ 为该邻域内任意一点，则

$$\begin{aligned}\Delta z&=f(x+\Delta x,y+\Delta y)-f(x,y)\\&=[f(x+\Delta x,y+\Delta y)-f(x,y+\Delta y)]+[f(x,y+\Delta y)-f(x,y)],\end{aligned}$$

应用拉格朗日中值定理有

$$f(x+\Delta x,y+\Delta y)-f(x,y+\Delta y)=f_x(x+\theta_1\Delta x,y+\Delta y)\cdot\Delta x\quad(0<\theta_1<1),$$

又 $f_x(x,y)$ 在点 (x,y) 连续，于是

$$f_x(x+\theta_1\Delta x,y+\Delta y)=f_x(x,y)+\varepsilon_1,$$

其中 $\lim\limits_{\substack{\Delta x\to 0\\ \Delta y\to 0}}\varepsilon_1=0$，故

$$f(x+\Delta x, y+\Delta y)-f(x, y+\Delta y) = f_x(x, y)\Delta x+\varepsilon_1\cdot\Delta x.$$

同理可得

$$f(x, y+\Delta y)-f(x, y) = f_y(x, y)\Delta y+\varepsilon_2\cdot\Delta y,$$

其中 $\lim\limits_{\Delta y\to 0}\varepsilon_2=0$.

于是, 全增量可表示为

$$\Delta z=f_x(x, y)\Delta x+f_y(x, y)\Delta y+\varepsilon_1\cdot\Delta x+\varepsilon_2\cdot\Delta y,$$

而

$$\left|\frac{\varepsilon_1\Delta x+\varepsilon_2\Delta y}{\rho}\right|\leqslant|\varepsilon_1|+|\varepsilon_2|,$$

当 $\Delta x\to 0, \Delta y\to 0$, 即 $\rho\to 0$ 时, 它是趋于零的.

因此,

$$\Delta z=f_x(x, y)\Delta x+f_y(x, y)\Delta y+o(\rho),$$

故函数 $z=f(x,y)$ 在点 (x,y) 处可微.

例 8-13　求函数 $z=x\mathrm{e}^y+y^2\sin\dfrac{x}{y}$ 在点 $(\pi,2)$ 处的全微分.

解　因为

$$\frac{\partial z}{\partial x}=\mathrm{e}^y+y\cos\frac{x}{y},\qquad \frac{\partial z}{\partial y}=x\mathrm{e}^y+2y\sin\frac{x}{y}-x\cos\frac{x}{y},$$

所以

$$\left.\frac{\partial z}{\partial x}\right|_{(\pi,2)}=\mathrm{e}^2,\qquad \left.\frac{\partial z}{\partial y}\right|_{(\pi,2)}=\pi\mathrm{e}^2+4,$$

$$\mathrm{d}z\,|_{(\pi,2)}=\mathrm{e}^2\mathrm{d}x+(\pi\mathrm{e}^2+4)\mathrm{d}y.$$

例 8-14　求函数 $z=\arctan\dfrac{y}{x}$ 的全微分.

解　因为

$$\frac{\partial z}{\partial x}=\frac{-y}{x^2+y^2},\qquad \frac{\partial z}{\partial y}=\frac{x}{x^2+y^2},$$

所以

$$\mathrm{d}z=\frac{\partial z}{\partial x}\mathrm{d}x+\frac{\partial z}{\partial y}\mathrm{d}y=\frac{x\mathrm{d}y-y\mathrm{d}x}{x^2+y^2}.$$

例 8-15　求函数 $u=\sin xy\cdot\mathrm{e}^{z^2}$ 的全微分.

解　因为

$$\frac{\partial u}{\partial x}=y\cos xy\cdot\mathrm{e}^{z^2},\qquad \frac{\partial u}{\partial y}=x\cos xy\cdot\mathrm{e}^{z^2},\qquad \frac{\partial u}{\partial z}=\sin xy\cdot\mathrm{e}^{z^2}\cdot 2z,$$

所以

$$du=\frac{\partial u}{\partial x}dx+\frac{\partial u}{\partial y}dy+\frac{\partial u}{\partial z}dz=e^{z^2}(y\cos xydx+x\cos xydy+2z\sin xydz).$$

例 8-16　利用 Mathematica 求 $u=x+\sin\frac{y}{2}+e^{yz}$ 的全微分.

解

```
In[1]:= dz==D[E^(z y)+Sin[y/2]+x, x]dx+D[E^(z y)+Sin[y/2]+x,
        y]dy+D[E^(z y)+Sin[y/2]+x, z]dz
```

Out[1]= $dz==dx+dze^{yz}y+dy\left(e^{yz}z+\frac{1}{2}\text{Cos}\left[\frac{y}{2}\right]\right)$

二、全微分在近似计算中的应用

与一元函数微分的近似计算相类似，如果 $z=f(x,y)$ 在点 (x,y) 处的两个偏导数 $f_x(x,y)$ 和 $f_y(x,y)$ 都连续，并且 $|\Delta x|$ 和 $|\Delta y|$ 都很小，有以下近似计算公式.

$$f(x+\Delta x,y+\Delta y)-f(x,y)\approx f_x(x,y)\Delta x+f_y(x,y)\Delta y, \tag{8-2}$$

$$f(x+\Delta x,y+\Delta y)\approx f(x,y)+f_x(x,y)\Delta x+f_y(x,y)\Delta y. \tag{8-3}$$

例 8-17　计算 $(0.996)^{2.002}$ 的近似值.

解　设函数 $f(x,y)=x^y$，显然，$(0.996)^{2.002}$ 就是计算函数值 $f(0.996,2.002)$.

令 $x=1$，$y=2$，则 $\Delta x=-0.004$，$\Delta y=0.002$，因为

$$f_x(x,y)=yx^{y-1},\qquad f_y(x,y)=x^y\ln x,$$

所以 $f(1,2)=1$，$f_x(1,2)=2$，$f_y(1,2)=0$，于是，由式(8-3)得

$$f(0.996,2.002)\approx 1+2\times(-0.004)+0\times 0.002=0.992.$$

例 8-18　有一圆柱体受压后发生形变，半径由 20 cm 增大到 20.05 cm，高度由 100 cm 减小到 99 cm，求此圆柱体体积的近似改变量.

解　已知 $V=\pi r^2h$，则

$$\Delta V\approx 2\pi rh\Delta r+\pi r^2\Delta h,$$

而 $r=20$，$h=100$，$\Delta r=0.05$，$\Delta h=-1$，所以

$$\Delta V\approx 2\pi\times 20\times 100\times 0.05+\pi\times 20^2\times(-1)=-200\pi\ (\text{cm}^3),$$

即受压后圆柱体体积减小了 $200\pi\ \text{cm}^3$.

习　题　8-3

1. 求函数 $z=\ln(1+x^2+y^2)$ 在 $x=1$，$y=2$ 时的全微分.

2. 设 $f(x,y,z)=\left(\frac{x}{y}\right)^{\frac{1}{z}}$，求 $df(1,1,1)$.

3. 求函数 $z=\dfrac{y}{x}$ 在 $x=2$，$y=1$，$\Delta x=0.1$，$\Delta y=-0.2$ 时的全增量 Δz 和全微分 $\mathrm{d}z$.

4. 求下列函数的全微分.

(1) $z=\mathrm{e}^{\frac{x}{y}}$；　(2) $z=\ln\sqrt{2+x^2-y^2}$；　(3) $z=\arctan\dfrac{x+y}{x-y}$；

(4) $z=\arcsin\dfrac{y}{x}$；　(5) $u=x^2\sin 3y+\cos(yz)$；　(6) $u=\ln(x+y^2+z^3)$；

(7) $u=z^{xy}$.

5. 用全微分求 $(1.02)^{4.05}$ 的近似值.

6. 用水泥做一个长方形无盖水池, 其外形长 5 m, 宽 4 m, 深 3 m, 侧面和底均厚 20 cm, 求所需水泥的精确值和近似值.

第四节　多元复合函数的求导法则

在一元函数微分学中, 复合函数的求导法则起着非常重要的作用. 本节讨论多元复合函数的求导方法, 给出多元复合函数不同复合形式下的求导公式.

一、复合函数的中间变量均为一元函数的情形

定理 8-4　若函数 $u=\varphi(x)$ 及 $v=\psi(x)$ 都在点 x 可导, 函数 $z=f(u,v)$ 在对应点 (u,v) 具有连续偏导数, 则复合函数 $z=f[\varphi(x),\psi(x)]$ 在点 x 可导, 且有

$$\frac{\mathrm{d}z}{\mathrm{d}x}=\frac{\partial z}{\partial u}\cdot\frac{\mathrm{d}u}{\mathrm{d}x}+\frac{\partial z}{\partial v}\cdot\frac{\mathrm{d}v}{\mathrm{d}x},\tag{8-4}$$

或简写成

$$\frac{\mathrm{d}z}{\mathrm{d}x}=f_1'\cdot\varphi'+f_2'\cdot\psi' .$$

证　当 x 取得增量 Δx 时, u , v 及 z 相应地也取得增量 Δu , Δv 及 Δz . 由于 $z=f(u,v)$, $u=\varphi(x)$ 及 $v=\psi(x)$ 都可微, 则

$$\begin{aligned}\Delta z&=\frac{\partial z}{\partial u}\Delta u+\frac{\partial z}{\partial v}\Delta v+o(\rho)\\&=\frac{\partial z}{\partial u}\left[\frac{\mathrm{d}u}{\mathrm{d}x}\Delta x+o(\Delta x)\right]+\frac{\partial z}{\partial v}\left[\frac{\mathrm{d}v}{\mathrm{d}x}\Delta x+o(\Delta x)\right]+o(\rho)\\&=\left(\frac{\partial z}{\partial u}\cdot\frac{\mathrm{d}u}{\mathrm{d}x}+\frac{\partial z}{\partial v}\cdot\frac{\mathrm{d}v}{\mathrm{d}x}\right)\Delta x+\left(\frac{\partial z}{\partial u}+\frac{\partial z}{\partial v}\right)o(\Delta x)+o(\rho)\quad(\rho=\sqrt{(\Delta u)^2+(\Delta v)^2}),\end{aligned}$$

于是

$$\frac{\Delta z}{\Delta x}=\frac{\partial z}{\partial u}\cdot\frac{\mathrm{d}u}{\mathrm{d}x}+\frac{\partial z}{\partial v}\cdot\frac{\mathrm{d}v}{\mathrm{d}x}+\left(\frac{\partial z}{\partial u}+\frac{\partial z}{\partial v}\right)\frac{o(\Delta x)}{\Delta x}+\frac{o(\rho)}{\Delta x}.$$

令 $\Delta x\to 0$，由函数 $u=\varphi(x)$ 及 $v=\psi(x)$ 的连续性知 $\Delta u\to 0$，$\Delta v\to 0$，所以 $\rho=\sqrt{(\Delta u)^2+(\Delta v)^2}\to 0$，而

$$\lim_{\Delta x\to 0}\frac{o(\rho)}{\Delta x}=\lim_{\Delta x\to 0}\frac{o(\rho)}{\rho}\cdot\frac{\sqrt{(\Delta u)^2+(\Delta v)^2}}{\Delta x}=0,$$

故

$$\frac{\mathrm{d}z}{\mathrm{d}x}=\frac{\partial z}{\partial u}\cdot\frac{\mathrm{d}u}{\mathrm{d}x}+\frac{\partial z}{\partial v}\cdot\frac{\mathrm{d}v}{\mathrm{d}x}.$$

式(8-4)称为多元复合函数求导的链式法则.

类似地，可以把复合函数的中间变量推广到多于两个的情况. 例如，若函数 $z=f(u,v,w)$ 有连续偏导数，而函数 $u=\varphi(x)$，$v=\psi(x)$，$w=\omega(x)$ 可导，则复合函数 $z=f[\varphi(x),\psi(x),\omega(x)]$ 对 x 的导数存在，且

$$\frac{\mathrm{d}z}{\mathrm{d}x}=\frac{\partial z}{\partial u}\cdot\frac{\mathrm{d}u}{\mathrm{d}x}+\frac{\partial z}{\partial v}\cdot\frac{\mathrm{d}v}{\mathrm{d}x}+\frac{\partial z}{\partial w}\cdot\frac{\mathrm{d}w}{\mathrm{d}x}.\tag{8-5}$$

式(8-4)和式(8-5)中的导数 $\frac{\mathrm{d}z}{\mathrm{d}x}$ 称为全导数.

例 8-19 设 $z=\mathrm{e}^{x-2y}$，$x=\tan t$，$y=\cos t$，求 $\frac{\mathrm{d}z}{\mathrm{d}t}$.

解
$$\frac{\mathrm{d}z}{\mathrm{d}t}=\frac{\partial z}{\partial x}\cdot\frac{\mathrm{d}x}{\mathrm{d}t}+\frac{\partial z}{\partial y}\cdot\frac{\mathrm{d}y}{\mathrm{d}t}=\mathrm{e}^{x-2y}\cdot\sec^2 t+\mathrm{e}^{x-2y}\cdot(-2)(-\sin t)$$
$$=\mathrm{e}^{\tan t-2\cos t}(\sec^2 t+2\sin t).$$

例 8-20 设 $z=f(x^2,\mathrm{e}^{2x})$，f 可微，求 $\frac{\mathrm{d}z}{\mathrm{d}x}$.

解 $\frac{\mathrm{d}z}{\mathrm{d}x}=f_1'\cdot 2x+f_2'\cdot\mathrm{e}^{2x}\cdot 2=2(xf_1'+\mathrm{e}^{2x}f_2')$.

注 抽象复合函数 $f(u,v)$ 的偏导数 f_u,f_v 或 f_1',f_2' 仍然是多元复合函数，它们与 f 具有相同的中间变量和自变量.

二、复合函数的中间变量均为多元函数的情形

定理 8-5 若函数 $u=\varphi(x,y)$，$v=\psi(x,y)$ 都在点 (x,y) 具有对 x 及对 y 的偏导数，函数 $z=f(u,v)$ 在对应点 (u,v) 具有连续偏导数，则复合函数 $z=f[\varphi(x,y),\psi(x,y)]$ 在点 (x,y) 的两个偏导数存在，且有

$$\begin{aligned}\frac{\partial z}{\partial x}&=\frac{\partial z}{\partial u}\cdot\frac{\partial u}{\partial x}+\frac{\partial z}{\partial v}\cdot\frac{\partial v}{\partial x},\\ \frac{\partial z}{\partial y}&=\frac{\partial z}{\partial u}\cdot\frac{\partial u}{\partial y}+\frac{\partial z}{\partial v}\cdot\frac{\partial v}{\partial y},\end{aligned}\tag{8-6}$$

或简写成

$$\frac{\partial z}{\partial x}=f_1'\cdot\varphi_1'+f_2'\cdot\psi_1',$$

$$\frac{\partial z}{\partial y}=f_1'\cdot\varphi_2'+f_2'\cdot\psi_2'.$$

扫码演示

类似地，设 $z=f(u,v,w)$，$u=\varphi(x,y)$，$v=\psi(x,y)$，$w=\omega(x,y)$，则 $z=f[\varphi(x,y),\psi(x,y),\omega(x,y)]$ 对 x 及 y 的偏导数分别为

$$\frac{\partial z}{\partial x}=\frac{\partial z}{\partial u}\cdot\frac{\partial u}{\partial x}+\frac{\partial z}{\partial v}\cdot\frac{\partial v}{\partial x}+\frac{\partial z}{\partial w}\cdot\frac{\partial w}{\partial x},$$

$$\frac{\partial z}{\partial y}=\frac{\partial z}{\partial u}\cdot\frac{\partial u}{\partial y}+\frac{\partial z}{\partial v}\cdot\frac{\partial v}{\partial y}+\frac{\partial z}{\partial w}\cdot\frac{\partial w}{\partial y},$$

或简写成

$$\frac{\partial z}{\partial x}=f_1'\cdot\varphi_1'+f_2'\cdot\psi_1'+f_3'\cdot w_1',$$

$$\frac{\partial z}{\partial y}=f_1'\cdot\varphi_2'+f_2'\cdot\psi_2'+f_3'\cdot w_2'.$$

例 8-21　设 $z=u^2\ln v$，$u=\dfrac{y}{x}$，$v=x^2-y^2$，求 $\dfrac{\partial z}{\partial x}$ 和 $\dfrac{\partial z}{\partial y}$.

解

$$\frac{\partial z}{\partial x}=\frac{\partial z}{\partial u}\cdot\frac{\partial u}{\partial x}+\frac{\partial z}{\partial v}\cdot\frac{\partial v}{\partial x}=2u\ln v\cdot\left(-\frac{y}{x^2}\right)+\frac{u^2}{v}\cdot 2x$$

$$=\frac{2y^2}{x^3}\left[\frac{x^2}{x^2-y^2}-\ln(x^2-y^2)\right],$$

$$\frac{\partial z}{\partial y}=\frac{\partial z}{\partial u}\cdot\frac{\partial u}{\partial y}+\frac{\partial z}{\partial v}\cdot\frac{\partial v}{\partial y}=2u\ln v\cdot\frac{1}{x}+\frac{u^2}{v}\cdot(-2y)$$

$$=\frac{2y}{x^2}\left[\ln(x^2-y^2)-\frac{y^2}{x^2-y^2}\right].$$

三、复合函数的中间变量既有一元函数又有多元函数的情形

定理 8-6　若函数 $u=\varphi(x,y)$ 在点 (x,y) 具有对 x 及对 y 的偏导数，函数 $v=\psi(y)$ 在点 y 可导，函数 $z=f(u,v)$ 在对应点 (u,v) 具有连续偏导数，则复合函数 $z=f[\varphi(x,y),\psi(y)]$ 在点 (x,y) 的两个偏导数存在，且有

$$\frac{\partial z}{\partial x}=\frac{\partial z}{\partial u}\cdot\frac{\partial u}{\partial x},$$

$$\frac{\partial z}{\partial y}=\frac{\partial z}{\partial u}\cdot\frac{\partial u}{\partial y}+\frac{\partial z}{\partial v}\cdot\frac{\mathrm{d}v}{\mathrm{d}y}.$$

在情形三中，还会遇到这样的情形：复合函数的中间变量同时是复合函数的自变量. 例如，设 $z=f(u,x,y)$ 具有连续偏导数，而 $u=\varphi(x,y)$ 具有偏导数，则复合函数

$z=f[\varphi(x,y),x,y]$ 具有对自变量 x 及 y 的偏导数，且偏导数为

$$\frac{\partial z}{\partial x}=\frac{\partial f}{\partial u}\frac{\partial u}{\partial x}+\frac{\partial f}{\partial x},$$

$$\frac{\partial z}{\partial y}=\frac{\partial f}{\partial u}\frac{\partial u}{\partial y}+\frac{\partial f}{\partial y},$$

或简写成

$$\frac{\partial z}{\partial x}=f_1'\cdot\varphi_1'+f_2',$$

$$\frac{\partial z}{\partial y}=f_1'\cdot\varphi_2'+f_3'.$$

这里 $\frac{\partial z}{\partial x}$ 与 $\frac{\partial f}{\partial x}$ 是不同的，$\frac{\partial z}{\partial x}$ 是将复合函数 $z=f[\varphi(x,y),x,y]$ 中的 y 看作不变而关于 x 的偏导数，$\frac{\partial f}{\partial x}$ 是将 $z=f(u,x,y)$ 中的 u 及 y 看作不变而关于 x 的偏导数. $\frac{\partial z}{\partial y}$ 与 $\frac{\partial f}{\partial y}$ 也有类似的区别.

例 8-22 设 $u=f(x,y,z)=\mathrm{e}^{x^2-y^2-3z}$，而 $z=x^3\cos y$，求 $\frac{\partial u}{\partial x}$ 和 $\frac{\partial u}{\partial y}$.

解
$$\begin{aligned}\frac{\partial u}{\partial x}&=\frac{\partial f}{\partial x}+\frac{\partial f}{\partial z}\cdot\frac{\partial z}{\partial x}=2x\mathrm{e}^{x^2-y^2-3z}-3\mathrm{e}^{x^2-y^2-3z}\cdot 3x^2\cos y\\&=(2x-9x^2\cos y)\mathrm{e}^{x^2-y^2-3x^3\cos y},\end{aligned}$$

$$\begin{aligned}\frac{\partial u}{\partial y}&=\frac{\partial f}{\partial y}+\frac{\partial f}{\partial z}\cdot\frac{\partial z}{\partial y}=-2y\mathrm{e}^{x^2-y^2-3z}-3\mathrm{e}^{x^2-y^2-3z}\cdot x^3(-\sin y)\\&=(3x^3\sin y-2y)\mathrm{e}^{x^2-y^2-3x^3\cos y}.\end{aligned}$$

例 8-23 设 $w=f(x+2y-3z,xyz)$，f 具有二阶连续偏导数，求 $\frac{\partial w}{\partial x}$ 和 $\frac{\partial^2 w}{\partial x\partial z}$.

解 令 $u=x+2y-3z$，$v=xyz$，则 $w=f(u,v)$. 为了方便，引入记号：$f_1'=\frac{\partial f(u,v)}{\partial u}$，$f_{12}''=\frac{\partial f(u,v)}{\partial u\partial v}$；同理有 f_2'，f_{11}''，f_{22}'' 等.

$$\frac{\partial w}{\partial x}=\frac{\partial f}{\partial u}\cdot\frac{\partial u}{\partial x}+\frac{\partial f}{\partial v}\cdot\frac{\partial v}{\partial x}=f_1'+yzf_2',$$

$$\begin{aligned}\frac{\partial^2 w}{\partial x\partial z}&=\frac{\partial}{\partial z}(f_1'+yzf_2')\\&=\frac{\partial f_1'}{\partial z}+yf_2'+yz\frac{\partial f_2'}{\partial z}\\&=f_{11}''\cdot(-3)+f_{12}''\cdot xy+yf_2'+yz[f_{21}''\cdot(-3)+f_{22}''\cdot xy]\\&=-3f_{11}''+y(x-3z)f_{12}''+yf_2'+xy^2zf_{22}''.\end{aligned}$$

用 Mathematica 计算抽象函数的偏导数也很简便，如对例 8-23，利用 Mathematica 计

算如下:

```
In[1]:= D[f[x+2y-3z, x*y*z], x]
Out[1]=yzf^(0,1)[x+2y-3z,xyz]+f^(1,0)[x+2y-3z,xyz]
In[2]:= D[f[x+2y-3z, x*y*z], {x, 1}, {z, 1}]
Out[2]=yf^(0,1)[x+2y-3z,xyz]+yz(xyf^(0,2)[x+2y-3z,xyz]
       -3f^(1,1)[x+2y-3z,xyz])+xyf^(1,1)[x+2y-3z,xyz]
       -3f^(2,0)[x+2y-3z,xyz]
```

其中, $\mathrm{f}^{(0,1)}$ 表示 f_2', $\mathrm{f}^{(1,0)}$ 表示 f_1', $\mathrm{f}^{(0,2)}$ 表示 f_{22}'', $\mathrm{f}^{(1,1)}$ 表示 f_{12}'', $\mathrm{f}^{(2,0)}$ 表示 f_{11}''.

全微分形式不变性　设函数 $z=f(u,v)$ 具有连续偏导数, 则函数 $z=f(u,v)$ 的全微分为

$$\mathrm{d}z=\frac{\partial z}{\partial u}\mathrm{d}u+\frac{\partial z}{\partial v}\mathrm{d}v.$$

若 $z=f(u,v)$ 具有连续偏导数, 而 $u=\varphi(x,y)$, $v=\psi(x,y)$ 也具有连续偏导数, 则复合函数 $z=f[\varphi(x,y),\psi(x,y)]$ 的全微分为

$$\begin{aligned}\mathrm{d}z&=\frac{\partial z}{\partial x}\mathrm{d}x+\frac{\partial z}{\partial y}\mathrm{d}y\\&=\left(\frac{\partial z}{\partial u}\frac{\partial u}{\partial x}+\frac{\partial z}{\partial v}\frac{\partial v}{\partial x}\right)\mathrm{d}x+\left(\frac{\partial z}{\partial u}\frac{\partial u}{\partial y}+\frac{\partial z}{\partial v}\frac{\partial v}{\partial y}\right)\mathrm{d}y\\&=\frac{\partial z}{\partial u}\left(\frac{\partial u}{\partial x}\mathrm{d}x+\frac{\partial u}{\partial y}\mathrm{d}y\right)+\frac{\partial z}{\partial v}\left(\frac{\partial v}{\partial x}\mathrm{d}x+\frac{\partial v}{\partial y}\mathrm{d}y\right)\\&=\frac{\partial z}{\partial u}\mathrm{d}u+\frac{\partial z}{\partial v}\mathrm{d}v.\end{aligned}$$

可见, 无论 u,v 是自变量还是中间变量, 函数 $z=f(u,v)$ 的全微分具有同一形式:

$$\mathrm{d}z=\frac{\partial z}{\partial u}\mathrm{d}u+\frac{\partial z}{\partial v}\mathrm{d}v.$$

这一性质称为多元函数的全微分形式不变性.

例 8-24　设 $z=(x-y)\mathrm{e}^{xy}$, 利用全微分形式不变性求其偏导数和全微分.

解　$$\begin{aligned}\mathrm{d}z=\mathrm{d}[(x-y)\mathrm{e}^{xy}]&=(x-y)\mathrm{d}\mathrm{e}^{xy}+\mathrm{e}^{xy}\mathrm{d}(x-y)\\&=(x-y)\mathrm{e}^{xy}\mathrm{d}(xy)+\mathrm{e}^{xy}(\mathrm{d}x-\mathrm{d}y)\\&=(x-y)\mathrm{e}^{xy}(x\mathrm{d}y+y\mathrm{d}x)+\mathrm{e}^{xy}(\mathrm{d}x-\mathrm{d}y)\\&=\mathrm{e}^{xy}(1+xy-y^2)\mathrm{d}x+\mathrm{e}^{xy}(x^2-xy-1)\mathrm{d}y,\end{aligned}$$

所以

$$\frac{\partial z}{\partial x}=\mathrm{e}^{xy}(1+xy-y^2),\qquad \frac{\partial z}{\partial y}=\mathrm{e}^{xy}(x^2-xy-1).$$

这与将函数 $z=(x-y)\mathrm{e}^{xy}$ 看作由函数 $z=u\mathrm{e}^{v}$，$u=x-y$，$v=xy$ 复合而成，先求出偏导数 $\dfrac{\partial z}{\partial x}$ 和 $\dfrac{\partial z}{\partial y}$，再用 $\mathrm{d}z=\dfrac{\partial z}{\partial x}\mathrm{d}x+\dfrac{\partial z}{\partial y}\mathrm{d}y$ 来求全微分是一样的.

扫码演示

用链式法则求多元复合函数的偏导数时，由于复合关系比较复杂，首先要分析函数复合的结构，哪些是自变量，哪些是中间变量，其次要清楚是求偏导数还是全导数.

求多元复合函数的高阶偏导数时，要注意对变量的求导顺序；各阶偏导数仍是与 f 具有相同的中间变量的函数，求高阶偏导数仍然要用链式法则.

习 题 8-4

1. 设 $z=u^2+uv+v^2$，而 $u=x^2$，$v=2x+1$，求 $\dfrac{\mathrm{d}z}{\mathrm{d}x}$.

2. 设 $z=\arcsin(x-y)$，而 $x=3t$，$y=4t^3$，求 $\dfrac{\mathrm{d}z}{\mathrm{d}t}$.

3. 设 $u=\dfrac{\mathrm{e}^{ax}(y-z)}{1+a^2}$，而 $y=a\sin x$，$z=\cos x$，求 $\dfrac{\mathrm{d}u}{\mathrm{d}x}$.

4. 设 $z=\ln(\mathrm{e}^x+\mathrm{e}^y)$，而 $y=x^3$，求 $\dfrac{\mathrm{d}z}{\mathrm{d}x}$.

5. 设 $z=\mathrm{e}^u\sin v$，而 $u=xy$，$v=x+y$，求 $\dfrac{\partial z}{\partial x}$ 及 $\dfrac{\partial z}{\partial y}$.

6. 设 $z=u^v$，而 $u=1+xy$，$v=y$，求 $\dfrac{\partial z}{\partial x}$ 及 $\dfrac{\partial z}{\partial y}$.

7. 设 $z=\dfrac{u}{v}$，而 $u=x\cos y$，$v=y\cos x$，求 $\dfrac{\partial z}{\partial x}$ 及 $\dfrac{\partial z}{\partial y}$.

8. 求下列函数的偏导数或导数(f 可微).

(1) $z=f(x^2-y^2,\mathrm{e}^{xy})$；　(2) $u=f\left(\dfrac{y}{z},\dfrac{x}{y}\right)$；　(3) $z=f(\cos x,\sin x,\ln x)$.

9. 设 $z=\dfrac{y}{f(x^2-y^2)}$，其中 $f(u)$ 为可导函数，验证 $\dfrac{1}{x}\dfrac{\partial z}{\partial x}+\dfrac{1}{y}\dfrac{\partial z}{\partial y}=\dfrac{z}{y^2}$.

10. 设函数 $z=\ln(1-x+y)+x^2y$，求 $\dfrac{\partial^2 z}{\partial x\partial y}$.

11. 设 $z=f\left(x,\dfrac{x}{y}\right)$，且函数 f 的二阶偏导数连续，求 $\dfrac{\partial^2 z}{\partial x\partial y}$.

12. 设 $z=xf\left(\dfrac{y}{x}\right)+(x-1)y\ln x$，其中 f 具有二阶连续偏导数，求 $x^2\dfrac{\partial^2 z}{\partial x^2}-y^2\dfrac{\partial^2 z}{\partial y^2}$.

第五节　隐函数求导公式

一、一个方程的情形

一元函数微分学中，已经给出了隐函数的概念，并且讨论了不经过显化而直接求由方程 $F(x,y)=0$ 所确定的隐函数导数的方法，但并没有给出隐函数存在的条件和求导数的一般公式．本节将介绍隐函数存在定理，并利用多元复合函数的求导法则来导出隐函数的求导公式．

定理 8-7 (隐函数存在定理 1)　设函数 $F(x,y)$ 在点 $P_0(x_0,y_0)$ 的某一邻域内具有连续偏导数，且 $F_y(x_0,y_0)\neq 0$，$F(x_0,y_0)=0$，则方程 $F(x,y)=0$ 在点 $P_0(x_0,y_0)$ 的某一邻域内能唯一地确定一个连续且具有连续导数的函数 $y=f(x)$，它满足条件 $y_0=f(x_0)$，并且有

$$\frac{\mathrm{d}y}{\mathrm{d}x}=-\frac{F_x}{F_y}. \tag{8-7}$$

式(8-7)就是隐函数的求导公式．

定理的证明略．下面仅就式(8-7)作如下推导．

将 $y=f(x)$ 代入 $F(x,y)=0$，得恒等式

$$F[x,f(x)]\equiv 0.$$

左端是关于 x 的一个复合函数，等式两边对 x 求导可得

$$\frac{\partial F}{\partial x}+\frac{\partial F}{\partial y}\cdot\frac{\mathrm{d}y}{\mathrm{d}x}=0.$$

因为 F_y 连续并且 $F_y(x_0,y_0)\neq 0$，所以存在 $P_0(x_0,y_0)$ 的一个邻域，在这个邻域内 $F_y\neq 0$，于是得

$$\frac{\mathrm{d}y}{\mathrm{d}x}=-\frac{F_x}{F_y}.$$

例 8-25　验证方程 $y-\frac{1}{2}\sin y-x=0$ 在点 $(0,0)$ 的某一邻域内能唯一确定一个隐函数 $y=f(x)$，并求 $\left.\frac{\mathrm{d}y}{\mathrm{d}x}\right|_{(0,0)}$．

解　令 $F(x,y)=y-\frac{1}{2}\sin y-x$，则 $F_x(x,y)=-1$，$F_y(x,y)=1-\frac{1}{2}\cos y$，显然 F_x，F_y 连续，且 $F(0,0)=0$，$F_y(0,0)\neq 0$．

由定理 8-7 可知，方程 $y-\frac{1}{2}\sin y-x=0$ 在点 $(0,0)$ 的某一邻域内能唯一确定一个连续且具有连续导数的函数 $y=f(x)$，且

$$\left.\frac{\mathrm{d}y}{\mathrm{d}x}\right|_{(0,0)}=-\left.\frac{F_x}{F_y}\right|_{(0,0)}=\left.\frac{2}{2-\cos y}\right|_{(0,0)}=2\,.$$

例 8-26　设 $xy+\sin(x-y)=0$，求 $\frac{\mathrm{d}y}{\mathrm{d}x}$.

解　解法一：令 $F(x,y)=xy+\sin(x-y)$，则

$$F_x=y+\cos(x-y),\qquad F_y=x-\cos(x-y),$$

所以

$$\frac{\mathrm{d}y}{\mathrm{d}x}=-\frac{F_x}{F_y}=\frac{\cos(x-y)+y}{\cos(x-y)-x}.$$

解法二：方程 $xy+\sin(x-y)=0$ 两边求微分，得

$$\mathrm{d}(xy)+\cos(x-y)\mathrm{d}(x-y)=0\,,$$

即

$$y\mathrm{d}x+x\mathrm{d}y+\cos(x-y)(\mathrm{d}x-\mathrm{d}y)=0\,,$$

$$[y+\cos(x-y)]\mathrm{d}x+[x-\cos(x-y)]\mathrm{d}y=0\,,$$

因此

$$\frac{\mathrm{d}y}{\mathrm{d}x}=\frac{\cos(x-y)+y}{\cos(x-y)-x}.$$

隐函数存在定理 8-7 还可以推广到三元方程 $F(x,y,z)=0$ 的情况.

定理 8-8 (隐函数存在定理 2)　设函数 $F(x,y,z)$ 在点 $P_0(x_0,y_0,z_0)$ 的某邻域内具有连续的偏导数，且 $F_z(x_0,y_0,z_0)\neq 0$，$F(x_0,y_0,z_0)=0$，则方程 $F(x,y,z)=0$ 在点 $P_0(x_0,y_0,z_0)$ 的某邻域内能唯一地确定一个连续且有连续偏导数的函数 $z=f(x,y)$，它满足 $z_0=f(x_0,y_0)$ 并且有

$$\frac{\partial z}{\partial x}=-\frac{F_x}{F_z},\qquad \frac{\partial z}{\partial y}=-\frac{F_y}{F_z}\,. \tag{8-8}$$

与定理 8-7 类似，下面仅就式(8-8)作如下推导.

将 $z=f(x,y)$ 代入 $F(x,y,z)=0$，得

$$F[x,y,f(x,y)]\equiv 0\,.$$

利用复合函数求导法则，上式两端分别对 x 和 y 求偏导，得

$$F_x+F_z\cdot\frac{\partial z}{\partial x}=0,\qquad F_y+F_z\cdot\frac{\partial z}{\partial y}=0\,.$$

因为 F_z 连续且 $F_z(x_0,y_0,z_0)\neq 0$，所以存在点 $P_0(x_0,y_0,z_0)$ 的一个邻域，使 $F_z\neq 0$，于是得

$$\frac{\partial z}{\partial x}=-\frac{F_x}{F_z},\qquad \frac{\partial z}{\partial y}=-\frac{F_y}{F_z}\,.$$

例 8-27 设方程 $x^3+y^3+z^3-3xyz=0$，求 $\frac{\partial z}{\partial x}$ 和 $\frac{\partial z}{\partial y}$.

解 令 $F(x,y,z)=x^3+y^3+z^3-3xyz$，则

$$F_x=3x^2-3yz,\qquad F_y=3y^2-3xz,\qquad F_z=3z^2-3xy,$$

所以

$$\frac{\partial z}{\partial x}=-\frac{F_x}{F_z}=-\frac{x^2-yz}{z^2-xy},$$

$$\frac{\partial z}{\partial y}=-\frac{F_y}{F_z}=-\frac{y^2-xz}{z^2-xy}.$$

由以上几个例子可以看出，隐函数的(偏)导数既含有自变量又含有因变量，所以计算高阶(偏)导数时一定要特别注意.

例 8-28 设 $xyz=\mathrm{e}^z$，求 $\frac{\partial^2 z}{\partial x\partial y}$.

解 令 $F(x,y,z)=xyz-\mathrm{e}^z$，则

$$F_x=yz,\qquad F_y=xz,\qquad F_z=xy-\mathrm{e}^z=xy(1-z),$$

所以

$$\frac{\partial z}{\partial x}=-\frac{F_x}{F_z}=\frac{-z}{x(1-z)},\qquad \frac{\partial z}{\partial y}=-\frac{F_y}{F_z}=\frac{-z}{y(1-z)},$$

$$\frac{\partial^2 z}{\partial x\partial y}=\frac{\left(-\frac{\partial z}{\partial y}\right)x(1-z)+zx\left(-\frac{\partial z}{\partial y}\right)}{x^2(1-z)^2}$$

$$=\frac{x}{x^2(1-z)^2}\cdot\frac{z}{y(1-z)}=\frac{z}{xy(1-z)^3}.$$

例 8-29 证明方程 $x-az=\varphi(y-bz)$ 确定的函数 $z=z(x,y)$ 满足 $a\frac{\partial z}{\partial x}+b\frac{\partial z}{\partial y}=1$，其中 φ 为可微函数.

证 令 $F(x,y,z)=x-az-\varphi(y-bz)$，则

$$F_x=1,\qquad F_y=-\varphi'(y-bz),\qquad F_z=-a-\varphi'(y-bz)(-b)=-a+b\varphi'(y-bz),$$

于是有

$$\frac{\partial z}{\partial x}=-\frac{F_x}{F_z}=\frac{1}{a-b\varphi'(y-bz)},\qquad \frac{\partial z}{\partial y}=-\frac{F_y}{F_z}=\frac{-\varphi'(y-bz)}{a-b\varphi'(y-bz)},$$

所以

$$a\frac{\partial z}{\partial x}+b\frac{\partial z}{\partial y}=\frac{a-b\varphi'(y-bz)}{a-b\varphi'(y-bz)}=1.$$

例 8-30　设 $x^2+y^2+z^2-4z=0$，利用 Mathematica 求 $\dfrac{\partial^2 z}{\partial x^2}$.

解

```
In[1]:= Solve[D[x^2+y^2+z[x]^2-4z[x]==0, x], z'[x]]
```

$$\text{Out[1]}=\{\{z'[x]\to -\frac{x}{-2+z[x]}\}\}$$

```
In[2]:= D[%, x]
```

$$\text{Out[2]}=\{\{z''[x]\to -\frac{1}{-2+z[x]}+\frac{xz'[x]}{(-2+z[x])^2}\}\}$$

```
In[3]:= Simplify[%]
```

$$\text{Out[3]}=\{\{z''[x]\to \frac{2-z[x]+xz'[x]}{(-2+z[x])^2}\}\}$$

二、方程组的情形

隐函数存在定理也可以由一个方程推广到方程组的情形. 两个方程构成的方程组中, 一般只能有两个变量独立, 因此, 方程组就确定两个函数. 下面以三元方程组和四元方程组为例进行介绍.

定理 8-9 (隐函数存在定理 3)　设函数 $F(x,y,z)$, $G(x,y,z)$ 在点 $P_0(x_0,y_0,z_0)$ 的某邻域内具有连续的偏导数, 且

$$J=\left.\frac{\partial(F,G)}{\partial(y,z)}\right|_{P_0}=\begin{vmatrix}F_y & F_z\\ G_y & G_z\end{vmatrix}_{P_0}\neq 0,$$

这里带下标 P_0 的行列式表示该行列式在点 P_0 的值, 又

$$\begin{cases}F(x_0,y_0,z_0)=0,\\ G(x_0,y_0,z_0)=0,\end{cases}$$

则在点 P_0 的某邻域内, 方程组 $\begin{cases}F(x,y,z)=0,\\ G(x,y,z)=0\end{cases}$ 能唯一地确定一组连续且具有连续导数的函数 $y=y(x)$, $z=z(x)$, 它们满足 $y_0=y(x_0)$, $z_0=z(x_0)$, 并且有

$$\frac{\mathrm{d}y}{\mathrm{d}x}=-\frac{1}{J}\frac{\partial(F,G)}{\partial(x,z)},$$

$$\frac{\mathrm{d}z}{\mathrm{d}x}=-\frac{1}{J}\frac{\partial(F,G)}{\partial(y,x)}.$$

与定理 8-7 类似, 下面仅就公式作如下推导.

将 $y=y(x)$, $z=z(x)$ 代入方程组

$$\begin{cases}F(x,y,z)=0,\\ G(x,y,z)=0,\end{cases}$$

有

$$\begin{cases} F[x, y(x), z(x)] \equiv 0, \\ G[x, y(x), z(x)] \equiv 0. \end{cases}$$

方程组两边对 x 求偏导，得

$$\begin{cases} F_x + F_y \cdot \dfrac{\mathrm{d}y}{\mathrm{d}x} + F_z \cdot \dfrac{\mathrm{d}z}{\mathrm{d}x} = 0, \\ G_x + G_y \cdot \dfrac{\mathrm{d}y}{\mathrm{d}x} + G_z \cdot \dfrac{\mathrm{d}z}{\mathrm{d}x} = 0. \end{cases}$$

因为 $J = \begin{vmatrix} F_y & F_z \\ G_y & G_z \end{vmatrix}_{P_0} \neq 0$，所以解上面的方程组可得

$$\frac{\mathrm{d}y}{\mathrm{d}x} = -\frac{\begin{vmatrix} F_x & F_z \\ G_x & G_z \end{vmatrix}}{\begin{vmatrix} F_y & F_z \\ G_y & G_z \end{vmatrix}} = -\frac{1}{J}\frac{\partial(F,G)}{\partial(x,z)},$$

$$\frac{\mathrm{d}z}{\mathrm{d}x} = -\frac{\begin{vmatrix} F_y & F_x \\ G_y & G_x \end{vmatrix}}{\begin{vmatrix} F_y & F_z \\ G_y & G_z \end{vmatrix}} = -\frac{1}{J}\frac{\partial(F,G)}{\partial(y,x)}.$$

例 8-31　设 $\begin{cases} x^2 + y^2 + z^2 = 6, \\ x + y + z = 0 \end{cases}$ 确定 $y = y(x)$，$z = z(x)$，求 $\dfrac{\mathrm{d}y}{\mathrm{d}x}$ 和 $\dfrac{\mathrm{d}z}{\mathrm{d}x}$.

解　方程组两边对 x 求导，有

$$\begin{cases} 2y\dfrac{\mathrm{d}y}{\mathrm{d}x} + 2z\dfrac{\mathrm{d}z}{\mathrm{d}x} = -2x, \\ \dfrac{\mathrm{d}y}{\mathrm{d}x} + \dfrac{\mathrm{d}z}{\mathrm{d}x} = -1. \end{cases}$$

当 $J = \begin{vmatrix} 2y & 2z \\ 1 & 1 \end{vmatrix} = 2(y-z) \neq 0$ 时，有

$$\frac{\mathrm{d}y}{\mathrm{d}x} = -\frac{x-z}{y-z}, \qquad \frac{\mathrm{d}z}{\mathrm{d}x} = -\frac{y-x}{y-z}.$$

定理 8-10 (隐函数存在定理 4)　设函数 $F(x,y,u,v)$, $G(x,y,u,v)$ 在点 $P_0(x_0,y_0,u_0,v_0)$ 的某邻域内具有连续的偏导数，且 $J = \left.\dfrac{\partial(F,G)}{\partial(u,v)}\right|_{P_0} = \begin{vmatrix} F_u & F_v \\ G_u & G_v \end{vmatrix}_{P_0} \neq 0$，又 $F(x_0,y_0,u_0,v_0) = 0$，$G(x_0,y_0,u_0,v_0) = 0$，则在点 P_0 的某邻域内，方程组 $\begin{cases} F(x,y,u,v) = 0, \\ G(x,y,u,v) = 0 \end{cases}$ 能唯一地确定一组连续且有连续偏导数的函数 $u = u(x,y)$，$v = v(x,y)$，并且有

$$\frac{\partial u}{\partial x}=-\frac{\begin{vmatrix}F_x & F_v\\ G_x & G_v\end{vmatrix}}{\begin{vmatrix}F_u & F_v\\ G_u & G_v\end{vmatrix}}=-\frac{1}{J}\frac{\partial(F,G)}{\partial(x,v)},$$

$$\frac{\partial v}{\partial x}=-\frac{\begin{vmatrix}F_u & F_x\\ G_u & G_x\end{vmatrix}}{\begin{vmatrix}F_u & F_v\\ G_u & G_v\end{vmatrix}}=-\frac{1}{J}\frac{\partial(F,G)}{\partial(u,x)},$$

$$\frac{\partial u}{\partial y}=-\frac{\begin{vmatrix}F_y & F_v\\ G_y & G_v\end{vmatrix}}{\begin{vmatrix}F_u & F_v\\ G_u & G_v\end{vmatrix}}=-\frac{1}{J}\frac{\partial(F,G)}{\partial(y,v)},$$

$$\frac{\partial v}{\partial y}=-\frac{\begin{vmatrix}F_u & F_y\\ G_u & G_y\end{vmatrix}}{\begin{vmatrix}F_u & F_v\\ G_u & G_v\end{vmatrix}}=-\frac{1}{J}\frac{\partial(F,G)}{\partial(u,y)}.$$

例 8-32　求由方程组$\begin{cases}u^2-v+x=0,\\ u+v^2-y=0\end{cases}$确定的函数$u=u(x,y)$，$v=v(x,y)$的偏导数$\dfrac{\partial u}{\partial x}$，$\dfrac{\partial v}{\partial x}$，$\dfrac{\partial u}{\partial y}$和$\dfrac{\partial v}{\partial y}$.

解　方程组两边对x求偏导，得

$$\begin{cases}2u\dfrac{\partial u}{\partial x}-\dfrac{\partial v}{\partial x}=-1,\\ \dfrac{\partial u}{\partial x}+2v\dfrac{\partial v}{\partial x}=0,\end{cases}$$

当$J=\begin{vmatrix}2u & -1\\ 1 & 2v\end{vmatrix}=4uv+1\neq 0$时，解方程组可得

$$\frac{\partial u}{\partial x}=\frac{-2v}{4uv+1},\qquad \frac{\partial v}{\partial x}=\frac{1}{4uv+1}.$$

同理，可求得

$$\frac{\partial u}{\partial y}=\frac{1}{4uv+1},\qquad \frac{\partial v}{\partial y}=\frac{2u}{4uv+1}.$$

习　题　8-5

1. 求下列方程所确定的隐函数的导数或偏导数.

(1) $\sin y-\mathrm{e}^x+xy^2=3$，求 $\dfrac{\mathrm{d}y}{\mathrm{d}x}$；

(2) $\ln\sqrt{x^2+y^2}=\arctan\dfrac{x}{y}$，求 $\dfrac{\mathrm{d}y}{\mathrm{d}x}$；

(3) $\dfrac{y}{z}=\ln\dfrac{z}{x}$，求 $\dfrac{\partial z}{\partial x}$ 及 $\dfrac{\partial z}{\partial y}$；

(4) $x+y+z=\mathrm{e}^{x+y+z}$，求 $\dfrac{\partial z}{\partial x}$ 及 $\dfrac{\partial z}{\partial y}$；

(5) $z^x=y^z$，求 $\dfrac{\partial z}{\partial x}$ 及 $\dfrac{\partial z}{\partial y}$；

(6) $x-2y+z-2\sqrt{xyz}=0$，求 $\dfrac{\partial z}{\partial x}$ 及 $\dfrac{\partial z}{\partial y}$.

2. 设 $x=x(y,z)$，$y=y(z,x)$，$z=z(x,y)$ 都是由方程 $F(x,y,z)=0$ 所确定的具有连续偏导数的函数，证明：$\dfrac{\partial x}{\partial y}\cdot\dfrac{\partial y}{\partial z}\cdot\dfrac{\partial z}{\partial x}=-1$.

3. 设 $\Phi(u,v)$ 具有连续偏导数，证明由方程 $\Phi(cx-az,cy-bz)=0$ 所确定的函数 $z=f(x,y)$ 满足 $a\dfrac{\partial z}{\partial x}+b\dfrac{\partial z}{\partial y}=c$.

4. 设 $z^3-3xyz=1$，求 $\dfrac{\partial^2 z}{\partial x\partial y}$.

5. 设 $x+z=yf(x^2-z^2)$，其中 f 具有连续导数，求 $z\dfrac{\partial z}{\partial x}+y\dfrac{\partial z}{\partial y}$.

6. 求下列方程组所确定的函数的导数或偏导数.

(1) 设 $\begin{cases}z^2=x^2+y^2,\\x^2-2y^2+3z^2=10,\end{cases}$ 求 $\dfrac{\mathrm{d}y}{\mathrm{d}x}$，$\dfrac{\mathrm{d}z}{\mathrm{d}x}$；

(2) 设 $\begin{cases}x+2y-3z=5,\\x^2-y^2+z^2=1,\end{cases}$ 求 $\dfrac{\mathrm{d}y}{\mathrm{d}x}$，$\dfrac{\mathrm{d}z}{\mathrm{d}x}$；

(3) 设 $\begin{cases}x=\mathrm{e}^u-\sin v,\\y=\mathrm{e}^u+\cos v,\end{cases}$ 求 $\dfrac{\partial u}{\partial x}$，$\dfrac{\partial v}{\partial x}$，$\dfrac{\partial u}{\partial y}$，$\dfrac{\partial v}{\partial y}$；

(4) 设 $\begin{cases}u=f(ux,v+y),\\v=g(u-x,v^2y),\end{cases}$ 求 $\dfrac{\partial u}{\partial x}$，$\dfrac{\partial v}{\partial x}$.

7. 设 $y=f(x,t)$，而 $t=t(x,y)$ 是由方程 $F(x,y,t)=0$ 所确定的函数，其中 f,F 都具有一阶连续偏导数，试证明

$$\frac{\mathrm{d}y}{\mathrm{d}x}=\frac{\dfrac{\partial f}{\partial x}\dfrac{\partial F}{\partial t}-\dfrac{\partial f}{\partial t}\dfrac{\partial F}{\partial x}}{\dfrac{\partial f}{\partial t}\dfrac{\partial F}{\partial y}+\dfrac{\partial F}{\partial t}}.$$

第六节　向量值函数及多元函数微分法的几何应用

一、向量值函数及其导数

到目前为止，本书研究的函数都是数量函数. 为了方便描述空间的曲线与曲面，本节研究向量值函数. 简单地说，向量值函数是定义在实数集上，函数值为向量的函数. 这里只考虑三维向量值函数 $\boldsymbol{r}(t)$，即对于函数定义域 I 中的每一个数 t，对应着 $\mathbf{R}^3$ 中唯一的一个向量 $\boldsymbol{r}(t)$. 若设 $f(t)$, $g(t)$ 和 $h(t)$ 是向量 $\boldsymbol{r}(t)$ 的分量函数，则

$$\boldsymbol{r}(t)=(f(t),g(t),h(t))=f(t)\boldsymbol{i}+g(t)\boldsymbol{j}+h(t)\boldsymbol{k}.$$

例如，如果 $\boldsymbol{r}(t)=(\sin t,\ln(3-t^2),\sqrt{t})$，那么分量函数分别为

$$f(t)=\sin t,\qquad g(t)=\ln(3-t^2),\qquad h(t)=\sqrt{t}.$$

向量值函数 $\boldsymbol{r}(t)$ 的定义域是指使得表达式 $\boldsymbol{r}(t)$ 有意义的所有的 t 值构成的集合，对上例而言，当 $3-t^2>0$ 且 $t\geqslant 0$ 时，$\ln(3-t^2)$ 和 $\sqrt{t}$ 都有意义. 因此，$\boldsymbol{r}(t)$ 的定义域为 $[0,\sqrt{3})$.

根据 $\mathbf{R}^3$ 中向量的线性运算及向量的模的概念，与数量函数的极限、连续、导数等概念类似，可以给出向量值函数的相应概念.

定义 8-6　设 $\boldsymbol{r}(t)=(f(t),g(t),h(t))$ 在点 t_0 的某去心邻域内有定义，$\boldsymbol{A}$ 是一个确定的向量，如果

$$\lim_{t\to t_0}|\boldsymbol{r}(t)-\boldsymbol{A}|=0,$$

即当 $t\to t_0$ 时，$\boldsymbol{r}(t)-\boldsymbol{A}$ 的模趋于 0，则称 $t\to t_0$ 时，向量值函数 $\boldsymbol{r}(t)$ 的极限为 $\boldsymbol{A}$，记为

$$\lim_{t\to t_0}\boldsymbol{r}(t)=\boldsymbol{A}.$$

可以证明，向量值函数极限存在的充分必要条件是 $\boldsymbol{r}(t)$ 的三个分量函数 $f(t)$, $g(t)$, $h(t)$ 当 $t\to t_0$ 时的极限都存在；若函数 $\boldsymbol{r}(t)$ 当 $t\to t_0$ 时的极限存在，则其极限为

$$\lim_{t\to t_0}\boldsymbol{r}(t)=(\lim_{t\to t_0}f(t),\lim_{t\to t_0}g(t),\lim_{t\to t_0}h(t)).$$

例 8-33　求极限 $\displaystyle\lim_{t\to 0}\left(\frac{3}{1+t}\boldsymbol{i}+t\mathrm{e}^{-t}\boldsymbol{j}+\frac{\tan t}{t}\boldsymbol{k}\right)$.

解　$\displaystyle\lim_{t\to 0}\left(\frac{3}{1+t}\boldsymbol{i}+t\mathrm{e}^{-t}\boldsymbol{j}+\frac{\tan t}{t}\boldsymbol{k}\right)=\left(\lim_{t\to 0}\frac{3}{1+t}\right)\boldsymbol{i}+(\lim_{t\to 0}t\mathrm{e}^{-t})\boldsymbol{j}+\left(\lim_{t\to 0}\frac{\tan t}{t}\right)\boldsymbol{k}=3\boldsymbol{i}+\boldsymbol{k}.$

定义 8-7　设向量值函数 $\boldsymbol{r}(t)$ 在点 t_0 的某一邻域内有定义，如果

$$\lim_{t\to t_0}\boldsymbol{r}(t)=\boldsymbol{r}(t_0),$$

则称向量值函数 $\boldsymbol{r}(t)$ 在点 t_0 连续.

设向量值函数 $\boldsymbol{r}(t)$，$t\in I\subset\mathbf{R}$，如果 $\boldsymbol{r}(t)$ 在 I 的每一点都连续，则称 $\boldsymbol{r}(t)$ 在 I 上连续，或称 $\boldsymbol{r}(t)$ 是 I 上的一个连续向量值函数.

显然，向量值函数 $\boldsymbol{r}(t)$ 在点 t_0 连续的充分必要条件是 $\boldsymbol{r}(t)$ 的三个分量函数 $f(t), g(t), h(t)$ 都在点 t_0 连续. 这就是说，向量值函数的连续性可以归结为数量函数的连续性.

向量值函数 $\boldsymbol{r}(t)$ 的导数与数量函数的导数的定义也是类似的.

定义 8-8　设向量值函数 $\boldsymbol{r}(t)$ 在点 t_0 的某一邻域内有定义，如果

$$\lim_{\Delta t\to 0}\frac{\Delta \boldsymbol{r}}{\Delta t}=\lim_{\Delta t\to 0}\frac{\boldsymbol{r}(t_0+\Delta t)-\boldsymbol{r}(t_0)}{\Delta t}$$

存在，则称这个极限向量为向量值函数 $\boldsymbol{r}(t)$ 在 t_0 处的导数或导向量，记作 $\boldsymbol{r}'(t_0)$ 或 $\left.\dfrac{\mathrm{d}\boldsymbol{r}}{\mathrm{d}t}\right|_{t=t_0}$.

向量值函数 $\boldsymbol{r}(t)$ 的导向量的几何意义如下.

设空间曲线 Γ 是向量值函数 $\boldsymbol{r}(t)$（$t\in I$）的终端曲线，向量 $\overrightarrow{OQ}=\boldsymbol{r}(t_0)$，$\overrightarrow{OP}=\boldsymbol{r}(t_0+\Delta t)$，如图 8-8 所示，又设导向量 $\boldsymbol{r}'(t_0)$ 不为零.

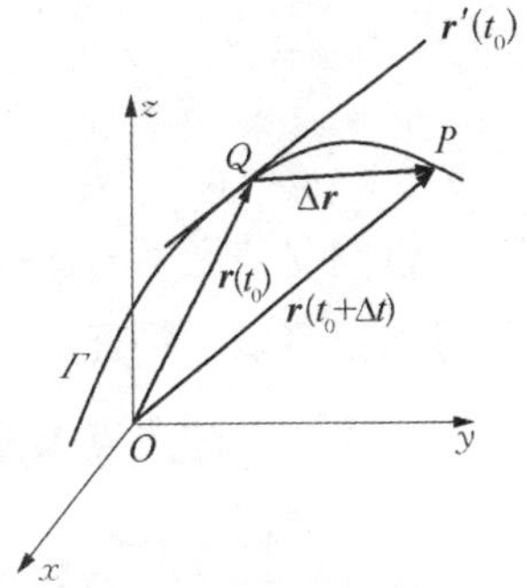

图 8-8

当 $\Delta t>0$ 时，向量 $\Delta\boldsymbol{r}=\boldsymbol{r}(t_0+\Delta t)-\boldsymbol{r}(t_0)$ 的指向与 t 增大时点 Q 移动的走向(以下简称 t 的增长方向)一致；当 $\Delta t<0$ 时，向量 $\Delta\boldsymbol{r}=\boldsymbol{r}(t_0+\Delta t)-\boldsymbol{r}(t_0)$ 的指向与 t 的增长方向相反. 但无论 $\Delta t>0$ 或 $\Delta t<0$，向量 $\dfrac{\Delta\boldsymbol{r}}{\Delta t}$ 的指向始终与 t 的增长方向一致. 于是，导向量 $\boldsymbol{r}'(t_0)=\lim\limits_{\Delta t\to 0}\dfrac{\Delta\boldsymbol{r}}{\Delta t}$ 是向量值函数 $\boldsymbol{r}(t)$ 的终端曲线 Γ 在点 Q 处的一个切向量，其指向始终与 t 的增长方向一致.

设向量值函数 $\boldsymbol{r}(t)$，$t\in I\subset\mathbf{R}$，若 $\boldsymbol{r}(t)$ 在 I 的每一点都存在导向量 $\boldsymbol{r}'(t)$，则称 $\boldsymbol{r}(t)$ 在 I 上可导. 下面的定理给出求向量值函数 $\boldsymbol{r}(t)$ 的导数的方法.

定理 8-11　设 $\boldsymbol{r}(t)=(f(t),g(t),h(t))=f(t)\boldsymbol{i}+g(t)\boldsymbol{j}+h(t)\boldsymbol{k}$，其中 $f(t), g(t)$ 和 $h(t)$ 是可微函数，则

$$\boldsymbol{r}'(t)=(f'(t),g'(t),h'(t))=f'(t)\boldsymbol{i}+g'(t)\boldsymbol{j}+h'(t)\boldsymbol{k}.$$

证明略.

类似于数量函数，下面给出向量值函数的求导法则.

设 $\boldsymbol{u}(t)$ 和 $\boldsymbol{v}(t)$ 是可导的向量值函数，c 为常数，$\varphi(t)$ 是一个可导的数量函数，则

(1) $\dfrac{\mathrm{d}}{\mathrm{d}t}[\boldsymbol{u}(t)\pm\boldsymbol{v}(t)]=\boldsymbol{u}'(t)\pm\boldsymbol{v}'(t)$.

(2) $\dfrac{\mathrm{d}}{\mathrm{d}t}[c\boldsymbol{u}(t)]=c\boldsymbol{u}'(t)$.

(3) $\dfrac{\mathrm{d}}{\mathrm{d}t}[\varphi(t)\boldsymbol{u}(t)]=\varphi'(t)\boldsymbol{u}(t)+\varphi(t)\boldsymbol{u}'(t)$.

(4) $\dfrac{\mathrm{d}}{\mathrm{d}t}[\boldsymbol{u}(t)\cdot\boldsymbol{v}(t)]=\boldsymbol{u}'(t)\cdot\boldsymbol{v}(t)+\boldsymbol{u}(t)\cdot\boldsymbol{v}'(t)$.

(5) $\dfrac{\mathrm{d}}{\mathrm{d}t}[\boldsymbol{u}(t)\times\boldsymbol{v}(t)]=\boldsymbol{u}'(t)\times\boldsymbol{v}(t)+\boldsymbol{u}(t)\times\boldsymbol{v}'(t)$.

(6) $\dfrac{\mathrm{d}}{\mathrm{d}t}\{\boldsymbol{u}[\varphi(t)]\}=\boldsymbol{u}'[\varphi(t)]\varphi'(t)$.

下面只证明公式(4).

令 $\boldsymbol{u}(t)=(f_1(t), f_2(t), f_3(t))$ ，$\boldsymbol{v}(t)=(g_1(t), g_2(t), g_3(t))$ ，则

$$\boldsymbol{u}(t)\cdot\boldsymbol{v}(t)=f_1(t)g_1(t)+f_2(t)g_2(t)+f_3(t)g_3(t)=\sum_{i=1}^{3}f_i(t)g_i(t),$$

于是

$$\begin{aligned}\frac{\mathrm{d}}{\mathrm{d}t}[\boldsymbol{u}(t)\cdot\boldsymbol{v}(t)]&=\frac{\mathrm{d}}{\mathrm{d}t}\left[\sum_{i=1}^{3}f_i(t)g_i(t)\right]=\sum_{i=1}^{3}\frac{\mathrm{d}}{\mathrm{d}t}[f_i(t)g_i(t)]\\&=\sum_{i=1}^{3}[f_i'(t)g_i(t)+f_i(t)g_i'(t)]\\&=\sum_{i=1}^{3}f_i'(t)g_i(t)+\sum_{i=1}^{3}f_i(t)g_i'(t)\\&=\boldsymbol{u}'(t)\cdot\boldsymbol{v}(t)+\boldsymbol{u}(t)\cdot\boldsymbol{v}'(t).\end{aligned}$$

设向量值函数 $\boldsymbol{r}(t)$ 是沿空间光滑曲线运动的质点 M 的位置向量，则向量值函数 $\boldsymbol{r}(t)$ 的导向量有以下物理意义：

$\boldsymbol{v}(t)=\dfrac{\mathrm{d}\boldsymbol{r}}{\mathrm{d}t}$ 是质点 M 的速度向量，其方向与曲线相切，并且与 t 增大的方向一致；

$\boldsymbol{a}(t)=\dfrac{\mathrm{d}\boldsymbol{v}}{\mathrm{d}t}=\dfrac{\mathrm{d}^2\boldsymbol{r}}{\mathrm{d}t^2}$ 是质点 M 的加速度向量.

例 8-34　求 $\boldsymbol{r}(t)=(t^2+1)\boldsymbol{i}+(4t-3)\boldsymbol{j}+(2t^2-6t)\boldsymbol{k}$ 的导数及在 $t=0$ 对应的点处的单位切向量.

解　由定理 8-11，对 $\boldsymbol{r}(t)$ 的各个分量求导，得

$$\boldsymbol{r}'(t)=2t\boldsymbol{i}+4\boldsymbol{j}+(4t-6)\boldsymbol{k}.$$

因为 $\boldsymbol{r}(0)=(1,-3,0)$ 和 $\boldsymbol{r}'(0)=(0,4,-6)$ ，所以在点 $(1,-3,0)$ 处的单位切向量为

$$\boldsymbol{T}(0)=\pm\frac{\boldsymbol{r}'(0)}{|\boldsymbol{r}'(0)|}=\pm\frac{4\boldsymbol{j}-6\boldsymbol{k}}{\sqrt{4^2+(-6)^2}}=\pm\frac{1}{\sqrt{52}}(4\boldsymbol{j}-6\boldsymbol{k}).$$

例 8-35　设空间中的质点 M 在时刻 t 的位置向量为 $\boldsymbol{r}(t)=(t+1)\boldsymbol{i}+(t^2-1)\boldsymbol{j}+2t\boldsymbol{k}$ ，求质点 M 在任意时刻 t 的速度向量、加速度向量和速率.

解　因为 $\boldsymbol{r}(t)=(t+1)\boldsymbol{i}+(t^2-1)\boldsymbol{j}+2t\boldsymbol{k}$ ，所以速度向量为 $\boldsymbol{v}=\dfrac{\mathrm{d}\boldsymbol{r}}{\mathrm{d}t}=\boldsymbol{i}+2t\boldsymbol{j}+2\boldsymbol{k}$ ；加速度向量为 $\boldsymbol{a}=\dfrac{\mathrm{d}^2\boldsymbol{r}}{\mathrm{d}t^2}=2\boldsymbol{j}$ ；速率是速度的大小，即 $|\boldsymbol{v}|=\sqrt{1^2+(2t)^2+2^2}=\sqrt{5+4t^2}$.

二、空间曲线的切线与法平面

1. 空间曲线Γ为参数方程的情形

设空间曲线Γ的参数方程为

$$\begin{cases} x=\varphi(t), \\ y=\psi(t), \quad (\alpha \leqslant t \leqslant \beta), \\ z=\omega(t) \end{cases} \tag{8-9}$$

其中, 函数$\varphi(t),\psi(t),\omega(t)$在$[\alpha,\beta]$上都可导, 且三个导数不同时为零.

下面求过曲线Γ上一点$M_0(x_0,y_0,z_0)$的切线及法平面方程.

设与点M_0对应的参数为t_0, 记$\boldsymbol{r}(t)=(\varphi(t),\psi(t),\omega(t))\ (\alpha \leqslant t \leqslant \beta)$. 由向量值函数导数的几何意义知, 向量$\boldsymbol{T}=\boldsymbol{r}'(t_0)=(\varphi'(t_0),\psi'(t_0),\omega'(t_0))$就是曲线$\Gamma$在点$M_0$处的一个切向量, 由直线的点向式方程知, 曲线$\Gamma$过点$M_0(x_0,y_0,z_0)$的切线方程为

$$\frac{x-x_0}{\varphi'(t_0)}=\frac{y-y_0}{\psi'(t_0)}=\frac{z-z_0}{\omega'(t_0)}.$$

过点$M_0(x_0,y_0,z_0)$且与切线垂直的平面称为曲线Γ在点M_0处的法平面. 显然, 该法平面以$\boldsymbol{T}$为法向量. 由平面的点法式方程知, 法平面方程为

$$\varphi'(t_0)(x-x_0)+\psi'(t_0)(y-y_0)+\omega'(t_0)(z-z_0)=0.$$

例 8-36　求曲线$x=t^2+t$, $y=t^2-t$, $z=t^2$在点$(2,0,1)$处的切线方程及法平面方程.

解　因为$x_t'=2t+1$, $y_t'=2t-1$, $z_t'=2t$, 而点$(2,0,1)$所对应的参数$t=1$, 所以

$$\boldsymbol{T}=(3,1,2).$$

于是, 切线方程为

$$\frac{x-2}{3}=\frac{y}{1}=\frac{z-1}{2},$$

法平面方程为

$$3(x-2)+y+2(z-1)=0,$$

即

$$3x+y+2z=8.$$

如果曲线Γ的方程以

$$\begin{cases} y=\varphi(x), \\ z=\psi(x) \end{cases}$$

的形式给出, 取x为参数, 就可化为参数方程情形:

$$\begin{cases} x=x, \\ y=\varphi(x), \\ z=\psi(x). \end{cases}$$

如果 $\varphi(x)$, $\psi(x)$ 在 $x=x_0$ 处可导，那么根据上面的讨论可知，$\boldsymbol{T}=(1,\varphi'(x_0),\psi'(x_0))$ ，因此，曲线 Γ 在点 $M_0(x_0,y_0,z_0)$ 处的切线方程为

$$\frac{x-x_0}{1}=\frac{y-y_0}{\varphi'(x_0)}=\frac{z-z_0}{\psi'(x_0)},$$

法平面方程为

$$(x-x_0)+\varphi'(x_0)(y-y_0)+\psi'(x_0)(z-z_0)=0.$$

例 8-37　求曲线 $y=x^2$，$z=x^3$ 在点 $(1,1,1)$ 处的切线方程与法平面方程.

解　取 x 为参数, 则曲线可用参数方程表示为

$$x=x,\qquad y=x^2,\qquad z=x^3.$$

在点 $(1,1,1)$ 处的切向量为

$$\boldsymbol{T}=(1,2x,3x^2)\big|_{(1,1,1)}=(1,2,3).$$

于是, 切线方程为

$$\frac{x-1}{1}=\frac{y-1}{2}=\frac{z-1}{3},$$

法平面方程为

$$(x-1)+2(y-1)+3(z-1)=0,$$

即

$$x+2y+3z=6.$$

2. 空间曲线 Γ 为一般方程的情形

设空间曲线 Γ 的方程为

$$\begin{cases}F(x,y,z)=0,\\G(x,y,z)=0,\end{cases}\tag{8-10}$$

$M_0(x_0,y_0,z_0)$ 是曲线 Γ 上的一个点. 欲求 Γ 过点 M_0 的切线方程及法平面方程, 只需求出曲线 Γ 在点 M_0 处的切向量. 为此, 假设 $F(x,y,z)$, $G(x,y,z)$ 有对各个变量的连续偏导数, 且

$$\left.\frac{\partial(F,G)}{\partial(y,z)}\right|_{M_0}\neq 0,$$

这时, 方程组(8-10)在点 M_0 的某一邻域内确定了一组有连续导数的隐函数 $y=\varphi(x)$, $z=\psi(x)$. 因此, 曲线 Γ 在点 M_0 处的切向量为

$$\boldsymbol{T}=(1,\varphi'(x_0),\psi'(x_0))=\left(1,\frac{\begin{vmatrix}F_z&F_x\\G_z&G_x\end{vmatrix}_{M_0}}{\begin{vmatrix}F_y&F_z\\G_y&G_z\end{vmatrix}_{M_0}},\frac{\begin{vmatrix}F_x&F_y\\G_x&G_y\end{vmatrix}_{M_0}}{\begin{vmatrix}F_y&F_z\\G_y&G_z\end{vmatrix}_{M_0}}\right).$$

把上面的切向量 $\boldsymbol{T}$ 乘以 $\begin{vmatrix} F_y & F_z \\ G_y & G_z \end{vmatrix}_{M_0}$，得

$$\boldsymbol{T}_1=\left(\begin{vmatrix} F_y & F_z \\ G_y & G_z \end{vmatrix}_{M_0},\begin{vmatrix} F_z & F_x \\ G_z & G_x \end{vmatrix}_{M_0},\begin{vmatrix} F_x & F_y \\ G_x & G_y \end{vmatrix}_{M_0}\right),$$

这也是曲线 $\varGamma$ 在点 M_0 处的一个切向量. 令

$$A=\left.\frac{\partial(F,G)}{\partial(y,z)}\right|_{M_0},\quad B=\left.\frac{\partial(F,G)}{\partial(z,x)}\right|_{M_0},\quad C=\left.\frac{\partial(F,G)}{\partial(x,y)}\right|_{M_0},$$

则

$$\boldsymbol{T}_1=(A,B,C).$$

于是，曲线 $\varGamma$ 在点 M_0 处的切线方程和法平面方程分别为

$$\frac{x-x_0}{A}=\frac{y-y_0}{B}=\frac{z-z_0}{C},$$

$$A(x-x_0)+B(y-y_0)+C(z-z_0)=0.$$

例 8-38　求曲线

$$\begin{cases} x^2+y^2+z^2-3x=0, \\ 2x-3y+5z-4=0 \end{cases}$$

在点 $(1,1,1)$ 处的切线方程及法平面方程.

解　为了求 $\frac{\mathrm{d}y}{\mathrm{d}x}$ 和 $\frac{\mathrm{d}z}{\mathrm{d}x}$，在所给方程组两边对 x 求导并移项，得

$$\begin{cases} 2y\dfrac{\mathrm{d}y}{\mathrm{d}x}+2z\dfrac{\mathrm{d}z}{\mathrm{d}x}=-2x+3, \\ 3\dfrac{\mathrm{d}y}{\mathrm{d}x}-5\dfrac{\mathrm{d}z}{\mathrm{d}x}=2. \end{cases}$$

当 $J=\begin{vmatrix} 2y & 2z \\ 3 & -5 \end{vmatrix}=-10y-6z\neq 0$ 时，解方程组得

$$\frac{\mathrm{d}y}{\mathrm{d}x}=\frac{1}{J}\begin{vmatrix} -2x+3 & 2z \\ 2 & -5 \end{vmatrix}=\frac{10x-4z-15}{-10y-6z},$$

$$\frac{\mathrm{d}z}{\mathrm{d}x}=\frac{1}{J}\begin{vmatrix} 2y & -2x+3 \\ 3 & 2 \end{vmatrix}=\frac{6x+4y-9}{-10y-6z},$$

$$\left.\frac{\mathrm{d}y}{\mathrm{d}x}\right|_{(1,1,1)}=\frac{9}{16},\qquad \left.\frac{\mathrm{d}z}{\mathrm{d}x}\right|_{(1,1,1)}=-\frac{1}{16},$$

从而

$$\boldsymbol{T}=\left(1,\frac{9}{16},-\frac{1}{16}\right)=\frac{1}{16}(16,9,-1).$$

故所求的切线方程为

$$\frac{x-1}{16}=\frac{y-1}{9}=\frac{z-1}{-1},$$

法平面方程为

$$16(x-1)+9(y-1)-(z-1)=0,$$

即

$$16x+9y-z=24.$$

三、曲面的切平面与法线

先讨论曲面方程为隐函数 $F(x, y, z)=0$ 的情形，然后把曲面的显式方程 $z=f(x, y)$ 看作它的特殊形式.

设曲面 Σ 由方程 $F(x, y, z)=0$ 给出，$M_0(x_0, y_0, z_0)$ 为 Σ 上一点，函数 $F(x, y, z)$ 的偏导数在点 M_0 处连续且不同时为零. 在曲面 Σ 上过点 M_0 任意作一条曲线 Γ，假设曲线 Γ 的参数方程为

$$x=\varphi(t),\quad y=\psi(t),\quad z=\omega(t)\quad (\alpha \leqslant t \leqslant \beta). \tag{8-11}$$

点 M_0 对应参数 t_0 且 $\varphi'(t_0), \psi'(t_0), \omega'(t_0)$ 不全为零，则曲线在点 M_0 处的切线方程为

$$\frac{x-x_0}{\varphi'(t_0)}=\frac{y-y_0}{\psi'(t_0)}=\frac{z-z_0}{\omega'(t_0)}.$$

下面要证明: 在曲面 Σ 上过点 M_0 且在点 M_0 处具有切线的所有曲线，它们在点 M_0 处的切线都在同一个平面上.

事实上，因为曲线 Γ 完全在曲面 Σ 上，所以有恒等式

$$F[\varphi(t), \psi(t), \omega(t)] \equiv 0.$$

又因为 $F(x, y, z)$ 在点 M_0 处具有连续偏导数，且 $\varphi'(t_0)$，$\psi'(t_0)$ 和 $\omega'(t_0)$ 都存在，所以上式左端的复合函数在 $t=t_0$ 时具有全导数. 两边在 t_0 处求导可得

$$F_x(x_0, y_0, z_0)\varphi'(t_0)+F_y(x_0, y_0, z_0)\psi'(t_0)+F_z(x_0, y_0, z_0)\omega'(t_0)=0,$$

此式表明，向量

$$\boldsymbol{n}=(F_x(x_0, y_0, z_0), F_y(x_0, y_0, z_0), F_z(x_0, y_0, z_0)) \tag{8-12}$$

与式(8-11)在点 M_0 处的切向量 $\boldsymbol{T}=(\varphi'(t_0), \psi'(t_0), \omega'(t_0))$ 垂直. 由式(8-11)的任意性可知，曲面 Σ 上过点 M_0 的任何光滑曲线在点 M_0 处的切线都与向量 $\boldsymbol{n}$ 垂直，从而这些切线都在同一个平面上，称此平面为曲面在点 M_0 处的切平面，$\boldsymbol{n}$ 为曲面在点 M_0 处的法向量. 故曲面 Σ 在 M_0 处的切平面方程为

$$F_x(x_0, y_0, z_0)(x-x_0)+F_y(x_0, y_0, z_0)(y-y_0)+F_z(x_0, y_0, z_0)(z-z_0)=0.$$

通过点 M_0 且以 $\boldsymbol{n}$ 为方向向量的直线称为曲面在该点的法线，其方程为

$$\frac{x-x_0}{F_x(x_0,y_0,z_0)}=\frac{y-y_0}{F_y(x_0,y_0,z_0)}=\frac{z-z_0}{F_z(x_0,y_0,z_0)}.$$

若曲面 Σ 的方程为

$$z=f(x,y),$$

且 $f(x,y)$ 具有连续偏导数，令

$$F(x,y,z)=f(x,y)-z,$$

则

$$F_x(x_0,y_0,z_0)=f_x(x_0,y_0),\qquad F_y(x_0,y_0,z_0)=f_y(x_0,y_0),\qquad F_z(x_0,y_0,z_0)=-1,$$

即曲面在点 $M_0(x_0,y_0,z_0)$ 处的法向量为

$$\boldsymbol{n}=(f_x(x_0,y_0),f_y(x_0,y_0),-1).$$

于是，曲面在点 $M_0(x_0,y_0,z_0)$ 处的切平面方程为

$$f_x(x_0,y_0)(x-x_0)+f_y(x_0,y_0)(y-y_0)-(z-z_0)=0,$$

而法线方程为

$$\frac{x-x_0}{f_x(x_0,y_0)}=\frac{y-y_0}{f_y(x_0,y_0)}=\frac{z-z_0}{-1}.$$

例 8-39　求椭球面 $\frac{x^2}{3}+\frac{y^2}{12}+\frac{z^2}{27}=1$ 在点 $(1,2,3)$ 处的切平面方程和法线方程.

解　令 $F(x,y,z)=\frac{x^2}{3}+\frac{y^2}{12}+\frac{z^2}{27}-1$，则

$$\boldsymbol{n}=(F_x,F_y,F_z)=\left(\frac{2}{3}x,\frac{1}{6}y,\frac{2}{27}z\right),$$

$$\boldsymbol{n}\big|_{(1,2,3)}=\frac{1}{9}(6,3,2).$$

所以，所求的切平面方程为

$$6(x-1)+3(y-2)+2(z-3)=0,$$

即

$$6x+3y+2z-18=0,$$

法线方程为

$$\frac{x-1}{6}=\frac{y-2}{3}=\frac{z-3}{2}.$$

例 8-40　求旋转抛物面 $z=x^2+y^2-1$ 在点 $M(x,y,z)$ 处向上的法向量(即与 z 轴夹角为锐角的法向量).

解　令 $F(x,y,z)=x^2+y^2-1-z$，则

$$(F_x,F_y,F_z)|_M=(2x,2y,-1)$$

为向下的法向量(第三个分量为负)，故向上的法向量为

$$\boldsymbol{n}=(-2x,-2y,1).$$

习　题　8-6

1. 求曲线 $x=a\cos t, y=a\sin t, z=bt$（$a,b$ 为常数，$a\neq 0, b\neq 0$）在点 $M(a,0,0)$ 处的切线方程及法平面方程.

2. 求曲线 $x=t, y=t^2, z=t^3$ 上的点，使在该点的切线平行于平面 $3x+6y+4z=12$，并写出该点处的切线方程.

3. 求曲线 $\begin{cases}x^2+2y^2+z^2=7,\\2x+5y-3z=-4\end{cases}$ 在点 $(2,-1,1)$ 处的切线方程及法平面方程.

4. 求曲线 $y^2=2mx$，$z^2=m-2x$ 在点 (x_0,y_0,z_0) 处的切线方程及法平面方程.

5. 求曲面 $\mathrm{e}^z+z+xy=3$ 在点 $(2,1,0)$ 处的切平面方程及法线方程.

6. 求抛物面 $z=3x^2+2y^2$ 在点 $P_0(2,-1,14)$ 处的切平面方程与法线方程.

7. 求椭球面 $x^2+2y^2+z^2=1$ 上平行于平面 $x-2y+2z=0$ 的切平面方程.

8. 求曲面 $z=xy$ 上的一点 P，使得曲面在点 P 的法线垂直于平面 $x-2y+z=6$，并求出该法线方程与曲面在点 P 的切平面方程.

9. 试证曲面 $\sqrt{x}+\sqrt{y}+\sqrt{z}=\sqrt{a}\ (a>0)$ 上任何点处的切平面在各坐标轴上的截距之和等于 a.

第七节　方向导数与梯度

多元函数的偏导数刻画了函数沿坐标轴方向的变化率，但在许多物理问题等实际问题中只考虑函数沿坐标轴方向的变化率是不够的. 本节将介绍两个有实际应用背景的概念：方向导数与梯度，它们在自然科学的诸多领域有着广泛的应用.

一、方向导数

首先考虑 $z=f(x,y)$ 沿着以点 $P(x,y)$ 为起点的射线 $\boldsymbol{l}$ 的变化率，其单位向量为 $\boldsymbol{e}_l=(\cos\alpha,\cos\beta)$，其中 α 和 β 分别表示 $\boldsymbol{e}_l$ 与 x 轴正向和 y 轴正向的夹角，如图 8-9 所示.

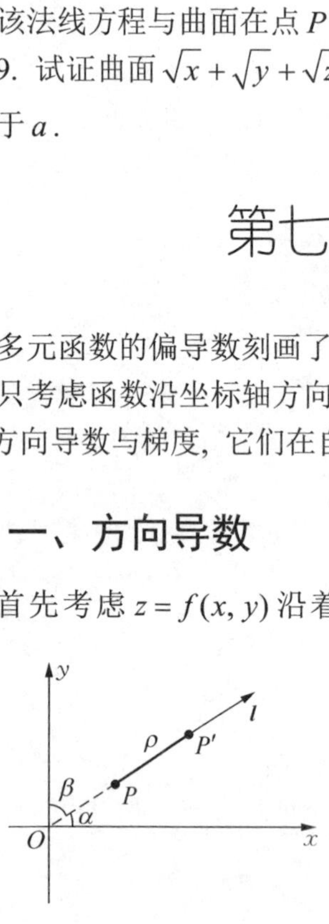

图 8-9

定义 8-9　设函数 $z=f(x,y)$ 在点 $P(x,y)$ 处的某邻域 $U(P)$ 内有定义，点 $P'(x+\Delta x, y+\Delta y)\in \boldsymbol{l}\cap U(P)$，记 $\rho=|PP'|=\sqrt{(\Delta x)^2+(\Delta y)^2}$，如果极限

$$\lim_{\rho\to 0}\frac{f(x+\Delta x, y+\Delta y)-f(x,y)}{\rho}$$

存在，则称此极限为 $z=f(x,y)$ 在点 $P(x,y)$ 处沿方向 $\boldsymbol{l}$

的方向导数，记作 $\dfrac{\partial f}{\partial \boldsymbol{l}}$ 或 $\dfrac{\partial f}{\partial \boldsymbol{e}_l}$.

从方向导数的定义 8-9 可知，方向导数 $\dfrac{\partial f}{\partial \boldsymbol{l}}$ 就是函数 $f(x, y)$ 在点 $P(x, y)$ 处沿方向 $\boldsymbol{l}$ 的变化率.

如果函数在点 $P(x, y)$ 处对 x 和 y 的偏导数都存在，那么有如下结论.

若 $\boldsymbol{l}$ 的方向为 x 轴的正向，则 $\dfrac{\partial f}{\partial \boldsymbol{l}} = \lim\limits_{\Delta x \to 0^+} \dfrac{f(x+\Delta x, y) - f(x, y)}{\Delta x} = f_x(x, y)$.

若 $\boldsymbol{l}$ 的方向为 y 轴的正向，则 $\dfrac{\partial f}{\partial \boldsymbol{l}} = \lim\limits_{\Delta y \to 0^+} \dfrac{f(x, y+\Delta y) - f(x, y)}{\Delta y} = f_y(x, y)$.

若 $\boldsymbol{l}$ 的方向为 x 轴的负向，则 $\dfrac{\partial f}{\partial \boldsymbol{l}} = \lim\limits_{\Delta x \to 0^-} \dfrac{f(x+\Delta x, y) - f(x, y)}{-\Delta x} = -f_x(x, y)$.

若 $\boldsymbol{l}$ 的方向为 y 轴的负向，则 $\dfrac{\partial f}{\partial \boldsymbol{l}} = \lim\limits_{\Delta y \to 0^-} \dfrac{f(x, y+\Delta y) - f(x, y)}{-\Delta y} = -f_y(x, y)$.

关于方向导数的存在性和计算方法，有以下定理.

定理 8-12 如果函数 $f(x, y)$ 在点 $P(x, y)$ 可微，那么函数在该点沿任一方向 $\boldsymbol{l}$ 的方向导数存在，且有

$$\frac{\partial f}{\partial \boldsymbol{l}} = f_x(x, y)\cos\alpha + f_y(x, y)\cos\beta,$$

其中，$\cos\alpha, \cos\beta$ 是方向 $\boldsymbol{l}$ 的方向余弦.

证 由假设，函数 $f(x, y)$ 在点 (x, y) 可微，故有

$$f(x+\Delta x, y+\Delta y) - f(x, y) = f_x(x, y)\Delta x + f_y(x, y)\Delta y + o(\rho),$$

若点 $(x+\Delta x, y+\Delta y)$ 在以 (x, y) 为起点的射线 $\boldsymbol{l}$ 上，应有 $\Delta x = \rho\cos\alpha$，$\Delta y = \rho\cos\beta$，$\sqrt{(\Delta x)^2 + (\Delta y)^2} = \rho$. 上式两边同除以 ρ，得

$$\frac{f(x+\Delta x, y+\Delta y) - f(x, y)}{\rho} = f_x(x, y)\frac{\Delta x}{\rho} + f_y(x, y)\frac{\Delta y}{\rho} + \frac{o(\rho)}{\rho},$$

于是

$$\lim_{\rho \to 0} \frac{f(x+\Delta x, y+\Delta y) - f(x, y)}{\rho} = f_x(x, y)\cos\alpha + f_y(x, y)\cos\beta.$$

因此，方向导数存在且

$$\frac{\partial f}{\partial \boldsymbol{l}} = f_x(x, y)\cos\alpha + f_y(x, y)\cos\beta.$$

类似地，三元函数 $u = f(x, y, z)$ 在点 $P(x, y, z)$ 沿方向 $\boldsymbol{e}_l = (\cos\alpha, \cos\beta, \cos\gamma)$ 的方向导数可定义为

$$\frac{\partial f}{\partial \boldsymbol{l}} = \lim_{\rho \to 0} \frac{f(x+\Delta x, y+\Delta y, z+\Delta z) - f(x, y, z)}{\rho}.$$

当函数 $f(x, y, z)$ 在点 $P(x, y, z)$ 可微时，方向导数存在，且有计算公式

$$\frac{\partial f}{\partial \boldsymbol{l}}=f_x(x,y,z)\cos\alpha+f_y(x,y,z)\cos\beta+f_z(x,y,z)\cos\gamma.$$

例 8-41　求 $z=x\mathrm{e}^{xy}$ 在点 $P(1,1)$ 处沿从点 $P(1,1)$ 到点 $Q(2,2)$ 方向的方向导数.

解　方向 $\boldsymbol{l}$ 即向量 $\overrightarrow{PQ}=(1,1)$ 的方向，与 $\boldsymbol{l}$ 同向的单位向量 $\boldsymbol{e}_l=\left(\frac{1}{\sqrt{2}},\frac{1}{\sqrt{2}}\right)$. 因为函数可微，且

$$\left.\frac{\partial z}{\partial x}\right|_{(1,1)}=\left.(\mathrm{e}^{xy}+xy\mathrm{e}^{xy})\right|_{(1,1)}=2\mathrm{e},\qquad \left.\frac{\partial z}{\partial y}\right|_{(1,1)}=\left.x^2\mathrm{e}^{xy}\right|_{(1,1)}=\mathrm{e},$$

所以

$$\left.\frac{\partial z}{\partial \boldsymbol{l}}\right|_{(1,1)}=2\mathrm{e}\cdot\frac{1}{\sqrt{2}}+\mathrm{e}\cdot\frac{1}{\sqrt{2}}=\frac{3\sqrt{2}}{2}\mathrm{e}.$$

例 8-42　求 $f(x,y,z)=xy+yz+zx$ 在点 $(1,1,2)$ 处沿方向 $\boldsymbol{l}$ 的方向导数，其中 $\boldsymbol{l}$ 的方向角分别为 $60°,45°,45°$.

解　与 $\boldsymbol{l}$ 同向的单位向量为

$$\boldsymbol{e}_l=(\cos 60°,\cos 45°,\cos 45°)=\left(\frac{1}{2},\frac{\sqrt{2}}{2},\frac{\sqrt{2}}{2}\right).$$

因为函数可微，且

$$f_x(1,1,2)=\left.(y+z)\right|_{(1,1,2)}=3,$$
$$f_y(1,1,2)=\left.(x+z)\right|_{(1,1,2)}=3,$$
$$f_z(1,1,2)=\left.(y+x)\right|_{(1,1,2)}=2,$$

所以

$$\left.\frac{\partial f}{\partial \boldsymbol{l}}\right|_{(1,1,2)}=3\cdot\frac{1}{2}+3\cdot\frac{\sqrt{2}}{2}+2\cdot\frac{\sqrt{2}}{2}=\frac{3+5\sqrt{2}}{2}.$$

二、梯度

方向导数刻画了函数在某一点处沿某一方向的变化率，但从这点出发的射线有无穷多条，并且沿不同的方向一般有不同的变化率，那么，函数沿哪个方向变化率最大，这个最大的变化率是多少呢？为此，先分析函数在点 $P(x,y,z)$ 处沿方向 $\boldsymbol{l}$ 的方向导数公式

$$\frac{\partial f}{\partial \boldsymbol{l}}=\frac{\partial f}{\partial x}\cos\alpha+\frac{\partial f}{\partial y}\cos\beta+\frac{\partial f}{\partial z}\cos\gamma.$$

它等于向量 $\boldsymbol{e}_l=(\cos\alpha,\cos\beta,\cos\gamma)$ 和向量 $\boldsymbol{G}=\left(\frac{\partial f}{\partial x},\frac{\partial f}{\partial y},\frac{\partial f}{\partial z}\right)$ 的数量积，即

$$\frac{\partial f}{\partial \boldsymbol{l}}=\frac{\partial f}{\partial x}\cos\alpha+\frac{\partial f}{\partial y}\cos\beta+\frac{\partial f}{\partial z}\cos\gamma=\boldsymbol{G}\cdot\boldsymbol{e}_l, \tag{8-13}$$

其中，$\boldsymbol{e}_l$ 为方向 $\boldsymbol{l}$ 的单位向量.

定义 8-10　设函数 $f(x, y, z)$ 在点 $P(x, y, z)$ 处具有连续偏导数，则称向量

$$\frac{\partial f}{\partial x}\boldsymbol{i}+\frac{\partial f}{\partial y}\boldsymbol{j}+\frac{\partial f}{\partial z}\boldsymbol{k}=\left(\frac{\partial f}{\partial x},\frac{\partial f}{\partial y},\frac{\partial f}{\partial z}\right)$$

为函数 $f(x, y, z)$ 在点 $P(x, y, z)$ 的梯度，记为 $\mathbf{grad}\, f(P)$ 或 $\nabla f(P)$，$\nabla f\big|_P$．这里符号 $\nabla=\left(\frac{\partial}{\partial x},\frac{\partial}{\partial y},\frac{\partial}{\partial z}\right)$ 是Nabla算符(也称为向量微分算子)，将 ∇ 作用于函数 $f(x, y, z)$ 就得到向量

$$\nabla f(x, y, z)=\left(\frac{\partial f}{\partial x},\frac{\partial f}{\partial y},\frac{\partial f}{\partial z}\right).$$

由两向量数量积的定义，式(8-13)可写成

$$\frac{\partial f}{\partial \boldsymbol{l}}=\mathbf{grad}\, f\cdot\boldsymbol{e}_l=|\mathbf{grad}\, f||\boldsymbol{e}_l|\cos\theta,$$

其中，θ 为梯度 $\mathbf{grad}\, f$ 与 $\boldsymbol{e}_l$ 的夹角．因为 $|\boldsymbol{e}_l|=1$，所以

$$\frac{\partial f}{\partial \boldsymbol{l}}=|\mathbf{grad}\, f|\cos\theta.$$

从上式可以看出，当 $\boldsymbol{e}_l$ 与梯度 $\mathbf{grad}\, f$ 的方向一致，即 $\cos\theta=1$ 时，函数增加最快，方向导数取得最大值 $|\mathbf{grad}\, f|$，所以梯度 $\mathbf{grad}\, f$ 的方向就是函数 $f(x, y, z)$ 在点 $P(x, y, z)$ 处变化率最大的方向，最大变化率为 $|\mathbf{grad}\, f|$；当 $\boldsymbol{e}_l$ 与梯度 $\mathbf{grad}\, f$ 的方向相反，即 $\cos\theta=-1$ 时，函数减少最快，方向导数取得最小值 $-|\mathbf{grad}\, f|$.

显然，沿 $\boldsymbol{l}$ 的方向导数等于梯度在 $\boldsymbol{l}$ 上的投影，即

$$\frac{\partial f}{\partial \boldsymbol{l}}=\mathbf{grad}\, f\cdot\boldsymbol{e}_l=\mathrm{Prj}_{\boldsymbol{e}_l}(\mathbf{grad}\, f).$$

例 8-43　求函数 $f(x, y)=x\mathrm{e}^y$ 在点 $(1,1)$ 处的梯度，并利用这个梯度求函数 f 在向量 $\boldsymbol{i}-\boldsymbol{j}$ 的方向上的变化率.

解　二元函数 $f(x, y)=x\mathrm{e}^y$ 的梯度为

$$\mathbf{grad}\, f=\frac{\partial f}{\partial x}\boldsymbol{i}+\frac{\partial f}{\partial y}\boldsymbol{j}=\mathrm{e}^y\boldsymbol{i}+x\mathrm{e}^y\boldsymbol{j},$$

在点 $(1,1)$ 处有

$$\mathbf{grad}\, f(1,1)=\mathrm{e}\boldsymbol{i}+\mathrm{e}\boldsymbol{j}.$$

与向量 $\boldsymbol{i}-\boldsymbol{j}$ 同向的单位向量是

$$\boldsymbol{e}_l=\frac{1}{\sqrt{2}}\boldsymbol{i}-\frac{1}{\sqrt{2}}\boldsymbol{j},$$

所以方向导数为

$$\left.\frac{\partial f}{\partial \boldsymbol{l}}\right|_{(1,1)}=\mathbf{grad}\, f(1,1)\cdot\boldsymbol{e}_l=\mathrm{e}(\boldsymbol{i}+\boldsymbol{j})\cdot\left(\frac{\boldsymbol{i}}{\sqrt{2}}-\frac{\boldsymbol{j}}{\sqrt{2}}\right)=0.$$

例 8-44　求函数 $u=xy^2z$ 在点 $P_0(1,-1,2)$ 处变化最快的方向，并求沿这个方向的方

向导数.

解　函数 u 在点 P_0 处沿 $\mathbf{grad}\, u\big|_{P_0}=(y^2z\boldsymbol{i}+2xyz\boldsymbol{j}+xy^2\boldsymbol{k})\big|_{(1,-1,2)}=2\boldsymbol{i}-4\boldsymbol{j}+\boldsymbol{k}$ 的方向增加最快，其方向导数为 $\left|\mathbf{grad}\, u\big|_{P_0}\right|=|2\boldsymbol{i}-4\boldsymbol{j}+\boldsymbol{k}|=\sqrt{21}$；函数 u 在点 P_0 处沿 $-\mathbf{grad}\, u\big|_{P_0}=-2\boldsymbol{i}+4\boldsymbol{j}-\boldsymbol{k}$ 的方向减少最快，其方向导数为 $-\sqrt{21}$.

扫码演示

下面来分析梯度的几何意义.

考虑二元函数 $z=f(x,y)$，其梯度向量为 $\mathbf{grad}\, f=\dfrac{\partial f}{\partial x}\boldsymbol{i}+\dfrac{\partial f}{\partial y}\boldsymbol{j}$. 曲面 $z=f(x,y)$ 与平面 $z=c$ 的交线在 xOy 面上的投影，即函数 $z=f(x,y)$ 的等值线 $f(x,y)=c$，如图 8-10 所示，由隐函数求导法则知，等值线 $f(x,y)=c$ 上任一点 $P(x,y)$ 处切线的斜率为 $\dfrac{\mathrm{d}y}{\mathrm{d}x}=-\dfrac{f_x}{f_y}$，切线的方向向量 $\boldsymbol{T}=\left(1,-\dfrac{f_x}{f_y}\right)=\dfrac{1}{f_y}(f_y,-f_x)$. 显然，$\boldsymbol{T}\cdot\mathbf{grad}\, f=0$，即梯度 $\mathbf{grad}\, f$ 与切线垂直，这说明函数 $z=f(x,y)$ 在点 $P(x,y)$ 的梯度方向与过点 $P(x,y)$ 的等值线 $f(x,y)=c$ 在这点的法线方向相同，且从数值较低的等值线指向数值较高的等值线.

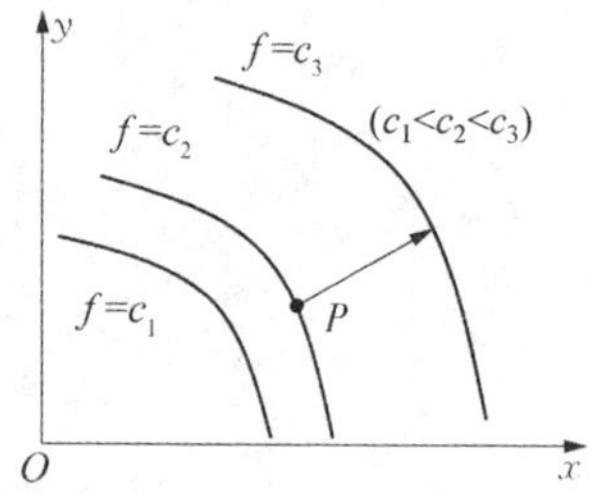

图 8-10

类似地，三元函数 $u=f(x,y,z)$ 在任一点 $P(x,y,z)$ 的梯度方向与过点 $P(x,y,z)$ 的等值面 $f(x,y,z)=c$ 在这点的法线方向相同，且从数值较低的等值面指向数值较高的等值面.

由梯度的定义及求导法则，可直接推导出梯度的运算法则.

(1) $\mathbf{grad}\, C=0$ （C 为常数).

(2) $\mathbf{grad}\,(C_1u+C_2v)=C_1\mathbf{grad}\, u+C_2\mathbf{grad}\, v$ （C_1,C_2 为常数).

(3) $\mathbf{grad}\,(uv)=u\cdot\mathbf{grad}\, v+v\cdot\mathbf{grad}\, u$.

(4) $\mathbf{grad}\left(\dfrac{u}{v}\right)=\dfrac{v\cdot\mathbf{grad}\, u-u\cdot\mathbf{grad}\, v}{v^2}$ $(v\neq 0)$.

(5) $\mathbf{grad}\, f(u)=f'(u)\mathbf{grad}\, u$.

其中，u,v,f 都是可微函数.

这里只对法则(5)给出证明，其余的证明留给读者.

设 $u=u(x,y,z)$，由复合函数的求导法则，有

$$\mathbf{grad}\, f(u)=\left(\frac{\partial f(u)}{\partial x},\frac{\partial f(u)}{\partial y},\frac{\partial f(u)}{\partial z}\right)=\left(f'(u)\frac{\partial u}{\partial x},f'(u)\frac{\partial u}{\partial y},f'(u)\frac{\partial u}{\partial z}\right)$$

$$=f'(u)\left(\frac{\partial u}{\partial x},\frac{\partial u}{\partial y},\frac{\partial u}{\partial z}\right)=f'(u)\mathbf{grad}\, u.$$

习　题　8-7

1. 求函数 $z = x^2 - y^2$ 在点 $(-1,-2)$ 处沿从点 $(-1,-2)$ 到点 $(0,-2-\sqrt{3})$ 的方向的方向导数.

2. 求函数 $z = \ln(x^2 + y^2)$ 在点 $(1,2)$ 沿与 x 轴正向的夹角为 $\dfrac{\pi}{3}$ 的方向的方向导数.

3. 求函数 $u = x^2yz$ 在点 $(1,1,1)$ 处沿从点 $(1,1,1)$ 到点 $(3,0,4)$ 的方向的方向导数.

4. 求函数 $z = 3x^2y - y^2$ 在点 $P(2,3)$ 沿曲线 $y = x^2 - 1$ 的切线朝 x 增大方向的方向导数.

5. 求函数 $z = 1 - \left(\dfrac{x^2}{a^2} + \dfrac{y^2}{b^2}\right)$ 在点 $\left(\dfrac{a}{\sqrt{2}}, \dfrac{b}{\sqrt{2}}\right)$ 处沿曲线 $\dfrac{x^2}{a^2} + \dfrac{y^2}{b^2} = 1$ 在该点的内法线方向的方向导数.

6. 求函数 $u = x + y + z$ 在球面 $x^2 + y^2 + z^2 = 1$ 上点 $M(x_0, y_0, z_0)$ 处，沿球面在该点的外法线方向的方向导数.

7. 对函数 $z = 3x^2 + y^2$，在单位圆 $x^2 + y^2 = 1$ 上找出这样的点及方向，使函数在该点沿该方向的方向导数达到最大值.

8. 求函数 $u = x^3 + y^3 + z^3 - 3xyz$ 的梯度，并指出在何点处梯度满足下列条件.

(1) 垂直于 z 轴；　(2) 平行于 z 轴；　(3) 等于零.

第八节　多元函数的极值与最值

在科学研究和实际问题中，经常会遇到很多求多元函数的最大值和最小值问题. 与一元函数类似，多元函数的最值与极值也有着密切的联系. 本节，首先讨论二元函数的极值问题，然后讨论二元函数的最值及其应用，进而推广到三元及三元以上的函数.

一、二元函数的极值

定义 8-11　设函数 $f(x,y)$ 在点 $P_0(x_0,y_0)$ 的某邻域 $U(P_0)$ 内有定义，如果对于去心邻域 $\mathring{U}(P_0)$ 内的任何点 (x,y)，都有

$$f(x,y) < f(x_0,y_0)\quad（或 f(x,y) > f(x_0,y_0)），$$

则称 $f(x_0,y_0)$ 为极大值（或极小值），(x_0,y_0) 为极大值点（或极小值点）. 极大值和极小值统称为极值，极大值点和极小值点统称为极值点.

例如，$z = 3x^2 + 2y^2$ 在点 $(0,0)$ 处取得极小值，如图 8-11 所示；$z = -\sqrt{x^2 + y^2}$ 在点 $(0,0)$ 处取得极大值，如图 8-12 所示；$z = 2x^2 - y^2$ 在点 $(0,0)$ 处既不取得极大值，也不取得极小值，如图 8-13 所示.

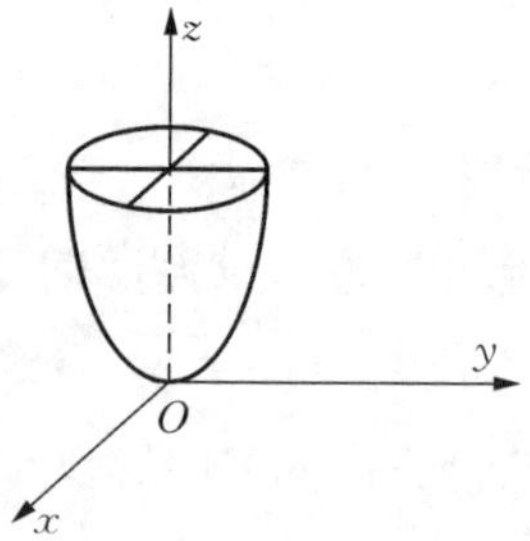

图 8-11

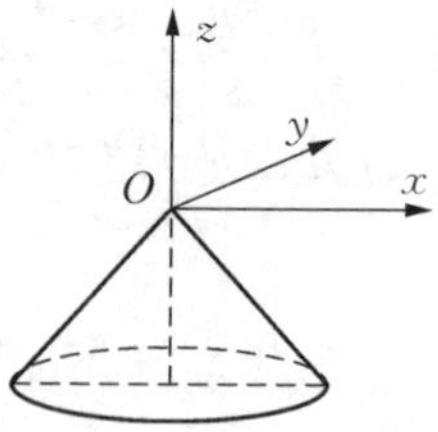

图 8-12

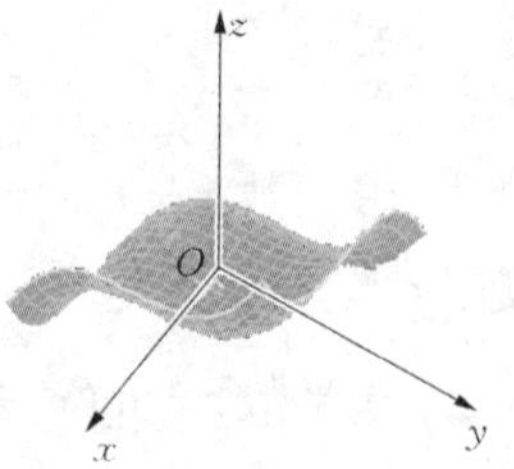

图 8-13

由第三章的相关知识知，如果一元函数 $y=f(x)$ 在点 x_0 处可导，则它在点 x_0 处取得极值的必要条件是 $f'(x_0)=0$．多元函数也有类似的结论.

定理 8-13 (必要条件)　设函数 $z=f(x,y)$ 在点 $P_0(x_0,y_0)$ 具有偏导数，且在点 $P_0(x_0,\ y_0)$ 处取得极值，则有

$$f_x(x_0,y_0)=0\ ,\qquad f_y(x_0,y_0)=0\ .$$

证　不妨设 $z=f(x,y)$ 在点 $P_0(x_0,y_0)$ 处取得极大值．由极大值的定义，对于点 $P_0(x_0,y_0)$ 去心邻域内的点 (x,y)，都有不等式

$$f(x,y)<f(x_0,y_0)\ .$$

特别地，如果在该邻域内取 $y=y_0$ 而 $x\neq x_0$ 的点，同样有不等式

$$f(x,y_0)<f(x_0,y_0)\ .$$

这说明一元函数 $f(x,y_0)$ 在 $x=x_0$ 处取得极大值，由一元函数取得极值的必要条件知，

$$f_x(x_0,y_0)=0\ .$$

类似地，可证

$$f_y(x_0,y_0)=0\ .$$

同样地，若三元函数 $u=f(x,y,z)$ 在点 (x_0,y_0,z_0) 具有偏导数，则它在点 (x_0,y_0,z_0) 处取得极值的必要条件为

$$f_x(x_0,y_0,z_0)=0\ ,\qquad f_y(x_0,y_0,z_0)=0\ ,\qquad f_z(x_0,y_0,z_0)=0\ .$$

函数的偏导数都等于零的点称为函数的驻点．由定理 8-13 可知，具有偏导数的函数的极值点必定是驻点，但函数的驻点不一定是极值点．例如，点 $(0,0)$ 是函数 $z=2x^2-y^2$ 的驻点，但并不是函数的极值点.

如何判定一个驻点是否为极值点呢?下面的定理回答了这个问题.

定理 8-14 (充分条件)　设函数 $z=f(x,y)$ 在点 $P_0(x_0,y_0)$ 的某邻域内连续且有一阶及二阶连续偏导数，又 $f_x(x_0,y_0)=0$，$f_y(x_0,y_0)=0$，令

$$f_{xx}(x_0,y_0)=A,\qquad f_{xy}(x_0,y_0)=B,\qquad f_{yy}(x_0,y_0)=C\ ,$$

则

(1) 当 $AC-B^2>0$ 时，函数 $z=f(x,y)$ 在点 $P_0(x_0,y_0)$ 处有极值，且当 $A<0$ 时有极大值，$A>0$ 时有极小值.

(2) 当 $AC-B^2<0$ 时，函数 $z=f(x,y)$ 在点 $P_0(x_0,y_0)$ 处没有极值.

(3) 当 $AC-B^2=0$ 时，函数 $z=f(x,y)$ 在点 $P_0(x_0,y_0)$ 处可能有极值，也可能没有极值.

定理的证明略.

根据定理 8-13 和定理 8-14，对于具有二阶连续偏导数的函数 $z=f(x,y)$，求极值的步骤如下.

第一步：解方程组

$$f_x(x,y)=0, \qquad f_y(x,y)=0,$$

求得全部实数解，即可得所有驻点.

第二步：对每一个驻点 (x_0,y_0)，求出对应二阶偏导数的值 A, B 和 C.

第三步：定出 $AC-B^2$ 的符号，由定理 8-14 的结论判定 $f(x_0,y_0)$ 是否为极值，是极大值还是极小值.

例 8-45　求函数 $z=3xy-x^3-y^3$ 的极值.

解　解方程组

$$\begin{cases} f_x(x,y)=3y-3x^2=0, \\ f_y(x,y)=3x-3y^2=0, \end{cases}$$

求得驻点为 $(0,0)$ 和 $(1,1)$.

再求出二阶偏导数

$$f_{xx}(x,y)=-6x, \qquad f_{xy}(x,y)=3, \qquad f_{yy}(x,y)=-6y.$$

在点 $(0,0)$ 处，$AC-B^2=0-3^2<0$，所以 $f(0,0)$ 不是极值.

在点 $(1,1)$ 处，$AC-B^2=(-6)\cdot(-6)-3^2>0$，且 $A=-6<0$，所以函数在 $(1,1)$ 处有极大值，并且 $f(1,1)=1$.

讨论函数的极值问题时，如果函数在所讨论的区域内具有偏导数，由定理 8-13 可知，极值只能在驻点处取得. 然而，如果函数在某点的偏导数不存在，这个点当然不是驻点，但也有可能是极值点. 例如，函数 $z=-\sqrt{x^2+y^2}$ 在点 $(0,0)$ 处有极大值，但函数在点 $(0,0)$ 的偏导数不存在. 因此，在讨论连续函数的极值问题时，除了考虑函数的驻点外，如果有偏导数不存在的点，这些点也应当考虑.

例 8-46　利用 Mathematica 求函数 $z=3xy-x^3-y^3$ 的极值.

解

```
In[1]:= f[x_,y_]=3x*y-x^3-y^3(*定义函数*)
Out[1]=-x^3+3xy-y^3
In[2]:= pdx=D[f[x,y],x](*求关于 x 的偏导数*)
Out[2]=-3x^2+3y
In[3]:= pdy=D[f[x,y],y](*求关于 y 的偏导数*)
Out[3]=3x-3y^2
In[4]:= Solve[{pdx==0,pdy==0},{x,y}](*求驻点*)
```

```
Out[4]={{x→0,y→0},{x→1,y→1},{x→-(-1)^(1/3),y→(-1)^(2/3)},
        {x→(-1)^(2/3),y→-(-1)^(1/3)}}
```

由此可知，实际的驻点为(0,0)和(1,1)．下面应用定理8-14判断驻点是否为极值点.

```
In[5]:= d[x_,y_]=D[pdx,x]*D[pdy,y]-D[pdx,y]^2
Out[5]= -9+36xy
In[6]:= d[0,0]
Out[6]=-9
```

说明函数在点(0,0)处不取得极值.

```
In[7]:= d[1,1]
Out[7]=27
In[8]:= f[1,1](*求极大值*)
Out[8]=1
In[9]:= Plot3D[f[x, y], {x, 0, 2}, {y, 0, 2}](*画函数的图形*)
Out[9]=
```

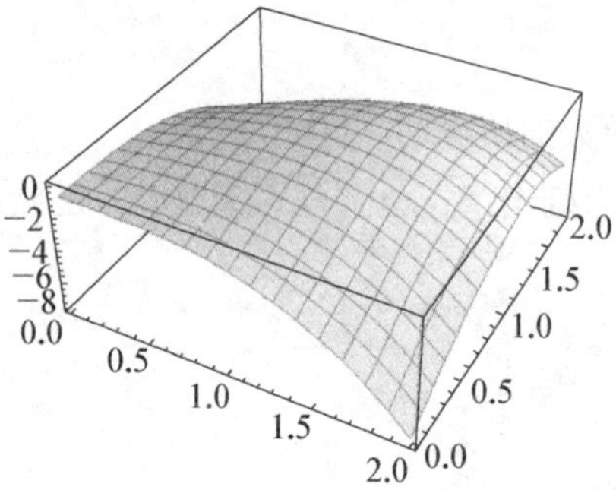

图 8-14

输出结果如图8-14所示.

从函数图像中可以看出上述结果的合理性.

二、二元函数的最值

与一元函数类似，可以利用函数的极值来求函数的最大值和最小值. 本章第一节指出，若函数$f(x,y)$在有界闭区域D上连续，则$f(x,y)$在D上必取得最大值和最小值. 函数取得最大值或最小值的点既可能在D的内部，也可能在D的边界上. 假定函数在D上连续、在D内可微且只有有限个驻点，这时，如果函数在D的内部取得最大值(或最小值)，那么这个最大值(或最小值)也一定是函数的极大值(或极小值). 因此，求最大值和最小值的一般方法是：将函数$f(x,y)$在D内所有驻点处的函数值及在D的边界上的最大值和最小值相互比较，其中最大的就是最大值，最小的就是最小值. 而在实际问题中，如果根据问题的性质知道函数$f(x,y)$的最大值(或最小值)一定在D的内部取得，而函数在D内只有一个驻点，那么可以断定该驻点处的函数值就是函数$f(x,y)$在D上的最大值(或最小值).

例 8-47 求函数$f(x,y)=3x^2+3y^2-x^3$在区域$D=\{(x,y)\mid x^2+y^2\leqslant 16\}$上的最大值和最小值.

解 先求$f(x,y)$在D内的驻点及驻点处的函数值.

$$f_x(x,y)=6x-3x^2,\qquad f_y(x,y)=6y,$$

解方程组$\begin{cases}6x-3x^2=0,\\ 6y=0,\end{cases}$得驻点$(0,0)$，$(2,0)$，于是有

$$f(0,0)=0,\qquad f(2,0)=4.$$

再求 $f(x,y)$ 在边界 $x^2+y^2=16$ 上的最值.

由于点 (x,y) 在圆周 $x^2+y^2=16$ 上变化，故可解出 $y^2=16-x^2$ $(-4\leqslant x\leqslant 4)$，代入 $f(x,y)$ 中，有

$$z=48-x^3 \quad (-4\leqslant x\leqslant 4),$$

易知该函数在 $[-4,4]$ 上单调递减，故它在 $[-4,4]$ 上的最小值点为 4，最小值为 -16；最大值点为 -4，最大值为 112. 因此，函数 $f(x,y)$ 在边界上的最小值为 -16，最大值为 112.

最后比较可得，函数 $f(x,y)=3x^2+3y^2-x^3$ 在区域 $D=\{(x,y)\mid x^2+y^2\leqslant 16\}$ 上的最小值为 $f(4,0)=-16$，最大值为 $f(-4,0)=112$.

例 8-48　某厂要用铁板做成一个体积为 V 的有盖长方体水箱，问当长、宽、高各取多少时，才能使用料最省.

解　设水箱的长为 x，宽为 y，则其高应为 $\dfrac{V}{xy}$. 水箱用料最省即水箱的表面积最小，其表面积为

$$S=2\left(xy+y\cdot\frac{V}{xy}+x\cdot\frac{V}{xy}\right)=2\left(xy+\frac{V}{x}+\frac{V}{y}\right) \quad (x>0,\ y>0).$$

下面求使表面积函数取得最小值的点 (x,y).

解方程组 $\begin{cases} S_x=2\left(y-\dfrac{V}{x^2}\right)=0, \\ S_y=2\left(x-\dfrac{V}{y^2}\right)=0, \end{cases}$ 得唯一驻点 $x=y=\sqrt[3]{V}$，此时高为 $\sqrt[3]{V}$.

由题意知，水箱表面积 S 的最小值一定存在，并在开区域 $D=\{(x,y)|x>0,y>0\}$ 内取得. 因为函数在 D 内只有一个驻点，所以该驻点一定是 S 的最小值点，即当水箱的长、宽、高均为 $\sqrt[3]{V}$ 时，水箱所用的材料最省.

从这个例子还可看出，体积一定的长方体中，立方体的表面积最小.

三、条件极值　拉格朗日乘数法

有些极值问题，对于函数的自变量，除了限制在函数的定义域内，还有附加条件的限制，这样的极值称为条件极值. 例 8-48 中讨论的就是长方体体积一定的条件下表面积最小的问题. 若设长方体的三条棱长为 x, y, z，则表面积 $S=2(xy+xz+yz)$. 又已知体积为 V，则自变量 x, y, z 还必须满足等式 $xyz=V$，即求函数 $S=2(xy+xz+yz)$ 在条件 $xyz=V$ 下的最小值，这是一个条件极值问题. 有些条件极值可转化为无条件极值，如例 8-48. 但在很多情形下，将条件极值转化为无条件极值并不容易. 下面介绍一种直接求这类条件极值问题的方法——拉格朗日乘数法.

首先讨论目标函数 $z=f(x,y)$ 在约束条件 $\varphi(x,y)=0$ 下，在点 (x_0, y_0) 处取得极值的必要条件.

假设在点 (x_0, y_0) 的某邻域内，$f(x,y)$ 和 $\varphi(x,y)$ 都具有一阶连续偏导数，且 $\varphi_y(x_0,y_0)\neq 0$，又由点 (x_0, y_0) 为条件极值点知 $\varphi(x_0,y_0)=0$，由隐函数存在定理，方程 $\varphi(x,y)=0$ 确定一个具有连续导数的函数 $y=y(x)$，则函数 $z=f[x,y(x)]$ 在点 x_0 处取得极值，根据一元函数取得极值的必要条件可知

$$\left.\frac{\mathrm{d}z}{\mathrm{d}x}\right|_{x=x_0}=f_x(x_0,y_0)+f_y(x_0,y_0)\cdot\left.\frac{\mathrm{d}y}{\mathrm{d}x}\right|_{x=x_0}=0 .$$

因为 $y=y(x)$ 是由方程 $\varphi(x,y)=0$ 所确定的隐函数，所以由隐函数的求导公式知

$$\left.\frac{\mathrm{d}y}{\mathrm{d}x}\right|_{x=x_0}=-\frac{\varphi_x(x_0,y_0)}{\varphi_y(x_0,y_0)},$$

于是有

$$\left.\frac{\mathrm{d}z}{\mathrm{d}x}\right|_{x=x_0}=f_x(x_0,y_0)-f_y(x_0,y_0)\cdot\frac{\varphi_x(x_0,y_0)}{\varphi_y(x_0,y_0)}=0 .$$

令

$$\frac{f_x(x_0,y_0)}{\varphi_x(x_0,y_0)}=\frac{f_y(x_0,y_0)}{\varphi_y(x_0,y_0)}=-\lambda ,$$

则有方程组

$$\begin{cases}f_x(x_0,y_0)+\lambda\varphi_x(x_0,y_0)=0,\\ f_y(x_0,y_0)+\lambda\varphi_y(x_0,y_0)=0,\end{cases}\tag{8-14}$$

另外，还有约束条件

$$\varphi(x_0,y_0)=0.\tag{8-15}$$

若引入辅助函数

$$L(x,y,\lambda)=f(x,y)+\lambda\varphi(x,y) ,\tag{8-16}$$

求其对 x，y 与 λ 的一阶偏导数，并使之为零，就是式(8-14)和式(8-15). 称 $L(x,y,\lambda)$ 为拉格朗日函数，参数 λ 称为拉格朗日乘子. 由此可得以下结论.

拉格朗日乘数法　设函数 $f(x,y)$，$\varphi(x,y)$ 具有一阶连续偏导数，作拉格朗日函数

$$L(x,y,\lambda)=f(x,y)+\lambda\varphi(x,y) ,$$

解方程组

$$\begin{cases}L_x(x,y,\lambda)=f_x(x,y)+\lambda\varphi_x(x,y)=0,\\ L_y(x,y,\lambda)=f_y(x,y)+\lambda\varphi_y(x,y)=0,\\ L_\lambda(x,y,\lambda)=\varphi(x,y)=0,\end{cases}$$

得函数 $L(x,y,\lambda)$ 的驻点 (x_0,y_0,λ_0)，则点 (x_0,y_0) 就是目标函数 $z=f(x,y)$ 在约束条件 $\varphi(x,y)=0$ 下可能的极值点.

拉格朗日乘数法可以推广到自变量多于两个、条件多于一个的情形. 例如，求目标函数

$$u=f(x,y,z,t)$$

在约束条件

$$\varphi(x,y,z,t)=0, \qquad \psi(x,y,z,t)=0$$

下可能的极值点, 作拉格朗日函数

$$L(x,y,z,t,\lambda,\mu)=f(x,y,z,t)+\lambda\varphi(x,y,z,t)+\mu\psi(x,y,z,t),$$

求其驻点 $(x_0,y_0,z_0,t_0,\lambda_0,\mu_0)$, 则点 (x_0,y_0,z_0,t_0) 就是所求的可能极值点. 至于所求的点是否为极值点, 实际问题中往往可根据问题本身的性质来判定.

例 8-49 要设计一个体积为 V 的长方体开口水箱, 问长、宽、高各取多少时, 才能使用料最省.

解 设长方体的长、宽、高分别为 x,y,z, 则问题就是在条件 $xyz=V$ 下求函数 $S=xy+2(xz+yz)$ $(x>0,\ y>0,\ z>0)$ 的最小值.

令

$$L(x,y,z,\lambda)=xy+2(xz+yz)+\lambda(xyz-V), \tag{8-17}$$

求 $L(x,y,z,\lambda)$ 对 x,y,z,λ 的偏导数, 并使之为零, 可得方程组

$$\begin{cases} L_x(x,y,z,\lambda)=y+2z+\lambda yz=0, \\ L_y(x,y,z,\lambda)=x+2z+\lambda xz=0, \\ L_z(x,y,z,\lambda)=2(x+y)+\lambda xy=0, \\ L_\lambda(x,y,z,\lambda)=xyz-V=0. \end{cases} \tag{8-18}$$

由式(8-18)的前两个方程可以看出

$$x=y,$$

而由第二个和第三个方程可得

$$\frac{\lambda xz}{\lambda xy}=\frac{-x-2z}{-2(x+y)},$$

再由以上两式可得

$$x=y=2z. \tag{8-19}$$

最后, 将式(8-19)代入式(8-18)的第四个方程可得 $x=y=2z=\sqrt[3]{2V}$, 这是唯一可能的极值点.

由问题本身可知, 最小值一定存在, 所以当高为 $\sqrt[3]{\dfrac{V}{4}}$, 长、宽为高的 2 倍即 $\sqrt[3]{2V}$ 时, 所用材料最省.

例 8-50 在第 I 卦限内作椭球面 $\dfrac{x^2}{a^2}+\dfrac{y^2}{b^2}+\dfrac{z^2}{c^2}=1$ 的切平面, 使切平面与三个坐标面所围成的四面体体积最小, 求切点及最小体积.

解 设 $P(x,y,z)$ 为椭球面上一点, 令

$$F(x,y,z)=\frac{x^2}{a^2}+\frac{y^2}{b^2}+\frac{z^2}{c^2}-1,$$

则

$$F_x|_P=\frac{2x}{a^2},\qquad F_y|_P=\frac{2y}{b^2},\qquad F_z|_P=\frac{2z}{c^2}.$$

过 $P(x,y,z)$ 的切平面方程为

$$\frac{x}{a^2}(X-x)+\frac{y}{b^2}(Y-y)+\frac{z}{c^2}(Z-z)=0,$$

化简得

$$\frac{xX}{a^2}+\frac{yY}{b^2}+\frac{zZ}{c^2}=1,$$

该切平面在三个坐标轴上的截距分别为 $\frac{a^2}{x}$, $\frac{b^2}{y}$ 和 $\frac{c^2}{z}$. 于是, 所围四面体的体积为

$$V=\frac{a^2b^2c^2}{6xyz}\quad (x>0,\ y>0,\ z>0),$$

则问题转化为在约束条件 $\frac{x^2}{a^2}+\frac{y^2}{b^2}+\frac{z^2}{c^2}=1$ 下求体积 V 的最小值.

因为求体积 V 的最小值点等价于求 $\ln(xyz)=\ln x+\ln y+\ln z$ 的最大值点. 为方便计算, 令

$$L(x,y,z,\lambda)=\ln x+\ln y+\ln z+\lambda\left(\frac{x^2}{a^2}+\frac{y^2}{b^2}+\frac{z^2}{c^2}-1\right),$$

求其对 x, y, z 与 λ 的一阶偏导数, 并使之为零, 可得方程组

$$\begin{cases} L_x=\dfrac{1}{x}+\dfrac{2\lambda}{a^2}x=0,\\ L_y=\dfrac{1}{y}+\dfrac{2\lambda}{b^2}y=0,\\ L_z=\dfrac{1}{z}+\dfrac{2\lambda}{c^2}z=0,\\ L_\lambda=\dfrac{x^2}{a^2}+\dfrac{y^2}{b^2}+\dfrac{z^2}{c^2}-1=0. \end{cases}\tag{8-20}$$

由式(8-20)前三个方程可得

$$2\lambda=-\frac{a^2}{x^2}=-\frac{b^2}{y^2}=-\frac{c^2}{z^2},$$

即

$$\frac{x}{a}=\frac{y}{b}=\frac{z}{c}.$$

再将上式代入式(8-20)的第四个方程可得唯一可能的极值点

$$x=\frac{a}{\sqrt{3}},\qquad y=\frac{b}{\sqrt{3}},\qquad z=\frac{c}{\sqrt{3}}.$$

由问题本身的性质可知，体积最小的四面体一定存在，并且只有唯一可能的极值点，所以这个可能的极值点一定是最小值点，即当切点为$\left(\dfrac{a}{\sqrt{3}},\dfrac{b}{\sqrt{3}},\dfrac{c}{\sqrt{3}}\right)$时，体积最小，最小体积为$V_{\min}=\dfrac{\sqrt{3}}{2}abc$.

扫码演示

例 8-51　利用 Mathematica 求函数 $f(x,y)=2x^2+3y^2$ 在约束条件 $x^2+y^2=4$ 下的最大值与最小值.

解　令

$$L(x,y,\lambda)=2x^2+3y^2+\lambda(x^2+y^2-4),$$

```
In[1]:= f[x_, y_]=2x^2+3y^2
Out[1]=2x^2 +3y^2
In[2]:= g[x_, y_]=x^2+y^2-4
Out[2]=-4+x^2 +y^2
In[3]:= cond=Eliminate[{D[f[x, y], x]== λ*D[g[x, y], x],
                        D[f[x, y], y]== λ*D[g[x, y], y], g[x,
                        y]==0}, λ]
Out[3]=x^2==4-y^2 &&xy==0&&-4y+y^3==0
In[4]:= points=Solve[cond](*解方程组*)
Out[4]={{x→-2,y→0},{x→0,y→-2},{x→0,y→2},{x→2,y→0}}
In[5]:= fv=f[x, y]/.points(*计算函数在这些点上的函数值*)
Out[5]= {8, 12, 12, 8}
In[6]:= Max[fv](*最大值*)
Out[6]=12
In[7]:= Min[fv](*最小值*)
Out[7]=8
```

其中，`Eliminate[方程组, 变量]`表示从一方程组中消去指定的变量.

习　题　8-8

1. 求函数 $f(x,y)=x^4+y^4-4xy+1$ 的极值.
2. 求函数 $f(x,y)=2\ln x+2\ln y-x^2-y^2-1$（$x>0,y>0$）的极值.
3. 求函数 $f(x,y)=\mathrm{e}^{2x}(x+y^2+2y)$ 的极值.
4. 求函数 $f(x,y)=x^2-2xy+2y$ 在矩形域 $D=\{(x,y)|0\leqslant x\leqslant 3,0\leqslant y\leqslant 2\}$ 上的最值.
5. 求斜边之长为 k，有最大周长的直角三角形.
6. 求由原点到曲面 $(x-y)^2-z^2=1$ 上的点的最短距离.
7. 欲围一个面积为 60 m^2 的矩形场地，正面所用材料每米造价 10 元，其余三面每米造价 5 元，求场地的长、宽各为多少米时，所用材料费最少？

8. 在平面 $x+y+z=1$ 上求一点，使它与两定点 $(1,0,1)$, $(2,0,1)$ 的距离的平方和为最小.

9. 求内接于半径为 R 的半球且有最大体积的长方体的体积.

10. 在第Ⅰ卦限内作球面 $x^2+y^2+z^2=1$ 的切平面，使得切平面与三个坐标面所围的四面体的体积最小，求切点的坐标并求此最小体积.

11. 设有一圆板占有平面闭区域 $\{(x,y)\,|\,x^2+y^2\leqslant 1\}$，该圆板被加热，在点 (x,y) 的温度是 $T=x^2+2y^2-x$，求该圆板的最热点和最冷点.

总习题八

1. 填空题.

(1) 函数 $f(x,y)$ 在点 (x,y) 可微是 $f(x,y)$ 在点 (x,y) 连续的___________条件；函数 $f(x,y)$ 在点 (x,y) 连续是 $f(x,y)$ 在点 (x,y) 可微的___________条件；函数 $f(x,y)$ 在点 (x,y) 的偏导数 f_x, f_y 存在是 $f(x,y)$ 在该点可微的___________条件；函数 $f(x,y)$ 在点 (x,y) 的偏导数 f_x, f_y 连续是 $f(x,y)$ 在该点可微的___________条件；函数 $f(x,y)$ 在点 (x,y) 可微是 $f(x,y)$ 在该点偏导数 f_x, f_y 存在的___________条件.

(2) 设 $z=x^2+3xy^2$，则 $\mathrm{d}z=$___________.

(3) 设 $f(u,v,w)$ 具有连续偏导数，$u=x^2$，$v=\sin \mathrm{e}^y$，$w=\ln y$，则 $\dfrac{\partial z}{\partial y}=$___________.

(4) 设 $f(x,y,z)=x^2+y^2+z^2$，则 $\mathbf{grad}\, f(1,2,-1)=$___________.

(5) 函数 $f(x,y)=x^2-2xy+y^3$ 在点 $(2,1)$ 处的最大方向导数为___________.

(6) 函数 $f(x,y)=x^3-4x^2+2xy-y^2$ 的极大值点是___________.

2. 选择题.

(1) 函数 $z=yf(xy)$，其中 $f(u)$ 具有连续导数，则下面正确的是(　　).

A. $\dfrac{\partial z}{\partial x}=y^2 f_x'(xy)$　　　　B. $\dfrac{\partial z}{\partial y}=f(xy)+xyf_y'(xy)$

C. $\dfrac{\partial z}{\partial x}=y^2 f'(xy)$　　　　D. $\dfrac{\partial z}{\partial y}=xy^2 f'(xy)$

(2) 设函数 $f(x,y)$ 在点 $(0,0)$ 的某邻域内有定义，且 $f_x(0,0)=3$，$f_y(0,0)=-1$，则有(　　).

A. $\mathrm{d}z\,|_{(0,0)}=3\mathrm{d}x-\mathrm{d}y$

B. 曲面 $z=f(x,y)$ 在点 $(0,0,f(0,0))$ 的一个法向量为 $(3,-1,1)$

C. 曲线 $\begin{cases} z=f(x,y), \\ y=0 \end{cases}$ 在点 $(0,0,f(0,0))$ 的一个切向量为 $(1,0,3)$

D. 曲线$\begin{cases} z = f(x,y), \\ y = 0 \end{cases}$在点$(0,0,f(0,0))$的一个切向量为$(3,0,1)$

(3) 设曲面$z = x^2 - xy + y^2$在点$M(3,2,7)$处的切平面为S，则点$N(1,1,-1)$到平面S的距离为(　　).

A. $\dfrac{1}{3\sqrt{2}}$　　B. $\dfrac{\sqrt{2}}{3}$　　C. $\dfrac{2\sqrt{2}}{3}$　　D. $\dfrac{4\sqrt{2}}{3}$

(4) 函数$z = xy$在条件$x^2 + y^2 = 1$下的最大值为(　　).

A. $\dfrac{1}{2}$　　B. 1　　C. 2　　D. $-\dfrac{1}{2}$

3. 证明极限$\lim\limits_{\substack{x\to 0\\ y\to 0}} \dfrac{xy^2}{x^2 + y^4}$不存在.

4. 在曲面$z = 3x^2 + 2y^2$上求一点，使曲面在该点处的切平面垂直于直线$\dfrac{x-1}{3} = \dfrac{y-2}{2} = z+1$，并写出切平面方程.

5. 设可微函数$f(x,y,z)$满足关系式$f(tx,ty,tz) = t^k f(x,y,z)$($k$为正整数)，证明:

$$xf_x(x,y,z) + yf_y(x,y,z) + zf_z(x,y,z) = kf(x,y,z).$$

6. 设$f(x,y) = |x-y|\varphi(x,y)$，其中$\varphi(x,y)$在点$(0,0)$的某邻域内连续，欲使$f_x(0,0)$及$f_y(0,0)$存在，问$\varphi(x,y)$应满足什么条件？

7. 确定λ的值，使曲面$xyz = \lambda$与曲面$\dfrac{x^2}{a^2} + \dfrac{y^2}{b^2} + \dfrac{z^2}{c^2} = 1$在某点相切.

8. 设$f(u)$可微，证明曲面$z = xf\left(\dfrac{y}{x}\right)$上任一点处的切平面都通过原点.

9. 证明曲面$F(x - my, z - ny) = 0$的所有切平面恒与定直线平行，其中$F(u,v)$可微.

10. 求函数$u = x^2 + y^2 + z^2$在椭球面$\dfrac{x^2}{a^2} + \dfrac{y^2}{b^2} + \dfrac{z^2}{c^2} = 1$上点$M(x_0, y_0, z_0)$处沿外法线方向的方向导数.

11. 求二元函数$z = x^2 y(4 - x - y)$在直线$x + y = 6$，x轴和y轴所围成的闭区域上的最值.

12. 在椭球面$x^2 + y^2 + \dfrac{z^2}{4} = 1$的第Ⅰ卦限部分上求一点，使椭球面在该点处的切平面在三个坐标轴上的截距的平方和最小.

13. 设$z = z(x,y)$由方程$x^2 + y^2 + z^2 = yf\left(\dfrac{z}{y}\right)$确定，其中$f$为可微函数，求$\mathrm{d}z$.

14. 设$z = z(x,y)$由方程$F\left(x + \dfrac{z}{y}, y + \dfrac{z}{x}\right) = 0$确定，其中$F$为可微函数，证明:

$$x\frac{\partial z}{\partial x} + y\frac{\partial z}{\partial y} = z - xy.$$

15. 已知 $z=z(u)$ 且 $u=\varphi(u)+\int_y^x p(t)\mathrm{d}t$，其中 $z=z(u)$ 可微，$\varphi'(u)$ 存在且 $\varphi'(u)\neq 1$，$p(t)$ 连续，证明：$p(y)\dfrac{\partial z}{\partial x}+p(x)\dfrac{\partial z}{\partial y}=0$.

16. 证明：当 $\xi=\dfrac{y}{x}$，$\eta=y$ 时，方程 $x^2\dfrac{\partial^2 u}{\partial x^2}+2xy\dfrac{\partial^2 u}{\partial x\partial y}+y^2\dfrac{\partial^2 u}{\partial y^2}=0$ 可化为 $\dfrac{\partial^2 u}{\partial \eta^2}=0$，其中 u 有二阶连续偏导数.

第九章　重　积　分

重积分是定积分的理论和方法在多元函数情形的一种推广，是多元函数积分学的一部分. 本章将介绍二重积分和三重积分的概念、性质、计算方法及其应用.

第一节　重积分的概念与性质

第五章以计算曲边梯形的面积为例，引入了定积分的概念. 类似地，由计算曲顶柱体的体积和平面薄片的质量引入二重积分的概念，并将其推广到三重积分.

一、引例

1. 曲顶柱体的体积

设函数 $z=f(x,y)$ 在有界闭区域 D[①] 上连续，且 $f(x,y)\geqslant 0$，有一空间立体 Ω，它的底是 xOy 面上的闭区域 D，其侧面是以 D 的边界曲线为准线、母线平行于 z 轴的柱面的一部分，顶是曲面 $z=f(x,y)$，这种立体称为曲顶柱体，如图 9-1 所示. 下面求此曲顶柱体的体积 V.

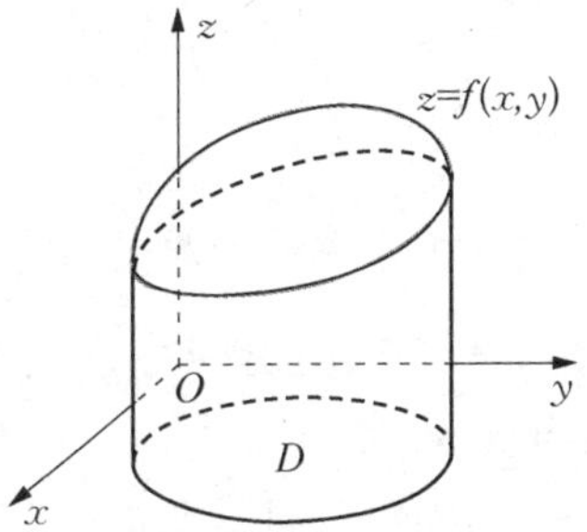

图 9-1

平顶柱体的体积可通过底面积乘高求得. 因为曲顶柱体在闭区域 D 上每一点 (x,y) 处的高 $f(x,y)$ 是变化的，所以其体积不能简单地用平顶柱体的体积公式来计算. 类似于第五章中曲边梯形面积的求法，可以把 D 任意分成 n 个小闭区域，相应地将曲顶柱体分成 n 个小曲顶柱体. 由于曲顶柱体的高 $f(x,y)$ 在 D 上连续变化，在一个很小的区域上它的变化也很小，可近似地视为不变. 这样，小曲顶柱体的体积可近似地用小平顶柱体的体积来代替，把这些小平顶柱体的体积相加，就得到整个曲顶柱体体积的近似值. 分割越细，此近似值就越接近于曲顶柱体体积的精确值. 将闭区域 D 无限细分，则小平顶柱体的体积之和的极限就是所求的曲顶柱体的体积. 因此，计算曲顶柱体的体积 V，可以归结为以下四个步骤.

---

① 为简便起见，本章以后除特别说明外，都假定平面闭区域和空间闭区域是有界的，且平面闭区域有有限面积，空间闭区域有有限体积.

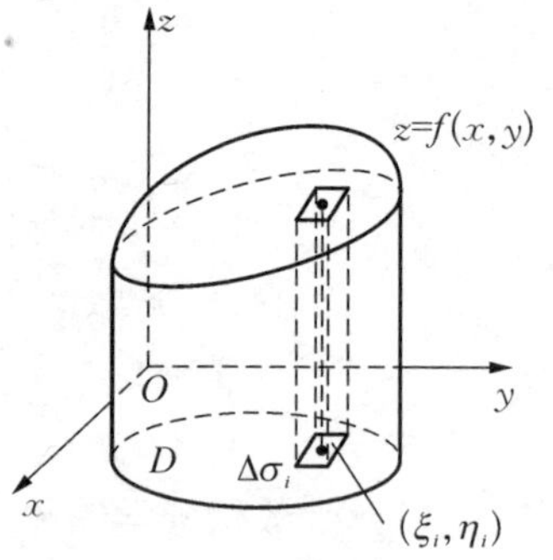

图 9-2

1) 分割

如图 9-2 所示，用一组曲线网将闭区域 D 任意分割成 n 个小闭区域 $\Delta\sigma_1,\Delta\sigma_2,\cdots,\Delta\sigma_n$，这里 $\Delta\sigma_i$ $(i=1,2,\cdots,n)$ 既表示第 i 个小闭区域,又表示它的面积. 以每个小闭区域的边界曲线为准线，作母线平行于 z 轴的柱面，这些柱面将曲顶柱体分成 n 个小曲顶柱体，记第 i 个小曲顶柱体的体积为 ΔV_i，则整个曲顶柱体的体积为

$$V=\sum_{i=1}^{n}\Delta V_i .$$

2) 近似代替

对第 i 个小曲顶柱体，在其对应的小闭区域 $\Delta\sigma_i$ 上任取一点 (ξ_i,η_i)，以 $\Delta\sigma_i$ 为底，以 $f(\xi_i,\eta_i)$ 为高的平顶柱体的体积为 $f(\xi_i,\eta_i)\Delta\sigma_i$，用它近似表示 ΔV_i，即

$$\Delta V_i\approx f(\xi_i,\eta_i)\Delta\sigma_i \quad (i=1,2,\cdots,n).$$

3) 求和

将所有小平顶柱体的体积相加，得整个曲顶柱体的体积的近似值

$$V=\sum_{i=1}^{n}\Delta V_i\approx\sum_{i=1}^{n}f(\xi_i,\eta_i)\Delta\sigma_i . \tag{9-1}$$

4) 取极限

为得到 V 的精确值，只需将闭区域 D 无限细分. 为此，让 n 个小闭区域的直径[①]的最大值 λ 趋于零，和式(9-1)的极限便是曲顶柱体的体积，即

$$V=\lim_{\lambda\to 0}\sum_{i=1}^{n}f(\xi_i,\eta_i)\Delta\sigma_i . \tag{9-2}$$

2. 平面薄片的质量

设有一平面薄片，占有 xOy 面上的有界闭区域 D，它在 (x,y) 处的面密度为 $\mu(x,y)$，这里 $\mu(x,y)>0$，且 $\mu(x,y)$ 在 D 上连续，如图 9-3 所示. 现计算该平面薄片的质量 M.

如果薄片是均匀的，即面密度为常数，那么薄片的质量可通过面密度乘薄片的面积求得. 现在面密度不是常数，平面薄片的质量不能直接按照面密度乘面积的公式计算. 如果将薄片任意分割成 n 个小薄片，由于面密度函数在 D 上连续变化，于是每一个小薄片的质量分布可近似地看作均匀的，它们的质量之和即整个薄片质量的近似值. 分割越细，此近似值就越接近于平面薄片质量的精确值. 将闭区域 D 无限细分，小薄片的质量之和的极限就是所求平面薄片的质量，具体步骤如下.

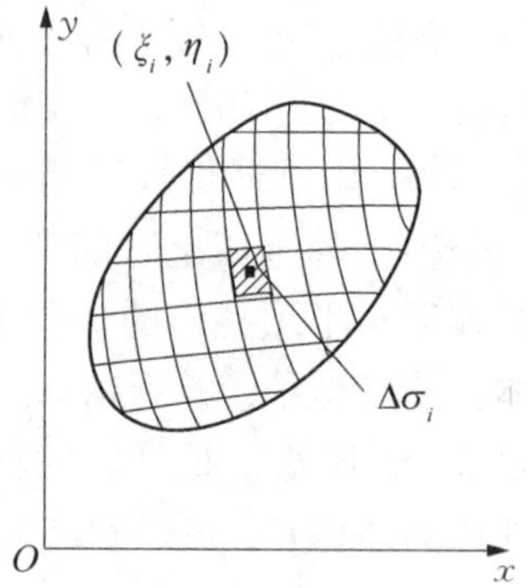

图 9-3

① 一个闭区域的直径是指区域上任意两点间距离的最大值.

1) 分割

如图 9-3 所示, 用一组曲线网将闭区域 D 任意分割成 n 个小闭区域 $\Delta\sigma_1,\Delta\sigma_2,\cdots,\Delta\sigma_n$, 这里 $\Delta\sigma_i$ $(i=1,2,\cdots,n)$ 既表示第 i 个小闭区域, 又表示它的面积. 这时相应地将平面薄片分割成 n 个小薄片, 记第 i 个小薄片的质量为 ΔM_i,则整个平面薄片的质量为

$$M=\sum_{i=1}^{n}\Delta M_i .$$

2) 近似代替

对第 i 个小平面薄片, 在其对应的小闭区域 $\Delta\sigma_i$ 上任取一点 (ξ_i,η_i), 以 $\mu(\xi_i,\eta_i)$ 为密度的平面薄片的质量为 $\mu(\xi_i,\eta_i)\Delta\sigma_i$, 用它近似表示 ΔM_i, 即

$$\Delta M_i \approx \mu(\xi_i,\eta_i)\Delta\sigma_i \quad (i=1,2,\cdots,n).$$

3) 求和

将所有小平面薄片的质量相加, 得整个平面薄片的质量的近似值

$$M=\sum_{i=1}^{n}\Delta M_i \approx \sum_{i=1}^{n}\mu(\xi_i,\eta_i)\Delta\sigma_i . \tag{9-3}$$

4) 取极限

为得到 M 的精确值, 只需将闭区域 D 无限细分. 为此, 让 n 个小闭区域的直径的最大值 λ 趋于零, 和式(9-3)的极限便是整个平面薄片的质量, 即

$$M=\lim_{\lambda\to 0}\sum_{i=1}^{n}\mu(\xi_i,\eta_i)\Delta\sigma_i . \tag{9-4}$$

二、重积分的定义

上述两个引例, 一个是几何问题, 一个是物理问题, 尽管其实际意义不同, 但有两点是一致的. 第一, 曲顶柱体的体积 V 由函数 $f(x,y)$ 及有界闭区域 D 来决定; 平面薄片的质量 M 由面密度函数 $\mu(x,y)$ 及薄片所占有的闭区域 D 来决定. 第二, 它们解决问题的思想方法、步骤及数学结构式是相同的, 最终都将问题归结为一种结构相同的和式的极限. 自然界中许多量的计算, 如曲面的面积、转动惯量等, 都可用类似的方法解决. 不考虑这些问题的实际背景, 一般地研究这种和式的极限, 抽象出重积分的定义.

1. 二重积分的定义

定义 9-1 设 $f(x,y)$ 是平面有界闭区域 D 上的有界函数, 将闭区域 D 任意分成 n 个小闭区域 $\Delta\sigma_1,\Delta\sigma_2,\cdots,\Delta\sigma_n$, 其中 $\Delta\sigma_i$ 既表示第 i 个小闭区域, 又表示它的面积. 在每个 $\Delta\sigma_i$ 上任取一点 (ξ_i,η_i), 作乘积 $f(\xi_i,\eta_i)\Delta\sigma_i$ $(i=1,2,\cdots,n)$, 并作和 $\sum\limits_{i=1}^{n}f(\xi_i,\eta_i)\Delta\sigma_i$. 设 λ 为 n 个小闭区域的直径的最大值, 若极限 $\lim\limits_{\lambda\to 0}\sum\limits_{i=1}^{n}f(\xi_i,\eta_i)\Delta\sigma_i$ 存在, 则称此极限为函数

$f(x,y)$ 在闭区域 D 上的二重积分，记作 $\iint\limits_D f(x,y)\mathrm{d}\sigma$，即

$$\iint\limits_D f(x,y)\mathrm{d}\sigma = \lim_{\lambda\to 0}\sum_{i=1}^{n} f(\xi_i,\eta_i)\Delta\sigma_i . \tag{9-5}$$

其中，$f(x,y)$ 称为被积函数，$f(x,y)\mathrm{d}\sigma$ 称为被积表达式，$\mathrm{d}\sigma$ 称为面积元素，x 与 y 称为积分变量，D 称为积分区域，$\sum\limits_{i=1}^{n} f(\xi_i,\eta_i)\Delta\sigma_i$ 称为积分和.

如果 $\lim\limits_{\lambda\to 0}\sum\limits_{i=1}^{n} f(\xi_i,\eta_i)\Delta\sigma_i$ 存在，那么也称 $f(x,y)$ 在 D 上的二重积分存在.

定理 9-1　如果 $f(x,y)$ 在闭区域 D 上连续，那么 $f(x,y)$ 在 D 上的二重积分存在.

此定理的证明略. 如果没有特别说明，以后总假设函数 $f(x,y)$ 在闭区域 D 上连续.

在二重积分的定义中，对积分区域 D 的划分是任意的. 如果 $f(x,y)$ 在 D 上的二重积分存在，那么在直角坐标系中，用平行于 x 轴和平行于 y 轴的直线网划分闭区域 D，除了包含 D 的边界点的一些不规则小闭区域之外①，其余的小闭区域都是矩形区域. 设矩形区域 $\Delta\sigma_i$ 的边长为 Δx_j 和 Δy_k，则 $\Delta\sigma_i = \Delta x_j \cdot \Delta y_k$. 因此，在直角坐标系中，可以将面积元素 $\mathrm{d}\sigma$ 记作 $\mathrm{d}x\mathrm{d}y$，二重积分也可表示为 $\iint\limits_D f(x,y)\mathrm{d}x\mathrm{d}y$，其中 $\mathrm{d}x\mathrm{d}y$ 称为直角坐标系中的面积元素.

若在闭区域 D 上，$f(x,y)\geqslant 0$，则 $\iint\limits_D f(x,y)\mathrm{d}\sigma$ 在几何上表示以 xOy 面上的闭区域 D 为底，以 D 的边界曲线为准线、母线平行于 z 轴的柱面为侧面，以曲面 $z = f(x,y)$ 为顶的曲顶柱体的体积. 若在闭区域 D 上，$f(x,y)\leqslant 0$，则 $\iint\limits_D f(x,y)\mathrm{d}\sigma$ 等于曲顶柱体体积的负值. 一般地，若 $f(x,y)$ 在 D 上的符号不定，根据上正下负原则，$\iint\limits_D f(x,y)\mathrm{d}\sigma$ 表示体积的代数和.

特别地，当 $f(x,y)\equiv 1$ 时，$\iint\limits_D 1\mathrm{d}\sigma = \iint\limits_D \mathrm{d}\sigma = \sigma$，其中 σ 为闭区域 D 的面积.

根据二重积分的定义，前面所讨论的两个引例可分别表示如下：曲顶柱体的体积 $V = \iint\limits_D f(x,y)\mathrm{d}\sigma$，平面薄片的质量 $M = \iint\limits_D \mu(x,y)\mathrm{d}\sigma$.

将定积分与二重积分的定义加以推广，有如下三重积分的定义.

2. 三重积分的定义

定义 9-2　设 $f(x,y,z)$ 是空间有界闭区域 Ω 上的有界函数，将闭区域 Ω 任意分成 n

---

① 在求和的极限时，这些小闭区域所对应项的和的极限为零，因此这些小闭区域可以略去不计.

个小闭区域$\Delta v_1,\Delta v_2,\cdots,\Delta v_n$，其中$\Delta v_i$既表示第$i$个小闭区域，又表示它的体积. 在每个$\Delta v_i$上任取一点$(\xi_i,\eta_i,\zeta_i)$，作乘积

$$f(\xi_i,\eta_i,\zeta_i)\Delta v_i \quad (i=1,2,\cdots,n),$$

并作和

$$\sum_{i=1}^{n} f(\xi_i,\eta_i,\zeta_i)\Delta v_i .$$

设λ为n个小闭区域的直径的最大值，如果极限$\lim\limits_{\lambda\to 0}\sum\limits_{i=1}^{n} f(\xi_i,\eta_i,\zeta_i)\Delta v_i$存在，则称此极限为函数$f(x,y,z)$在闭区域$\Omega$上的三重积分，记作$\iiint\limits_{\Omega} f(x,y,z)\mathrm{d}v$，即

$$\iiint\limits_{\Omega} f(x,y,z)\mathrm{d}v=\lim_{\lambda\to 0}\sum_{i=1}^{n} f(\xi_i,\eta_i,\zeta_i)\Delta v_i . \tag{9-6}$$

其中，$f(x,y,z)$称为被积函数，$f(x,y,z)\mathrm{d}v$称为被积表达式，$\mathrm{d}v$称为体积元素，x，y和z称为积分变量，Ω称为积分区域，$\sum\limits_{i=1}^{n} f(\xi_i,\eta_i,\zeta_i)\Delta v_i$称为积分和.

如果$\lim\limits_{\lambda\to 0}\sum\limits_{i=1}^{n} f(\xi_i,\eta_i,\zeta_i)\Delta v_i$存在，那么也称$f(x,y,z)$在$\Omega$上的三重积分存在.

定理 9-2　如果$f(x,y,z)$在闭区域Ω上连续，那么$f(x,y,z)$在Ω上的三重积分存在.

此定理的证明略. 如果没有特别说明，以后总假设函数$f(x,y,z)$在闭区域Ω上连续.

三重积分的定义中对积分区域Ω的划分也是任意的. 如果$f(x,y,z)$在Ω上的三重积分存在，那么在空间直角坐标系中，用平行于坐标面的平面来划分空间闭区域Ω，除了包含Ω的边界点的一些不规则小闭区域之外，其余的小闭区域都是长方体. 设长方体区域Δv_i的边长为$\Delta x_j,\Delta y_k$和Δz_l，则$\Delta v_i=\Delta x_j\Delta y_k\Delta z_l$. 因此，在空间直角坐标系中，可以将体积元素$\mathrm{d}v$记作$\mathrm{d}x\mathrm{d}y\mathrm{d}z$，三重积分也可表示为$\iiint\limits_{\Omega} f(x,y,z)\mathrm{d}x\mathrm{d}y\mathrm{d}z$，其中$\mathrm{d}x\mathrm{d}y\mathrm{d}z$称为空间直角坐标系中的体积元素.

特别地，当$f(x,y,z)\equiv 1$时，$\iiint\limits_{\Omega} 1\mathrm{d}v=\iiint\limits_{\Omega}\mathrm{d}v=V$，其中$V$为闭区域$\Omega$的体积.

设有一空间物体，占有空间闭区域Ω，它在(x,y,z)处的密度为$\rho(x,y,z)$，这里$\rho(x,y,z)$在Ω上连续，且$\rho(x,y,z)>0$，则该空间物体的质量

$$M=\iiint\limits_{\Omega}\rho(x,y,z)\mathrm{d}v .$$

三、重积分的性质

重积分与定积分有类似的性质，下面给出二重积分的性质，三重积分的性质可以类

似给出.

性质 9-1 $\iint\limits_D [\alpha f(x,y) \pm \beta g(x,y)]\mathrm{d}\sigma = \alpha \iint\limits_D f(x,y)\mathrm{d}\sigma \pm \beta \iint\limits_D g(x,y)\mathrm{d}\sigma$，其中$\alpha$，$\beta$为常数.

性质 9-2 若$D = D_1 \cup D_2$，且D_1与D_2无公共内点，则

$$\iint\limits_D f(x,y)\mathrm{d}\sigma = \iint\limits_{D_1} f(x,y)\mathrm{d}\sigma + \iint\limits_{D_2} f(x,y)\mathrm{d}\sigma .$$

性质 9-2 表明，二重积分对于积分区域具有可加性.

性质 9-3 若在D上，$f(x,y) \leqslant g(x,y)$，则有不等式

$$\iint\limits_D f(x,y)\mathrm{d}\sigma \leqslant \iint\limits_D g(x,y)\mathrm{d}\sigma .$$

特别地，由

$$-|f(x,y)| \leqslant f(x,y) \leqslant |f(x,y)|,$$

可得

$$\left|\iint\limits_D f(x,y)\mathrm{d}\sigma\right| \leqslant \iint\limits_D |f(x,y)|\mathrm{d}\sigma .$$

性质 9-4 设M与m分别是$f(x,y)$在闭区域D上的最大值与最小值，σ是D的面积，则

$$m\sigma \leqslant \iint\limits_D f(x,y)\mathrm{d}\sigma \leqslant M\sigma . \tag{9-7}$$

这一性质可用来估计积分值的范围.

性质 9-5 (二重积分的中值定理) 设函数$f(x,y)$在有界闭区域D上连续，σ是D的面积，则在D上至少存在一点(ξ,η)，使得

$$\iint\limits_D f(x,y)\mathrm{d}\sigma = f(\xi,\eta)\cdot\sigma . \tag{9-8}$$

证 由性质 9-4，有

$$m \leqslant \frac{1}{\sigma}\iint\limits_D f(x,y)\mathrm{d}\sigma \leqslant M ,$$

数值$\frac{1}{\sigma}\iint\limits_D f(x,y)\mathrm{d}\sigma$介于连续函数$f(x,y)$在有界闭区域$D$上的最小值$m$与最大值$M$之间，根据有界闭区域上连续函数的介值定理，在$D$上至少存在一点$(\xi,\eta)$，使得

$$f(\xi,\eta) = \frac{1}{\sigma}\iint\limits_D f(x,y)\mathrm{d}\sigma \quad ((\xi,\eta) \in D),$$

即

$$\iint_D f(x,y)\mathrm{d}\sigma = f(\xi,\eta)\cdot\sigma .$$

例 9-1　比较积分 $\iint_D (x+y)^2\mathrm{d}\sigma$ 与 $\iint_D (x+y)^3\mathrm{d}\sigma$ 的大小，其中积分区域 D 是由 x 轴，y 轴与直线 $x+y=1$ 所围成的三角形闭区域.

解　三角形的斜边方程为 $x+y=1$，在 D 上有 $0\leqslant x+y\leqslant 1$，故在 D 上,

$$(x+y)^2 \geqslant (x+y)^3,$$

根据性质 9-3，可得

$$\iint_D (x+y)^2\mathrm{d}\sigma \geqslant \iint_D (x+y)^3\mathrm{d}\sigma .$$

例 9-2　估计二重积分 $I=\iint_D xy(x+y)\mathrm{d}\sigma$ 的值，其中 $D=\{(x,y)\,|\,0\leqslant x\leqslant 1, 0\leqslant y\leqslant 1\}$.

解　在积分区域 D 上，$0\leqslant x\leqslant 1, 0\leqslant y\leqslant 1$，从而 $0\leqslant xy(x+y)\leqslant 2$，又积分区域 D 的面积等于1,由式(9-7)可得

$$0\leqslant \iint_D xy(x+y)\mathrm{d}\sigma \leqslant 2 .$$

性质 9-6　(1) 若积分区域 D 关于 x 轴对称，D_1 是 D 位于 x 轴上侧的部分区域，则

$$\iint_D f(x,y)\mathrm{d}\sigma = \begin{cases} 2\iint_{D_1} f(x,y)\mathrm{d}\sigma, & \text{在}D\text{上}f(x,-y)=f(x,y), \\ 0, & \text{在}D\text{上}f(x,-y)=-f(x,y). \end{cases} \tag{9-9}$$

(2) 若积分区域 D 关于 y 轴对称，D_2 是 D 位于 y 轴右侧的部分区域，则

$$\iint_D f(x,y)\mathrm{d}\sigma = \begin{cases} 2\iint_{D_2} f(x,y)\mathrm{d}\sigma, & \text{在}D\text{上}f(-x,y)=f(x,y), \\ 0, & \text{在}D\text{上}f(-x,y)=-f(x,y). \end{cases} \tag{9-10}$$

利用此性质可以简化二重积分的计算. 例如，积分区域 D 是由单位圆 $x^2+y^2=1$ 所围成的闭区域，则 $\iint_D (x+y)\mathrm{d}\sigma = 0$，而二重积分

$$\iint_D (x^2+y^2)\mathrm{d}\sigma = 4\iint_{D_1}(x^2+y^2)\mathrm{d}\sigma ,$$

其中，D_1 是 D 在第一象限的部分区域.

三重积分 $\iiint_\Omega f(x,y,z)\mathrm{d}v$ 也有类似的性质，但要考虑积分区域 Ω 关于坐标面的对称性，以及被积函数 $f(x,y,z)$ 关于相应变量的奇偶性. 例如，对于三重积分 $\iiint_\Omega f(x,y,z)\mathrm{d}v$，若积分区域 Ω 关于 xOy 面对称，Ω_1 是 Ω 位于 xOy 面上侧的部分区域，则

$$\iiint_{\Omega} f(x,y,z)\mathrm{d}v=\begin{cases}2\iiint_{\Omega_1} f(x,y,z)\mathrm{d}v, & 在\Omega上f(x,y,-z)=f(x,y,z),\\ 0, & 在\Omega上f(x,y,-z)=-f(x,y,z).\end{cases}$$

习 题 9-1

1. 利用二重积分的几何意义, 求下列积分值.

(1) $\iint_D (1-x-y)\mathrm{d}\sigma$, 其中 D 是以 $(0,0)$, $(1,0)$ 及 $(0,1)$ 为顶点的三角形闭区域;

(2) $\iint_D (\sqrt{1-x^2-y^2}+1)\mathrm{d}\sigma$, 其中 $D=\{(x,y)\mid x^2+y^2\leqslant 1\}$.

2. 比较下列各组积分值的大小.

(1) $\iint_D (x+y)\mathrm{d}\sigma$ 与 $\iint_D (x+y)^3\mathrm{d}\sigma$, 其中 $D=\{(x,y)\mid (x-2)^2+(y-1)^2\leqslant 2\}$;

(2) $\iint_D \ln(x+y)\mathrm{d}\sigma$ 与 $\iint_D [\ln(x+y)]^2\mathrm{d}\sigma$, 其中 $D=\{(x,y)\mid 0\leqslant x\leqslant 1,3\leqslant y\leqslant 5\}$;

(3) $\iiint_{\Omega} (x+y+z)\mathrm{d}v$ 与 $\iiint_{\Omega} (x+y+z)^2\mathrm{d}v$, 其中 Ω 是由平面 $x+y+z=1$ 与三个坐标面围成的四面体.

3. 估计下列积分值.

(1) $I=\iint_D (x^2+4y^2+9)\mathrm{d}\sigma$, 其中 $D=\{(x,y)\mid x^2+y^2\leqslant 4\}$;

(2) $I=\iint_D \mathrm{e}^{x+y}\mathrm{d}\sigma$, 其中 $D=\{(x,y)\mid 0\leqslant x\leqslant 2,0\leqslant y\leqslant 2\}$;

(3) $I=\iint_D \dfrac{1}{\ln(4+x+y)}\mathrm{d}\sigma$, 其中 $D=\{(x,y)\mid 0\leqslant x\leqslant 3,0\leqslant y\leqslant 6\}$.

第二节 二重积分的计算法

利用重积分的定义来计算重积分是很困难的, 需要找到一种实际可行的计算方法. 本节将分别讨论在直角坐标系和极坐标系中二重积分的计算方法.

一、直角坐标系中二重积分的计算

为了在直角坐标系中方便地计算二重积分, 先讨论平面闭区域 D 的常见类型.

若 $D=\{(x,y)\mid \varphi_1(x)\leqslant y\leqslant \varphi_2(x),a\leqslant x\leqslant b\}$, 其中函数 $\varphi_1(x)$, $\varphi_2(x)$ 在闭区间 $[a,b]$ 上连续, 则称 D 为 X 型区域. X 型区域具有以下特点: 穿过闭区域 D 内部且平行于 y 轴的直线与 D 的边界曲线相交不多于两点, 如图 9-4 所示, 闭区域 D 上点的横坐标 x 的变化

范围为$a\leqslant x\leqslant b$，过闭区间$[a,b]$上的任一点x，作y轴的平行线，该平行线位于D上的点的纵坐标y的变化范围为$\varphi_1(x)\leqslant y\leqslant\varphi_2(x)$．

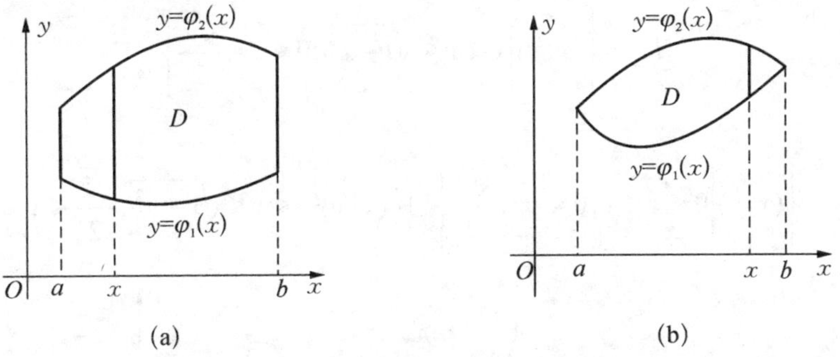

图 9-4

若$D=\{(x,y)|\psi_1(y)\leqslant x\leqslant\psi_2(y),c\leqslant y\leqslant d\}$，其中函数$\psi_1(y),\psi_2(y)$在闭区间$[c,d]$上连续，则称$D$为$Y$型区域．$Y$型区域具有以下特点：穿过闭区域$D$内部且平行于$x$轴的直线与$D$的边界曲线相交不多于两点，如图 9-5 所示，闭区域D上点的纵坐标y的变化范围为$c\leqslant y\leqslant d$，过闭区间$[c,d]$上的任一点y，作x轴的平行线，该平行线位于D上的点的横坐标x的变化范围为$\psi_1(y)\leqslant x\leqslant\psi_2(y)$．

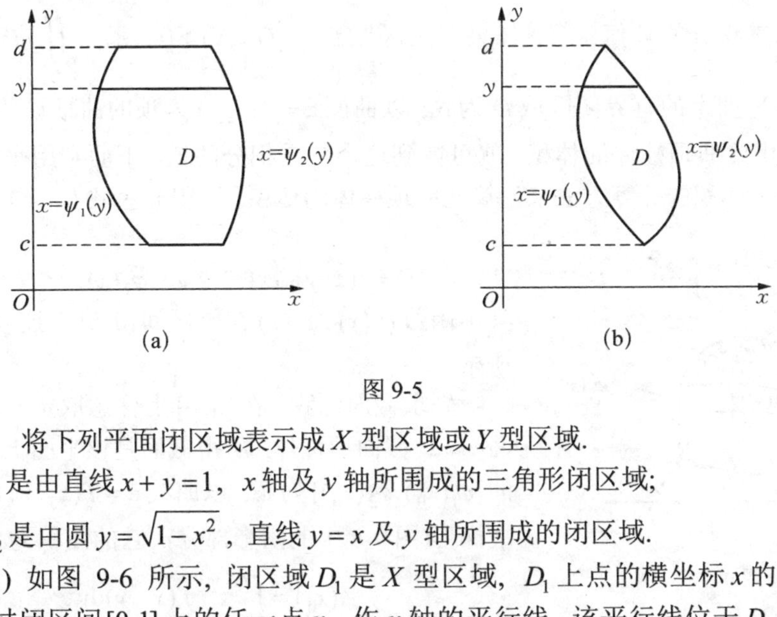

图 9-5

例 9-3 将下列平面闭区域表示成X型区域或Y型区域.

(1) D_1是由直线$x+y=1$，x轴及y轴所围成的三角形闭区域;

(2) D_2是由圆$y=\sqrt{1-x^2}$，直线$y=x$及y轴所围成的闭区域.

解 (1) 如图 9-6 所示，闭区域D_1是X型区域，D_1上点的横坐标x的变化范围为$0\leqslant x\leqslant 1$，过闭区间$[0,1]$上的任一点x，作y轴的平行线，该平行线位于D_1上的点的纵坐标y的变化范围为$0\leqslant y\leqslant 1-x$．故可将$D_1$表示为

$$D_1=\{(x,y)|0\leqslant y\leqslant 1-x,0\leqslant x\leqslant 1\}.$$

闭区域D_1又是Y型区域，D_1上点的纵坐标y的变化范围为$0\leqslant y\leqslant 1$，过闭区间$[0,1]$上的任一点y，作x轴的平行线，该平行线位于D_1上的点的横坐标x的变化范围为$0\leqslant x\leqslant 1-y$．故还可将$D_1$表示为

$$D_1 = \{(x,y) | 0 \leqslant x \leqslant 1-y, 0 \leqslant y \leqslant 1\}.$$

(2) 如图 9-7 所示，闭区域 D_2 既是 X 型区域，又是 Y 型区域，可将 D_2 表示为

$$D_2 = \left\{(x,y) \middle| x \leqslant y \leqslant \sqrt{1-x^2}, 0 \leqslant x \leqslant \frac{\sqrt{2}}{2}\right\}$$

或

$$D_2 = \left\{(x,y) \middle| 0 \leqslant x \leqslant y, 0 \leqslant y \leqslant \frac{\sqrt{2}}{2}\right\} \cup \left\{(x,y) \middle| 0 \leqslant x \leqslant \sqrt{1-y^2}, \frac{\sqrt{2}}{2} \leqslant y \leqslant 1\right\}.$$

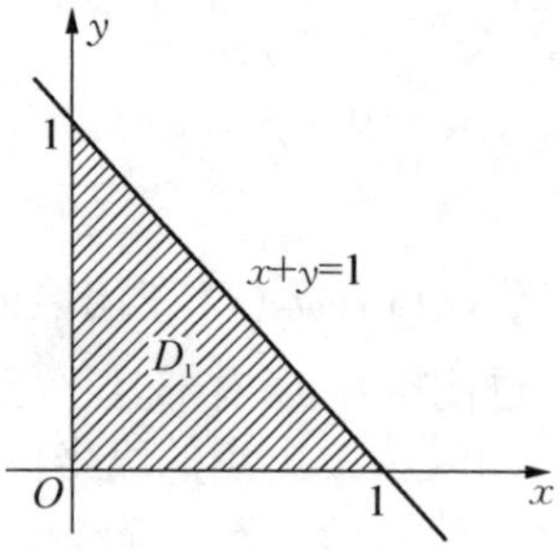

图 9-6

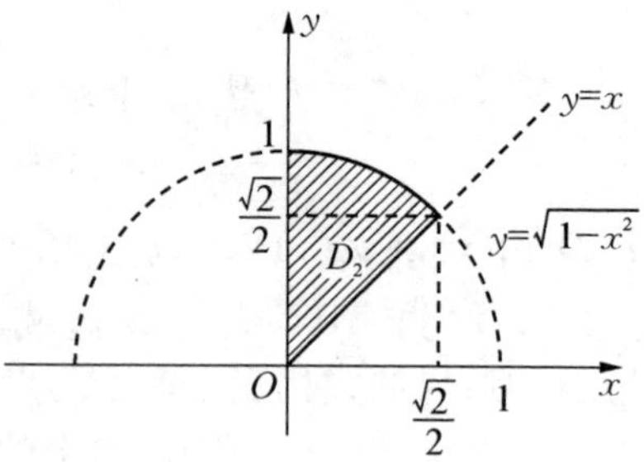

图 9-7

根据二重积分的几何意义，如果在闭区域 D 上 $f(x,y) \geqslant 0$，那么 $\iint\limits_D f(x, y)\mathrm{d}\sigma$ 的值等于以 xOy 面上的有界闭区域 D 为底，以曲面 $z=f(x,y)$ 为顶的曲顶柱体的体积. 由此，只要求出此曲顶柱体的体积，就可得到这个二重积分的值. 下面利用平行截面面积为已知的立体体积的计算方法来计算此曲顶柱体的体积. 设积分区域 D 为 X 型区域，即可表示为

$$D = \{(x,y) | \varphi_1(x) \leqslant y \leqslant \varphi_2(x), a \leqslant x \leqslant b\},$$

其中函数 $\varphi_1(x)$，$\varphi_2(x)$ 在闭区间 $[a,b]$ 上连续，如图 9-8 所示.

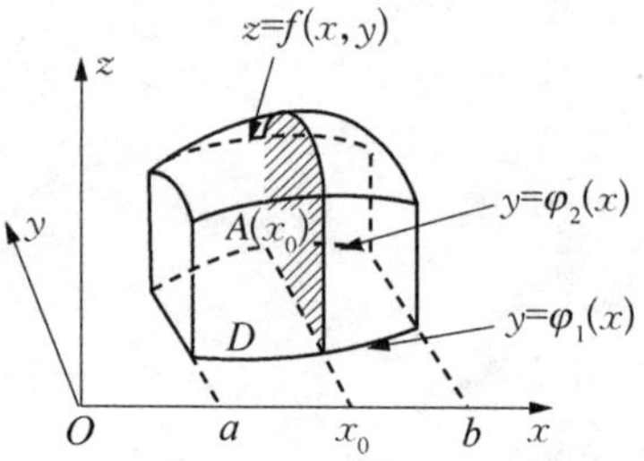

图 9-8

先求截面面积. 在 $[a,b]$ 上任意取定一点 x_0，以平面 $x=x_0$ 截曲顶柱体，所得截面是该平面上的一个以区间 $[\varphi_1(x_0), \varphi_2(x_0)]$ 为底，以曲线 $z=f(x_0,y)$ 为曲边的曲边梯形(图 9-8 中的阴影部分)，它的面积为

$$A(x_0) = \int_{\varphi_1(x_0)}^{\varphi_2(x_0)} f(x_0, y)\mathrm{d}y.$$

一般地，过区间 $[a,b]$ 上任一点 x，作平行于 yOz 面的平面，以此平面截曲顶柱体所得截面的面积为

$$A(x) = \int_{\varphi_1(x)}^{\varphi_2(x)} f(x,y)\mathrm{d}y,$$

再应用平行截面面积为已知的立体体积的计算公式，得此曲顶柱体的体积为

$$V=\int_a^b A(x)\mathrm{d}x=\int_a^b\left[\int_{\varphi_1(x)}^{\varphi_2(x)} f(x,y)\mathrm{d}y\right]\mathrm{d}x,$$

这就是所求的二重积分的值, 即

$$\iint_D f(x,y)\mathrm{d}\sigma=\int_a^b\left[\int_{\varphi_1(x)}^{\varphi_2(x)} f(x,y)\mathrm{d}y\right]\mathrm{d}x. \tag{9-11}$$

式(9-11)右端的积分是先对 y, 后对 x 的二次积分(又称为累次积分). 它是先将 x 看作常数, 将 $f(x,y)$ 只看作关于 y 的函数, 对 y 计算在区间 $[\varphi_1(x),\varphi_2(x)]$ 上的定积分; 然后将所得结果(是 x 的函数)再对 x 计算在区间 $[a,b]$ 上的定积分. 这个先对 y, 后对 x 的二次积分通常可记为

$$\int_a^b \mathrm{d}x\int_{\varphi_1(x)}^{\varphi_2(x)} f(x,y)\mathrm{d}y,$$

因此, 式(9-11)也可写为

$$\iint_D f(x,y)\mathrm{d}\sigma=\int_a^b \mathrm{d}x\int_{\varphi_1(x)}^{\varphi_2(x)} f(x,y)\mathrm{d}y. \tag{9-11$'$}$$

上述讨论虽然是根据二重积分的几何意义, 且在 $f(x,y)\geqslant 0$ $((x,y)\in D)$ 的条件下进行的, 但可以证明式(9-11)的成立并不受此条件的限制.

类似地, 对于积分区域 D 为 Y 型区域的情形, 即

$$D=\{(x,y)|\psi_1(y)\leqslant x\leqslant\psi_2(y),c\leqslant y\leqslant d\},$$

其中函数 $\psi_1(y)$, $\psi_2(y)$ 在闭区间 $[c,d]$ 上连续, 则 $f(x,y)$ 在 D 上的二重积分可化为先对 x, 后对 y 的二次积分

$$\iint_D f(x,y)\mathrm{d}\sigma=\int_c^d\left[\int_{\psi_1(y)}^{\psi_2(y)} f(x,y)\mathrm{d}x\right]\mathrm{d}y, \tag{9-12}$$

式(9-12)右端的二次积分也常记作

$$\int_c^d \mathrm{d}y\int_{\psi_1(y)}^{\psi_2(y)} f(x,y)\mathrm{d}x,$$

于是, 式(9-12)也可写为

$$\iint_D f(x,y)\mathrm{d}\sigma=\int_c^d \mathrm{d}y\int_{\psi_1(y)}^{\psi_2(y)} f(x,y)\mathrm{d}x. \tag{9-12$'$}$$

若积分区域 D 既是 X 型区域, 即

$$D=\{(x,y)|\varphi_1(x)\leqslant y\leqslant\varphi_2(x),a\leqslant x\leqslant b\},$$

又是 Y 型区域, 即

$$D=\{(x,y)|\psi_1(y)\leqslant x\leqslant\psi_2(y),c\leqslant y\leqslant d\},$$

则二重积分可化为两种不同次序的二次积分, 即

$$\iint_D f(x,y)\mathrm{d}\sigma=\int_a^b \mathrm{d}x\int_{\varphi_1(x)}^{\varphi_2(x)} f(x,y)\mathrm{d}y=\int_c^d \mathrm{d}y\int_{\psi_1(y)}^{\psi_2(y)} f(x,y)\mathrm{d}x.$$

若积分区域D既不是X型区域，又不是Y型区域，则可将闭区域D分成若干部分区域，使每个部分区域是X型区域或Y型区域，利用前面所述的方法，求出$f(x,y)$在每个部分区域上的二重积分后，根据二重积分对于积分区域的可加性，它们的和就是$f(x,y)$在D上的二重积分.

例 9-4　计算二重积分$\iint\limits_D x\sqrt{y}\mathrm{d}\sigma$，其中积分区域$D$是由两条抛物线$y=\sqrt{x}$，$y=x^2$所围成的闭区域.

解　如图 9-9 所示，两条抛物线的交点为$(0,0)$和$(1,1)$，若将积分区域D视为X型区域，则D上点的横坐标x的变化范围为$0\leqslant x\leqslant 1$，过闭区间$[0,1]$上的任一点x，作y轴的平行线，该平行线位于D上的点的纵坐标y的变化范围为$x^2\leqslant y\leqslant\sqrt{x}$，所以$D$可用不等式表示为

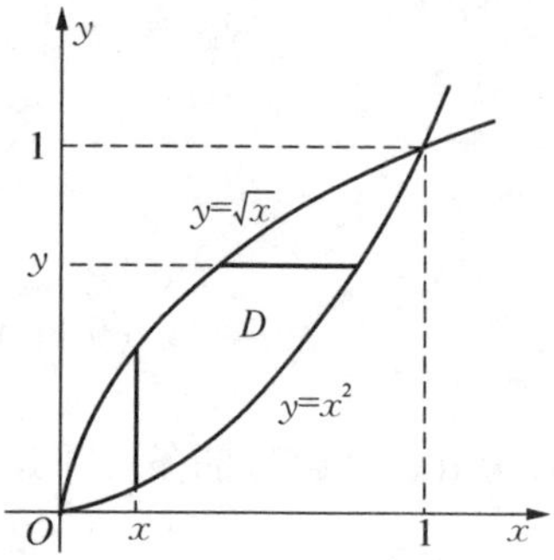

图 9-9

$$D=\{(x,y)|x^2\leqslant y\leqslant\sqrt{x},0\leqslant x\leqslant 1\},$$

于是，由式(9-11′)，得

$$\iint\limits_D x\sqrt{y}\mathrm{d}\sigma=\int_0^1 x\mathrm{d}x\int_{x^2}^{\sqrt{x}}\sqrt{y}\mathrm{d}y$$

$$=\frac{2}{3}\int_0^1 x[y^{\frac{3}{2}}]_{x^2}^{\sqrt{x}}\mathrm{d}x=\frac{2}{3}\int_0^1(x^{\frac{7}{4}}-x^4)\mathrm{d}x=\frac{6}{55}.$$

积分区域D也可视为Y型区域，D上点的纵坐标y的变化范围为$0\leqslant y\leqslant 1$，过闭区间$[0,1]$上的任一点y，作x轴的平行线，该平行线位于D上的点的横坐标x的变化范围为$y^2\leqslant x\leqslant\sqrt{y}$，$D$也可用不等式表示为

$$D=\{(x,y)|y^2\leqslant x\leqslant\sqrt{y},0\leqslant y\leqslant 1\},$$

于是，由式(9-12′)，得

$$\iint\limits_D x\sqrt{y}\mathrm{d}\sigma=\int_0^1\sqrt{y}\mathrm{d}y\int_{y^2}^{\sqrt{y}}x\mathrm{d}x$$

$$=\frac{1}{2}\int_0^1\sqrt{y}[x^2]_{y^2}^{\sqrt{y}}\mathrm{d}x=\frac{1}{2}\int_0^1(y^{\frac{3}{2}}-y^{\frac{9}{2}})\mathrm{d}y=\frac{6}{55}.$$

例 9-5　计算二重积分$\iint\limits_D xy\mathrm{d}\sigma$，其中积分区域$D$是由抛物线$y^2=2x$与直线$y=x-4$所围成的闭区域.

解　如图 9-10 所示，抛物线$y^2=2x$与直线$y=x-4$的交点为$(2,-2)$和$(8,4)$. 积分区域D既是X型区域，又是Y型区域. 若将D看作Y型区域，则可表示为

$$D=\left\{(x,y)\middle|\frac{y^2}{2}\leqslant x\leqslant y+4,-2\leqslant y\leqslant 4\right\},$$

于是，由式(9-12′)，得

$$\iint_D xy\mathrm{d}\sigma=\int_{-2}^{4}\mathrm{d}y\int_{\frac{y^2}{2}}^{y+4}xy\mathrm{d}x=\int_{-2}^{4}\left[\frac{x^2y}{2}\right]_{\frac{y^2}{2}}^{y+4}\mathrm{d}y$$

$$=\int_{-2}^{4}\left(8y+4y^2+\frac{y^3}{2}-\frac{y^5}{8}\right)\mathrm{d}y=90.$$

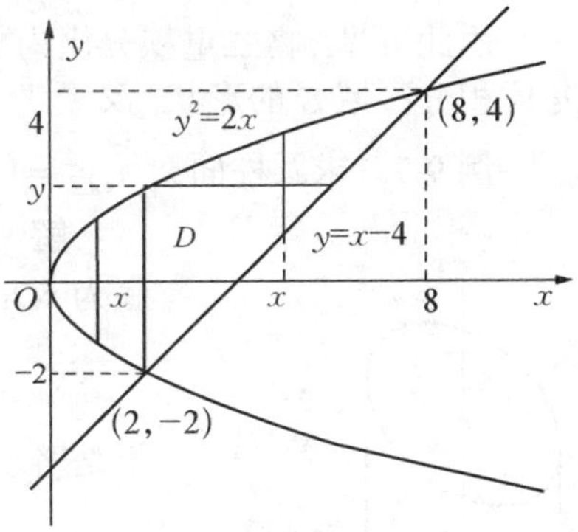

图 9-10

若将 D 看作 X 型区域, 则需用过交点 $(2,-2)$ 且平行于 y 轴的直线 $x=2$ 将 D 分为 D_1 和 D_2 两个部分区域, D_1 和 D_2 可分别表示为

$$D_1=\{(x,y)\,|-\sqrt{2x}\leqslant y\leqslant\sqrt{2x},0\leqslant x\leqslant 2\},$$

$$D_2=\{(x,y)\,|\,x-4\leqslant y\leqslant\sqrt{2x},2\leqslant x\leqslant 8\},$$

这时, 由式(9-11′), 得

$$\iint_D xy\mathrm{d}\sigma=\iint_{D_1}xy\mathrm{d}\sigma+\iint_{D_2}xy\mathrm{d}\sigma$$

$$=\int_0^2\mathrm{d}x\int_{-\sqrt{2x}}^{\sqrt{2x}}xy\mathrm{d}y+\int_2^8\mathrm{d}x\int_{x-4}^{\sqrt{2x}}xy\mathrm{d}y.$$

由此可见, 若将 D 看作 X 型区域, 二重积分的计算比较麻烦.

例 9-6 计算二重积分 $\iint_D x^2\mathrm{e}^{-y^2}\mathrm{d}x\mathrm{d}y$, 其中积分区域 D 是由直线 $y=x$, $y=1$ 及 y 轴所围成的三角形闭区域.

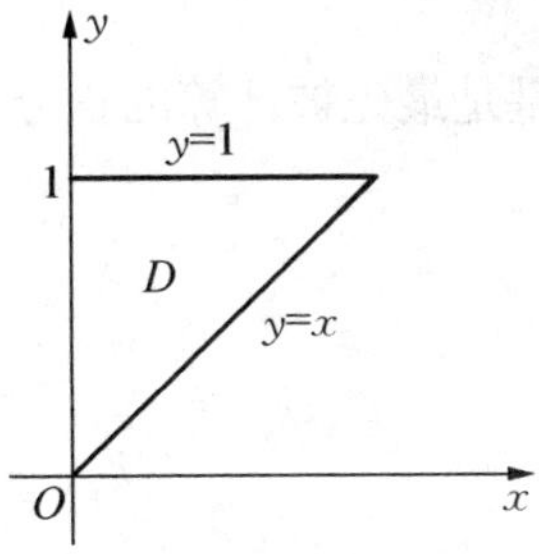

图 9-11

解 如图 9-11 所示, 积分区域 D 既是 X 型区域, 又是 Y 型区域. 若将积分区域 D 看作 X 型区域, 则可表示为

$$D=\{(x,y)\,|\,x\leqslant y\leqslant 1,0\leqslant x\leqslant 1\},$$

由式(9-11′), 得

$$\iint_D x^2\mathrm{e}^{-y^2}\mathrm{d}x\mathrm{d}y=\int_0^1 x^2\mathrm{d}x\int_x^1\mathrm{e}^{-y^2}\mathrm{d}y,$$

因为 $\int\mathrm{e}^{-y^2}\mathrm{d}y$ 无法用初等函数表示, 所以要改变积分次序.

将积分区域 D 看作 Y 型区域, 即

$$D=\{(x,y)\,|\,0\leqslant x\leqslant y,0\leqslant y\leqslant 1\},$$

由式(9-12′), 得

$$\iint_D x^2\mathrm{e}^{-y^2}\mathrm{d}x\mathrm{d}y=\int_0^1\mathrm{e}^{-y^2}\mathrm{d}y\int_0^y x^2\mathrm{d}x=\int_0^1\mathrm{e}^{-y^2}\left[\frac{x^3}{3}\right]_0^y\mathrm{d}y$$

$$=\frac{1}{3}\int_0^1 y^3\mathrm{e}^{-y^2}\mathrm{d}y=-\frac{1}{6}\int_0^1 y^2\mathrm{d}(\mathrm{e}^{-y^2})$$

$$=-\frac{1}{6}[y^2\mathrm{e}^{-y^2}]_0^1-\frac{1}{6}\int_0^1\mathrm{e}^{-y^2}\mathrm{d}(-y^2)=-\frac{1}{6\mathrm{e}}-\frac{1}{6}[\mathrm{e}^{-y^2}]_0^1=\frac{1}{6}\left(1-\frac{2}{\mathrm{e}}\right).$$

由此可见，将二重积分化为二次积分计算时，需要选择合适的积分次序. 这时，既要考虑积分区域 D 的形状，又要考虑被积函数 $f(x,y)$ 的特点.

例 9-7 求圆柱面 $x^2+y^2=1$ 与平面 $z=2-x$ 及 $z=0$ 所围成的空间立体的体积.

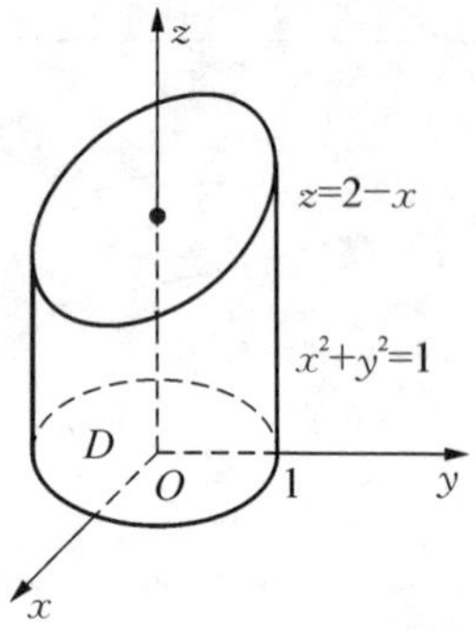

图 9-12

解 如图 9-12 所示，这是一个曲顶柱体，其顶为 $z=2-x$，底为 xOy 平面上的圆形闭区域

$$D=\{(x,y)\mid x^2+y^2\leqslant 1\},$$

于是所求体积为

$$V=\iint_D(2-x)\mathrm{d}\sigma=2\iint_D\mathrm{d}\sigma-\iint_D x\mathrm{d}\sigma,$$

其中 $\iint_D\mathrm{d}\sigma=\pi$，而由二重积分的性质 9-6 可知 $\iint_D x\mathrm{d}\sigma=0$，所以体积 $V=2\pi$.

二重积分也可利用 Mathematica 来计算，但必须首先将其转化为累次积分，然后逐次积分. Mathematica 计算二重积分的一般命令格式如下:

```
Integrate[f[x, y],{x, a, b}, {y, y1[x], y2[x]}]
```

计算二重积分 $\int_a^b\mathrm{d}x\int_{y_1(x)}^{y_2(x)}f(x,y)\mathrm{d}y$；

```
Integrate[f[x, y],{y, c, d}, {x, x1[y], x2[y]}]
```

计算二重积分 $\int_c^d\mathrm{d}y\int_{x_1(y)}^{x_2(y)}f(x,y)\mathrm{d}x$.

注意积分次序为从右向左，即在 `Integrate` 中最右边的变量是最先被计算的积分变量.

例如，例 9-6 中的积分在 Mathematica 中计算如下:

```
In[1]:= f[x_,y_]=x^2*Exp[-y^2]
```

Out[1]= $\mathrm{e}^{-y^2}x^2$

```
In[2]:= Integrate[f[x,y],{y,0,1},{x,0,y}]
```

Out[2]= $\dfrac{-2+\mathrm{e}}{6\mathrm{e}}$

与定积分类似，如果用 `Integrate` 无法给出所要计算二重积分的准确值，那么可以利用 `NIntegrate` 进行数值积分，其一般命令格式如下:

```
NIntegrate[f[x, y],{x, a, b}, {y, y1[x], y2[x]}]
```

例 9-8 利用 Mathematica 计算二重积分 $\int_0^1\mathrm{d}x\int_0^1\mathrm{e}^{x^2y^2}\mathrm{d}y$.

解

```
In[1]:= Integrate[Exp[x^2 y^2],{x,0,1},{y,0,1}]
```

Out[1]= HypergeometricPFQ$\left[\left\{\frac{1}{2},\frac{1}{2}\right\},\left\{\frac{3}{2},\frac{3}{2}\right\},1\right]$

```
In[2]:= NIntegrate[Exp[x^2 y^2],{x,0,1},{y,0,1}]
Out[2]=1.1351
```

二、极坐标系中二重积分的计算

如果二重积分的积分区域 D 的边界曲线用极坐标方程表示比较方便，或其被积函数 $f(x,y)$ 用极坐标变量表示比较简单，那么可以考虑在极坐标系中计算二重积分.

如果选取直角坐标系中的原点为极点 O，x 轴正半轴为极轴，则直角坐标(x,y)与极坐标(ρ,θ)的关系为

$$\begin{cases} x=\rho\cos\theta, \\ y=\rho\sin\theta. \end{cases}$$

欲将二重积分由直角坐标系中的形式转化为极坐标系中的形式，需得到极坐标系中的面积元素的表达式. 根据二重积分的定义

$$\iint_D f(x,y)\mathrm{d}\sigma=\lim_{\lambda\to 0}\sum_{i=1}^{n} f(\xi_i,\eta_i)\Delta\sigma_i,$$

在极坐标系中，假定由极点出发且穿过闭区域 D 内部的射线与 D 的边界曲线相交不多于两点. 用极坐标系中的曲线网 $\rho=$常数，$\theta=$常数将 D 分成 n 个小闭区域，除了包含 D 的边界点的一些不规则小闭区域之外，考虑介于 ρ_i 与 $\rho_i+\Delta\rho_i$ 及 θ_i 与 $\theta_i+\Delta\theta_i$ 之间的小闭区域 $\Delta\sigma_i$ (图 9-13)，其面积为

$$\begin{aligned}\Delta\sigma_i&=\frac{1}{2}(\rho_i+\Delta\rho_i)^2\cdot\Delta\theta_i-\frac{1}{2}\rho_i^{\,2}\cdot\Delta\theta_i \\ &=\frac{1}{2}(2\rho_i+\Delta\rho_i)\Delta\rho_i\cdot\Delta\theta_i=\frac{\rho_i+(\rho_i+\Delta\rho_i)}{2}\Delta\rho_i\cdot\Delta\theta_i=\overline{\rho}_i\cdot\Delta\rho_i\cdot\Delta\theta_i,\end{aligned}$$

其中，$\overline{\rho}_i$ 为相邻两圆弧半径的平均值. 在该小闭区域 $\Delta\sigma_i$ 内取圆周 $\rho=\overline{\rho}_i$ 上的一点 $(\overline{\rho}_i,\overline{\theta}_i)$，该点的直角坐标设为 (ξ_i,η_i)，则 $\xi_i=\overline{\rho}_i\cos\overline{\theta}_i$，$\eta_i=\overline{\rho}_i\sin\overline{\theta}_i$，于是

$$\begin{aligned}&\lim_{\lambda\to 0}\sum_{i=1}^{n} f(\xi_i,\eta_i)\Delta\sigma_i \\ =&\lim_{\lambda\to 0}\sum_{i=1}^{n} f(\overline{\rho}_i\cos\overline{\theta}_i,\overline{\rho}_i\sin\overline{\theta}_i)\overline{\rho}_i\cdot\Delta\rho_i\cdot\Delta\theta_i,\end{aligned}$$

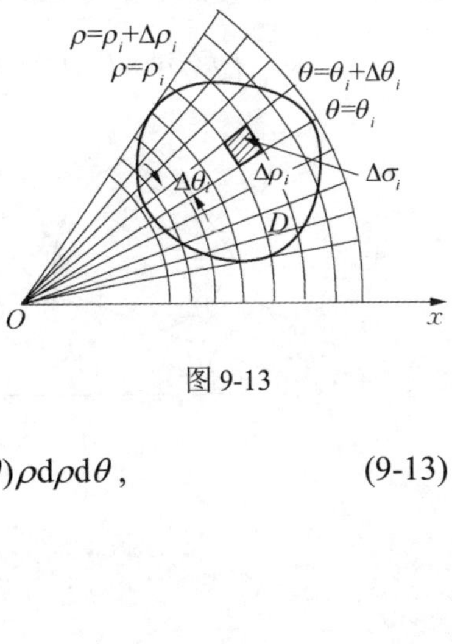

图 9-13

所以

$$\iint_D f(x,y)\mathrm{d}\sigma=\iint_D f(\rho\cos\theta,\rho\sin\theta)\rho\mathrm{d}\rho\mathrm{d}\theta,$$

或

$$\iint_D f(x,y)\mathrm{d}x\mathrm{d}y=\iint_D f(\rho\cos\theta,\rho\sin\theta)\rho\mathrm{d}\rho\mathrm{d}\theta, \tag{9-13}$$

式(9-13)就是二重积分的变量从直角坐标变换为极坐标的变换公式，其中极坐标系中的面积元素 $\mathrm{d}\sigma=\rho\mathrm{d}\rho\mathrm{d}\theta$.

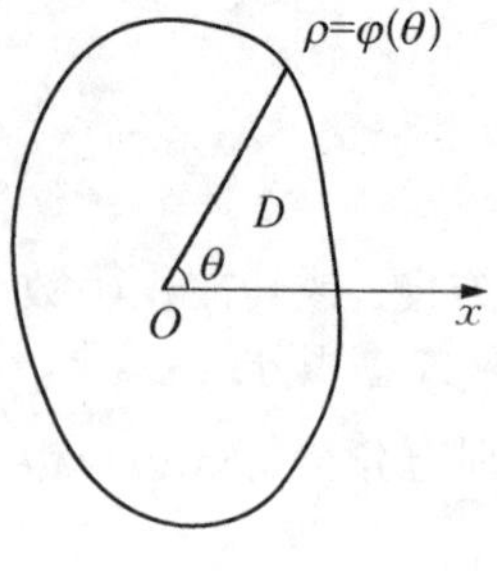

图 9-14

在极坐标系中的二重积分，同样可以转化为二次积分来计算，分以下两种情形来考虑.

(1) 极点 O 在积分区域 D 的内部，且边界曲线方程为 $\rho=\varphi(\theta)$，其中函数 $\rho=\varphi(\theta)$ 在 $[0,2\pi]$ 上连续，如图 9-14 所示. 闭区域 D 上点的极角 θ 的变化范围为 $0\leqslant\theta\leqslant 2\pi$，在闭区间 $[0,2\pi]$ 上任意取定一个 θ 值，由极点出发作一条射线，该射线位于 D 上的点的极径 ρ 的变化范围为 $0\leqslant\rho\leqslant\varphi(\theta)$，于是积分区域 D 可用极坐标表示为

$$D=\{(\rho,\theta)\,|\,0\leqslant\rho\leqslant\varphi(\theta),0\leqslant\theta\leqslant 2\pi\},$$

这时，二重积分转化为二次积分的计算公式为

$$\iint_D f(\rho\cos\theta,\rho\sin\theta)\rho\mathrm{d}\rho\mathrm{d}\theta=\int_0^{2\pi}\left[\int_0^{\varphi(\theta)}f(\rho\cos\theta,\rho\sin\theta)\rho\mathrm{d}\rho\right]\mathrm{d}\theta, \tag{9-14}$$

式(9-14)也可写作

$$\iint_D f(\rho\cos\theta,\rho\sin\theta)\rho\mathrm{d}\rho\mathrm{d}\theta=\int_0^{2\pi}\mathrm{d}\theta\int_0^{\varphi(\theta)}f(\rho\cos\theta,\rho\sin\theta)\rho\mathrm{d}\rho. \tag{9-14'}$$

(2) 极点 O 不在积分区域 D 的内部，且积分区域 D 由 $[\alpha,\beta]$ 上的连续曲线 $\rho=\varphi_1(\theta)$，$\rho=\varphi_2(\theta)$ 及 $\theta=\alpha$，$\theta=\beta$ 围成，$\varphi_1(\theta)\leqslant\varphi_2(\theta)$，如图 9-15 所示. 闭区域 D 上点的极角 θ 的变化范围为 $\alpha\leqslant\theta\leqslant\beta$，在闭区间 $[\alpha,\beta]$ 上任意取定一个 θ 值，由极点出发作一条射线，该射线位于 D 上的点的极径 ρ 的变化范围为 $\varphi_1(\theta)\leqslant\rho\leqslant\varphi_2(\theta)$，于是积分区域 D 可用极坐标表示为

$$D=\{(\rho,\theta)\,|\,\varphi_1(\theta)\leqslant\rho\leqslant\varphi_2(\theta),\alpha\leqslant\theta\leqslant\beta\},$$

这时，二重积分转化为二次积分的计算公式为

$$\iint_D f(\rho\cos\theta,\rho\sin\theta)\rho\mathrm{d}\rho\mathrm{d}\theta=\int_\alpha^\beta\left[\int_{\varphi_1(\theta)}^{\varphi_2(\theta)}f(\rho\cos\theta,\rho\sin\theta)\rho\mathrm{d}\rho\right]\mathrm{d}\theta, \tag{9-15}$$

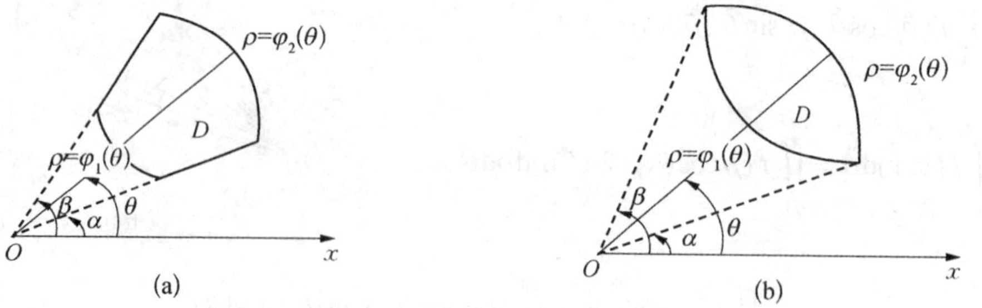

图 9-15

式(9-15)也可写作

$$\iint_D f(\rho\cos\theta,\rho\sin\theta)\rho\mathrm{d}\rho\mathrm{d}\theta=\int_\alpha^\beta\mathrm{d}\theta\int_{\varphi_1(\theta)}^{\varphi_2(\theta)}f(\rho\cos\theta,\rho\sin\theta)\rho\mathrm{d}\rho\,. \tag{9-15$'$}$$

特别地，当积分区域D是如图 9-16 所示的曲边扇形时，可将其视为图 9-15(a)中当$\varphi_1(\theta)=0$，$\varphi_2(\theta)=\varphi(\theta)$时的特例，闭区域$D$可以表示为

$$D=\{(\rho,\theta)\,|\,0\leqslant\rho\leqslant\varphi(\theta),\alpha\leqslant\theta\leqslant\beta\},$$

其中，函数$\rho=\varphi(\theta)$在$[\alpha,\beta]$上连续，这时，式(9-15′)成为

$$\iint_D f(\rho\cos\theta,\rho\sin\theta)\rho\mathrm{d}\rho\mathrm{d}\theta=\int_\alpha^\beta\mathrm{d}\theta\int_0^{\varphi(\theta)}f(\rho\cos\theta,\rho\sin\theta)\rho\mathrm{d}\rho\,. \tag{9-16}$$

利用二重积分的性质可求得如图 9-16 所示的曲边扇形的面积为

$$A=\iint_D\mathrm{d}\sigma=\iint_D\rho\mathrm{d}\rho\mathrm{d}\theta=\int_\alpha^\beta\mathrm{d}\theta\int_0^{\varphi(\theta)}\rho\mathrm{d}\rho=\frac{1}{2}\int_\alpha^\beta[\varphi(\theta)]^2\mathrm{d}\theta.$$

例 9-9　用极坐标表示下列平面闭区域.

(1)　D_1是由圆$x^2+y^2\leqslant 2y$所围成的圆形区域;

(2)　$D_2=\{(x,y)\,|\,R\leqslant y\leqslant R+\sqrt{R^2-x^2},-R\leqslant x\leqslant R\}$.

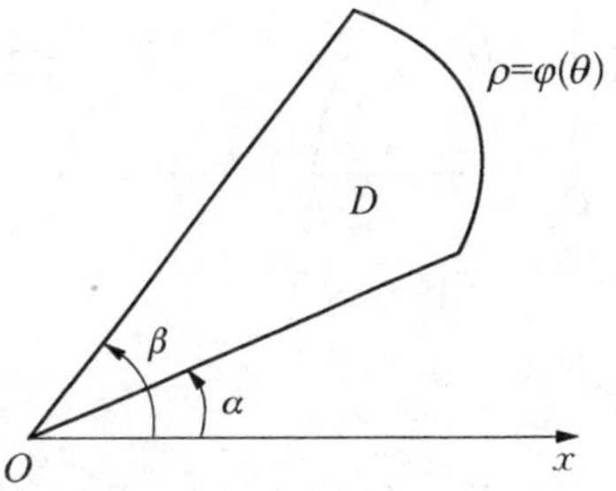

图 9-16

解　(1) 如图 9-17 所示，D_1的边界曲线的极坐标方程为$\rho=2\sin\theta$．D_1上点的极角θ的变化范围为$0\leqslant\theta\leqslant\pi$，在闭区间$[0,\pi]$上任意取定一个$\theta$值，由极点出发作一条射线，该射线位于$D_1$上的点的极径$\rho$的变化范围为$0\leqslant\rho\leqslant 2\sin\theta$，于是$D_1$可用极坐标表示为

$$D_1=\{(\rho,\theta)\,|\,0\leqslant\rho\leqslant 2\sin\theta,0\leqslant\theta\leqslant\pi\}.$$

(2) 如图 9-18 所示，D_2的边界曲线$y=R$和$y=R+\sqrt{R^2-x^2}$的极坐标方程分别为$\rho=\dfrac{R}{\sin\theta}$和$\rho=2R\sin\theta$，其交点坐标为$(R,R)$及$(-R,R)$，所以$D_2$上点的极角$\theta$的变化

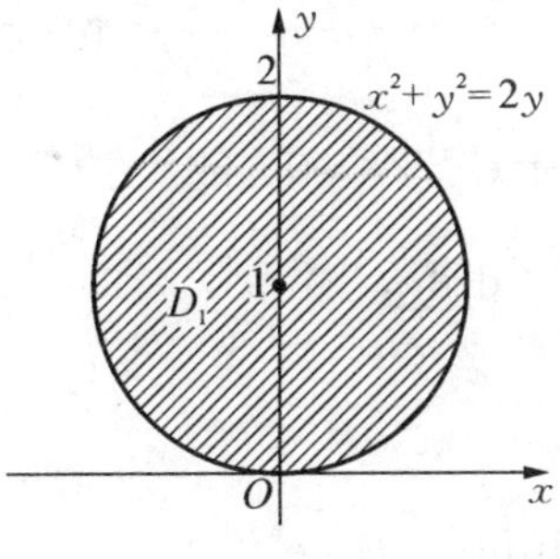

图 9-17

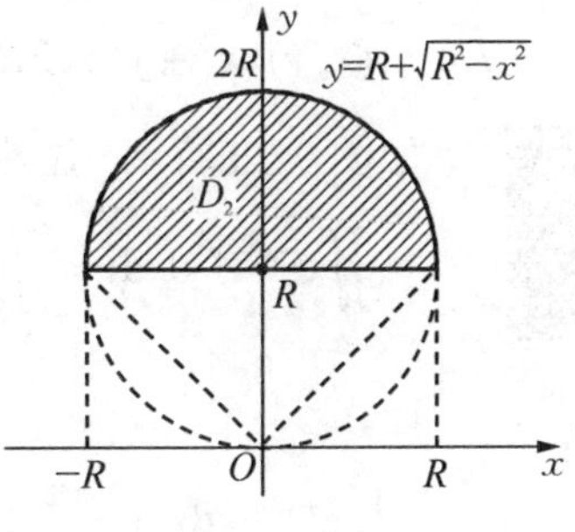

图 9-18

范围为$\frac{\pi}{4}\leqslant\theta\leqslant\frac{3\pi}{4}$，在闭区间$\left[\frac{\pi}{4},\frac{3\pi}{4}\right]$上任意取定一个$\theta$值，由极点出发作一条射线，该射线位于$D_2$上的点的极径$\rho$的变化范围为$\frac{R}{\sin\theta}\leqslant\rho\leqslant 2R\sin\theta$，于是$D_2$可用极坐标表示为

$$D_2=\left\{(\rho,\theta)\left|\frac{R}{\sin\theta}\leqslant\rho\leqslant 2R\sin\theta,\frac{\pi}{4}\leqslant\theta\leqslant\frac{3\pi}{4}\right.\right\}.$$

例 9-10　计算$\iint\limits_D e^{-x^2-y^2}dxdy$，积分区域$D=\{(x,y)\,|\,x^2+y^2\leqslant R^2, x\geqslant 0, y\geqslant 0\}$，如图 9-19 所示，并由此计算积分$\int_0^{+\infty}e^{-x^2}dx$.

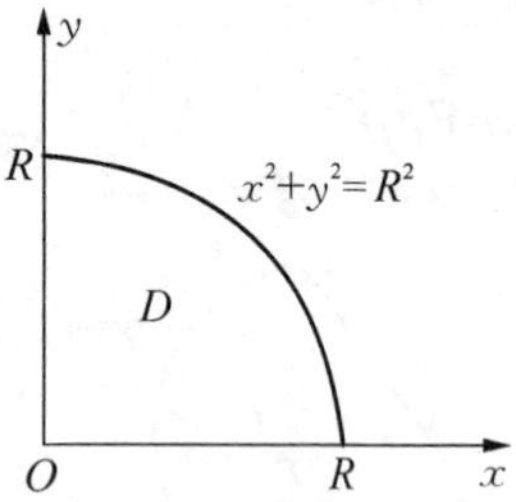

图 9-19

解　在极坐标系中，可将积分区域D表示为

$$D=\left\{(\rho,\theta)\left|0\leqslant\rho\leqslant R,0\leqslant\theta\leqslant\frac{\pi}{2}\right.\right\},$$

由式(9-16)，有

$$\iint\limits_D e^{-x^2-y^2}dxdy=\iint\limits_D e^{-\rho^2}\rho d\rho d\theta=\int_0^{\frac{\pi}{2}}d\theta\int_0^R e^{-\rho^2}\rho d\rho$$

$$=\frac{\pi}{2}\left[-\frac{1}{2}e^{-\rho^2}\right]_0^R=\frac{\pi}{4}(1-e^{-R^2}).$$

注　由于积分$\int e^{-x^2}dx$不能用初等函数表示，$\iint\limits_D e^{-x^2-y^2}dxdy$在直角坐标系中无法计算.

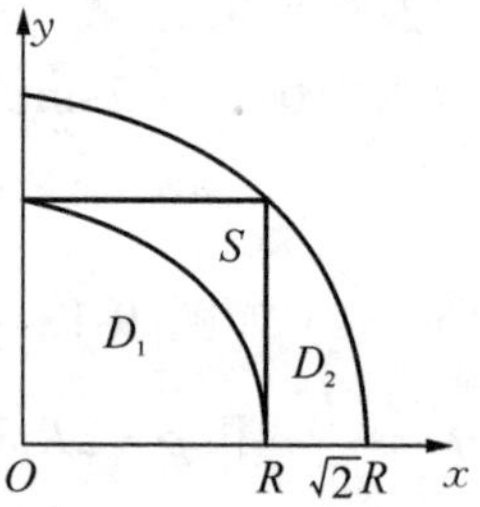

图 9-20

利用以上结果计算工程上常用的反常积分$\int_0^{+\infty}e^{-x^2}dx$. 设

$$D_1=\{(x,y)\,|\,x^2+y^2\leqslant R^2, x\geqslant 0, y\geqslant 0\},$$
$$S=\{(x,y)\,|\,0\leqslant x\leqslant R, 0\leqslant y\leqslant R\},$$
$$D_2=\{(x,y)\,|\,x^2+y^2\leqslant 2R^2, x\geqslant 0, y\geqslant 0\},$$

扫码演示

如图 9-20 所示. 显然，$D_1\subset S\subset D_2$，由于$e^{-x^2-y^2}>0$，故

$$\iint\limits_{D_1}e^{-x^2-y^2}dxdy<\iint\limits_S e^{-x^2-y^2}dxdy<\iint\limits_{D_2}e^{-x^2-y^2}dxdy,$$

而

$$\iint\limits_{D_1}e^{-x^2-y^2}dxdy=\frac{\pi}{4}(1-e^{-R^2}),\quad \iint\limits_{D_2}e^{-x^2-y^2}dxdy=\frac{\pi}{4}(1-e^{-2R^2}),$$

$$\iint\limits_S e^{-x^2-y^2}dxdy=\int_0^R e^{-x^2}dx\int_0^R e^{-y^2}dy$$

$$=\left(\int_0^R e^{-x^2}dx\right)\cdot\left(\int_0^R e^{-y^2}dy\right)=\left(\int_0^R e^{-x^2}dx\right)^2,$$

故不等式可写为

$$\frac{\pi}{4}(1-e^{-R^2})<\left(\int_0^R e^{-x^2}dx\right)^2<\frac{\pi}{4}(1-e^{-2R^2}),$$

令 $R\to+\infty$，上式两端趋于同一极限 $\frac{\pi}{4}$，从而

$$\int_0^{+\infty} e^{-x^2}dx=\frac{\sqrt{\pi}}{2}.$$

当积分区域的边界曲线易用极坐标方程表示，如圆弧，或被积函数用极坐标变量表示比较简单，如被积函数形如 $f(x^2+y^2)$，$f\left(\frac{y}{x}\right)$ 或 $f\left(\frac{x}{y}\right)$ 时，就可考虑在极坐标系中计算二重积分.

例 9-11 求球体 $x^2+y^2+z^2\leqslant a^2$ 被圆柱面 $x^2+y^2=ax$ ($a>0$)所截得的(含在圆柱面内的部分)立体的体积.

解 由对称性，所求体积是该立体位于第 I 卦限部分(图 9-21(a))的体积的 4 倍. 根据二重积分的几何意义，可得

$$V=4\iint\limits_D\sqrt{a^2-x^2-y^2}\,dxdy,$$

其中，D 由半圆 $y=\sqrt{ax-x^2}$ 与 x 轴围成(图 9-21(b))，它在极坐标系中可表示为

$$D=\left\{(\rho,\theta)\middle|0\leqslant\rho\leqslant a\cos\theta,0\leqslant\theta\leqslant\frac{\pi}{2}\right\},$$

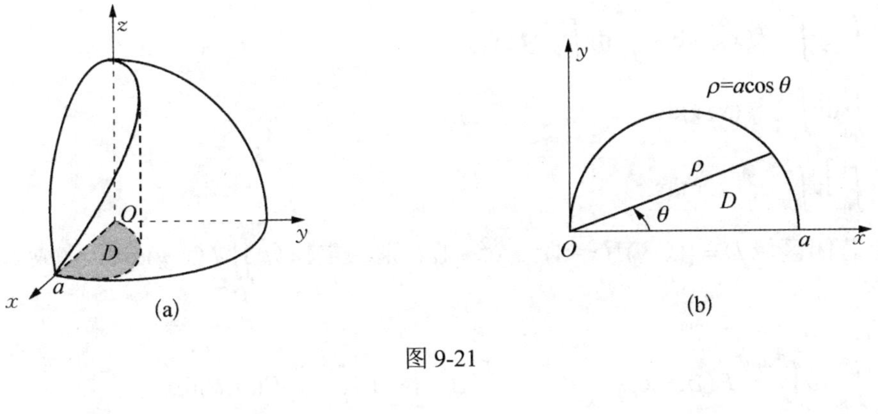

图 9-21

所以

$$V=4\iint_D\sqrt{a^2-x^2-y^2}\mathrm{d}x\mathrm{d}y=4\iint_D\sqrt{a^2-\rho^2}\rho\mathrm{d}\rho\mathrm{d}\theta$$

$$=4\int_0^{\frac{\pi}{2}}\mathrm{d}\theta\int_0^{a\cos\theta}\sqrt{a^2-\rho^2}\rho\mathrm{d}\rho=-\frac{4}{3}\int_0^{\frac{\pi}{2}}[(a^2-\rho^2)^{\frac{3}{2}}]_0^{a\cos\theta}\mathrm{d}\theta$$

$$=\frac{4a^3}{3}\int_0^{\frac{\pi}{2}}(1-\sin^3\theta)\mathrm{d}\theta=\frac{2a^3}{3}\left(\pi-\frac{4}{3}\right).$$

对极坐标系中的二重积分，也可利用 Mathematica 来计算. 例如，下面的命令即可计算例 9-11 中的积分:

```
In[1]:=4*Integrate[√(a²-ρ²)ρ,{θ,0,0.5Pi},{ρ,0,a*Cos[θ]}]
Out[1]=1.20551(a²)^(3/2)
In[2]:= Simplify[%]
Out[2]=1.20551a³
```

利用 Mathematica 将例 9-11 的计算结果化简，有

```
In[3]:= 2*a^3*(Pi-4/3.0)/3.0
Out[3]= 1.20551a³
```

由此可见，两者计算结果一致.

习　题　9-2

1. 选择题.

(1) 设 $f(x,y)$ 为连续函数，则积分

$$\int_0^1\mathrm{d}x\int_0^{x^2}f(x,y)\mathrm{d}y+\int_1^2\mathrm{d}x\int_0^{2-x}f(x,y)\mathrm{d}y$$

可交换积分次序为(　　).

A. $\int_0^1\mathrm{d}y\int_0^{y}f(x,y)\mathrm{d}x+\int_1^2\mathrm{d}y\int_0^{2-y}f(x,y)\mathrm{d}x$

B. $\int_0^1\mathrm{d}y\int_0^{x^2}f(x,y)\mathrm{d}x+\int_1^2\mathrm{d}y\int_0^{2-x}f(x,y)\mathrm{d}x$

C. $\int_0^1\mathrm{d}y\int_{\sqrt{y}}^{2-y}f(x,y)\mathrm{d}x$

D. $\int_0^1\mathrm{d}y\int_{x^2}^{2-x}f(x,y)\mathrm{d}x$

(2) 若闭区域 $D=\{(x,y)\,|\,(x-1)^2+y^2\leqslant1\}$，则二重积分 $\iint\limits_D f(x,y)\mathrm{d}x\mathrm{d}y$ 化成二次积分为(　　).

A. $\int_0^{\pi}\mathrm{d}\theta\int_0^{2\cos\theta}F(\rho,\theta)\mathrm{d}\rho$　　　　B. $\int_{-\pi}^{\pi}\mathrm{d}\theta\int_0^{2\cos\theta}F(\rho,\theta)\mathrm{d}\rho$

C. $\int_{-\frac{\pi}{2}}^{\frac{\pi}{2}}\mathrm{d}\theta\int_{0}^{2\cos\theta}F(\rho,\theta)\mathrm{d}\rho$ D. $2\int_{0}^{\frac{\pi}{2}}\mathrm{d}\theta\int_{0}^{2\cos\theta}F(\rho,\theta)\mathrm{d}\rho$

其中，$F(\rho,\theta)=f(\rho\cos\theta,\rho\sin\theta)\rho$.

2. 设 $f(x,y)$ 为连续函数，交换下列二次积分的积分次序.

(1) $\int_{0}^{2}\mathrm{d}y\int_{\frac{y}{2}}^{y}f(x,y)\mathrm{d}x$；

(2) $\int_{0}^{2}\mathrm{d}x\int_{x}^{2x}f(x,y)\mathrm{d}y$；

(3) $\int_{0}^{1}\mathrm{d}y\int_{-\sqrt{1-y^2}}^{\sqrt{1-y^2}}f(x,y)\mathrm{d}x$；

(4) $\int_{1}^{2}\mathrm{d}x\int_{2-x}^{\sqrt{2x-x^2}}f(x,y)\mathrm{d}y$；

(5) $\int_{0}^{1}\mathrm{d}x\int_{0}^{x^2}f(x,y)\mathrm{d}y+\int_{1}^{3}\mathrm{d}x\int_{0}^{\frac{3-x}{2}}f(x,y)\mathrm{d}y$；

(6) $\int_{0}^{1}\mathrm{d}x\int_{1-x^2}^{1}f(x,y)\mathrm{d}y+\int_{1}^{\mathrm{e}}\mathrm{d}x\int_{\ln x}^{1}f(x,y)\mathrm{d}y$.

3. 如果二重积分 $\iint\limits_{D}f(x,y)\mathrm{d}x\mathrm{d}y$ 的被积函数 $f(x,y)$ 是两个函数 $f_1(x)$ 及 $f_2(y)$ 的乘积，即 $f(x,y)=f_1(x)\cdot f_2(y)$，积分区域 $D=\{(x,y)\mid a\leqslant x\leqslant b,c\leqslant y\leqslant d\}$，证明这个二重积分等于两个定积分的乘积，即

$$\iint\limits_{D}f_1(x)\cdot f_2(y)\mathrm{d}x\mathrm{d}y=\left[\int_{a}^{b}f_1(x)\mathrm{d}x\right]\cdot\left[\int_{c}^{d}f_2(y)\mathrm{d}y\right].$$

4. 计算下列二重积分.

(1) $\iint\limits_{D}xy\mathrm{d}\sigma$，其中 D 是由曲线 $y=x^2$，直线 $y=0$ 与 $x=2$ 所围成的闭区域;

(2) $\iint\limits_{D}\mathrm{e}^{x+y}\mathrm{d}\sigma$，其中 D 是由 $y=x$，$y=0$，$x=1$ 所围成的闭区域;

(3) $\iint\limits_{D}\cos(x+y)\mathrm{d}\sigma$，其中 D 是由直线 $x=0$，$y=\pi$ 和 $y=x$ 所围成的闭区域;

(4) $\iint\limits_{D}(x-y^2)\mathrm{d}\sigma$，其中 $D=\{(x,y)\mid 0\leqslant y\leqslant\sin x,0\leqslant x\leqslant\pi\}$；

(5) $\iint\limits_{D}x\mathrm{d}\sigma$，其中 D 是由抛物线 $y=\dfrac{x^2}{2}$ 及直线 $y=x+4$ 所围成的闭区域;

(6) $\iint\limits_{D}xy^2\mathrm{d}\sigma$，其中 D 是由 $x=\sqrt{4-y^2}$ 与 $x=0$ 所围成的闭区域;

(7) $\iint\limits_{D}(x-1)y\mathrm{d}\sigma$，其中 D 是由曲线 $x=1+\sqrt{y}$，直线 $y=1-x$ 及 $y=1$ 所围成的闭区域;

(8) $\iint\limits_D x\mathrm{d}\sigma$，其中 $D=\{(x,y)\mid 2-x\leqslant y\leqslant 1+\sqrt{1-x^2},0\leqslant x\leqslant 1\}$；

(9) $\iint\limits_D x\mathrm{d}\sigma$，其中 $D=\{(x,y)\mid x^2+y^2\leqslant 2,x\geqslant y^2\}$；

(10) $\iint\limits_D \mathrm{e}^{x^2}\mathrm{d}\sigma$，其中 D 是第一象限中由 $y=x$ 和 $y=x^3$ 所围成的闭区域.

5. 化二重积分 $I=\iint\limits_D f(x,y)\mathrm{d}\sigma$ 为二次积分(分别列出对两个变量先后次序不同的两个二次积分)，其中积分区域 D 如下.

(1) 由直线 $y=x$ 及抛物线 $y^2=4x$ 所围成的闭区域;

(2) 由 x 轴及半圆周 $x^2+y^2=R^2$ ($y\geqslant 0$)所围成的闭区域;

(3) 由直线 $y=x$，$x=2$ 及双曲线 $y=\dfrac{1}{x}$ ($x>0$)所围成的闭区域.

6. 化下列二次积分为极坐标形式的二次积分.

(1) $\int_0^{2a}\mathrm{d}x\int_0^{\sqrt{2ax-x^2}}f(x,y)\mathrm{d}y$；

(2) $\int_0^1\mathrm{d}x\int_{1-x}^{\sqrt{1-x^2}}f(x^2+y^2)\mathrm{d}y$；

(3) $\int_0^1\mathrm{d}x\int_0^{\sqrt{3}x}f\left(\dfrac{y}{x}\right)\mathrm{d}y$；

(4) $\int_0^1\mathrm{d}y\int_0^{\sqrt{1-y^2}}f(\sqrt{x^2+y^2})\mathrm{d}x$.

7. 在极坐标系中计算下列二重积分或二次积分.

(1) $\int_{-2}^2\mathrm{d}x\int_0^{\sqrt{4-x^2}}\sqrt{x^2+y^2}\mathrm{d}y$；

(2) $\iint\limits_D \arctan\dfrac{y}{x}\mathrm{d}\sigma$，其中 $D=\{(x,y)\mid 1\leqslant x^2+y^2\leqslant 4,y\geqslant 0,y\leqslant x\}$；

(3) $\iint\limits_D \ln(1+x^2+y^2)\mathrm{d}\sigma$，其中 $D=\{(x,y)\mid x^2+y^2\leqslant 1,x\geqslant 0,y\geqslant 0\}$；

(4) $\iint\limits_D \sqrt{x^2+y^2}\mathrm{d}\sigma$，其中 $D=\{(x,y)\mid x^2+y^2\geqslant 2x,x^2+y^2\leqslant 4x\}$；

(5) $\iint\limits_D \sin(x^2+y^2)\mathrm{d}\sigma$，其中 $D=\{(x,y)\mid \pi^2\leqslant x^2+y^2\leqslant 4\pi^2\}$；

(6) $\iint\limits_D (x^2+y^2)\mathrm{d}\sigma$，其中 D 是由曲线 $y=\sqrt{ax-x^2}$ $(a>0)$ 与 x 轴所围成的闭区域.

8. 选择合适的坐标系计算下列二重积分.

(1) $\iint\limits_D \frac{\sin x}{x}\mathrm{d}\sigma$，其中 D 是由 $y=x^2$，$y=0$ 及 $x=1$ 所围成的闭区域;

(2) $\iint\limits_D xy\mathrm{d}\sigma$，其中 D 是由 $(x-2)^2+y^2=1$ 的上半圆周和 x 轴所围成的闭区域;

(3) $\iint\limits_D \frac{y^2}{x^2}\mathrm{d}\sigma$，其中 D 是由曲线 $x^2+y^2=2x$ 所围成的闭区域;

(4) $\iint\limits_D \sin\sqrt{x^2+y^2}\mathrm{d}\sigma$，其中 $D=\{(x,y)\,|\,1\leqslant x^2+y^2\leqslant 4, x\geqslant 0, y\geqslant 0\}$；

(5) $\iint\limits_D xy\mathrm{e}^{-x^2-y^2}\mathrm{d}\sigma$，其中 $D=\{(x,y)\,|\,x^2+y^2\leqslant 1, x\geqslant 0, y\geqslant 0\}$.

9. 利用对称性，简化下列二重积分的计算.

(1) $\iint\limits_D |xy|\mathrm{d}\sigma$，其中 $D=\{(x,y)\,|\,|x|+|y|\leqslant 1\}$；

(2) $\iint\limits_D (x^2\sin x+y^3+4)\mathrm{d}\sigma$，其中 $D=\{(x,y)\,|\,x^2+y^2\leqslant 4\}$；

(3) $\iint\limits_D (x^2+3x-y+4)\mathrm{d}\sigma$，其中 $D=\{(x,y)\,|\,x^2+y^2\leqslant a^2\}$.

10. 设平面薄片所占的闭区域 D 由直线 $x+y=1$，$y=x$ 和 x 轴所围成，它的面密度 $\mu(x,y)=2(x^2+y^2)$，求该薄片的质量.

11. 求由平面 $x=0$，$y=0$，$x+y=1$ 所围成的柱体被平面 $z=0$ 及抛物面 $x^2+y^2=6-z$ 截得的立体的体积.

12. 求半球面 $z=\sqrt{2a^2-x^2-y^2}$ 与旋转抛物面 $x^2+y^2=az$ ($a>0$)所围立体的体积.

第三节　三重积分的计算法

与二重积分的计算方法类似，三重积分也是通过转化为三次积分(累次积分)来计算的. 本节将分别在直角坐标系、柱面坐标系及球面坐标系中讨论三重积分的计算方法，只限于叙述方法，而不作严格证明.

一、直角坐标系中三重积分的计算

1. 投影法(“先一后二”法)

对于三重积分的积分区域 Ω，假定穿过闭区域 Ω 内部且平行于 z 轴的直线与 Ω 的边界曲面 Σ 相交不多于两点，将闭区域 Ω 投影到 xOy 面上，投影区域为 D_{xy}，如图 9-22 所示. 以 D_{xy} 的边界曲线为准线，作母线平行于 z 轴的柱面，该柱面与边界曲面 Σ 的交线从 Σ 中分出上、下两部分，它们的方程分别为

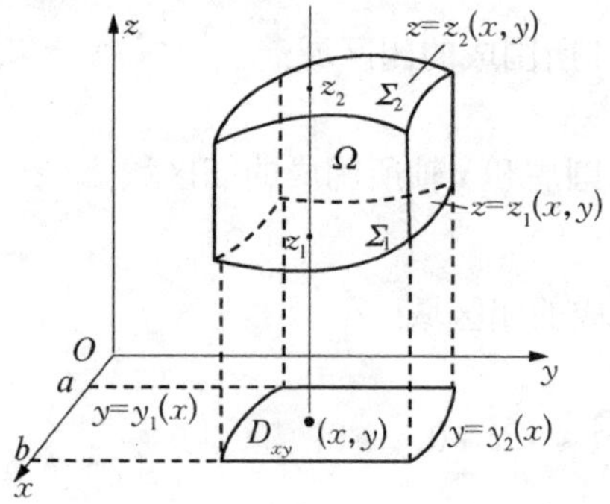

图 9-22

$$\Sigma_1 : z = z_1(x,y), \qquad \Sigma_2 : z = z_2(x,y),$$

其中函数 $z_1(x,y)$ 和 $z_2(x,y)$ 均在投影区域 D_{xy} 上连续，且 $z_1(x,y) \leqslant z_2(x,y)$. 在 D_{xy} 内任取一点 (x,y)，过该点穿过闭区域 Ω 作平行于 z 轴的直线，该直线位于 Ω 上点的竖坐标 z 的变化范围为

$$z_1(x,y) \leqslant z \leqslant z_2(x,y),$$

于是积分区域 Ω 可表示为

$$\Omega = \{(x,y,z) \mid z_1(x,y) \leqslant z \leqslant z_2(x,y), (x,y) \in D_{xy}\}.$$

先将被积函数 $f(x,y,z)$ 中的 x, y 视为常数，只将 $f(x,y,z)$ 看作 z 的函数，在区间 $[z_1(x,y), z_2(x,y)]$ 上对 z 计算定积分

$$\int_{z_1(x,y)}^{z_2(x,y)} f(x,y,z)\mathrm{d}z,$$

其结果是关于 x, y 的二元函数，记为 $F(x,y)$，即

$$F(x,y) = \int_{z_1(x,y)}^{z_2(x,y)} f(x,y,z)\mathrm{d}z.$$

再计算此函数在投影区域 D_{xy} 上的二重积分

$$\iint\limits_{D_{xy}} F(x,y)\mathrm{d}\sigma = \iint\limits_{D_{xy}} \left[\int_{z_1(x,y)}^{z_2(x,y)} f(x,y,z)\mathrm{d}z\right]\mathrm{d}\sigma. \tag{9-17}$$

若投影区域 D_{xy} 是 X 型区域，可表示为

$$D_{xy} = \{(x,y) \mid y_1(x) \leqslant y \leqslant y_2(x), a \leqslant x \leqslant b\},$$

则可将式(9-17)中的二重积分化为二次积分，从而得到在直角坐标系中将三重积分化为先对 z，再对 y，最后对 x 的三次积分的公式:

$$\iiint\limits_{\Omega} f(x,y,z)\mathrm{d}v = \int_a^b \mathrm{d}x \int_{y_1(x)}^{y_2(x)} \mathrm{d}y \int_{z_1(x,y)}^{z_2(x,y)} f(x,y,z)\mathrm{d}z. \tag{9-18}$$

这种计算三重积分的方法称为投影法，因为它的计算次序是先计算一个定积分，再计算一个二重积分，所以又称为“先一后二”法.

如果平行于 x 轴或 y 轴且穿过闭区域 Ω 内部的直线与 Ω 的边界曲面 Σ 相交不多于两点，也可把闭区域 Ω 投影到 yOz 面或 zOx 面上，这样便可将三重积分化为按其他次序的三次积分. 如果平行于坐标轴且穿过闭区域 Ω 内部的直线与 Ω 的边界曲面 Σ 的交点多于两个，可将 Ω 分成若干部分闭区域，且各部分闭区域满足上述对区域的要求，那么在 Ω 上的三重积分等于各部分闭区域上的三重积分之和.

例 9-12　将下列空间闭区域用不等式表示.

(1) Ω_1 是由旋转抛物面 $z = x^2 + y^2$ 与平面 $z = 1$ 所围成的区域.

(2) Ω_2是由圆柱面$x^2+y^2=1$与平面$z=0$及$z=3$所围成的区域.

解 (1) 如图 9-23 所示，闭区域Ω_1在xOy面的投影区域$D_{xy}=\{(x,y)\mid x^2+y^2\leqslant 1\}$，在$D_{xy}$内任取一点$(x,y)$，过该点穿过闭区域$\Omega_1$作平行于$z$轴的直线，该直线位于$\Omega_1$上点的竖坐标$z$的变化范围为$x^2+y^2\leqslant z\leqslant 1$，于是$\Omega_1$可表示为

$$\Omega_1=\{(x,y,z)\mid x^2+y^2\leqslant z\leqslant 1,-\sqrt{1-x^2}\leqslant y\leqslant\sqrt{1-x^2},-1\leqslant x\leqslant 1\}.$$

(2) 如图 9-24 所示，闭区域Ω_2在xOy面的投影区域$D_{xy}=\{(x,y)\big|x^2+y^2\leqslant 1\}$，在$D_{xy}$内任取一点$(x,y)$，过该点穿过闭区域$\Omega_2$作平行于$z$轴的直线，该直线位于$\Omega_2$上点的竖坐标$z$的变化范围为$0\leqslant z\leqslant 3$，于是$\Omega_2$可表示为

$$\Omega_2=\{(x,y,z)\mid 0\leqslant z\leqslant 3,-\sqrt{1-x^2}\leqslant y\leqslant\sqrt{1-x^2},-1\leqslant x\leqslant 1\}.$$

例 9-13 计算三重积分$\iiint\limits_{\Omega} z\mathrm{d}x\mathrm{d}y\mathrm{d}z$，其中积分区域$\Omega$是由平面$x+y+z=1$与三个坐标面所围成的闭区域.

解 如图 9-25 所示，Ω在xOy面的投影区域D_{xy}为三角形闭区域OAB，即

$$D_{xy}=\{(x,y)\mid 0\leqslant y\leqslant 1-x,0\leqslant x\leqslant 1\},$$

在D_{xy}内任取一点(x,y)，过该点穿过闭区域Ω作平行于z轴的直线，该直线位于Ω上点的竖坐标z的变化范围为$0\leqslant z\leqslant 1-x-y$，于是积分区域$\Omega$可表示为

$$\Omega=\{(x,y,z)\mid 0\leqslant z\leqslant 1-x-y,0\leqslant y\leqslant 1-x,0\leqslant x\leqslant 1\},$$

由式(9-18)，得

$$\begin{aligned}\iiint\limits_{\Omega} z\mathrm{d}x\mathrm{d}y\mathrm{d}z&=\int_0^1\mathrm{d}x\int_0^{1-x}\mathrm{d}y\int_0^{1-x-y}z\mathrm{d}z\\&=\frac{1}{2}\int_0^1\mathrm{d}x\int_0^{1-x}[z^2]_0^{1-x-y}\mathrm{d}y=\frac{1}{2}\int_0^1\mathrm{d}x\int_0^{1-x}(1-x-y)^2\mathrm{d}y\\&=-\frac{1}{6}\int_0^1[(1-x-y)^3]_0^{1-x}\mathrm{d}x=\frac{1}{6}\int_0^1(1-x)^3\mathrm{d}x=\frac{1}{24}.\end{aligned}$$

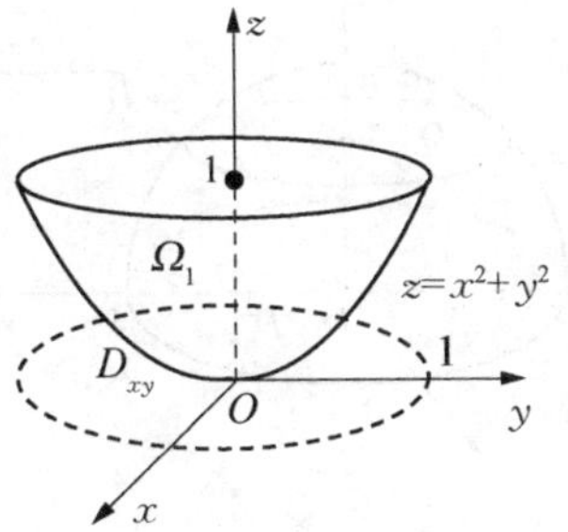

图 9-23

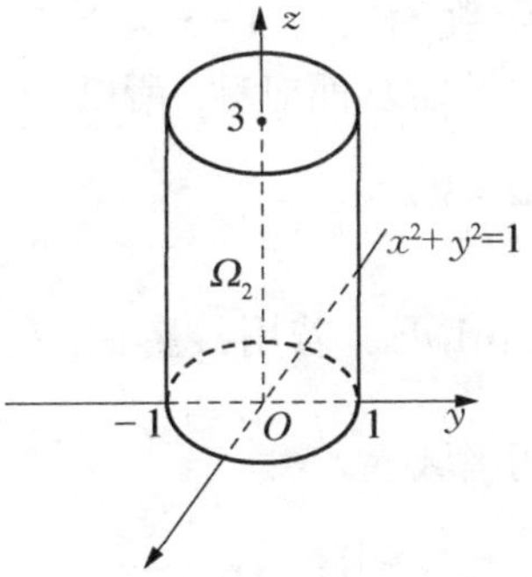

图 9-24

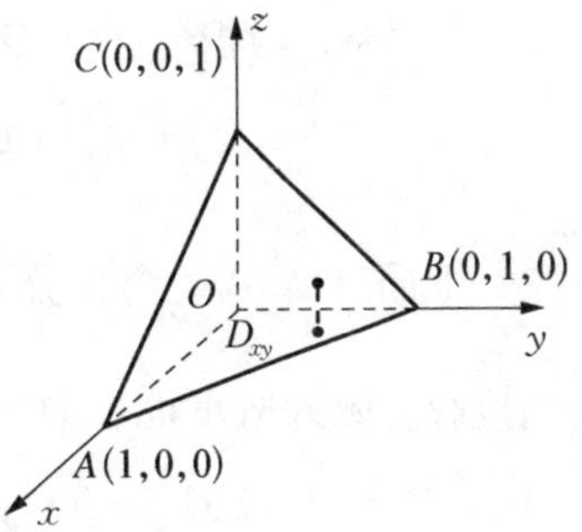

图 9-25

2. 截面法(“先二后一”法)

如果空间有界闭区域 Ω 介于两平行平面 $z=c_1$ 和 $z=c_2$ 之间，在区间 $[c_1,c_2]$ 上任取一点 z，过该点作垂直于 z 轴的平面，该平面截 Ω 得截面 D_z，如图 9-26 所示，于是闭区域 Ω 可表示为

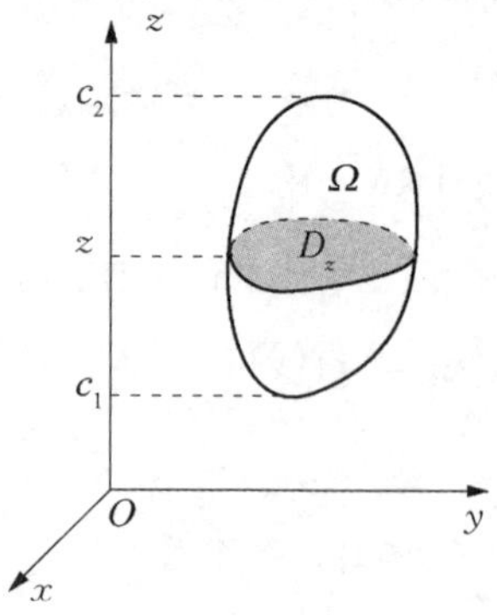

图 9-26

$$\Omega=\{(x,y,z)\mid(x,y)\in D_z, c_1\leqslant z\leqslant c_2\},$$

则有

$$\iiint_{\Omega} f(x,y,z)\mathrm{d}v=\int_{c_1}^{c_2}\mathrm{d}z\iint_{D_z} f(x,y,z)\mathrm{d}x\mathrm{d}y. \tag{9-19}$$

这种计算三重积分的方法称为截面法，因为它的计算次序是先在截面 D_z 上计算一个二重积分，再在 $[c_1,c_2]$ 上计算一个定积分，所以又称为“先二后一”法.

例 9-13 也可采用截面法来计算，z 的变化区间为 $[0,1]$，在区间 $[0,1]$ 上任取一点 z，过该点作垂直于 z 轴的平面，该平面截 Ω 得截面 D_z，截面 D_z 为该平面上的直角三角形闭区域，可表示为

$$D_z=\{(x,y)\mid x+y\leqslant 1-z, x\geqslant 0, y\geqslant 0\},$$

于是 Ω 可表示为

$$\Omega=\{(x,y,z)\mid(x,y)\in D_z, 0\leqslant z\leqslant 1\},$$

由式(9-19)，得

$$\iiint_{\Omega} z\mathrm{d}x\mathrm{d}y\mathrm{d}z=\int_0^1 z\mathrm{d}z\iint_{D_z}\mathrm{d}x\mathrm{d}y=\frac{1}{2}\int_0^1 z(1-z)^2\mathrm{d}z=\frac{1}{24}.$$

例 9-14 计算 $\iiint_{\Omega}(x+z)\mathrm{d}x\mathrm{d}y\mathrm{d}z$，其中积分区域 Ω 为球面 $z=\sqrt{1-x^2-y^2}$ 及 xOy 面所围成的半球体，如图 9-27 所示.

解 $$\iiint_{\Omega}(x+z)\mathrm{d}x\mathrm{d}y\mathrm{d}z=\iiint_{\Omega} x\mathrm{d}x\mathrm{d}y\mathrm{d}z+\iiint_{\Omega} z\mathrm{d}x\mathrm{d}y\mathrm{d}z,$$

上式右端第一个积分中的被积函数 $f(x,y,z)=x$ 关于 x 是奇函数，而积分区域 Ω 又关于 yOz 面对称，所以

$$\iiint_{\Omega} x\mathrm{d}x\mathrm{d}y\mathrm{d}z=0.$$

下面计算另一个积分 $\iiint_{\Omega} z\mathrm{d}x\mathrm{d}y\mathrm{d}z$. 若用投影法，则投影区域为 xOy 面上的圆形闭区域

$$D_{xy}=\{(x,y)\mid x^2+y^2\leqslant 1\},$$

在 D_{xy} 内任取一点 (x,y)，过该点穿过闭区域 Ω 作平

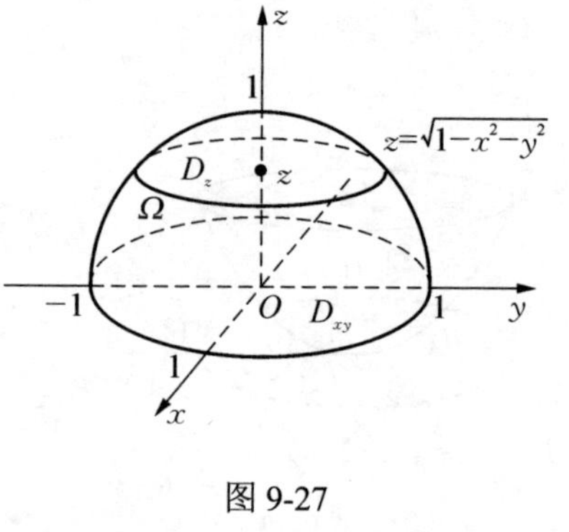

图 9-27

行于 z 轴的直线，该直线位于 Ω 上点的竖坐标 z 的变化范围为 $0 \leqslant z \leqslant \sqrt{1-x^2-y^2}$，于是积分区域 Ω 可表示为

$$\Omega = \{(x,y,z) \mid 0 \leqslant z \leqslant \sqrt{1-x^2-y^2}, -\sqrt{1-x^2} \leqslant y \leqslant \sqrt{1-x^2}, -1 \leqslant x \leqslant 1\},$$

于是，由式(9-18)，可得

$$\begin{aligned}\iiint\limits_{\Omega} z\mathrm{d}x\mathrm{d}y\mathrm{d}z &= \int_{-1}^{1}\mathrm{d}x\int_{-\sqrt{1-x^2}}^{\sqrt{1-x^2}}\mathrm{d}y\int_{0}^{\sqrt{1-x^2-y^2}} z\mathrm{d}z = \frac{1}{2}\int_{-1}^{1}\mathrm{d}x\int_{-\sqrt{1-x^2}}^{\sqrt{1-x^2}}[z^2]_0^{\sqrt{1-x^2-y^2}}\mathrm{d}y \\ &= \frac{1}{2}\int_{-1}^{1}\mathrm{d}x\int_{-\sqrt{1-x^2}}^{\sqrt{1-x^2}}(1-x^2-y^2)\mathrm{d}y = \int_{-1}^{1}\left[y - x^2y - \frac{y^3}{3}\right]_0^{\sqrt{1-x^2}}\mathrm{d}x \\ &= \frac{4}{3}\int_0^1(\sqrt{1-x^2})^3\mathrm{d}x = \frac{\pi}{4}.\end{aligned}$$

若用截面法计算，z 的变化区间为 $[0,1]$，在区间 $[0,1]$ 上任取一点 z，过该点作垂直于 z 轴的平面，该平面截 Ω 得截面 D_z，可将其表示为

$$D_z = \{(x,y) \mid x^2+y^2 \leqslant 1-z^2\},$$

积分区域 Ω 可表示为

$$\Omega = \{(x,y,z) \mid (x,y) \in D_z, 0 \leqslant z \leqslant 1\},$$

于是，由式(9-19)，可得

$$\iiint\limits_{\Omega} z\mathrm{d}x\mathrm{d}y\mathrm{d}z = \int_0^1 z\mathrm{d}z\iint\limits_{D_z}\mathrm{d}x\mathrm{d}y = \int_0^1 z\cdot\pi(1-z^2)\mathrm{d}z = \frac{\pi}{4}.$$

故所求积分为

$$\iiint\limits_{\Omega}(x+z)\mathrm{d}x\mathrm{d}y\mathrm{d}z = \iiint\limits_{\Omega}x\mathrm{d}x\mathrm{d}y\mathrm{d}z + \iiint\limits_{\Omega}z\mathrm{d}x\mathrm{d}y\mathrm{d}z = 0 + \frac{\pi}{4} = \frac{\pi}{4}.$$

类似二重积分，利用 Mathematica 计算三重积分的一般命令格式如下：

```
Integrate[f[x, y, z], {x, a, b},{y, y1[x], y2[x]},{z, z1[x, y],
          z2[x, y]}]
```

注意积分次序为从右向左，即上面的格式中变量的积分次序是先对 z，然后对 y，最后对 x. 与二重积分一样，也可根据需要设置不同的积分变量次序.

例如，下面的命令可计算例 9-13 中的积分：

```
In[1]:= Integrate[z,{x,0,1},{y,0,1-x},{z,0,1-x-y}]
```

Out[1]= $\dfrac{1}{24}$

二、柱面坐标系中三重积分的计算

空间中的点也可用柱面坐标表示. 设空间一点 M 的直角坐标为 (x,y,z)，点 M 在 xOy 面上的投影为点 P，点 P 的极坐标为 (ρ,θ)，如图 9-28 所示，这样的三元有序数组

(ρ,θ,z) 就称为点 M 的柱面坐标.

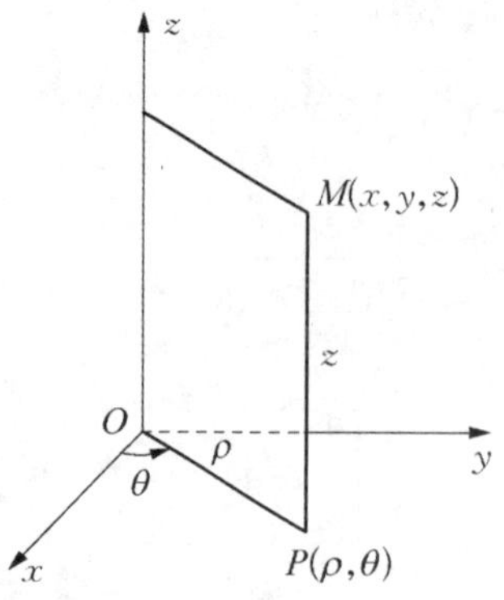

图 9-28

由图 9-28 可知，点 M 的直角坐标 (x,y,z) 与柱面坐标 (ρ,θ,z) 之间的关系式为

$$\begin{cases} x=\rho\cos\theta, \\ y=\rho\sin\theta, \\ z=z, \end{cases} \tag{9-20}$$

其中，$0\leqslant\rho<+\infty, 0\leqslant\theta\leqslant 2\pi, -\infty<z<+\infty$.

柱面坐标系中的三组坐标面分别为

(1) $\rho=$ 常数，即以 z 轴为轴的圆柱面.

(2) $\theta=$ 常数，即过 z 轴的半平面.

(3) $z=$ 常数，即与 xOy 面平行的平面.

在柱面坐标系中计算三重积分，需要将被积函数 $f(x,y,z)$，积分区域 Ω 及体积元素 $\mathrm{d}v$ 都分别用柱面坐标来表示. 为此，用三组坐标面 $\rho=$ 常数，$\theta=$ 常数，$z=$ 常数将积分区域 Ω 分成许多小闭区域，除了包含 Ω 的边界点的一些不规则小闭区域外，这些小闭区域都是柱体. 考虑由 ρ,θ,z 各取得微小增量 $\mathrm{d}\rho,\mathrm{d}\theta,\mathrm{d}z$ 所成的柱体(图 9-29)，若不计高阶无穷小，则该柱体的底面积为 $\rho\mathrm{d}\rho\mathrm{d}\theta$，高为 $\mathrm{d}z$，其体积 $\mathrm{d}v=\rho\mathrm{d}\rho\mathrm{d}\theta\mathrm{d}z$，这就是柱面坐标系中的体积元素. 再由关系式(9-20)，可得

$$\iiint_{\Omega} f(x,y,z)\mathrm{d}x\mathrm{d}y\mathrm{d}z=\iiint_{\Omega} f(\rho\cos\theta,\rho\sin\theta,z)\rho\mathrm{d}\rho\mathrm{d}\theta\mathrm{d}z. \tag{9-21}$$

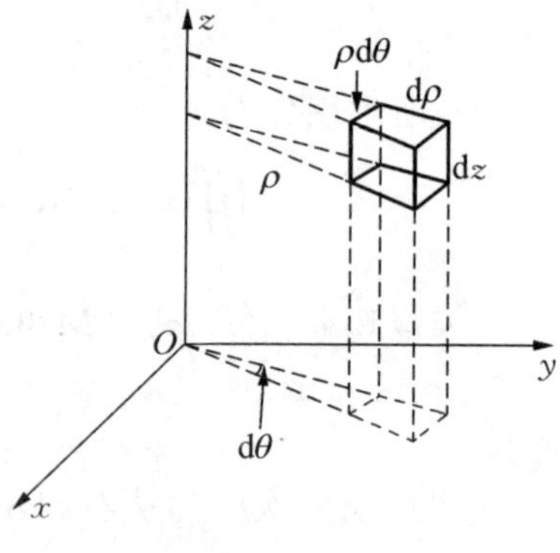

图 9-29

式(9-21)就是将三重积分的变量从直角坐标变换为柱面坐标的变换公式，其右端的三重积分也可化为三次积分来计算，其积分限要由 ρ,θ,z 在闭区域 Ω 中的变化范围来确定. 一般地，先确定 Ω 在 xOy 面上的投影区域 D_{xy}，并用极坐标变量 ρ,θ 表示；然后在 D_{xy} 内任取一点 (ρ,θ)，过此点穿过 Ω 作平行于 z 轴的直线，由此直线与 Ω 的边界曲面的两交点的竖坐标(此竖坐标表示成 ρ,θ 的函数)即可确定 z 的变化范围.

例 9-15　在柱面坐标系中表示下列空间闭区域.

(1) Ω_1 是由球面 $x^2+y^2+z^2=1$ 与三坐标面所围成的立体且位于第 I 卦限内的部分；

(2) Ω_2 是由圆柱面 $x^2-2x+y^2=0$ 与平面 $z=0$，$z=2$ 所围成的区域.

解　(1) 如图 9-30 所示，球面 $x^2+y^2+z^2=1$ 的柱面坐标方程为 $\rho^2+z^2=1$，将闭区域 Ω_1 投影到 xOy 面上，其投影区域是圆形闭区域位于第一象限的部分，用极坐标表示为

$$D_{xy}=\left\{(\rho,\theta)\middle|0\leqslant\rho\leqslant 1, 0\leqslant\theta\leqslant\frac{\pi}{2}\right\},$$

在 D_{xy} 内任取一点 (ρ,θ)，过此点穿过 Ω_1 作平行于 z 轴的直线，该直线位于 Ω_1 上点的竖坐标 z 的变化范围为 $0 \leqslant z \leqslant \sqrt{1-\rho^2}$，于是可将 Ω_1 表示为

$$\Omega_1 = \left\{(\rho,\theta,z) \middle| 0 \leqslant z \leqslant \sqrt{1-\rho^2}, 0 \leqslant \rho \leqslant 1, 0 \leqslant \theta \leqslant \frac{\pi}{2}\right\}.$$

(2) 如图 9-31 所示，闭区域 Ω_2 在 xOy 面的投影区域是位于第一、四象限的圆形闭区域，用极坐标表示为

$$D_{xy} = \left\{(\rho,\theta) \middle| 0 \leqslant \rho \leqslant 2\cos\theta, -\frac{\pi}{2} \leqslant \theta \leqslant \frac{\pi}{2}\right\},$$

在 D_{xy} 内任取一点 (ρ,θ)，过此点穿过 Ω_2 作平行于 z 轴的直线，该直线位于 Ω_2 上点的竖坐标 z 的变化范围为 $0 \leqslant z \leqslant 2$，于是可将 Ω_2 表示为

$$\Omega_2 = \left\{(\rho,\theta,z) \middle| 0 \leqslant z \leqslant 2, 0 \leqslant \rho \leqslant 2\cos\theta, -\frac{\pi}{2} \leqslant \theta \leqslant \frac{\pi}{2}\right\}.$$

例 9-16 利用柱面坐标计算三重积分 $\iiint\limits_{\Omega} z\sqrt{x^2+y^2}\,\mathrm{d}v$，其中 Ω 是由圆锥面 $z=\sqrt{x^2+y^2}$ 与球面 $z=\sqrt{2-x^2-y^2}$ 所围成的闭区域(图 9-32).

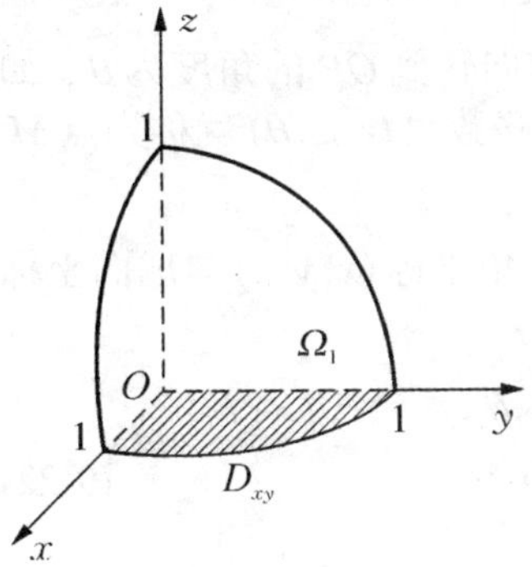

图 9-30

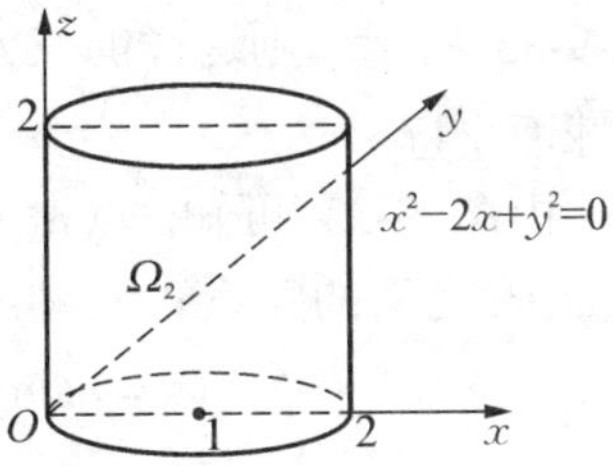

图 9-31

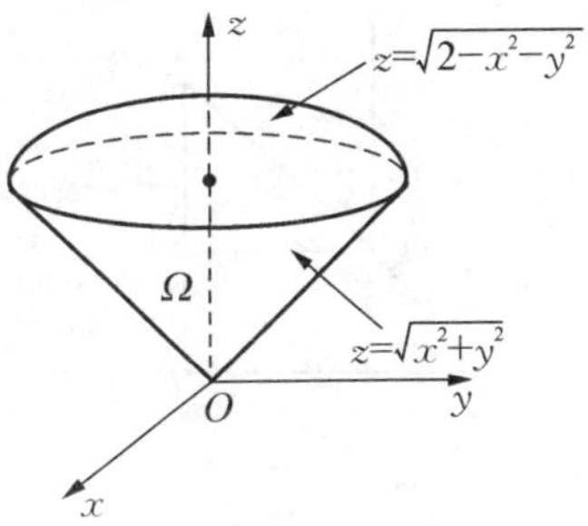

图 9-32

解 圆锥面的柱面坐标方程为 $z=\rho$，上半球面的柱面坐标方程为 $z=\sqrt{2-\rho^2}$，积分区域 Ω 在 xOy 面上的投影区域为

$$D_{xy} = \{(x,y) \mid x^2+y^2 \leqslant 1\},$$

用极坐标表示为

$$D_{xy} = \{(\rho,\theta) \mid 0 \leqslant \rho \leqslant 1, 0 \leqslant \theta \leqslant 2\pi\},$$

在 D_{xy} 内任取一点 (ρ,θ)，过此点穿过闭区域 Ω 作平行于 z 轴的直线，该直线位于 Ω 上点的竖坐标 z 的变化范围为 $\rho \leqslant z \leqslant \sqrt{2-\rho^2}$，于是可将积分区域 Ω 表示为

$$\Omega = \{(\rho,\theta,z) \mid \rho \leqslant z \leqslant \sqrt{2-\rho^2}, 0 \leqslant \rho \leqslant 1, 0 \leqslant \theta \leqslant 2\pi\},$$

所以

$$\begin{aligned}\iiint_{\Omega} z\sqrt{x^2+y^2}\,\mathrm{d}v &= \iiint_{\Omega} z\rho^2\,\mathrm{d}\rho\,\mathrm{d}\theta\,\mathrm{d}z \\ &= \int_0^{2\pi}\mathrm{d}\theta\int_0^1\rho^2\mathrm{d}\rho\int_{\rho}^{\sqrt{2-\rho^2}} z\mathrm{d}z \\ &= \frac{1}{2}\int_0^{2\pi}\mathrm{d}\theta\int_0^1\rho^2(2-2\rho^2)\mathrm{d}\rho \\ &= \pi\left[\frac{2}{3}\rho^3-\frac{2}{5}\rho^5\right]_0^1=\frac{4\pi}{15}.\end{aligned}$$

例 9-16 中的三重积分在 Mathematica 中计算如下:

```
In[1]:=Integrate[z*ρ^2,{θ,0,2Pi},{ρ,0,1},{z,ρ,Sqrt[2-ρ^2]}]
Out[1]=4π/15
```

三、球面坐标系中三重积分的计算

空间中的点还可以用球面坐标表示. 设空间一点 M 的直角坐标为 (x,y,z)，点 M 在 xOy 面上的投影为点 P，设向径 $\overrightarrow{OM}$ 的模为 r，$\overrightarrow{OM}$ 与 z 轴正向的夹角为 φ，在 xOy 面上，从 x 轴的正半轴按逆时针方向转到 $\overrightarrow{OP}$ 的角度为 θ，如图 9-33 所示，则这样的三元有序数组 (r,φ,θ) 就称为点 M 的球面坐标.

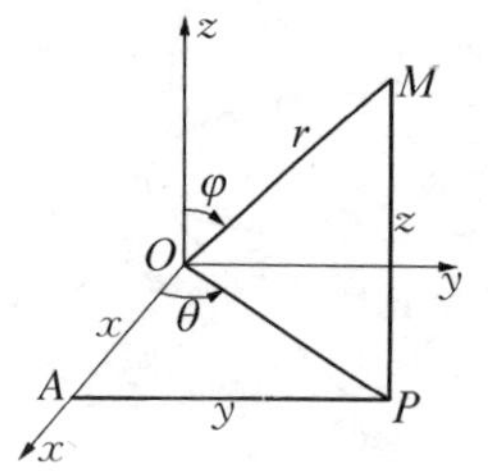

图 9-33

由图 9-33 可知，点 M 的直角坐标 (x,y,z) 与球面坐标 (r,φ,θ) 之间的关系式为

$$\begin{cases}x=r\sin\varphi\cos\theta,\\ y=r\sin\varphi\sin\theta,\\ z=r\cos\varphi,\end{cases} \tag{9-22}$$

其中，$0\leqslant r<+\infty, 0\leqslant\varphi\leqslant\pi, 0\leqslant\theta\leqslant 2\pi$.

球面坐标系中的三组坐标面分别为

(1) $r=$ 常数，即以原点为球心的球面.

(2) $\varphi=$ 常数，即顶点在原点，以 z 轴为轴的圆锥面.

(3) $\theta=$ 常数，即过 z 轴的半平面.

在球面坐标系中计算三重积分，需要将被积函数 $f(x,y,z)$，积分区域 Ω 及体积元素 $\mathrm{d}v$ 都分别用球面坐标来表示. 为此，用三组坐标面 $r=$ 常数，$\varphi=$ 常数，$\theta=$ 常数将积分区域 Ω 分成许多小闭区域，除了包含 Ω 的边界点的一些不规则小闭区域外，这些小闭区域都可近似地看作六面体. 考察由 r,φ,θ 各取得微小增量 $\mathrm{d}r,\mathrm{d}\varphi,\mathrm{d}\theta$ 所成的六面体(图 9-34)，若不计高阶无穷小，可视该六面体为长方体，其三条棱长分别为 $\mathrm{d}r$，$r\sin\varphi\mathrm{d}\theta$ 和 $r\mathrm{d}\varphi$，故体积 $\mathrm{d}v=r^2\sin\varphi\mathrm{d}r\mathrm{d}\varphi\mathrm{d}\theta$，这就是球面坐标系中的体积元素，再由关系式(9-22)，可得

$$\iiint\limits_{\Omega} f(x,y,z)\mathrm{d}x\mathrm{d}y\mathrm{d}z = \iiint\limits_{\Omega} f(r\sin\varphi\cos\theta, r\sin\varphi\sin\theta, r\cos\varphi)r^2\sin\varphi\mathrm{d}r\mathrm{d}\varphi\mathrm{d}\theta . \quad (9\text{-}23)$$

式(9-23)就是将三重积分的变量从直角坐标变换为球面坐标的变换公式，其右端的三重积分也可化为对r，对φ及对θ的三次积分来计算，其积分限要由r,φ,θ在Ω中的变化范围来确定.

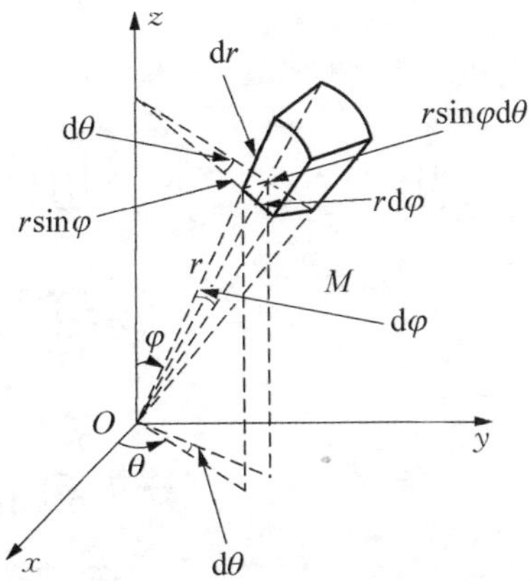

图 9-34

例如，若积分区域Ω是一个包围原点的空间有界闭区域，其边界曲面的球面坐标方程为$r=r(\varphi,\theta)$，则Ω可表示为

$$\Omega=\{(r,\varphi,\theta)|0\leqslant r\leqslant r(\varphi,\theta),0\leqslant\varphi\leqslant\pi,0\leqslant\theta\leqslant 2\pi\}.$$

特别地，若Ω是球面$x^2+y^2+z^2=R^2$（$R>0$）所围成的闭区域，则利用球面坐标可将Ω表示为

$$\Omega=\{(r,\varphi,\theta)|0\leqslant r\leqslant R,0\leqslant\varphi\leqslant\pi,0\leqslant\theta\leqslant 2\pi\}.$$

例 9-17　在球面坐标系中表示下列空间闭区域.

(1) Ω_1是由球面$x^2+y^2+z^2=R_1^2$与$x^2+y^2+z^2=R_2^2$（$0<R_1<R_2$）所围成的区域.

(2) Ω_2是由曲面$z=\sqrt{x^2+y^2}$与$z=\sqrt{2R^2-x^2-y^2}$所围成的区域.

扫码演示

解　(1) 如图9-35所示，由原点出发作一条射线穿过闭区域Ω_1，该射线相应于Ω_1上点的坐标r的变化范围为$R_1\leqslant r\leqslant R_2$. 对于闭区域$\Omega_1$，从$z$轴正半轴转向$z$轴负半轴，所以$0\leqslant\varphi\leqslant\pi$. 又因为$\Omega_1$在$xOy$面上的投影区域为一圆环形闭区域，所以$0\leqslant\theta\leqslant 2\pi$. 于是，$\Omega_1$可表示为

$$\Omega_1=\{(r,\varphi,\theta)|R_1\leqslant r\leqslant R_2,0\leqslant\varphi\leqslant\pi,0\leqslant\theta\leqslant 2\pi\}.$$

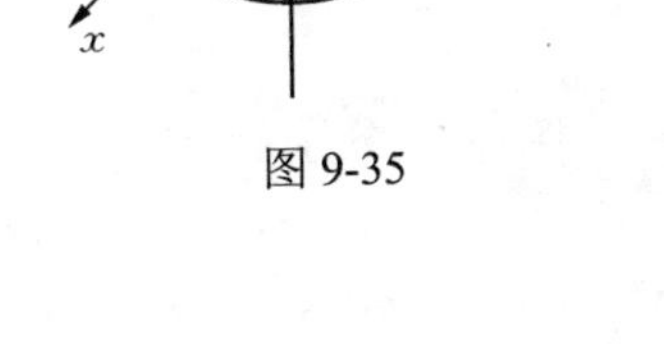

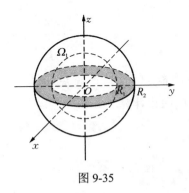

图 9-35

(2) 如图 9-36 所示，由原点出发作一条射线穿过闭区域Ω_2，该射线相应于Ω_2上点的坐标r的变化范围为$0\leqslant r\leqslant\sqrt{2}R$. 根据圆锥面的球面坐标方程$\varphi=\dfrac{\pi}{4}$可知，$\varphi$的变化范围为$0\leqslant\varphi\leqslant\dfrac{\pi}{4}$. 又因为$\Omega_2$在$xOy$面上的投影区域为一圆形闭区域，故$0\leqslant\theta\leqslant 2\pi$. 于是，$\Omega_2$可表示为

$$\Omega_2=\left\{(r,\varphi,\theta)\middle|0\leqslant r\leqslant\sqrt{2}R,0\leqslant\varphi\leqslant\frac{\pi}{4},0\leqslant\theta\leqslant 2\pi\right\}.$$

例 9-18　计算三重积分$\iiint\limits_{\Omega}(x^2+y^2+z^2)\mathrm{d}v$,其中,积分区域$\Omega$是由圆锥面$z=\sqrt{x^2+y^2}$与平面$z=1$所围成的闭区域.

解　如图 9-37 所示，在球面坐标系中，圆锥面方程为$\varphi=\dfrac{\pi}{4}$，平面方程为$r=\dfrac{1}{\cos\varphi}$，

积分区域 Ω 可表示为

$$\Omega=\left\{(r,\varphi,\theta)\middle|0\leqslant r\leqslant\frac{1}{\cos\varphi},0\leqslant\varphi\leqslant\frac{\pi}{4},0\leqslant\theta\leqslant 2\pi\right\},$$

所以

$$\begin{aligned}\iiint_{\Omega}(x^2+y^2+z^2)\mathrm{d}v&=\iiint_{\Omega}r^4\sin\varphi\mathrm{d}r\mathrm{d}\varphi\mathrm{d}\theta=\int_0^{2\pi}\mathrm{d}\theta\int_0^{\frac{\pi}{4}}\sin\varphi\mathrm{d}\varphi\int_0^{\frac{1}{\cos\varphi}}r^4\mathrm{d}r\\&=\frac{1}{5}\int_0^{2\pi}\mathrm{d}\theta\int_0^{\frac{\pi}{4}}\sin\varphi[r^5]_0^{\frac{1}{\cos\varphi}}\mathrm{d}\varphi=\frac{1}{5}\int_0^{2\pi}\mathrm{d}\theta\int_0^{\frac{\pi}{4}}\frac{\sin\varphi}{\cos^5\varphi}\mathrm{d}\varphi\\&=\frac{2\pi}{5}\left[\frac{1}{4\cos^4\varphi}\right]_0^{\frac{\pi}{4}}=\frac{3\pi}{10}.\end{aligned}$$

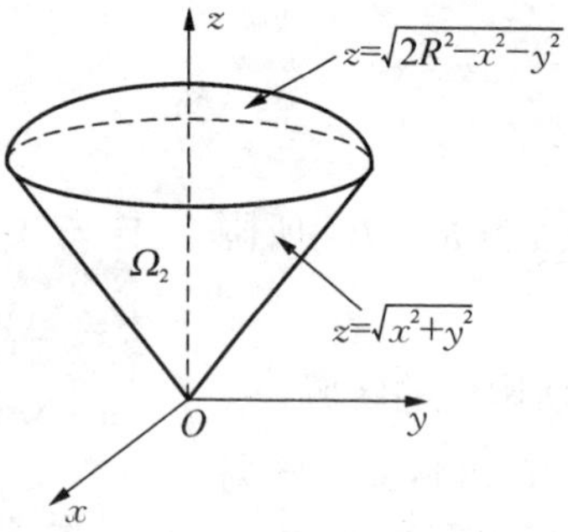

图 9-36

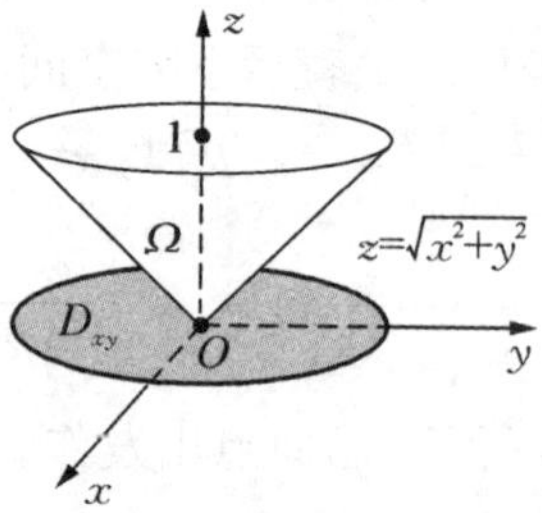

图 9-37

扫码演示

例 9-18 中的三重积分在 Mathematica 中计算如下:

```
In[1]:= Integrate[r^4*Sin[ϕ],{θ,0,2Pi},{ϕ,0,Pi/4},{r,0,
                    1/Cos[ϕ]}]
Out[1]= 3π/10
```

在计算三重积分时, 应根据积分区域 Ω 的形状和被积函数 $f(x,y,z)$ 的特点选择合适的坐标系, 且要注意不同的坐标系中体积元素的表达式, 以简化计算.

习　题　9-3

1. 化三重积分 $I=\iiint_{\Omega}f(x,y,z)\mathrm{d}x\mathrm{d}y\mathrm{d}z$ 为三次积分, 其中积分区域 Ω 分别如下.

(1) 由锥面 $z=\sqrt{x^2+y^2}$ 与平面 $z=1$ 围成的闭区域;

(2) 由半球面 $z=\sqrt{R^2-x^2-y^2}$ 与平面 $z=0$ 围成的闭区域;

(3) 由曲面 $z=x^2+2y^2$ 及 $z=2-x^2$ 围成的闭区域.

2. 如果三重积分 $\iiint\limits_{\Omega} f(x,y,z)\mathrm{d}x\mathrm{d}y\mathrm{d}z$ 的被积函数 $f(x,y,z)$ 是三个函数 $f_1(x)$，$f_2(y)$，$f_3(z)$ 的乘积, 即 $f(x,y,z)=f_1(x)\cdot f_2(y)\cdot f_3(z)$，积分区域 $\Omega=\{(x,y,z)\,|\,a\leqslant x\leqslant b,c\leqslant y\leqslant d,l\leqslant z\leqslant m\}$，证明这个三重积分等于三个定积分的乘积, 即

$$\iiint\limits_{\Omega} f(x,y,z)\mathrm{d}x\mathrm{d}y\mathrm{d}z=\left[\int_a^b f_1(x)\mathrm{d}x\right]\cdot\left[\int_c^d f_2(y)\mathrm{d}y\right]\cdot\left[\int_l^m f_3(z)\mathrm{d}z\right].$$

3. 计算下列三重积分.

(1) $\iiint\limits_{\Omega} xz\mathrm{d}x\mathrm{d}y\mathrm{d}z$，其中 Ω 是由曲面 $z=xy$，平面 $z=0$，$x+y=1$ 所围成的闭区域;

(2) $\iiint\limits_{\Omega} xyz\mathrm{d}x\mathrm{d}y\mathrm{d}z$，其中 Ω 是由球面 $x^2+y^2+z^2=1$ 与三个坐标面所围成的在第 I 卦限的闭区域;

(3) $\iiint\limits_{\Omega}\dfrac{\mathrm{d}v}{(1+x+y+z)^3}$，其中 Ω 是由平面 $x+y+z=1$ 与三个坐标面所围成的闭区域;

(4) $\iiint\limits_{\Omega} z\mathrm{d}x\mathrm{d}y\mathrm{d}z$，其中 Ω 是由曲面 $x^2+y^2+z^2=4$ 与 $x^2+y^2=3z$ 所围成的闭区域;

(5) $\iiint\limits_{\Omega}\sin z\mathrm{d}x\mathrm{d}y\mathrm{d}z$，其中 Ω 是由锥面 $z=\sqrt{x^2+y^2}$ 与平面 $z=\pi$ 所围成的闭区域.

4. 在柱面坐标系中计算下列三重积分.

(1) $\iiint\limits_{\Omega} z\mathrm{d}v$，其中 Ω 是由曲面 $z=\sqrt{2-x^2-y^2}$ 与 $x^2+y^2=z$ 所围成的闭区域;

(2) $\iiint\limits_{\Omega}(x+y+z)\mathrm{d}v$，其中 Ω 是由圆锥面 $z=1-\sqrt{x^2+y^2}$ 与平面 $z=0$ 所围成的闭区域;

(3) $\iiint\limits_{\Omega} z\sqrt{x^2+y^2}\mathrm{d}v$，其中 Ω 是由柱面 $y=\sqrt{2x-x^2}$ 与平面 $z=0$，$z=1$ 及 $y=0$ 所围成的闭区域;

(4) $\iiint\limits_{\Omega}\sqrt{x^2+y^2}\mathrm{d}v$，其中 $\Omega=\{(x,y,z)\,|\,0\leqslant z\leqslant 9-x^2-y^2\}$.

5. 在球面坐标系中计算下列三重积分.

(1) $\iiint\limits_{\Omega}(x^2+y^2+z^2)\mathrm{d}v$，其中积分区域 $\Omega=\{(x,y,z)\,|\,x^2+y^2+z^2\leqslant 1\}$;

(2) $\iiint\limits_{\Omega}\dfrac{1}{\sqrt{x^2+y^2+z^2}}\mathrm{d}v$，其中积分区域 $\Omega=\{(x,y,z)\,|\,x^2+y^2+z^2\leqslant 1,z\geqslant\sqrt{3(x^2+y^2)}\}$;

(3) $\iiint\limits_{\Omega} x\mathrm{e}^{(x^2+y^2+z^2)^2}\mathrm{d}v$，其中积分区域 Ω 是第 I 卦限中球面 $x^2+y^2+z^2=1$ 与球面 $x^2+y^2+z^2=4$ 之间的部分;

(4) $\iiint\limits_{\Omega}\sqrt{x^2+y^2+z^2}\mathrm{d}v$，其中积分区域$\Omega$是锥面$\varphi=\dfrac{\pi}{6}$上方，上半球面$r=2$下方的部分.

6. 选用适当的坐标系计算下列三重积分.

(1) $\iiint\limits_{\Omega}xy^2z^3\mathrm{d}v$，其中$\Omega$是由曲面$z=xy$与平面$y=x$，$x=1$，$z=0$所围成的闭区域;

(2) $\iiint\limits_{\Omega}z^2\mathrm{d}v$，其中$\Omega$是由球面$x^2+y^2+z^2=R^2$与$x^2+y^2+z^2=2Rz$ ($R>0$)所围成的闭区域;

(3) $\iiint\limits_{\Omega}(x^2+y^2)\mathrm{d}v$，其中$\Omega$是由圆锥面$4z^2=25(x^2+y^2)$及平面$z=5$所围成的闭区域;

(4) $\iiint\limits_{\Omega}(x^2+y^2+z^2)\mathrm{d}v$，其中积分区域$\Omega=\{(x,y,z)\,|\,a^2\leqslant x^2+y^2+z^2\leqslant b^2,z\geqslant 0\}$；

(5) $\iiint\limits_{\Omega}xy\mathrm{d}v$，其中$\Omega$是由柱面$x^2+y^2=1$与平面$z=1$，$z=0$，$x=0$，$y=0$所围成的在第Ⅰ卦限内的闭区域.

7. 求下列曲面所围成的立体体积.

(1) $z=\sqrt{x^2+y^2}$ 与 $z=x^2+y^2$；

(2) $z=x^2+y^2$ 与 $z=18-x^2-y^2$.

8. 球心在原点、半径为a的球体，在其上任意一点的密度的大小与该点到球心的距离成正比，比例系数$k>0$，求该球体的质量.

第四节　重积分的应用

本节将定积分的元素法推广到重积分中，利用元素法来讨论重积分在几何、物理上的应用.

一、几何应用

1. 平面图形的面积

由本章第一节可知，当$f(x,y)\equiv 1$时，$\sigma=\iint\limits_{D}1\mathrm{d}\sigma=\iint\limits_{D}\mathrm{d}\sigma$，其中$\sigma$为积分区域$D$的面积.

2. 空间立体的体积

若D为xOy面上的闭区域，函数$f(x,y)$在D上连续且$f(x,y)\geqslant 0$，则以D为底，以曲面$z=f(x,y)$为顶的曲顶柱体的体积可用二重积分表示为

$$V=\iint_D f(x,y)\mathrm{d}\sigma .$$

另外，空间立体的体积也可用三重积分来计算，即 $V=\iiint_\Omega 1\mathrm{d}v=\iiint_\Omega \mathrm{d}v$，其中 V 就是积分区域 Ω 的体积.

3. 曲面的面积

设曲面 Σ 由方程 $z=f(x,y)$ 给出，D_{xy} 为曲面 Σ 在 xOy 面上的投影区域，函数 $f(x,y)$ 在 D_{xy} 上具有连续偏导数，现计算曲面 Σ 的面积 A.

在闭区域 D_{xy} 上任取一个直径很小的闭区域 $\mathrm{d}\sigma$ (它的面积也记作 $\mathrm{d}\sigma$)，在 $\mathrm{d}\sigma$ 上取一点 $P(x,y)$，对应着曲面 Σ 上一点 $M(x,y,f(x,y))$，曲面 Σ 在点 M 处的切平面设为 T (图 9-38). 以小闭区域 $\mathrm{d}\sigma$ 的边界曲线为准线，作母线平行于 z 轴的柱面，该柱面在曲面 Σ 上截下一小片曲面，在切平面 T 上也截下一小片平面，由于 $\mathrm{d}\sigma$ 的直径很小，那一小片曲面面积近似地等于对应的一小片平面面积 $\mathrm{d}A$. 曲面 Σ 在点 M 处的法向量(指向朝上)为 $\boldsymbol{n}=(-f_x(x,y),-f_y(x,y),1)$，它与 z 轴正向所成夹角 γ 的方向余弦为

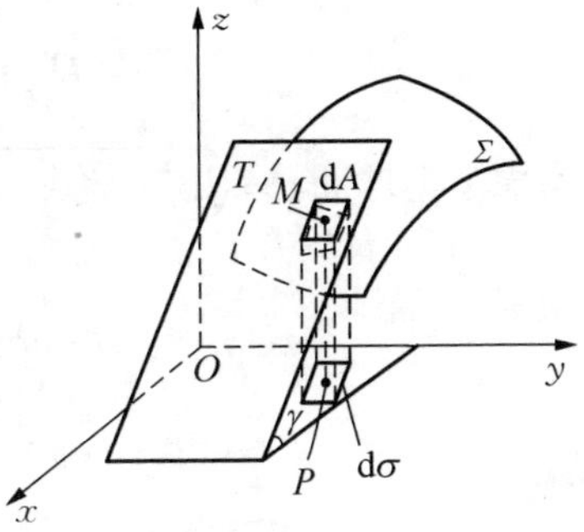

图 9-38

$$\cos\gamma=\frac{1}{\sqrt{1+f_x^2(x,y)+f_y^2(x,y)}},$$

而

$$\mathrm{d}A=\frac{\mathrm{d}\sigma}{\cos\gamma},$$

所以

$$\mathrm{d}A=\sqrt{1+f_x^2(x,y)+f_y^2(x,y)}\mathrm{d}\sigma ,$$

这就是曲面 Σ 的面积元素. 以它为被积表达式，在闭区域 D_{xy} 上积分，得

$$A=\iint_{D_{xy}}\sqrt{1+f_x^2(x,y)+f_y^2(x,y)}\mathrm{d}\sigma ,$$

或

$$A=\iint_{D_{xy}}\sqrt{1+\left(\frac{\partial z}{\partial x}\right)^2+\left(\frac{\partial z}{\partial y}\right)^2}\mathrm{d}x\mathrm{d}y . \tag{9-24}$$

若曲面的方程为 $x=g(y,z)$ 或 $y=h(z,x)$，则可以分别将曲面投影到 yOz 面或 zOx 面上,设所得到的投影区域分别为 D_{yz} 或 D_{zx}，类似地有

$$A=\iint_{D_{yz}}\sqrt{1+\left(\frac{\partial x}{\partial y}\right)^2+\left(\frac{\partial x}{\partial z}\right)^2}\,\mathrm{d}y\mathrm{d}z \tag{9-25}$$

或

$$A=\iint_{D_{zx}}\sqrt{1+\left(\frac{\partial y}{\partial z}\right)^2+\left(\frac{\partial y}{\partial x}\right)^2}\,\mathrm{d}z\mathrm{d}x\,. \tag{9-26}$$

例 9-19　求球面 $x^2+y^2+z^2=a^2$ 含在圆柱面 $x^2+y^2=ax\ (a>0)$ 内部的那部分面积.

解　根据曲面的对称性，所求曲面面积等于曲面在第 I 卦限部分(图 9-39(a))的面积的 4 倍，且这部分曲面在 xOy 面的投影区域(图 9-39(b))用极坐标表示为

$$D_{xy}=\left\{(\rho,\theta)\middle|0\leqslant\rho\leqslant a\cos\theta,0\leqslant\theta\leqslant\frac{\pi}{2}\right\},$$

考虑上半球面 $z=\sqrt{a^2-x^2-y^2}$，则

$$\sqrt{1+\left(\frac{\partial z}{\partial x}\right)^2+\left(\frac{\partial z}{\partial y}\right)^2}=\frac{a}{\sqrt{a^2-x^2-y^2}},$$

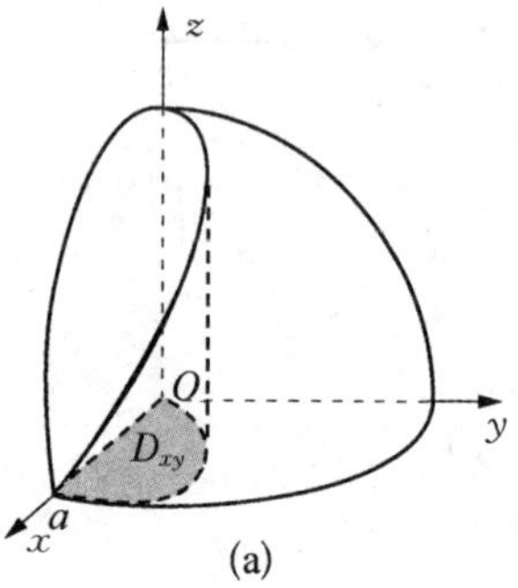

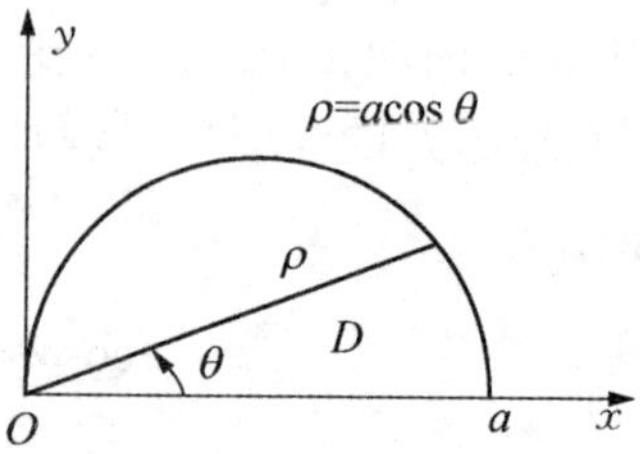

图 9-39

由式(9-24)，得

$$\begin{aligned}A&=4\iint_{D_{xy}}\frac{a}{\sqrt{a^2-x^2-y^2}}\mathrm{d}x\mathrm{d}y=4\iint_{D_{xy}}\frac{a\rho}{\sqrt{a^2-\rho^2}}\mathrm{d}\rho\mathrm{d}\theta\\&=4\int_0^{\frac{\pi}{2}}\mathrm{d}\theta\int_0^{a\cos\theta}\frac{a\rho}{\sqrt{a^2-\rho^2}}\mathrm{d}\rho=4a^2\int_0^{\frac{\pi}{2}}(1-\sin\theta)\mathrm{d}\theta=2a^2(\pi-2).\end{aligned}$$

二、物理应用

1. 质量

由本章第一节可知，一平面薄片占有 xOy 面上的有界闭区域 D，在 (x,y) 处的面密度为 $\mu(x,y)$ $(\mu(x,y)>0)$，且 $\mu(x,y)$ 在闭区域 D 上连续，则该平面薄片的质量为 $M=$

$\iint\limits_D \mu(x,y)\mathrm{d}\sigma$. 一空间物体占有空间有界闭区域 Ω，它在 (x,y,z) 处的密度为 $\rho(x,y,z)$ $(\rho(x,y,z)>0)$，且 $\rho(x,y,z)$ 在 Ω 上连续, 则该空间物体的质量为 $M=\iiint\limits_\Omega \rho(x,y,z)\mathrm{d}v$.

2. 质心

设 xOy 面上有 n 个质点, 它们分别位于点 (x_1,y_1)，(x_2,y_2)，…，(x_n,y_n) 处, 质量分别为 $m_1,m_2,\cdots,m_n$，由力学知该质点系的质心坐标为

$$\overline{x}=\frac{M_y}{M}=\frac{\sum\limits_{i=1}^{n}m_ix_i}{\sum\limits_{i=1}^{n}m_i},\qquad \overline{y}=\frac{M_x}{M}=\frac{\sum\limits_{i=1}^{n}m_iy_i}{\sum\limits_{i=1}^{n}m_i},$$

其中，$M_y=\sum\limits_{i=1}^{n}m_ix_i$，$M_x=\sum\limits_{i=1}^{n}m_iy_i$ 分别为该质点系对 y 轴和 x 轴的静矩，$M=\sum\limits_{i=1}^{n}m_i$.

设一平面薄片占有 xOy 面上的有界闭区域 D，在点 (x,y) 处的面密度为 $\mu(x,y)$ $(\mu(x,y)>0)$，且 $\mu(x,y)$ 在 D 上连续, 求该平面薄片的质心 $(\overline{x},\overline{y})$.

利用二重积分的元素法，在闭区域 D 上任取一直径很小的闭区域 $\mathrm{d}\sigma$ (这小闭区域的面积也记作 $\mathrm{d}\sigma$)，在 $\mathrm{d}\sigma$ 上取一点 (x,y)，因为 $\mathrm{d}\sigma$ 的直径很小，且 $\mu(x,y)$ 在 D 上连续，所以平面薄片中相应于 $\mathrm{d}\sigma$ 部分的质量近似等于 $\mu(x,y)\mathrm{d}\sigma$，这部分质量可近似看作集中在点 (x,y) 上，于是该平面薄片对于 y 轴和 x 轴的静矩元素 $\mathrm{d}M_y$ 和 $\mathrm{d}M_x$ 分别为

$$\mathrm{d}M_y=x\mu(x,y)\mathrm{d}\sigma,\qquad \mathrm{d}M_x=y\mu(x,y)\mathrm{d}\sigma,$$

以它们为被积表达式, 分别在闭区域 D 上积分, 得

$$M_y=\iint\limits_D x\mu(x,y)\mathrm{d}\sigma,\qquad M_x=\iint\limits_D y\mu(x,y)\mathrm{d}\sigma,$$

又因为平面薄片的质量为

$$M=\iint\limits_D \mu(x,y)\mathrm{d}\sigma,$$

从而得平面薄片的质心坐标为

$$\overline{x}=\frac{M_y}{M}=\frac{\iint\limits_D x\mu(x,y)\mathrm{d}\sigma}{\iint\limits_D \mu(x,y)\mathrm{d}\sigma},\qquad \overline{y}=\frac{M_x}{M}=\frac{\iint\limits_D y\mu(x,y)\mathrm{d}\sigma}{\iint\limits_D \mu(x,y)\mathrm{d}\sigma}.\tag{9-27}$$

若平面薄片是均匀的, 即面密度为常量, 则

$$\overline{x}=\frac{1}{A}\iint\limits_D x\mathrm{d}\sigma,\qquad \overline{y}=\frac{1}{A}\iint\limits_D y\mathrm{d}\sigma,\tag{9-28}$$

其中, $A=\iint\limits_D \mathrm{d}\sigma$ 为积分区域 D 的面积. 显然, 这时平面薄片的质心完全由闭区域 D 的形

状所决定, 因此也将均匀平面薄片的质心称为该平面薄片所占平面图形的形心.

例 9-20 求位于两圆 $\rho=2\cos\theta$ 和 $\rho=4\cos\theta$ 之间的均匀薄片的质心.

解 如图 9-40 所示, 设薄片所占的平面闭区域为 D, 则

$$D=\left\{(\rho,\theta)\middle|2\cos\theta\leqslant\rho\leqslant4\cos\theta,-\frac{\pi}{2}\leqslant\theta\leqslant\frac{\pi}{2}\right\},$$

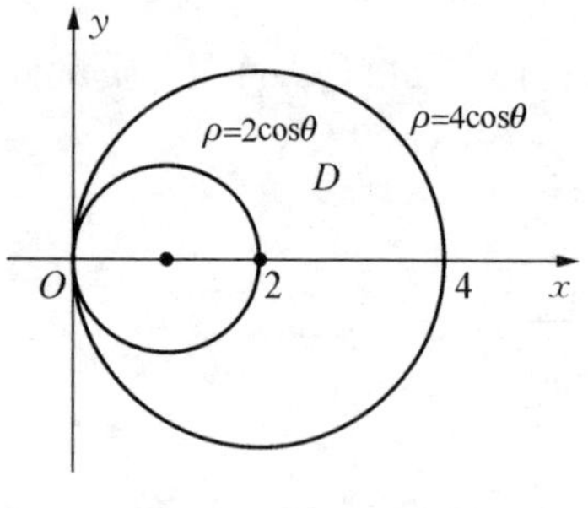

图 9-40

因为 D 关于 x 轴对称, 且薄片是均匀的, 所以质心 $(\overline{x},\overline{y})$ 位于 x 轴上, 于是 $\overline{y}=0$, 闭区域 D 的面积为 $A=3\pi$, 由式(9-28), 得

$$\overline{x}=\frac{1}{A}\iint_D x\mathrm{d}\sigma=\frac{1}{3\pi}\iint_D \rho^2\cos\theta\mathrm{d}\rho\mathrm{d}\theta$$

$$=\frac{1}{3\pi}\int_{-\frac{\pi}{2}}^{\frac{\pi}{2}}\cos\theta\mathrm{d}\theta\int_{2\cos\theta}^{4\cos\theta}\rho^2\mathrm{d}\rho=\frac{112}{9\pi}\int_0^{\frac{\pi}{2}}\cos^4\theta\mathrm{d}\theta=\frac{7}{3},$$

故所求质心为 $\left(\dfrac{7}{3},0\right)$.

类似地, 一物体占有空间有界闭区域 Ω, 在点 (x,y,z) 处的密度为 $\rho(x,y,z)$ $(\rho(x,y,z)>0)$, 且 $\rho(x,y,z)$ 在 Ω 上连续, 则该物体的质心坐标是

$$\begin{cases}\overline{x}=\dfrac{1}{M}\displaystyle\iiint_\Omega x\rho(x,y,z)\mathrm{d}v,\\ \overline{y}=\dfrac{1}{M}\displaystyle\iiint_\Omega y\rho(x,y,z)\mathrm{d}v,\\ \overline{z}=\dfrac{1}{M}\displaystyle\iiint_\Omega z\rho(x,y,z)\mathrm{d}v,\end{cases}\tag{9-29}$$

其中, $M=\iiint\limits_\Omega\rho(x,y,z)\mathrm{d}v$ 为该物体的质量.

例 9-21 求由曲面 $z=x^2+y^2$ 与平面 $z=1$ 所围成的立体的质心(设密度 $\rho=1$).

解 如图 9-41 所示, 所围立体关于 yOz 面和 zOx 面都对称, 且其密度为常量, 故它的质心 $(\overline{x},\overline{y},\overline{z})$ 位于 z 轴上, 即有 $\overline{x}=\overline{y}=0$. 用截面法计算积分 $\iiint\limits_\Omega z\mathrm{d}v$, z 的变化范围为 $0\leqslant z\leqslant1$, 在区间 $[0,1]$ 上任取一点 z, 过该点作垂直于 z 轴的平面, 该平面截 Ω 得截面 D_z, 可将 D_z 表示为

$$D_z=\{(x,y)|x^2+y^2\leqslant z\},$$

积分区域 Ω 可表示为

$$\Omega=\{(x,y,z)|(x,y)\in D_z,0\leqslant z\leqslant1\},$$

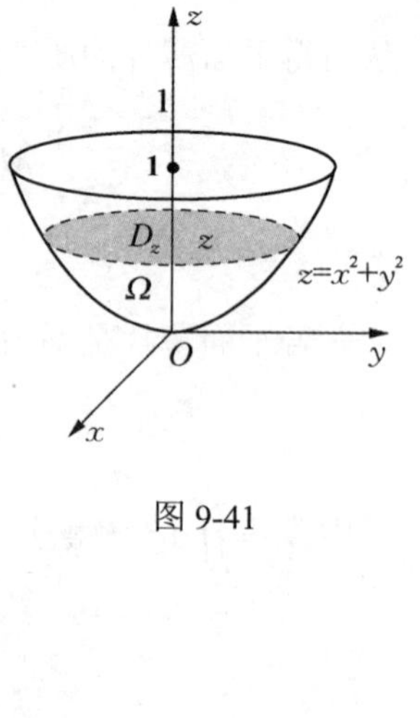

图 9-41

于是

$$\iiint_{\Omega} z\mathrm{d}v = \int_0^1 z\mathrm{d}z\iint_{D_z}\mathrm{d}x\mathrm{d}y = \int_0^1 z\cdot\pi z\mathrm{d}z = \frac{\pi}{3},$$

$$\iiint_{\Omega} \mathrm{d}v = \int_0^1 \mathrm{d}z\iint_{D_z}\mathrm{d}x\mathrm{d}y = \int_0^1 \pi z\mathrm{d}z = \frac{\pi}{2},$$

由式(9-29)，得

$$\overline{z} = \frac{\iiint_{\Omega} z\mathrm{d}v}{\iiint_{\Omega}\mathrm{d}v} = \frac{2}{3},$$

所以该立体的质心为$\left(0,0,\dfrac{2}{3}\right)$.

3. 转动惯量

由物理学知，转动惯量是对物体转动惯性大小的度量. 一个质量为m的质点，位于xOy面上点$P(x,y)$处，其对于x轴，y轴及原点O的转动惯量分别为

$$I_x = my^2,\qquad I_y = mx^2,\qquad I_O = m(x^2+y^2).$$

设xOy面上有n个质点，它们分别位于点(x_1,y_1)，(x_2,y_2)，…，(x_n,y_n)处，质量分别为$m_1,m_2,\cdots,m_n$，由力学知，该质点系对于x轴，y轴及原点O的转动惯量分别为

$$I_x = \sum_{i=1}^{n} m_i y_i^2,\qquad I_y = \sum_{i=1}^{n} m_i x_i^2,\qquad I_O = \sum_{i=1}^{n} m_i(x_i^2+y_i^2).$$

设一平面薄片，占有xOy面上的有界闭区域D，在点(x,y)处的面密度为$\mu(x,y)$ $(\mu(x,y)>0)$，且$\mu(x,y)$在D上连续，求该薄片对于x轴，y轴及原点O的转动惯量I_x,I_y及I_O.

应用元素法. 在闭区域D上任取一直径很小的闭区域$\mathrm{d}\sigma$(这小闭区域的面积也记作$\mathrm{d}\sigma$)，在$\mathrm{d}\sigma$上取一点(x,y)，因为$\mathrm{d}\sigma$的直径很小，且$\mu(x,y)$在D上连续，所以薄片中相应于$\mathrm{d}\sigma$部分的质量近似等于$\mu(x,y)\mathrm{d}\sigma$，这部分质量可近似看作集中在点(x,y)上，于是该薄片对于x轴，y轴及原点O的转动惯量元素分别为

$$\mathrm{d}I_x = y^2\mu(x,y)\mathrm{d}\sigma,\qquad \mathrm{d}I_y = x^2\mu(x,y)\mathrm{d}\sigma,\qquad \mathrm{d}I_O = (x^2+y^2)\mu(x,y)\mathrm{d}\sigma,$$

以它们为被积表达式，分别在闭区域D上积分，便得

$$\begin{cases} I_x = \iint_D y^2\mu(x,y)\mathrm{d}\sigma, \\ I_y = \iint_D x^2\mu(x,y)\mathrm{d}\sigma, \\ I_O = \iint_D (x^2+y^2)\mu(x,y)\mathrm{d}\sigma. \end{cases} \tag{9-30}$$

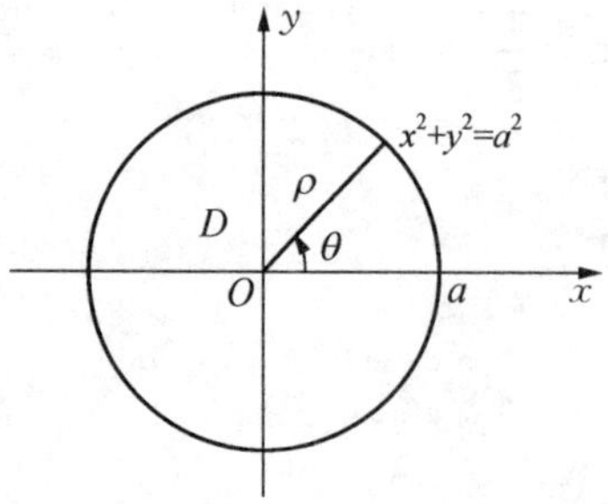

图 9-42

例 9-22　设均匀圆形薄片(面密度 $\mu=1$)占有 xOy 上的闭区域 D，且 $D=\{(x,y)|x^2+y^2\leqslant a^2\}$，求此薄片对于过其直径的轴的转动惯量.

解　建立坐标系如图 9-42 所示. 由式(9-30)，得

$$I_x=\iint\limits_D y^2\mu(x,y)\mathrm{d}\sigma=\iint\limits_D y^2\mathrm{d}\sigma=\iint\limits_D \rho^3\sin^2\theta\mathrm{d}\rho\mathrm{d}\theta$$

$$=\int_0^{2\pi}\sin^2\theta\mathrm{d}\theta\int_0^a\rho^3\mathrm{d}\rho=\frac{\pi a^4}{4}.$$

类似地，一物体占有空间有界闭区域 Ω，在点 (x,y,z) 处的密度为 $\rho(x,y,z)$　$(\rho(x,y,z)>0)$，且 $\rho(x,y,z)$ 在 Ω 上连续，则该物体对于 x 轴, y 轴, z 轴及原点 O 的转动惯量分别为

$$\begin{cases} I_x=\iiint\limits_\Omega (y^2+z^2)\rho(x,y,z)\mathrm{d}v, \\ I_y=\iiint\limits_\Omega (z^2+x^2)\rho(x,y,z)\mathrm{d}v, \\ I_z=\iiint\limits_\Omega (x^2+y^2)\rho(x,y,z)\mathrm{d}v, \\ I_O=\iiint\limits_\Omega (x^2+y^2+z^2)\rho(x,y,z)\mathrm{d}v. \end{cases} \tag{9-31}$$

例 9-23　求半径为 R、高为 H 的圆柱形物体(密度 $\rho=1$)对于过其中心并且平行于母线的轴的转动惯量.

解　建立坐标系如图 9-43 所示，过中心且平行于母线的轴即 z 轴，该圆柱体占有的空间闭区域 Ω 为

$$\Omega=\{(\rho,\theta,z)\,|\,0\leqslant z\leqslant H,0\leqslant\rho\leqslant R,0\leqslant\theta\leqslant 2\pi\},$$

由式(9-31)可得

$$I_z=\iiint\limits_\Omega (x^2+y^2)\rho(x,y,z)\mathrm{d}v=\iiint\limits_\Omega (x^2+y^2)\mathrm{d}v$$

$$=\iiint\limits_\Omega \rho^3\mathrm{d}\rho\mathrm{d}\theta\mathrm{d}z=\int_0^{2\pi}\mathrm{d}\theta\int_0^R\rho^3\mathrm{d}\rho\int_0^H\mathrm{d}z=\frac{1}{2}\pi R^4H.$$

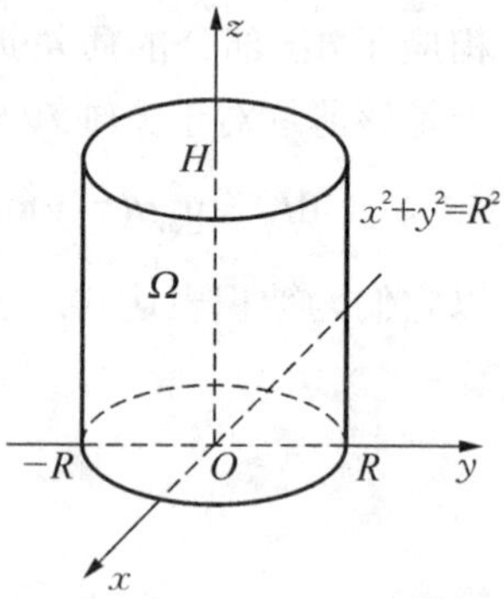

图 9-43

4. 引力

设物体占有空间有界闭区域 Ω，在点 (x,y,z) 处的密度为 $\rho(x,y,z)$ $(\rho(x,y,z)>0)$，且 $\rho(x,y,z)$ 在 Ω 上连续，在 Ω 外一点 $P_0(x_0,y_0,z_0)$ 处有一质量为 m 的质点，下面用元素法求物体对该质点的引力.

在物体内任取一直径很小的闭区域 $\mathrm{d}v$ (该闭区域的体积也记作 $\mathrm{d}v$), 在 $\mathrm{d}v$ 中取一点 $P(x,y,z)$ ，当 $\rho(x,y,z)$ 在 Ω 上连续时，$\mathrm{d}v$ 对应的这一小块物体的质量近似等于 $\rho(x,y,z)\mathrm{d}v$ ，将这一小块物体的质量近似地看作集中在点 $P(x,y,z)$ 处. 按两质点间的引力公式, 可得这一小块物体对位于 $P_0(x_0,y_0,z_0)$ 处的质量为 m 的质点的引力大小近似为

$$|\mathrm{d}\boldsymbol{F}|=\frac{Gm\rho(x,y,z)}{r^2}\mathrm{d}v,$$

其中，G 为引力常数，$r=\sqrt{(x-x_0)^2+(y-y_0)^2+(z-z_0)^2}$ ，此引力元素 $\mathrm{d}\boldsymbol{F}$ 在三个坐标轴方向的分力分别为

$$\mathrm{d}F_x=\frac{Gm\rho(x,y,z)(x-x_0)}{r^3}\mathrm{d}v,$$

$$\mathrm{d}F_y=\frac{Gm\rho(x,y,z)(y-y_0)}{r^3}\mathrm{d}v,$$

$$\mathrm{d}F_z=\frac{Gm\rho(x,y,z)(z-z_0)}{r^3}\mathrm{d}v.$$

将它们分别在 Ω 上积分, 即得引力 $\boldsymbol{F}$ 为

$$\begin{aligned}\boldsymbol{F}&=(F_x,F_y,F_z)\\&=\left(\iiint\limits_{\Omega}\frac{Gm\rho(x,y,z)(x-x_0)}{r^3}\mathrm{d}v,\iiint\limits_{\Omega}\frac{Gm\rho(x,y,z)(y-y_0)}{r^3}\mathrm{d}v,\iiint\limits_{\Omega}\frac{Gm\rho(x,y,z)(z-z_0)}{r^3}\mathrm{d}v\right).\end{aligned} \tag{9-32}$$

例 9-24 设均匀柱体占有空间闭区域 $\Omega=\{(x,y,z)\,|\,x^2+y^2\leqslant R^2,\quad 0\leqslant z\leqslant h\}$，其密度为 $m\mu$，求它对位于点 $M_0(0,0,a)$ ($a>h$)处的单位质量的质点的引力.

解 由柱体的对称性及质量分布的均匀性知 $F_x=F_y=0$，由式(9-32)得引力沿 z 轴的分力为

$$\begin{aligned}F_z&=\iiint\limits_{\Omega}\frac{G\mu(z-a)}{[x^2+y^2+(z-a)^2]^{\frac{3}{2}}}\mathrm{d}v\\&=G\mu\int_0^h(z-a)\mathrm{d}z\iint\limits_{x^2+y^2\leqslant R^2}\frac{\mathrm{d}x\mathrm{d}y}{[x^2+y^2+(z-a)^2]^{\frac{3}{2}}}\\&=G\mu\int_0^h(z-a)\mathrm{d}z\int_0^{2\pi}\mathrm{d}\theta\int_0^R\frac{\rho\mathrm{d}\rho}{[\rho^2+(z-a)^2]^{\frac{3}{2}}}\\&=2\pi G\mu\int_0^h(z-a)\left[\frac{1}{a-z}-\frac{1}{\sqrt{R^2+(z-a)^2}}\right]\mathrm{d}z\end{aligned}$$

$$=2\pi G\mu\int_0^h\left[-1-\frac{z-a}{\sqrt{R^2+(z-a)^2}}\right]dz$$
$$=-2\pi G\mu[h+\sqrt{R^2+(h-a)^2}-\sqrt{R^2+a^2}].$$

习　题　9-4

1. 求平面 $\frac{x}{a}+\frac{y}{b}+\frac{z}{c}=1$ 被三个坐标面所割出的有限部分的面积.

2. 求圆柱面 $x^2+y^2=a^2$ 与 $x^2+z^2=a^2$ ($a>0$，$x\geqslant 0$，$y\geqslant 0$，$z\geqslant 0$)所包围的空间立体的体积.

3. 求半径为 a 的球的表面积.

4. 求锥面 $z=\sqrt{x^2+y^2}$ 被柱面 $z^2=2x$ 截得的有限部分的曲面面积.

5. 设一空间立体由曲面 $z=\sqrt{1-x^2-y^2}$ 与 $z=\sqrt{x^2+y^2}$ 围成，其密度为 $\rho(x,y,z)=x^2+y^2+z^2$，求该立体的质量.

6. 求下列均匀薄片的质心，设薄片所占的闭区域 D 分别如下.

(1) D 是由 $y=0$，$y=x$ 与 $x=1$ 所围成的闭区域;

(2) D 是由 $y=1-x^2$ 与 $y=2x^2-5$ 所围成的闭区域;

(3) D 是介于两圆 $\rho=a\sin\theta$ 与 $\rho=b\sin\theta$ ($0<a<b$)之间的闭区域.

7. 设球体占有闭区域 $\Omega=\{(x,y,z)\mid x^2+y^2+z^2\leqslant 2Rz\}$，它在内部各点处的密度大小等于该点到坐标原点的距离的平方，试求该球体的质心.

8. 求由 $z=\sqrt{A^2-x^2-y^2}$ 和 $z=\sqrt{a^2-x^2-y^2}$ ($A>a>0$)与 $z=0$ 所围成立体的质心(设密度 $\rho=1$).

9. 设均匀薄片(面密度为常数1)所占闭区域 D 分别如下，求指定的转动惯量.

(1) $D=\{(x,y)\mid 0\leqslant x\leqslant a,0\leqslant y\leqslant b\}$，求 I_x 和 I_y;

(2) D 由抛物线 $y^2=\frac{9}{2}x$ 与直线 $x=2$ 所围成，求 I_x 和 I_y.

10. yOz 面上的曲线 $z=y^2$ 绕 z 轴旋转一周得一旋转曲面，这个曲面与平面 $z=2$ 所围立体上任一点处的密度为 $\rho(x,y,z)=\sqrt{x^2+y^2}$，求该立体绕 z 轴转动的转动惯量 I_z.

11. 设匀质球(其密度为 ρ_0)占有空间闭区域 $\Omega=\{(x,y,z)\mid x^2+y^2+z^2\leqslant R^2\}$，求它对位于 $M_0(0,0,a)$ ($a>R$)处的单位质量的质点的引力.

12. 设 xOy 面上的均匀薄片(其密度为 μ)占有平面闭区域 $D=\{(x,y)\mid x^2+y^2\leqslant R^2\}$，求其对 z 轴上的点 $(0,0,a)$ ($a>0$)处的单位质量的质点的引力.

13. 求由曲面 $z=x^2+y^2$ 与 $z=2-\sqrt{x^2+y^2}$ 所围成的立体的体积与表面积.

总习题九

1. 填空题.

(1) 设 $D=\{(x,y)|0\leqslant x\leqslant 1,0\leqslant y\leqslant 2(1-x)\}$，由二重积分的几何意义知 $\iint\limits_D\left(1-x-\dfrac{y}{2}\right)\mathrm{d}\sigma=$__________.

(2) 设区域 D 是 $x^2+y^2\leqslant 1$ 与 $x^2+y^2\leqslant 2x$ 的公共部分，在极坐标系中，$\iint\limits_D f(x,y)\mathrm{d}\sigma$ 化为二次积分的形式为__________.

(3) $\int_0^2\mathrm{d}x\int_x^2\mathrm{e}^{-y^2}\mathrm{d}y=$__________.

(4) 设 $f(x)$ 连续，$f(0)=1$，令 $F(t)=\iint\limits_{x^2+y^2\leqslant t^2}f(x^2+y^2)\mathrm{d}x\mathrm{d}y,t\geqslant 0$，则 $F''(0)=$__________.

(5) 设函数 $f(u)$ 连续，在 $u=0$ 处可导，且 $f(0)=0$，$f'(0)=-3$，则 $\lim\limits_{t\to 0^+}\dfrac{1}{\pi t^4}\iiint\limits_{x^2+y^2+z^2\leqslant t^2}f(\sqrt{x^2+y^2+z^2})\mathrm{d}x\mathrm{d}y\mathrm{d}z=$__________.

2. 选择题.

(1) 设 $I_1=\iint\limits_D[\ln(x+y)]^7\mathrm{d}\sigma$，$I_2=\iint\limits_D(x+y)^7\mathrm{d}\sigma$，$I_3=\iint\limits_D\sin^7(x+y)\mathrm{d}\sigma$，其中 D 是由 $x=0$，$y=0$，$x+y=\dfrac{1}{2}$，$x+y=1$ 所围成的闭区域，则 I_1，I_2，I_3 的大小顺序是(　　).

A. $I_1<I_2<I_3$　　B. $I_3<I_2<I_1$　　C. $I_1<I_3<I_2$　　D. $I_3<I_1<I_2$

(2) 记 $I_1=\iint\limits_{x^2+y^2\leqslant 1}|xy|\mathrm{d}\sigma$，$I_2=\iint\limits_{|x|+|y|\leqslant 1}|xy|\mathrm{d}\sigma$，$I_3=\iint\limits_{x+y\leqslant 1}|xy|\mathrm{d}\sigma$，则下列关系式成立的是(　　).

A. $I_1<I_2<I_3$　　B. $I_1<I_3<I_2$　　C. $I_2<I_1<I_3$　　D. $I_2<I_3<I_1$

(3) 估计积分 $I=\iint\limits_{|x|+|y|\leqslant 10}\dfrac{\mathrm{d}\sigma}{100+\cos^2 x+\cos^2 y}$ 的值，则正确的是(　　).

A. $\dfrac{1}{2}\leqslant I\leqslant 1.04$　　B. $1.04\leqslant I\leqslant 1.96$　　C. $1.96\leqslant I\leqslant 2$　　D. $2\leqslant I\leqslant 2.14$

(4) 设 D 是 xOy 面上以 $(1,1)$，$(-1,1)$ 和 $(-1,-1)$ 为顶点的三角形闭区域，D_1 是 D 在第

一象限的部分，则 $\iint\limits_{D}(xy+\cos x\sin y)\mathrm{d}x\mathrm{d}y=($ $)$.

A. $2\iint\limits_{D_1}\cos x\sin y\mathrm{d}x\mathrm{d}y$　　B. $2\iint\limits_{D_1}xy\mathrm{d}x\mathrm{d}y$

C. $4\iint\limits_{D_1}(xy+\cos x\sin y)\mathrm{d}x\mathrm{d}y$　　D. 0

(5) 设空间闭区域

$\Omega_1=\{(x,y,z)\,|\,x^2+y^2+z^2\leqslant R^2,z\geqslant 0\}$，$\Omega_2=\{(x,y,z)\,|\,x^2+y^2+z^2\leqslant R^2,x\geqslant 0,y\geqslant 0,z\geqslant 0\}$，

则(　　).

A. $\iiint\limits_{\Omega_1}x\mathrm{d}v=4\iiint\limits_{\Omega_2}x\mathrm{d}v$　　B. $\iiint\limits_{\Omega_1}y\mathrm{d}v=4\iiint\limits_{\Omega_2}y\mathrm{d}v$

C. $\iiint\limits_{\Omega_1}z\mathrm{d}v=4\iiint\limits_{\Omega_2}z\mathrm{d}v$　　D. $\iiint\limits_{\Omega_1}xyz\mathrm{d}v=4\iiint\limits_{\Omega_2}xyz\mathrm{d}v$

3. 计算下列二重积分.

(1) $\iint\limits_{D}\frac{1}{1+x^4}\mathrm{d}x\mathrm{d}y$，其中 D 是由 $y=x$，$y=0$，$x=1$ 所围成的闭区域;

(2) $\iint\limits_{D}4y^2\sin(xy)\mathrm{d}x\mathrm{d}y$，其中 D 是由 $x=0$，$y=\sqrt{\frac{\pi}{2}}$，$y=x$ 所围成的闭区域;

(3) $\iint\limits_{D}f(x,y)\mathrm{d}\sigma$，其中

$$f(x,y)=\begin{cases}\mathrm{e}^{x^2+y^2}, & x>0,y>0,\\ 0, & \text{其他},\end{cases}$$

且闭区域 $D=\{(x,y)\,|\,x^2+y^2\leqslant a^2\}$ $(a>0)$;

(4) $\iint\limits_{D}\left|x^2+y^2-2x\right|\mathrm{d}\sigma$，$D=\{(x,y)\,|\,x^2+y^2\leqslant 4\}$.

4. 交换积分次序 $I=\int_0^{2a}\mathrm{d}x\int_{\sqrt{2ax-x^2}}^{\sqrt{2ax}}f(x,y)\mathrm{d}y$ $(a>0)$.

5. 将二次积分 $I=\int_0^2\mathrm{d}x\int_{\sqrt{2x-x^2}}^{\sqrt{4x-x^2}}f(x,y)\mathrm{d}y+\int_2^4\mathrm{d}x\int_0^{\sqrt{4x-x^2}}f(x,y)\mathrm{d}y$ 化为极坐标系中二次积分的形式.

6. 计算二重积分 $I=\iint\limits_{D}\left(2x^3+3\sin\frac{x}{y}+7\right)\mathrm{d}x\mathrm{d}y$，其中 $D=\{(x,y)\,|\,1\leqslant x^2+y^2\leqslant 4\}$.

7. 计算二次积分 $I=\int_0^1\mathrm{d}x\int_{\sqrt{x}}^1\frac{\sin y}{y}\mathrm{d}y$.

8. 计算 $I=\iint\limits_{D}\left(\frac{x^2}{a^2}+\frac{y^2}{b^2}+4\sin x-3y^3+4\right)\mathrm{d}x\mathrm{d}y$，其中 $D=\{(x,y)\,|\,x^2+y^2\leqslant R^2\}$ $(R>0)$.

9. 计算下列三重积分.

(1) $\iiint\limits_{\Omega}\frac{x\ln(x^2+y^2+z^2)}{1+x^2+y^2+z^2}\mathrm{d}v$，其中积分区域 $\Omega=\{(x,y,z)\,|\,x^2+y^2+z^2\leqslant 1\}$；

(2) $\iiint\limits_{\Omega}(x^2+xy)\mathrm{d}v$，其中 Ω 是由 $z=\frac{1}{2}(x^2+y^2)$，$z=1$，$z=2$ 所围成的闭区域;

(3) $\iiint\limits_{\Omega}(x^2+y^2)\mathrm{d}v$，其中 Ω 是由曲面 $2z=x^2+y^2$ 与平面 $z=2$，$z=8$ 所围成的闭区域;

(4) $\iiint\limits_{\Omega}(x^2+y^2+z^2+xy^2z^2+x^2yz^2+x^2y^2z)\mathrm{d}v$，其中 $\Omega=\{(x,y,z)\,|\,x^2+y^2+z^2\leqslant a^2\}$.

10. 设 $f(x,y)$ 在闭区域 $D=\{(x,y)\,|\,x^2+y^2\leqslant y, x\geqslant 0\}$ 上连续，且

$$f(x,y)=\sqrt{1-x^2-y^2}-\frac{8}{\pi}\iint\limits_{D}f(x,y)\mathrm{d}x\mathrm{d}y,$$

求 $f(x,y)$.

11. 设 $f(x)$ 在 $[0,1]$ 上连续，证明:

$$2\int_0^1\mathrm{d}x\int_x^1 f(x)f(y)\mathrm{d}y=\left[\int_0^1 f(x)\mathrm{d}x\right]^2.$$

12. 设 $f(x)$ 在 $[a,b]$ 上连续且 $f(x)>0$，利用二重积分证明:

$$\int_a^b f(x)\mathrm{d}x\cdot\int_a^b\frac{1}{f(x)}\mathrm{d}x\geqslant(b-a)^2.$$

13. 设函数 $f(x)$ 的三阶导数连续，且 $f(0)=f'(0)=f''(0)=-1$，$f(2)=-\frac{1}{2}$，求

$$\int_0^2\mathrm{d}x\int_0^x\sqrt{(2-x)(2-y)}f'''(y)\mathrm{d}y.$$

14. 设 $f(u)$ 连续，证明: $\iiint\limits_{\Omega}f(z)\mathrm{d}v=\pi\int_{-1}^1 f(u)(1-u^2)\mathrm{d}u$，其中，

$$\Omega=\{(x,y,z)\,|\,x^2+y^2+z^2\leqslant 1\}.$$

15. 设 f 为一元连续函数，

$$F(t)=\iiint\limits_{\Omega}[z^2+f(x^2+y^2)]\mathrm{d}v,\qquad \Omega=\{(x,y,z)\,|\,x^2+y^2\leqslant t^2,\ 0\leqslant z\leqslant h\},$$

证明:

$$\lim_{t\to 0}\frac{F(t)}{t^2}=\frac{\pi}{3}h^3+\pi hf(0).$$

16. 求由曲面 $\frac{x^2+y^2}{4}=8-z$ 与 $z=\sqrt{x^2+y^2}$ 所围空间立体的体积.

17. 求由半球面 $z=\sqrt{12-x^2-y^2}$ 与旋转抛物面 $x^2+y^2=4z$ 所围立体的表面积.

第十章　曲线积分与曲面积分

在第九章的重积分中，已经把积分域从数轴上的区间推广到了平面上的区域和空间中的区域. 本章还将进一步把积分域推广到曲线和曲面的情形，相应地得到曲线积分和曲面积分，它是多元函数积分学的又一重要内容.

第一节　对弧长的曲线积分

一、对弧长的曲线积分的概念与性质

引例(曲线形构件的质量)　设曲线形细长构件在平面所占弧段为 $L=\overset{\frown}{AB}$，如图 10-1 所示，其线密度为 $\mu(x,y)$，且 $\mu(x,y)$ 在 $\overset{\frown}{AB}$ 上连续，求此构件的质量 M.

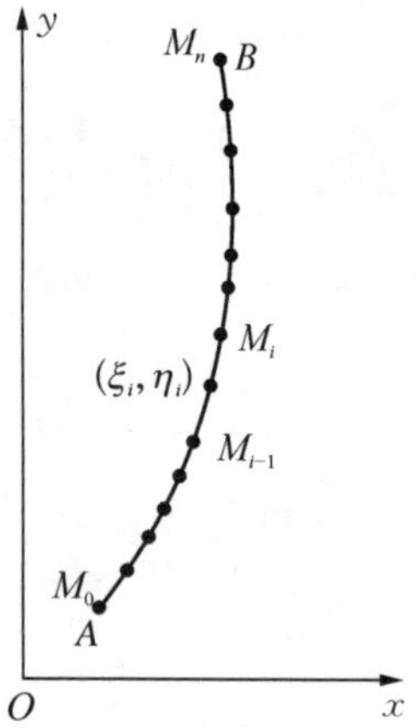

图 10-1

如果 μ 为常数，则 $M=\mu s$，这里 s 表示弧段 L 的长度. 如果 μ 不为常数，则可以用 L 上的点 M_1，$M_2,\cdots,M_{n-1}$ 把 L 任意分成 n 个小段 $\overset{\frown}{M_{i-1}M_i}$ $(i=1,2,\cdots,n,M_0=A,M_n=B)$，在第 i 小段 $\overset{\frown}{M_{i-1}M_i}$ 上任取一点 (ξ_i,η_i)，由于 $\mu(x,y)$ 的连续性，每一个小弧段的质量分布可近似地看作均匀的，从而该小弧段的质量 $\Delta M_i\approx\mu(\xi_i,\eta_i)\Delta s_i$，其中 Δs_i 表示该小弧段的长度，于是整个曲线形构件的质量为

$$M=\sum_{i=1}^{n}\Delta M_i\approx\sum_{i=1}^{n}\mu(\xi_i,\eta_i)\Delta s_i .$$

用 λ 表示 n 个小弧段的最大长度，当 λ 趋于零时，就得到质量的精确值为

$$M=\lim_{\lambda\to 0}\sum_{i=1}^{n}\mu(\xi_i,\eta_i)\Delta s_i .$$

不考虑问题的实际意义，抽象出对弧长的曲线积分的定义.

定义 10-1　设 L 为 xOy 面内的一条光滑曲线弧，函数 $f(x,y)$ 在 L 上有界，在 L 上任意插入一点列 M_1，M_2，$\cdots$，M_{n-1}，把 L 分成 n 个小弧段 $\Delta s_1,\Delta s_2,\cdots,\Delta s_n$，其中 Δs_i 既表示第 i 个小弧段，又表示它的长度，在 Δs_i 上任取一点 (ξ_i,η_i)，作乘积 $f(\xi_i,\eta_i)\Delta s_i$

$(i=1,2,\cdots,n)$，并作和 $\sum_{i=1}^{n} f(\xi_i,\eta_i)\Delta s_i$，用 λ 表示 n 个小弧段的最大长度，如果 $\lim_{\lambda\to 0}\sum_{i=1}^{n} f(\xi_i,\eta_i)\Delta s_i$ 总存在，则称此极限为函数 $f(x,y)$ 在曲线弧 L 上对弧长的曲线积分或第一类曲线积分，记作 $\int_L f(x,y)\mathrm{d}s$，即

$$\int_L f(x,y)\mathrm{d}s=\lim_{\lambda\to 0}\sum_{i=1}^{n} f(\xi_i,\eta_i)\Delta s_i, \tag{10-1}$$

其中，$f(x,y)$ 称为被积函数，L 称为积分弧段.

定理 10-1　若函数 $f(x,y)$ 在光滑曲线弧 L 上连续，则对弧长的曲线积分 $\int_L f(x,y)\mathrm{d}s$ 存在.

此定理的证明见定理 10-2. 如果没有特别说明，以后总假设曲线 L 是光滑的或分段光滑[①]的，函数 $f(x,y)$ 在 L 上是连续的.

特别地，若 $f(x,y)\equiv 1$，则 $\int_L 1\mathrm{d}s=\int_L \mathrm{d}s=l$ （l 为曲线弧 L 的长度).

若 L 是闭曲线，则对弧长的曲线积分可记为 $\oint_L f(x,y)\mathrm{d}s$.

根据这个定义，引例中曲线形构件的质量为

$$M=\int_L \mu(x,y)\mathrm{d}s.$$

可以把上述定义推广到积分弧段为空间曲线的情形，即

$$\int_\Gamma f(x,y,z)\mathrm{d}s=\lim_{\lambda\to 0}\sum_{i=1}^{n} f(\xi_i,\eta_i,\zeta_i)\Delta s_i. \tag{10-2}$$

由对弧长的曲线积分的定义可知，它有以下性质.

性质 10-1　设 α,β 为常数，则

$$\int_L[\alpha f(x,y)+\beta g(x,y)]\mathrm{d}s=\alpha\int_L f(x,y)\mathrm{d}s+\beta\int_L g(x,y)\mathrm{d}s.$$

性质 10-2　若 L 由 L_1 和 L_2 两段光滑曲线弧组成(记作 $L=L_1+L_2$)，则

$$\int_L f(x,y)\mathrm{d}s=\int_{L_1} f(x,y)\mathrm{d}s+\int_{L_2} f(x,y)\mathrm{d}s.$$

性质 10-3　设在 L 上 $f(x,y)\leqslant g(x,y)$，则

$$\int_L f(x,y)\mathrm{d}s\leqslant\int_L g(x,y)\mathrm{d}s.$$

另外，可以证明

$$\left|\int_L f(x,y)\mathrm{d}s\right|\leqslant\int_L |f(x,y)|\mathrm{d}s.$$

① 分段光滑的曲线是指由有限个光滑曲线组成的曲线.

性质 10-4　设 L 为光滑或分段光滑曲线弧,

(1) 若 L 关于 x 轴对称, L_1 为 L 在 x 轴上方部分的曲线弧, 则

$$\int_L f(x,y)\mathrm{d}s=\begin{cases}0, & 在L上f(x,-y)=-f(x,y),\\ 2\int_{L_1} f(x,y)\mathrm{d}s, & 在L上f(x,-y)=f(x,y);\end{cases}$$

(2) 若 L 关于 y 轴对称, L_1 为 L 在 y 轴右侧部分的曲线弧, 则

$$\int_L f(x,y)\mathrm{d}s=\begin{cases}0, & 在L上f(-x,y)=-f(x,y),\\ 2\int_{L_1} f(x,y)\mathrm{d}s, & 在L上f(-x,y)=f(x,y).\end{cases}$$

二、对弧长的曲线积分的计算

定理 10-2　设函数 $f(x,y)$ 在曲线弧 L 上有定义且连续, L 的参数方程为 $x=\varphi(t)$, $y=\psi(t)$ $(\alpha\leqslant t\leqslant\beta)$, 其中 $\varphi(t)$, $\psi(t)$ 在 $[\alpha,\beta]$ 上具有一阶连续导数, 且 $\varphi'^2(t)+\psi'^2(t)\neq 0$, 则曲线积分 $\int_L f(x,y)\mathrm{d}s$ 存在, 且

$$\int_L f(x,y)\mathrm{d}s=\int_\alpha^\beta f[\varphi(t),\psi(t)]\sqrt{\varphi'^2(t)+\psi'^2(t)}\,\mathrm{d}t. \tag{10-3}$$

证　根据定义 10-1, 有

$$\int_L f(x,y)\mathrm{d}s=\lim_{\lambda\to 0}\sum_{i=1}^n f(\xi_i,\eta_i)\Delta s_i,$$

设分点 M_i 对应的参数为 $t_i\,(i=0,1,\cdots,n)$, 点 (ξ_i,η_i) 对应的参数为 $\tau_i\in[t_{i-1},t_i]$, 利用弧长的计算公式和定积分中值定理, 得

$$\Delta s_i=\int_{t_{i-1}}^{t_i}\sqrt{\varphi'^2(t)+\psi'^2(t)}\,\mathrm{d}t=\sqrt{\varphi'^2(\tau_i')+\psi'^2(\tau_i')}\,\Delta t_i\quad(\tau_i'\in[t_{i-1},t_i]),$$

于是

$$\int_L f(x,y)\mathrm{d}s=\lim_{\lambda\to 0}\sum_{i=1}^n f[\varphi(\tau_i),\psi(\tau_i)]\sqrt{\varphi'^2(\tau_i')+\psi'^2(\tau_i')}\,\Delta t_i,$$

由 $\sqrt{\varphi'^2(t)+\psi'^2(t)}$ 在 $[\alpha,\beta]$ 上的连续性, 可以证明

$$\int_L f(x,y)\mathrm{d}s=\lim_{\lambda\to 0}\sum_{i=1}^n f[\varphi(\tau_i),\psi(\tau_i)]\sqrt{\varphi'^2(\tau_i)+\psi'^2(\tau_i)}\,\Delta t_i,$$

因为函数 $f[\varphi(t),\psi(t)]\sqrt{\varphi'^2(t)+\psi'^2(t)}$ 连续, 所以上式右端就是该函数在 $[\alpha,\beta]$ 上的定积分, 从而

$$\int_L f(x,y)\mathrm{d}s=\int_\alpha^\beta f[\varphi(t),\psi(t)]\sqrt{\varphi'^2(t)+\psi'^2(t)}\,\mathrm{d}t.$$

注　因为 $\Delta s_i>0$, 所以 $\Delta t_i>0$, 故积分限必须满足 $\alpha<\beta$.

如图 10-2 所示, 注意到 $\mathrm{d}s=\sqrt{(\mathrm{d}x)^2+(\mathrm{d}y)^2}=\sqrt{\varphi'^2(t)+\psi'^2(t)}\,\mathrm{d}t$, 因此上述计算公式

相当于“换元法”.

若曲线 L 的方程为 $y=\psi(x)\ (a\leqslant x\leqslant b)$，则由式(10-3)有

$$\int_L f(x,y)\,\mathrm{d}s=\int_a^b f[x,\psi(x)]\sqrt{1+\psi'^2(x)}\,\mathrm{d}x; \tag{10-4}$$

若曲线 L 的方程为 $x=\varphi(y)\ (c\leqslant y\leqslant d)$，则由式(10-3)有

$$\int_L f(x,y)\,\mathrm{d}s=\int_c^d f[\varphi(y),y]\sqrt{1+\varphi'^2(y)}\,\mathrm{d}y; \tag{10-5}$$

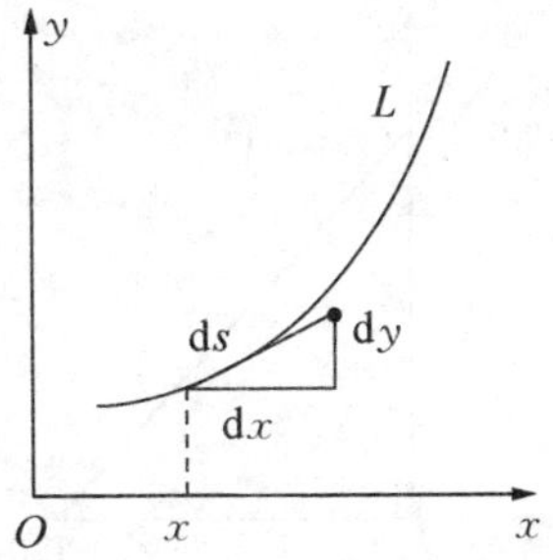

图 10-2

若曲线 L 的方程为极坐标形式 $\rho=\rho(\theta)\ (\alpha\leqslant\theta\leqslant\beta)$，则由式(10-3)有

$$\int_L f(x,y)\,\mathrm{d}s=\int_\alpha^\beta f[\rho(\theta)\cos\theta,\rho(\theta)\sin\theta]\sqrt{\rho^2(\theta)+\rho'^2(\theta)}\,\mathrm{d}\theta. \tag{10-6}$$

类似地, 若空间曲线弧 Γ 的参数方程为 $x=\varphi(t), y=\psi(t), z=\omega(t)\ (\alpha\leqslant t\leqslant\beta)$，则

$$\int_\Gamma f(x,y,z)\,\mathrm{d}s=\int_\alpha^\beta f[\varphi(t),\psi(t),\omega(t)]\sqrt{\varphi'^2(t)+\psi'^2(t)+\omega'^2(t)}\,\mathrm{d}t. \tag{10-7}$$

例 10-1　计算 $\int_L x\,\mathrm{d}s$，其中 L 是抛物线 $y=x^2$ 上点 $O(0,0)$ 与点 $B(1,1)$ 之间的一段弧.

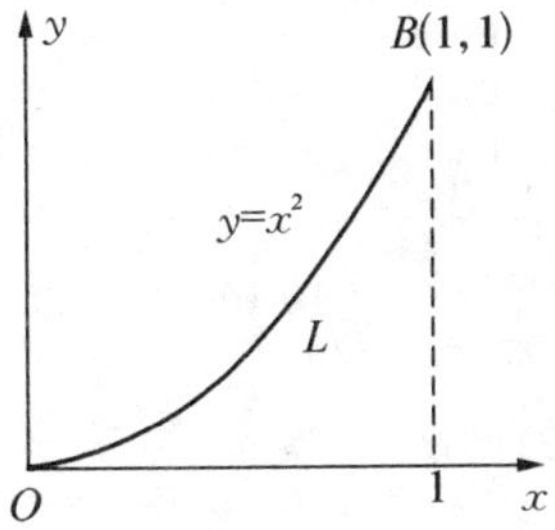

图 10-3

解　如图 10-3 所示, 由于 L 的方程为

$$y=x^2\quad(0\leqslant x\leqslant 1),$$

由式(10-4)可得

$$\begin{aligned}\int_L x\,\mathrm{d}s&=\int_0^1 x\sqrt{1+(2x)^2}\,\mathrm{d}x\\&=\int_0^1 x\sqrt{1+4x^2}\,\mathrm{d}x\\&=\left[\frac{1}{12}(1+4x^2)^{\frac{3}{2}}\right]_0^1\\&=\frac{1}{12}(5\sqrt{5}-1).\end{aligned}$$

扫码演示

例 10-1 也可利用 Mathematica 来计算.

```
In[1]:= Integrate[Sqrt[x^2] Sqrt[1+D[x^2,x]^2],{x,0,1}]
```

Out[1]= $\frac{1}{12}(-1+5\sqrt{5})$

例 10-2　计算 $\int_L \mathrm{e}^{x+y}\,\mathrm{d}s$，其中 L 是以点 $O(0,0)$，$A(1,0)$ 及 $B(0,1)$ 为顶点的三角形的整个边界.

解　由于 L 由 OA，AB 和 BO 三段光滑曲线组成, 可记作 $L=OA+AB+BO$，如图 10-4 所示, 有

$$\int_L \mathrm{e}^{x+y}\,\mathrm{d}s=\int_{OA}\mathrm{e}^{x+y}\,\mathrm{d}s+\int_{AB}\mathrm{e}^{x+y}\,\mathrm{d}s+\int_{BO}\mathrm{e}^{x+y}\,\mathrm{d}s,$$

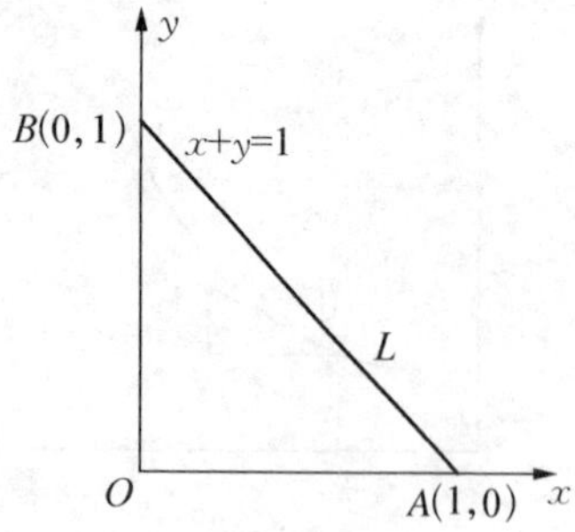

图 10-4

其中，OA 的方程为 $y=0\,(0\leqslant x\leqslant 1)$，则

$$\int_{OA} e^{x+y}\,ds=\int_0^1 e^x dx=e-1,$$

AB 的方程为 $y=1-x\,(0\leqslant x\leqslant 1)$，此时 $ds=\sqrt{2}dx$，则

$$\int_{AB} e^{x+y}\,ds=\int_0^1 e\sqrt{2}dx=\sqrt{2}e,$$

BO 的方程为 $x=0\,(0\leqslant y\leqslant 1)$，则

$$\int_{BO} e^{x+y}\,ds=\int_0^1 e^y dy=e-1,$$

于是

$$\int_L e^{x+y}\,ds=(e-1)+\sqrt{2}e+(e-1)=(2+\sqrt{2})e-2.$$

例 10-3　计算半径为 R、中心角为 2α 的圆弧 L 对于它的对称轴的转动惯量 I（设线密度 $\mu=1$）.

解　建立如图 10-5 所示的坐标系，则

$$I=\int_L y^2\,ds,$$

L 的参数方程为

$$\begin{cases}x=R\cos\theta,\\ y=R\sin\theta\end{cases}\quad(-\alpha\leqslant\theta\leqslant\alpha),$$

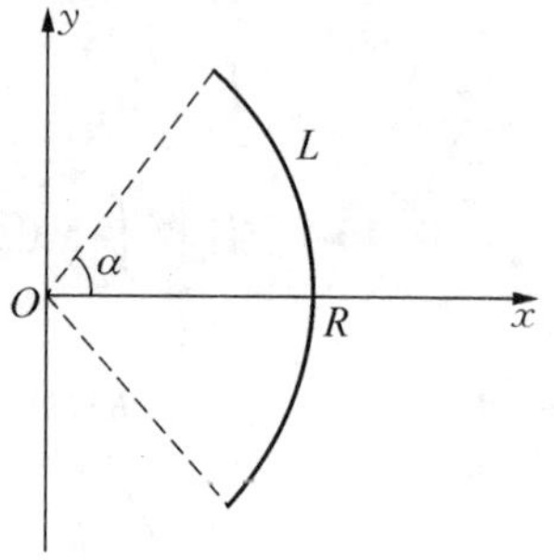

图 10-5

于是

$$\begin{aligned}I&=\int_L y^2\,ds=\int_{-\alpha}^{\alpha}R^2\sin^2\theta\sqrt{(-R\sin\theta)^2+(R\cos\theta)^2}\,d\theta\\&=R^3\int_{-\alpha}^{\alpha}\sin^2\theta\,d\theta=R^3(\alpha-\sin\alpha\cos\alpha).\end{aligned}$$

例 10-4　计算 $I=\int_L|x|ds$，其中 L 为双纽线 $(x^2+y^2)^2=a^2(x^2-y^2)\ (a>0)$，如图 10-6 所示.

解　双纽线 L 在极坐标系中的方程为

$$\rho^2=a^2\cos 2\theta,$$

它在第一象限的部分为 $L_1:\rho=a\sqrt{\cos 2\theta}\quad\left(0\leqslant\theta\leqslant\dfrac{\pi}{4}\right)$，利用性质 10-4，得

$$\begin{aligned}I&=4\int_{L_1}x\,ds=4\int_0^{\frac{\pi}{4}}\rho\cos\theta\sqrt{\rho^2(\theta)+\rho'^2(\theta)}\,d\theta\\&=4\int_0^{\frac{\pi}{4}}a^2\cos\theta\,d\theta=2\sqrt{2}a^2.\end{aligned}$$

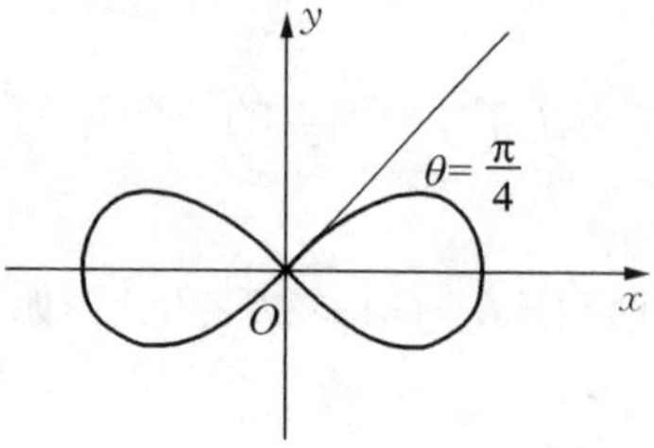

图 10-6

例 10-5 计算 $\int_{\Gamma}(x^2+y^2+z^2)\mathrm{d}s$，其中 Γ 为螺旋线 $x=a\cos t$，$y=a\sin t$，$z=kt(0\leqslant t\leqslant 2\pi)$ 的一段弧.

解 由式(10-7)可得

$$\begin{aligned}\int_{\Gamma}(x^2+y^2+z^2)\,\mathrm{d}s&=\int_0^{2\pi}[(a\cos t)^2+(a\sin t)^2+(kt)^2]\cdot\sqrt{(-a\sin t)^2+(a\cos t)^2+k^2}\,\mathrm{d}t\\&=\sqrt{a^2+k^2}\int_0^{2\pi}(a^2+k^2t^2)\mathrm{d}t=\sqrt{a^2+k^2}\left[a^2t+\frac{1}{3}k^2t^3\right]_0^{2\pi}\\&=\frac{2\pi}{3}\sqrt{a^2+k^2}\,(3a^2+4\pi^2k^2).\end{aligned}$$

例 10-6 计算 $\oint_{\Gamma}x^2\mathrm{d}s$，其中 Γ 为球面 $x^2+y^2+z^2=a^2$ 被平面 $x+y+z=0$ 所截的圆周.

解 由对称性可知

$$\oint_{\Gamma}x^2\,\mathrm{d}s=\oint_{\Gamma}y^2\,\mathrm{d}s=\oint_{\Gamma}z^2\,\mathrm{d}s,$$

所以

$$\oint_{\Gamma}x^2\,\mathrm{d}s=\frac{1}{3}\oint_{\Gamma}(x^2+y^2+z^2)\mathrm{d}s=\frac{1}{3}\oint_{\Gamma}a^2\,\mathrm{d}s=\frac{1}{3}a^2\cdot 2\pi a=\frac{2}{3}\pi a^3.$$

习　题　10-1

1. 计算下列对弧长的曲线积分.

(1) $\int_L(x+y)\mathrm{d}s$，其中 L 为连接 $O(0,0)$, $A(1,0)$, $B(0,1)$ 的闭折线;

(2) $\int_L y\mathrm{d}s$，其中 L 为摆线 $x=a(t-\sin t)$, $y=a(1-\cos t)$ 的第一拱 $(0\leqslant t\leqslant 2\pi, a>0)$;

(3) $\int_{\Gamma}x^2yz\,\mathrm{d}s$，其中 Γ 为折线 $ABCD$, 这里 A, B, C, D 依次为点(0, 0, 0), (0, 0, 2), (1, 0, 2), (1, 3, 2);

(4) $\int_{\Gamma}xyz\,\mathrm{d}s$，其中曲线 Γ 的参数方程为 $x=t, y=\frac{2\sqrt{2}}{3}t^{\frac{3}{2}}, z=\frac{1}{2}t^2\ (0\leqslant t\leqslant 1)$.

2. 计算 $\oint_L(x^3+y^2)\mathrm{d}s$，其中 L 为圆周 $x^2+y^2=R^2$.

3. 计算 $\oint_L\sqrt{x^2+y^2}\mathrm{d}s$，其中 L 为圆周 $x^2+y^2=ax\ (a>0)$.

4. 计算 $I=\int_{\Gamma}(x^2+y^2+z^2)\mathrm{d}s$，其中 Γ 为球面 $x^2+y^2+z^2=\frac{9}{2}$ 与平面 $x+z=1$ 的交线.

5. 设均匀螺旋形弹簧 L 的方程为 $x=a\cos t$，$y=a\sin t$，$z=kt\ (0\leqslant t\leqslant 2\pi, a>0)$，设其线密度为常数 ρ，求:

(1) 它关于 z 轴的转动惯量;

(2) 它的质心.

6. 有一半圆弧 $x=R\cos\theta$， $y=R\sin\theta$ $(0\leqslant\theta\leqslant\pi)$，其线密度 $\mu=2\theta$，求它对原点处单位质量质点的引力(引力常数用 G 表示).

第二节　对坐标的曲线积分

一、对坐标的曲线积分的概念与性质

引例(变力沿曲线所做的功)　xOy 面内的一质点，在力 $\boldsymbol{F}(x,y)=P(x,y)\boldsymbol{i}+Q(x,y)\boldsymbol{j}$ 的作用下，从点 A 沿光滑曲线弧 L 移动到点 B，其中 $P(x,y)$，$Q(x,y)$ 在 L 上连续，计算在上述移动过程中变力 $\boldsymbol{F}(x,y)$ 所做的功.

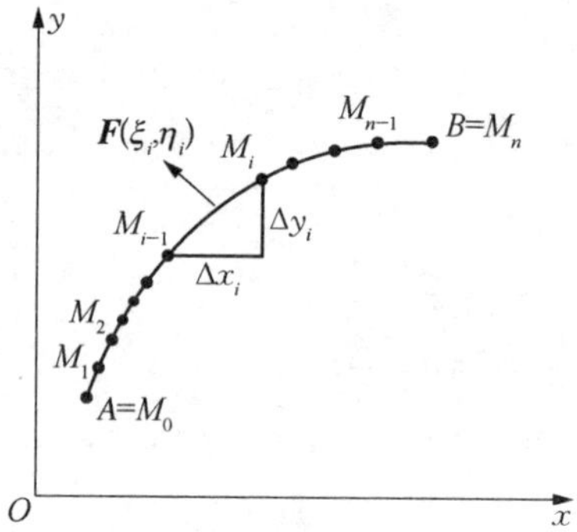

图 10-7

若力 $\boldsymbol{F}$ 是常力，且质点从点 A 沿直线移动到点 B，则力 $\boldsymbol{F}$ 所做的功 W 等于向量 $\boldsymbol{F}$ 与位移 $\overrightarrow{AB}$ 的数量积，即

$$W=\boldsymbol{F}\cdot\overrightarrow{AB}.$$

若力 $\boldsymbol{F}$ 是变力，且质点从点 A 沿曲线弧 L 移动到点 B，则这个质点在移动过程中，变力 $\boldsymbol{F}$ 所做的功就不能用上面的公式来计算. 如图 10-7 所示，利用定积分的思想，做法如下.

1) 分割

用曲线弧 L 上的点 $A=M_0,M_1(x_1,y_1),M_2(x_2,y_2),\cdots,M_{n-1}(x_{n-1},y_{n-1}),M_n=B$ 把 L 任意分割成 n 个有向小弧段 $\overset{\frown}{M_{i-1}M_i}$ $(i=1,2,\cdots,n)$.

2) 近似代替

由于 $\overset{\frown}{M_{i-1}M_i}$ 光滑而且很短，可以用有向线段

$$\overrightarrow{M_{i-1}M_i}=\Delta x_i\boldsymbol{i}+\Delta y_i\boldsymbol{j},\quad \Delta x_i=x_i-x_{i-1},\quad \Delta y_i=y_i-y_{i-1}$$

来近似代替它. 又由于 $P(x,y)$，$Q(x,y)$ 在 L 上连续，可在 $\overset{\frown}{M_{i-1}M_i}$ 上任取一点 (ξ_i,η_i)，用该点处的力

$$\boldsymbol{F}(\xi_i,\eta_i)=P(\xi_i,\eta_i)\boldsymbol{i}+Q(\xi_i,\eta_i)\boldsymbol{j}$$

来近似代替这小弧段上其他各点处的力，于是力 $\boldsymbol{F}(x,y)$ 沿 $\overset{\frown}{M_{i-1}M_i}$ 所做的功为

$$\Delta W_i\approx\boldsymbol{F}(\xi_i,\eta_i)\cdot\overrightarrow{M_{i-1}M_i}=P(\xi_i,\eta_i)\Delta x_i+Q(\xi_i,\eta_i)\Delta y_i\quad(i=1,2,\cdots,n).$$

3) 求和

质点由点 A 沿曲线 L 移动到点 B，力 $\boldsymbol{F}$ 所做的功为

$$W=\sum_{i=1}^{n}\Delta W_i\approx\sum_{i=1}^{n}\left[P(\xi_i,\eta_i)\Delta x_i+Q(\xi_i,\eta_i)\Delta y_i\right].$$

4) 取极限

用λ表示n个小弧段的最大长度, 当λ趋于零时, 就得到

$$W=\lim_{\lambda\to 0}\sum_{i=1}^{n}\left[P(\xi_i,\eta_i)\Delta x_i+Q(\xi_i,\eta_i)\Delta y_i\right].$$

这种和式的极限在研究其他问题时也会遇到, 不考虑问题的实际意义, 抽象出下面的定义.

定义 10-2 设L为xOy平面内从点A到点B的一条有向光滑曲线弧, 函数$P(x,y)$, $Q(x,y)$在L上有界. 在L上沿L的方向任意插入点列$M_1(x_1,y_1),M_2(x_2,y_2),\cdots,M_{n-1}(x_{n-1},y_{n-1})$, 把$L$分成$n$个有向小弧段$\widehat{M_{i-1}M_i}$ $(i=1,2,\cdots,n,M_0=A,M_n=B)$, 设$\Delta x_i=x_i-x_{i-1}$, $\Delta y_i=y_i-y_{i-1}$, 在$\widehat{M_{i-1}M_i}$上任取一点(ξ_i,η_i), 用λ表示n个小弧段长度的最大值, 如果$\lim\limits_{\lambda\to 0}\sum\limits_{i=1}^{n}P(\xi_i,\eta_i)\Delta x_i$总存在, 则称此极限为函数$P(x,y)$在有向曲线弧$L$上对坐标$x$的曲线积分, 记作$\int_L P(x,y)\mathrm{d}x$, 即

$$\int_L P(x,y)\mathrm{d}x=\lim_{\lambda\to 0}\sum_{i=1}^{n}P(\xi_i,\eta_i)\Delta x_i .$$

类似地, 若$\lim\limits_{\lambda\to 0}\sum\limits_{i=1}^{n}Q(\xi_i,\eta_i)\Delta y_i$总存在, 则称此极限为函数$Q(x,y)$在有向曲线弧$L$上对坐标$y$的曲线积分, 记作$\int_L Q(x,y)\mathrm{d}y$,即

$$\int_L Q(x,y)\mathrm{d}y=\lim_{\lambda\to 0}\sum_{i=1}^{n}Q(\xi_i,\eta_i)\Delta y_i .$$

其中, $P(x,y)$, $Q(x,y)$称为被积函数, L称为积分弧段, 以上两个积分也称为第二类曲线积分.

定理 10-3 若函数$P(x,y)$, $Q(x,y)$在有向光滑曲线弧L上连续, 则对坐标的曲线积分$\int_L P(x,y)\mathrm{d}x$与$\int_L Q(x,y)\mathrm{d}y$都存在.

此定理的证明见定理 10-4. 如果没有特别说明, 以后总假定曲线弧L是光滑的或分段光滑的, 函数$P(x,y)$, $Q(x,y)$在L上都连续.

上述定义可以类似地推广到空间有向曲线弧Γ上对坐标的曲线积分,

$$\int_\Gamma P(x,y,z)\mathrm{d}x=\lim_{\lambda\to 0}\sum_{i=1}^{n}P(\xi_i,\eta_i,\zeta_i)\Delta x_i ,$$

$$\int_\Gamma Q(x,y,z)\mathrm{d}y=\lim_{\lambda\to 0}\sum_{i=1}^{n}Q(\xi_i,\eta_i,\zeta_i)\Delta y_i ,$$

$$\int_\Gamma R(x,y,z)\mathrm{d}z=\lim_{\lambda\to 0}\sum_{i=1}^{n}R(\xi_i,\eta_i,\zeta_i)\Delta z_i .$$

在实际应用中, 经常出现组合形式

$$\int_L P(x,y)\mathrm{d}x + \int_L Q(x,y)\mathrm{d}y,$$

为简单起见, 将上式记为

$$\int_L P(x,y)\mathrm{d}x + Q(x,y)\mathrm{d}y,$$

也可以写成向量形式

$$\int_L \boldsymbol{F}(x,y)\cdot \mathrm{d}\boldsymbol{r},$$

其中, $\boldsymbol{F}(x,y)=P(x,y)\boldsymbol{i}+Q(x,y)\boldsymbol{j}$ 为向量值函数, $\mathrm{d}\boldsymbol{r}=\mathrm{d}x\boldsymbol{i}+\mathrm{d}y\boldsymbol{j}$. 于是, 本节开始讨论的变力沿曲线所做的功可以表述为

$$W=\int_L P(x,y)\mathrm{d}x+Q(x,y)\mathrm{d}y \quad \left(\text{或} W=\int_L \boldsymbol{F}(x,y)\cdot \mathrm{d}\boldsymbol{r}\right).$$

类似地, $\int_\Gamma P(x,y,z)\mathrm{d}x+\int_\Gamma Q(x,y,z)\mathrm{d}y+\int_\Gamma R(x,y,z)\mathrm{d}z$ 可简记成

$$\int_\Gamma P(x,y,z)\mathrm{d}x+Q(x,y,z)\mathrm{d}y+R(x,y,z)\mathrm{d}z \quad \left(\text{或}\int_\Gamma \boldsymbol{A}(x,y,z)\cdot \mathrm{d}\boldsymbol{r}\right),$$

其中, $\boldsymbol{A}(x,y,z)=P(x,y,z)\boldsymbol{i}+Q(x,y,z)\boldsymbol{j}+R(x,y,z)\boldsymbol{k}$ 为向量值函数, $\mathrm{d}\boldsymbol{r}=\mathrm{d}x\boldsymbol{i}+\mathrm{d}y\boldsymbol{j}+\mathrm{d}z\boldsymbol{k}$.

根据定义, 对坐标的曲线积分有如下性质.

性质 10-5 设 α,β 为常数, 则

$$\int_L[\alpha\boldsymbol{F}_1(x,y)+\beta\boldsymbol{F}_2(x,y)]\cdot \mathrm{d}\boldsymbol{r}=\alpha\int_L \boldsymbol{F}_1(x,y)\cdot \mathrm{d}\boldsymbol{r}+\beta\int_L \boldsymbol{F}_2(x,y)\cdot \mathrm{d}\boldsymbol{r}.$$

性质 10-6 若 L 由 L_1 和 L_2 两段光滑曲线组成(记作 $L=L_1+L_2$), 则

$$\int_L \boldsymbol{F}(x,y)\cdot \mathrm{d}\boldsymbol{r}=\int_{L_1} \boldsymbol{F}(x,y)\cdot \mathrm{d}\boldsymbol{r}+\int_{L_2} \boldsymbol{F}(x,y)\cdot \mathrm{d}\boldsymbol{r}.$$

性质 10-7 设 L 是有向曲线弧, L^- 是与 L 方向相反的有向曲线弧, 则

$$\int_{L^-} \boldsymbol{F}(x,y)\cdot \mathrm{d}\boldsymbol{r}=-\int_L \boldsymbol{F}(x,y)\cdot \mathrm{d}\boldsymbol{r},$$

即第二类曲线积分与积分弧段的方向有关.

二、对坐标的曲线积分的计算

定理 10-4 设函数 $P(x,y)$, $Q(x,y)$ 在有向曲线弧 L 上有定义且连续, L 的参数方程为 $x=\varphi(t)$, $y=\psi(t)$, 当参数 t 单调地由 α 变到 β 时, 对应的点 $M(x,y)$ 从 L 的起点 A 沿 L 运动到终点 B, $\varphi(t)$, $\psi(t)$ 在以 α, β 为端点的闭区间上具有一阶连续导数, 且 $\varphi'^2(t)+\psi'^2(t)\neq 0$, 则曲线积分 $\int_L P(x,y)\mathrm{d}x+Q(x,y)\mathrm{d}y$ 存在, 且

$$\int_L P(x,y)\mathrm{d}x+Q(x,y)\mathrm{d}y=\int_\alpha^\beta\{P[\varphi(t),\psi(t)]\varphi'(t)+Q[\varphi(t),\psi(t)]\psi'(t)\}\mathrm{d}t. \tag{10-8}$$

证 下面先证

$$\int_L P(x,y)\mathrm{d}x=\int_\alpha^\beta P[\varphi(t),\psi(t)]\varphi'(t)\mathrm{d}t.$$

根据定义 10-2, 有

$$\int_L P(x,y)\mathrm{d}x=\lim_{\lambda\to 0}\sum_{i=1}^n P(\xi_i,\eta_i)\Delta x_i,$$

设分点 (x_i,y_i) 对应参数 t_i，点 (ξ_i,η_i) 对应参数 τ_i，即 $\xi_i=\varphi(\tau_i)$，$\eta_i=\psi(\tau_i)$，这里 τ_i 介于 t_{i-1} 与 t_i 之间. 利用微分中值定理, 得

$$\Delta x_i=x_i-x_{i-1}=\varphi(t_i)-\varphi(t_{i-1})=\varphi'(\tau_i')\Delta t_i,$$

其中, $\Delta t_i=t_i-t_{i-1}$，τ_i' 介于 t_{i-1} 与 t_i 之间, 于是

$$\int_L P(x,y)\mathrm{d}x=\lim_{\lambda\to 0}\sum_{i=1}^n P[\varphi(\tau_i),\psi(\tau_i)]\varphi'(\tau_i')\Delta t_i,$$

由 $\varphi'(t)$ 在 $[\alpha,\beta]$ (或 $[\beta,\alpha]$) 上的连续性, 可以证明

$$\int_L P(x,y)\mathrm{d}x=\lim_{\lambda\to 0}\sum_{i=1}^n P[\varphi(\tau_i),\psi(\tau_i)]\varphi'(\tau_i)\Delta t_i,$$

因为函数 $P[\varphi(t),\psi(t)]\varphi'(t)$ 连续, 所以上式右端对应的定积分存在, 从而

$$\int_L P(x,y)\mathrm{d}x=\int_\alpha^\beta P[\varphi(t),\psi(t)]\varphi'(t)\mathrm{d}t.$$

同理可证

$$\int_L Q(x,y)\mathrm{d}y=\int_\alpha^\beta Q[\varphi(t),\psi(t)]\ \psi'(t)\mathrm{d}t.$$

故

$$\int_L P(x,y)\mathrm{d}x+Q(x,y)\mathrm{d}y=\int_\alpha^\beta\{P[\varphi(t),\psi(t)]\varphi'(t)+Q[\varphi(t),\psi(t)]\psi'(t)\}\mathrm{d}t,$$

从而定理得证.

注　这里必须注意, 下限 α 对应于 L 的起点, 上限 β 对应于 L 的终点, α 不一定小于 β.

若曲线 L 的方程为 $y=\psi(x)$，x 从 a 变到 b，则由式(10-8)有

$$\int_L P(x,y)\mathrm{d}x+Q(x,y)\mathrm{d}y=\int_a^b\{P[x,\psi(x)]+Q[x,\psi(x)]\psi'(x)\}\mathrm{d}x. \tag{10-9}$$

若曲线 L 的方程为 $x=\varphi(y)$，y 从 c 变到 d，则由式(10-8)有

$$\int_L P(x,y)\mathrm{d}x+Q(x,y)\mathrm{d}y=\int_c^d\{P[\varphi(y),y]\varphi'(y)+Q[\varphi(y),y]\}\mathrm{d}y. \tag{10-10}$$

式(10-8)还可推广到空间曲线 Γ 的情形, 若 Γ 的参数方程为 $x=\varphi(t)$，$y=\psi(t)$，$z=\omega(t)$，则

$$\int_{\Gamma} P(x,y,z)\mathrm{d}x + Q(x,y,z)\mathrm{d}y + R(x,y,z)\mathrm{d}z$$
$$= \int_{\alpha}^{\beta} \{P[\varphi(t),\psi(t),\omega(t)]\varphi'(t) + Q[\varphi(t),\psi(t),\omega(t)]\psi'(t) + R[\varphi(t),\psi(t),\omega(t)]\omega'(t)\}\mathrm{d}t, \tag{10-11}$$

这里下限α对应于Γ的起点，上限β对应于Γ的终点.

例 10-7　计算$\int_L xy\mathrm{d}x$，其中L为曲线$y^2 = x$上从$A(1,-1)$到$B(1,1)$的一段弧，如图 10-8 所示.

解　解法一：将曲线积分化为对x的定积分，L的方程为$y = \pm\sqrt{x}$，则

$$\int_L xy\mathrm{d}x = \int_{\overset{\frown}{AO}} xy\mathrm{d}x + \int_{\overset{\frown}{OB}} xy\mathrm{d}x$$
$$= \int_1^0 x(-\sqrt{x})\mathrm{d}x + \int_0^1 x\sqrt{x}\mathrm{d}x$$
$$= 2\int_0^1 x^{\frac{3}{2}}\mathrm{d}x = \frac{4}{5}.$$

解法二：将曲线积分化为对y的定积分，L的方程为$x = y^2$，y从-1变到 1，则

$$\int_L xy\mathrm{d}x = \int_{\overset{\frown}{AB}} xy\mathrm{d}x = \int_{-1}^1 y^2 y(y^2)'\mathrm{d}y = 2\int_{-1}^1 y^4\mathrm{d}y = \frac{4}{5}.$$

例 10-8　计算$I = \int_L (x^2 - y)\mathrm{d}x + (y^2 + x)\mathrm{d}y$，其中$L$分别如下.

(1) 从$A(0,1)$到$C(1,2)$的直线段.

(2) 从$A(0,1)$到$B(1,1)$，再到$C(1,2)$的折线.

(3) 从$A(0,1)$沿抛物线$y = x^2 + 1$到$C(1,2)$，如图 10-9 所示.

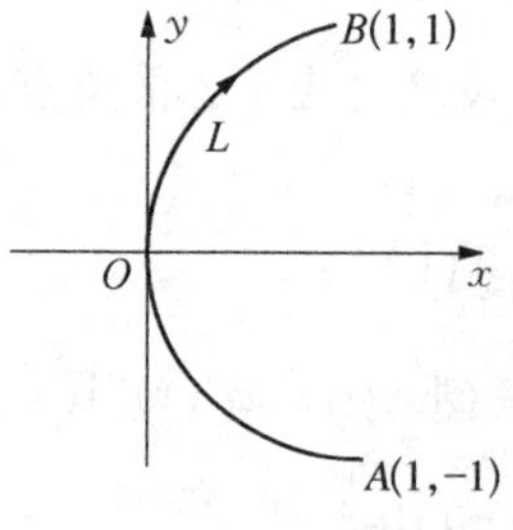

图 10-8

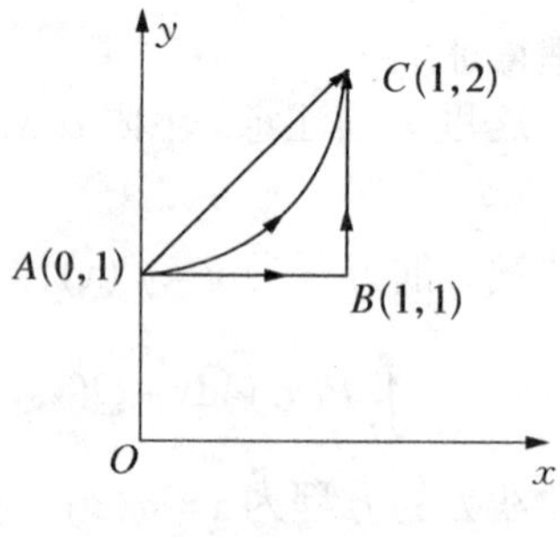

图 10-9

解　(1) 连接$A(0,1)$，$C(1,2)$两点的直线方程为

$$y = x + 1,$$

对应于L的方向，x从 0 变到 1，则

$$I=\int_L (x^2-y)\mathrm{d}x+(y^2+x)\mathrm{d}y$$
$$=\int_0^1[(x^2-x-1)+(x+1)^2+x]\mathrm{d}x$$
$$=\int_0^1(2x^2+2x)\mathrm{d}x=\frac{5}{3}.$$

(2) 从 $A(0,1)$ 到 $B(1,1)$ 的直线方程为 $y=1$，x 从 0 变到 1；又从 $B(1,1)$ 到 $C(1,2)$ 的直线方程为 $x=1$，y 从 1 变到 2，则

$$I=\int_L (x^2-y)\mathrm{d}x+(y^2+x)\mathrm{d}y$$
$$=\int_{AB}(x^2-y)\mathrm{d}x+(y^2+x)\mathrm{d}y+\int_{BC}(x^2-y)\mathrm{d}x+(y^2+x)\mathrm{d}y$$
$$=\int_0^1(x^2-1)\mathrm{d}x+\int_1^2(y^2+1)\mathrm{d}y$$
$$=\frac{8}{3}.$$

(3) 化为对 x 的定积分，L 的方程为 $y=x^2+1$，x 从 0 变到 1，$\mathrm{d}y=2x\mathrm{d}x$，则

$$I=\int_L (x^2-y)\mathrm{d}x+(y^2+x)\mathrm{d}y$$
$$=\int_0^1\{[x^2-(x^2+1)]+[(x^2+1)^2+x]\cdot 2x\}\mathrm{d}x$$
$$=\int_0^1(2x^5+4x^3+2x^2+2x-1)\mathrm{d}x=2.$$

例 10-8 表明，虽然被积表达式相同，曲线弧起点和终点也相同，但沿不同积分路径的积分结果并不相等.

例 10-9　计算 $\int_L 2xy\mathrm{d}x+x^2\mathrm{d}y$，其中 L 分别如下.

(1) 抛物线 $y=x^2$ 上从 $O(0,0)$ 到 $B(1,1)$ 的一段弧.

(2) 抛物线 $x=y^2$ 上从 $O(0,0)$ 到 $B(1,1)$ 的一段弧.

(3) 有向折线 OAB，O，A，B 依次是点 $(0,0),(1,0),(1,1)$，如图 10-10 所示.

解　(1) 曲线 L 的方程为 $y=x^2$，x 从 0 变到 1，则

$$\int_L 2xy\mathrm{d}x+x^2\mathrm{d}y=\int_0^1(2x\cdot x^2+x^2\cdot 2x)\mathrm{d}x$$
$$=\int_0^1 4x^3\mathrm{d}x=1.$$

(2) 曲线 L 的方程为 $x=y^2$，y 从 0 变到 1，则

$$\int_L 2xy\mathrm{d}x+x^2\mathrm{d}y=\int_0^1(2y^2\cdot y\cdot 2y+y^4)\mathrm{d}y$$
$$=\int_0^1 5y^4\mathrm{d}y=1.$$

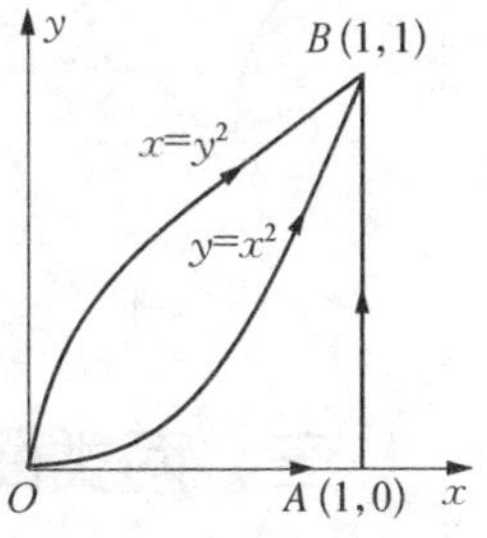

图 10-10

(3) 有向折线 OAB 可分为 OA 与 AB，记成 $L = OA + AB$，则

$$\int_L 2xy\mathrm{d}x + x^2\mathrm{d}y = \int_{OA} 2xy\mathrm{d}x + x^2\mathrm{d}y + \int_{AB} 2xy\mathrm{d}x + x^2\mathrm{d}y.$$

在 OA 上，$y = 0$，x 从 0 变到 1，在 AB 上，$x = 1$，y 从 0 变到 1，所以上面的积分为

$$\int_L 2xy\mathrm{d}x + x^2\mathrm{d}y = \int_0^1 (2x\cdot 0 + x^2\cdot 0)\mathrm{d}x + \int_0^1 (2y\cdot 0 + 1)\mathrm{d}y = 1.$$

例 10-9 表明被积表达式相同，曲线弧起点和终点也相同，虽然沿不同的积分路径，但曲线积分的值相等.

例 10-10 计算 $\int_\Gamma x\mathrm{d}x + y\mathrm{d}y + (x + y - 1)\mathrm{d}z$，其中 Γ 为点 $A(2,3,4)$ 至点 $B(1,1,1)$ 的空间有向线段.

解 直线 AB 的方程为

$$\frac{x-1}{1} = \frac{y-1}{2} = \frac{z-1}{3},$$

其参数方程为 $x = t + 1,\ y = 2t + 1,\ z = 3t + 1$，$t$ 从 1 变到 0，则

$$\begin{aligned}&\int_\Gamma x\mathrm{d}x + y\mathrm{d}y + (x + y - 1)\mathrm{d}z\\ &= \int_1^0 [(t+1) + 2(2t+1) + 3(3t+1)]\mathrm{d}t\\ &= \int_1^0 (14t + 6)\mathrm{d}t\\ &= -13.\end{aligned}$$

例 10-11 求质点在力 $\boldsymbol{F} = x^2\boldsymbol{i} - xy\boldsymbol{j}$ 的作用下沿着曲线

$$L:\begin{cases} x = \cos t,\\ y = \sin t\end{cases}$$

从点 $A(1,0)$ 移动到点 $B(0,1)$ 所做的功，如图 10-11 所示.

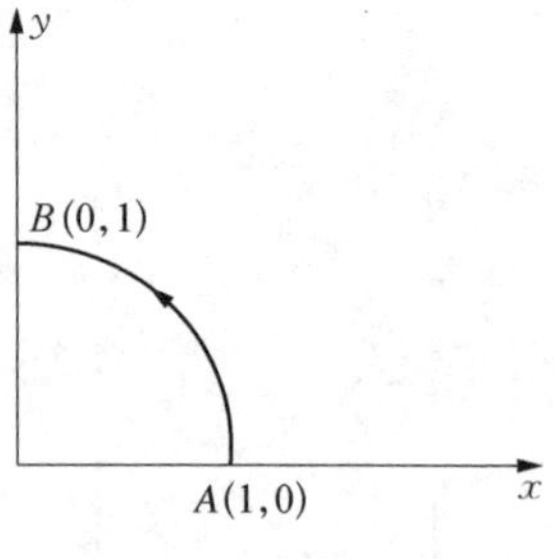

图 10-11

解 沿 L 的方向，参数 t 从 0 变到 $\frac{\pi}{2}$，所以

$$\begin{aligned}W &= \int_{\overset{\frown}{AB}} x^2\mathrm{d}x - xy\mathrm{d}y\\ &= \int_0^{\frac{\pi}{2}} [\cos^2 t(-\sin t) - \cos^2 t\sin t]\mathrm{d}t\\ &= \int_0^{\frac{\pi}{2}} (-2\cos^2 t\sin t)\mathrm{d}t = -\frac{2}{3}.\end{aligned}$$

三、两类曲线积分之间的联系

设函数 $P(x,y)$，$Q(x,y)$ 在有向光滑曲线弧 L 上连续，L 的参数方程为 $x = \varphi(t)$，$y = \psi(t)$，曲线 L 的起点 A、终点 B 分别对应于参数 α, β，为确定起见，不妨设 $\alpha < \beta$

(如果 $\alpha>\beta$，可以令 $s=-t$). 如果函数 $\varphi(t)$，$\psi(t)$ 在 $[\alpha,\beta]$ 上具有一阶连续导数，且 $\varphi'^2(t)+\psi'^2(t)\neq 0$，由对坐标的曲线积分的计算公式有

$$\int_L P(x,y)\mathrm{d}x+Q(x,y)\mathrm{d}y=\int_\alpha^\beta \{P[\varphi(t),\psi(t)]\varphi'(t)+Q[\varphi(t),\psi(t)]\psi'(t)\}\mathrm{d}t.$$

另外，向量 $\boldsymbol{\tau}=\varphi'(t)\boldsymbol{i}+\psi'(t)\boldsymbol{j}$ 是曲线弧 L 在点 $M(\varphi(t),\psi(t))$ 处的一个切向量，它的指向与参数的增长方向一致，当 $\alpha<\beta$ 时，这个指向就是有向曲线弧的方向，它的方向余弦为

$$\cos\alpha=\frac{\varphi'(t)}{\sqrt{\varphi'^2(t)+\psi'^2(t)}},\qquad \cos\beta=\frac{\psi'(t)}{\sqrt{\varphi'^2(t)+\psi'^2(t)}},$$

由对弧长的曲线积分的计算公式，得

$$\begin{aligned}&\int_L [P(x,y)\cos\alpha+Q(x,y)\cos\beta]\mathrm{d}s\\&=\int_\alpha^\beta\left\{P[\varphi(t),\psi(t)]\frac{\varphi'(t)}{\sqrt{\varphi'^2(t)+\psi'^2(t)}}+Q[\varphi(t),\psi(t)]\frac{\psi'(t)}{\sqrt{\varphi'^2(t)+\psi'^2(t)}}\right\}\sqrt{\varphi'^2(t)+\psi'^2(t)}\mathrm{d}t.\end{aligned}$$

由此可见，平面曲线 L 上的两类曲线积分有如下联系：

$$\int_L P(x,y)\mathrm{d}x+Q(x,y)\mathrm{d}y=\int_L [P(x,y)\cos\alpha+Q(x,y)\cos\beta]\mathrm{d}s, \tag{10-12}$$

其中，α,β 为有向曲线弧 L 上点 (x,y) 处的切向量的方向角.

类似地，对于空间曲线 $\varGamma$，有

$$\begin{aligned}&\int_\varGamma P(x,y,z)\mathrm{d}x+Q(x,y,z)\mathrm{d}y+R(x,y,z)\mathrm{d}z\\&=\int_\varGamma [P(x,y,z)\cos\alpha+Q(x,y,z)\cos\beta+R(x,y,z)\cos\gamma]\mathrm{d}s,\end{aligned} \tag{10-13}$$

其中，α,β,γ 为有向曲线弧 $\varGamma$ 上点 (x,y,z) 处切向量的方向角.

两类曲线积分之间的联系也可以用向量的形式表达，在空间曲线 $\varGamma$ 上

$$\int_\varGamma \boldsymbol{A}\cdot\mathrm{d}\boldsymbol{r}=\int_\varGamma \boldsymbol{A}\cdot\boldsymbol{\tau}\mathrm{d}s,$$

其中，$\boldsymbol{A}=(P(x,y,z),Q(x,y,z),R(x,y,z))$，$\boldsymbol{\tau}=(\cos\alpha,\cos\beta,\cos\gamma)$ 为有向曲线弧 $\varGamma$ 上点 (x,y,z) 处的单位切向量，$\mathrm{d}\boldsymbol{r}=\boldsymbol{\tau}\mathrm{d}s=(\mathrm{d}x,\mathrm{d}y,\mathrm{d}z)$ 称为有向曲线元.

习 题 10-2

1. 计算 $\int_L y\mathrm{d}x+\sin x\mathrm{d}y$，其中 L 为 $y=\sin x\ (0\leqslant x\leqslant\pi)$ 与 x 轴所围的闭曲线，依顺时针方向.

2. 计算 $\int_L x^3\mathrm{d}x+3xy^2\mathrm{d}y$，其中 L 是从点 $A(2,1)$ 到点 $O(0,0)$ 的直线段 AO.

3. 计算 $\int_L y^2\mathrm{d}x$，其中 L 分别如下.

(1) 半径为 a、圆心为原点、按逆时针方向绕行的上半圆周;

(2) 从点 $A(a,0)$ 沿 x 轴到点 $B(-a,0)$ 的直线段.

4. 计算 $\int_L y\mathrm{d}x + x\mathrm{d}y$，其中 L 分别如下.

(1) 从 $A(1,1)$ 到 $B(2,3)$ 的直线段;

(2) 从 $A(1,1)$ 沿抛物线 $y=2(x-1)^2+1$ 到 $B(2,3)$；

(3) 从 $A(1,1)$ 到 $C(2,1)$，再到 $B(2,3)$ 的折线.

5. 计算 $\int_\Gamma x^3\mathrm{d}x + 3zy^2\mathrm{d}y - x^2y\mathrm{d}z$，其中 Γ 是从点 $A(3,2,1)$ 到点 $B(0,0,0)$ 的直线段 AB.

6. 设一质点在 $M(x,y)$ 处受到力 $\boldsymbol{F}$ 的作用，$\boldsymbol{F}$ 的大小与 M 到原点的距离成正比(比例系数设为 k)，$\boldsymbol{F}$ 的方向恒指向原点，此质点由点 $A(a,0)$ 沿椭圆 $\frac{x^2}{a^2}+\frac{y^2}{b^2}=1$ 按逆时针方向移动到点 $B(0,b)$，求力 $\boldsymbol{F}$ 所做的功 W.

第三节　格林公式及其应用

牛顿-莱布尼茨公式 $\int_a^b f(x)\mathrm{d}x = F(b)-F(a)$ 体现了函数 $f(x)$ 在 $[a,b]$ 上的定积分与其原函数 $F(x)$ 在积分区间 $[a,b]$ 端点处的函数值之间的关系. 而本节要介绍的格林(Green)公式揭示了平面区域 D 上的二重积分与 D 的边界曲线上的曲线积分之间的联系.

一、格林公式

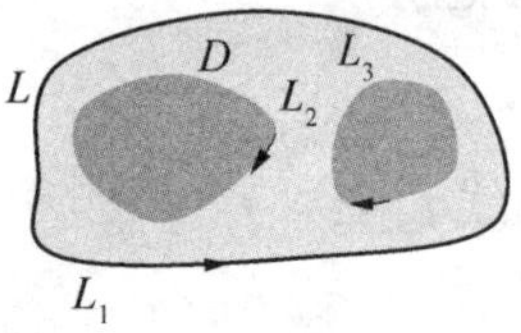

图 10-12

设 D 为平面区域，如果 D 内任一闭曲线所围的部分都属于 D，那么称 D 为单连通区域；否则称为复连通区域. 通俗地说，单连通区域是不含“洞”(包括“点洞”)或“裂缝”的区域.

设 L 是平面区域 D 的边界曲线，规定 L 的正向为当观察者沿这个方向行走时，平面区域 D 内在他近处的那部分总在他的左边. 如图 10-12 所示，作为 D 的正向边界 $L=L_1+L_2+L_3$，L_1 的正向是逆时针方向，而 L_2 和 L_3 的正向是顺时针方向.

定理 10-5　设闭区域 D 由光滑或分段光滑的曲线 L 围成，函数 $P(x,y)$，$Q(x,y)$ 在 D 上具有一阶连续偏导数，则有

$$\iint_D\left(\frac{\partial Q}{\partial x}-\frac{\partial P}{\partial y}\right)\mathrm{d}x\mathrm{d}y=\oint_L P\mathrm{d}x+Q\mathrm{d}y, \tag{10-14}$$

其中，L 是 D 的取正向的边界曲线.

证　先考虑区域 D 既是 X 型区域，又是 Y 型区域的情形，如图 10-13 所示，设

$$D=\{(x,y)|\varphi_1(x)\leqslant y\leqslant\varphi_2(x),a\leqslant x\leqslant b\},$$

或

$$D=\{(x,y)|\psi_1(y)\leqslant x\leqslant\psi_2(y),c\leqslant y\leqslant d\},$$

则

$$\begin{aligned}\iint_D\frac{\partial Q}{\partial x}\mathrm{d}x\mathrm{d}y&=\int_c^d\mathrm{d}y\int_{\psi_1(y)}^{\psi_2(y)}\frac{\partial Q}{\partial x}\mathrm{d}x\\&=\int_c^d Q[\psi_2(y),y]\mathrm{d}y-\int_c^d Q[\psi_1(y),y]\mathrm{d}y\\&=\int_{\overset{\frown}{CBE}}Q(x,y)\mathrm{d}y-\int_{\overset{\frown}{CAE}}Q(x,y)\mathrm{d}y\\&=\int_{\overset{\frown}{CBE}}Q(x,y)\mathrm{d}y+\int_{\overset{\frown}{EAC}}Q(x,y)\mathrm{d}y,\end{aligned}$$

即

$$\iint_D\frac{\partial Q}{\partial x}\mathrm{d}x\mathrm{d}y=\oint_L Q(x,y)\mathrm{d}y.$$

同理可证

$$-\iint_D\frac{\partial P}{\partial y}\mathrm{d}x\mathrm{d}y=\oint_L P(x,y)\mathrm{d}x.$$

将上面两式相加得

$$\iint_D\left(\frac{\partial Q}{\partial x}-\frac{\partial P}{\partial y}\right)\mathrm{d}x\mathrm{d}y=\oint_L P\mathrm{d}x+Q\mathrm{d}y.$$

若 D 不满足以上条件，则可通过加辅助线将其分割为有限个上述形式的区域. 例如，对于图 10-14 所示的区域，有

$$\begin{aligned}\iint_D\left(\frac{\partial Q}{\partial x}-\frac{\partial P}{\partial y}\right)\mathrm{d}x\mathrm{d}y&=\sum_{k=1}^n\iint_{D_k}\left(\frac{\partial Q}{\partial x}-\frac{\partial P}{\partial y}\right)\mathrm{d}x\mathrm{d}y\\&=\sum_{k=1}^n\int_{\partial D_k}P\mathrm{d}x+Q\mathrm{d}y\\&=\oint_L P\mathrm{d}x+Q\mathrm{d}y,\end{aligned}$$

其中，∂D_k 表示 D_k 的正向边界. 其他情况不再赘述.

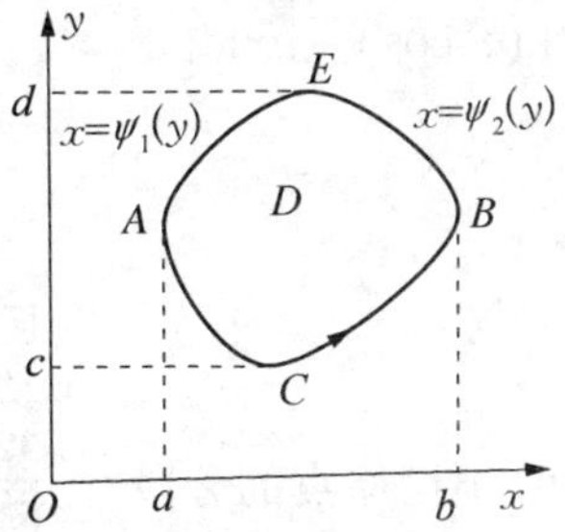

图 10-13

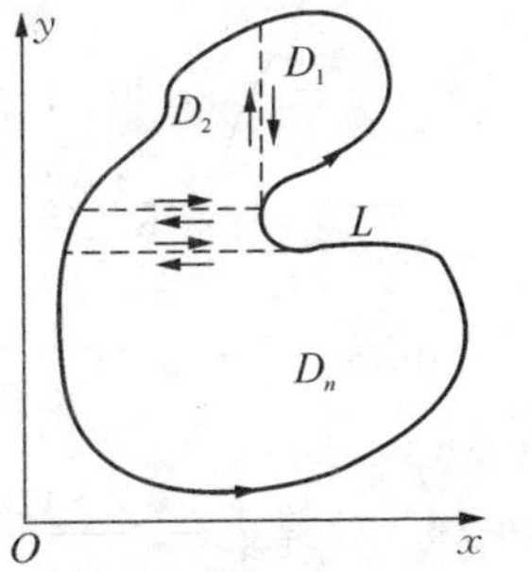

图 10-14

式(10-14)称为格林公式.

在格林公式中，取 $P=-y,\ Q=x$，则由闭曲线 L 所围成的区域 D 的面积为

$$A=\frac{1}{2}\oint_L x\mathrm{d}y-y\mathrm{d}x .$$

例如，椭圆 $L:\begin{cases}x=a\cos\theta,\\ y=b\sin\theta\end{cases}$ 所围平面图形的面积为

$$\begin{aligned}A&=\frac{1}{2}\oint_L x\,\mathrm{d}y-y\,\mathrm{d}x\\&=\frac{1}{2}\int_0^{2\pi}(ab\cos^2\theta+ab\sin^2\theta)\mathrm{d}\theta\\&=\pi ab.\end{aligned}$$

例 10-12　设 L 是一条分段光滑的闭曲线，证明 $\oint_L 3x^2y\mathrm{d}x+(x^3+y^3)\mathrm{d}y=0$.

证　这里 $P=3x^2y,\ Q=x^3+y^3$，则

$$\frac{\partial Q}{\partial x}-\frac{\partial P}{\partial y}=3x^2-3x^2=0,$$

利用格林公式，得

$$\oint_L 3x^2y\mathrm{d}x+(x^3+y^3)\mathrm{d}y=\pm\iint_D 0\mathrm{d}x\mathrm{d}y=0,$$

其中，D 为由曲线 L 围成的闭区域.

例 10-13　设 L 是从点 $A(2a,0)$ 沿曲线 $y=\sqrt{2ax-x^2}$ 到原点的一段弧，计算

$$\int_L \mathrm{e}^x\sin y\mathrm{d}x+(\mathrm{e}^x\cos y-ax)\mathrm{d}y,$$

其中 $a>0$.

解　为了使用格林公式，添加辅助有向线段 OA，它与 L 所围区域为 D，如图 10-15 所示，则

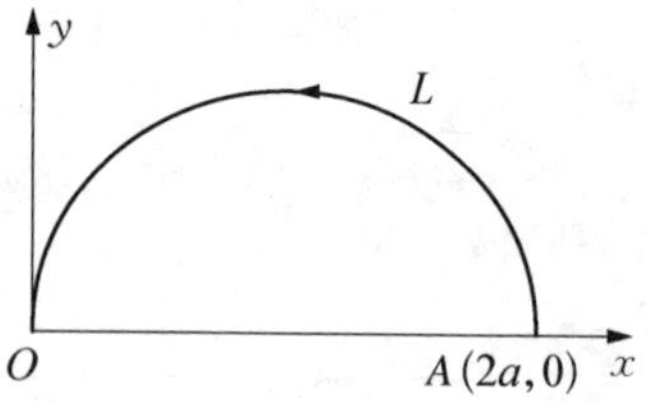

图 10-15

$$\begin{aligned}&\int_L \mathrm{e}^x\sin y\mathrm{d}x+(\mathrm{e}^x\cos y-ax)\mathrm{d}y\\&=\oint_{L+OA}\mathrm{e}^x\sin y\mathrm{d}x+(\mathrm{e}^x\cos y-ax)\mathrm{d}y\\&\quad-\int_{OA}\mathrm{e}^x\sin y\mathrm{d}x+(\mathrm{e}^x\cos y-ax)\mathrm{d}y\\&=-\iint_D a\mathrm{d}x\mathrm{d}y-0\\&=-\frac{1}{2}\pi a^3.\end{aligned}$$

例 10-14　计算 $\oint_L \dfrac{x\mathrm{d}y-y\mathrm{d}x}{x^2+y^2}$，其中 L 为一无重点且不过原点的分段光滑闭曲线，方向为逆时针方向.

扫码演示

解　这里 $P=\frac{-y}{x^2+y^2}$, $Q=\frac{x}{x^2+y^2}$，则当 $x^2+y^2\neq 0$ 时，$\frac{\partial Q}{\partial x}=\frac{y^2-x^2}{(x^2+y^2)^2}=\frac{\partial P}{\partial y}$.

设 L 所围区域为 D，当 $(0,0)\notin D$ 时，如图 10-16 所示，由格林公式知 $\oint_L\frac{x\mathrm{d}y-y\mathrm{d}x}{x^2+y^2}=0$；当 $(0,0)\in D$ 时，在 D 内作圆周 $L_1:x^2+y^2=r^2$，取逆时针方向，记 L 和 L_1 所围的区域为 D_1，如图 10-17 所示，对区域 D_1 应用格林公式，得

$$\oint_L\frac{x\mathrm{d}y-y\mathrm{d}x}{x^2+y^2}-\oint_{L_1}\frac{x\mathrm{d}y-y\mathrm{d}x}{x^2+y^2}=\oint_{L+L_1^-}\frac{x\mathrm{d}y-y\mathrm{d}x}{x^2+y^2}=\iint_{D_1}0\,\mathrm{d}x\mathrm{d}y=0,$$

所以

$$\begin{aligned}\oint_L\frac{x\mathrm{d}y-y\mathrm{d}x}{x^2+y^2}&=\oint_{L_1}\frac{x\mathrm{d}y-y\mathrm{d}x}{x^2+y^2}\\&=\int_0^{2\pi}\frac{r^2\cos^2\theta+r^2\sin^2\theta}{r^2}\mathrm{d}\theta=2\pi.\end{aligned}$$

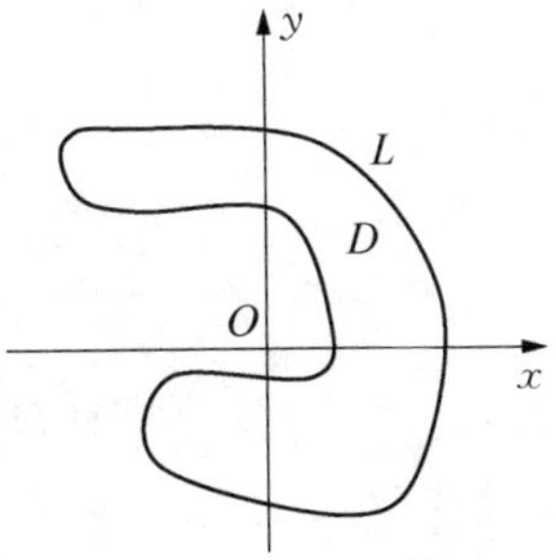

图 10-16

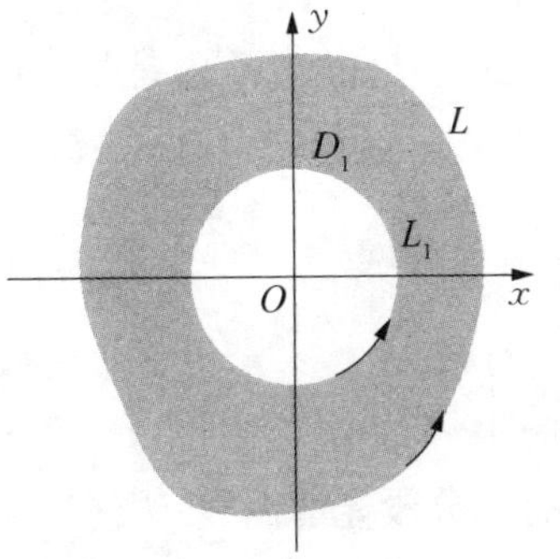

图 10-17

例 10-15　计算 $I=\iint_D \mathrm{e}^{-x^2}\mathrm{d}x\mathrm{d}y$，其中 D 是由 $y=0$，$y=x$ 及 $x=1$ 所围成的平面闭区域，如图 10-18 所示.

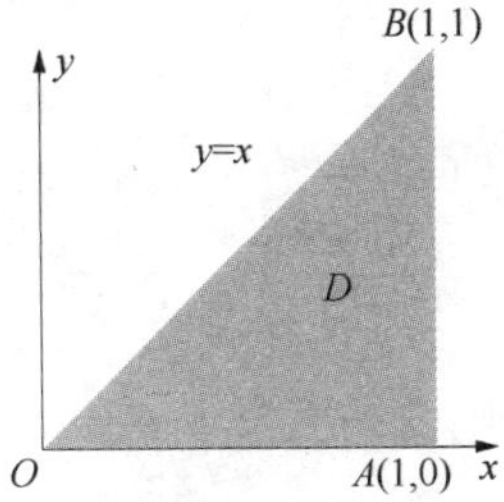

图 10-18

解　令 $P=-y\mathrm{e}^{-x^2}$, $Q=0$，则

$$\frac{\partial Q}{\partial x}-\frac{\partial P}{\partial y}=\mathrm{e}^{-x^2},$$

利用格林公式，有

$$\begin{aligned}I&=\iint_D \mathrm{e}^{-x^2}\mathrm{d}x\mathrm{d}y=\int_{OA+AB+BO}P\mathrm{d}x+Q\mathrm{d}y\\&=-\int_{BO}y\mathrm{e}^{-x^2}\mathrm{d}x=-\int_1^0 x\mathrm{e}^{-x^2}\mathrm{d}x\\&=\frac{1}{2}(1-\mathrm{e}^{-1}).\end{aligned}$$

二、平面上曲线积分与路径无关的等价条件

设D是单连通区域，点A，B为D内任意指定的两点，L_1，L_2为D内任意两条由A到B的有向分段光滑曲线，若

$$\int_{L_1} P\mathrm{d}x + Q\mathrm{d}y = \int_{L_2} P\mathrm{d}x + Q\mathrm{d}y,$$

则称曲线积分$\int_L P\mathrm{d}x + Q\mathrm{d}y$与路径无关.

定理 10-6　设D是单连通区域，函数$P(x,y)$，$Q(x,y)$在D内具有一阶连续偏导数，则以下四个条件等价.

(1) 沿D中任意分段光滑闭曲线L，有$\oint_L P\mathrm{d}x + Q\mathrm{d}y = 0$.

(2) 对D中任一分段光滑曲线L，曲线积分$\int_L P\mathrm{d}x + Q\mathrm{d}y$与路径无关，只与起点、终点有关.

(3) $P\mathrm{d}x + Q\mathrm{d}y$在$D$内是某一函数$u(x,y)$的全微分，即

$$\mathrm{d}u(x,y) = P(x,y)\,\mathrm{d}x + Q(x,y)\mathrm{d}y.$$

(4) 在D内每一点都有$\dfrac{\partial P}{\partial y} = \dfrac{\partial Q}{\partial x}$.

证　(1)$\Rightarrow$(2).

如图 10-19 所示，设点A，B为D内任意指定的两点，L_1，L_2为D内任意两条由A到B的有向分段光滑曲线，根据条件(1)，则

$$\begin{aligned}\int_{L_1} P\mathrm{d}x + Q\mathrm{d}y - \int_{L_2} P\mathrm{d}x + Q\mathrm{d}y &= \int_{L_1} P\mathrm{d}x + Q\mathrm{d}y + \int_{L_2^-} P\mathrm{d}x + Q\mathrm{d}y \\ &= \int_{L_1+L_2^-} P\mathrm{d}x + Q\mathrm{d}y = 0,\end{aligned}$$

所以

$$\int_{L_1} P\mathrm{d}x + Q\mathrm{d}y = \int_{L_2} P\mathrm{d}x + Q\mathrm{d}y,$$

则曲线积分$\int_L P\mathrm{d}x + Q\mathrm{d}y$与路径无关，只与起点、终点有关.

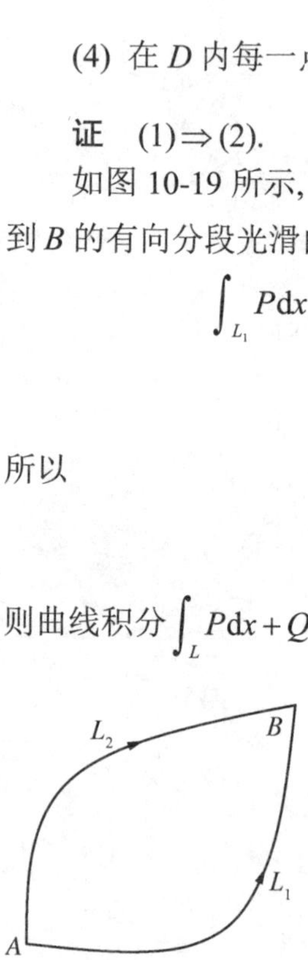

图 10-19

注　当曲线积分与路径无关时，常记为

$$\int_{\overset{\frown}{AB}} P\mathrm{d}x + Q\mathrm{d}y = \int_A^B P\mathrm{d}x + Q\mathrm{d}y.$$

(2)$\Rightarrow$(3).

如图 10-20 所示，在D内取定点$A(x_0,y_0)$和任一点$B(x,y)$，因曲线积分与路径无关，则曲线积分$\int_{(x_0,y_0)}^{(x,y)} P(x,y)\mathrm{d}x + Q(x,y)\mathrm{d}y$

是关于 x, y 的函数，把这个函数记作 $u(x,y)$，即

$$u(x,y)=\int_{(x_0,y_0)}^{(x,y)} P(x,y)\mathrm{d}x+Q(x,y)\mathrm{d}y,$$

于是有

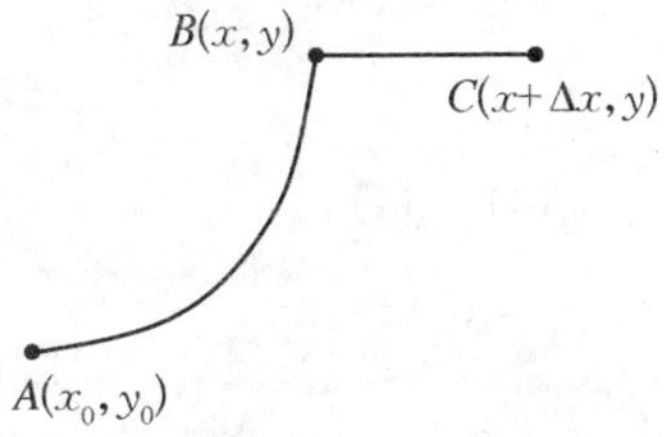

图 10-20

$$\begin{aligned}\Delta_x u&=u(x+\Delta x,y)-u(x,y)\\&=\int_{(x_0,y_0)}^{(x+\Delta x,y)} P(x,y)\mathrm{d}x+Q(x,y)\mathrm{d}y-\int_{(x_0,y_0)}^{(x,y)} P(x,y)\mathrm{d}x+Q(x,y)\mathrm{d}y\\&=\int_{(x,y)}^{(x+\Delta x,y)} P(x,y)\mathrm{d}x+Q(x,y)\mathrm{d}y\\&=\int_x^{x+\Delta x} P(x,y)\mathrm{d}x\\&=P(x+\theta\Delta x,y)\Delta x,\end{aligned}$$

其中，$0<\theta<1$，所以

$$\frac{\partial u}{\partial x}=\lim_{\Delta x\to 0}\frac{\Delta_x u}{\Delta x}=\lim_{\Delta x\to 0}P(x+\theta\Delta x,y)=P(x,y).$$

同理可证

$$\frac{\partial u}{\partial y}=Q(x,y),$$

因为函数 $P(x,y),Q(x,y)$ 在 D 内具有一阶连续偏导数，所以 $P(x,y),Q(x,y)$ 连续，即 $\frac{\partial u}{\partial x}$，$\frac{\partial u}{\partial y}$ 连续，故函数 $u(x,y)$ 可微，且

$$\mathrm{d}u(x,y)=P(x,y)\mathrm{d}x+Q(x,y)\mathrm{d}y.$$

注　若 $\mathrm{d}u(x,y)=P(x,y)\mathrm{d}x+Q(x,y)\mathrm{d}y$，则称 $u(x,y)$ 为 $P(x,y)\mathrm{d}x+Q(x,y)\mathrm{d}y$ 的一个原函数.

(3)⇒(4).

设存在函数 $u=u(x,y)$，使得 $\mathrm{d}u(x,y)=P(x,y)\mathrm{d}x+Q(x,y)\mathrm{d}y$，则

$$\frac{\partial u}{\partial x}=P(x,y),\qquad \frac{\partial u}{\partial y}=Q(x,y),$$

进一步，有

$$\frac{\partial P}{\partial y}=\frac{\partial^2 u}{\partial x\partial y},\qquad \frac{\partial Q}{\partial x}=\frac{\partial^2 u}{\partial y\partial x},$$

因为 P，Q 在 D 内具有连续的偏导数，所以

$$\frac{\partial^2 u}{\partial x\partial y}=\frac{\partial^2 u}{\partial y\partial x},$$

从而在 D 内每一点都有

$$\frac{\partial P}{\partial y}=\frac{\partial Q}{\partial x}.$$

$(4)\Rightarrow(1)$.

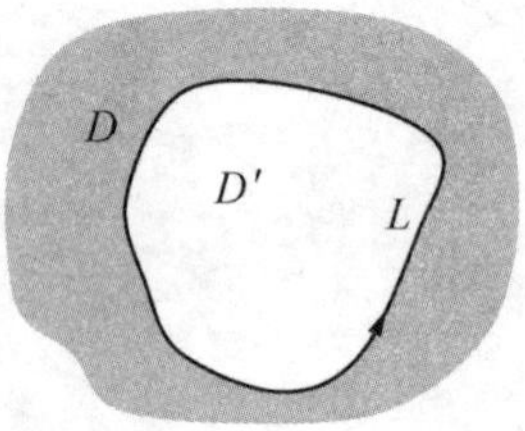

图 10-21

设 L 为 D 中任一分段光滑闭曲线, 方向如图 10-21 所示, 所围区域为 $D'\subset D$, 从而在 D' 上成立

$$\frac{\partial P}{\partial y}=\frac{\partial Q}{\partial x},$$

利用格林公式, 得

$$\oint_L P\mathrm{d}x+Q\mathrm{d}y=\iint_{D'}\left(\frac{\partial Q}{\partial x}-\frac{\partial P}{\partial y}\right)\mathrm{d}x\mathrm{d}y=0,$$

从而定理得证.

例 10-16　设 L 为 xOy 面内任一分段光滑曲线, 起点为 $(1,1)$, 终点为 $(2,3)$, 证明曲线积分 $\int_L (x+y)\mathrm{d}x+(x-y)\mathrm{d}y$ 在整个 xOy 面内与路径 L 无关, 并计算积分值.

扫码演示

解　解法一: 这里 $P=x+y$, $Q=x-y$, 由于

$$\frac{\partial P}{\partial y}=1=\frac{\partial Q}{\partial x}$$

在整个 xOy 面内恒成立, 故所求积分与路径无关, 且

$$\begin{aligned}\int_L (x+y)\mathrm{d}x+(x-y)\mathrm{d}y&=\int_{(1,1)}^{(2,3)}(x+y)\mathrm{d}x+(x-y)\mathrm{d}y\\&=\int_1^2(x+1)\mathrm{d}x+\int_1^3(2-y)\mathrm{d}y\\&=\left[\frac{1}{2}x^2+x\right]_1^2+\left[2y-\frac{1}{2}y^2\right]_1^3=\frac{5}{2}.\end{aligned}$$

解法二: 由于

$$\begin{aligned}(x+y)\mathrm{d}x+(x-y)\mathrm{d}y&=x\mathrm{d}x+y\mathrm{d}x+x\mathrm{d}y-y\mathrm{d}y\\&=\mathrm{d}\left(\frac{x^2}{2}\right)+\mathrm{d}(xy)-\mathrm{d}\left(\frac{y^2}{2}\right)=\mathrm{d}\left(\frac{x^2}{2}+xy-\frac{y^2}{2}\right),\end{aligned}$$

于是被积式是函数 $u(x,y)=\frac{x^2}{2}+xy-\frac{y^2}{2}$ 的全微分, 从而所求积分在整个 xOy 面内与路径无关, 且

$$\int_L (x+y)\mathrm{d}x+(x-y)\mathrm{d}y=\left[\frac{x^2}{2}+xy-\frac{y^2}{2}\right]_{(1,1)}^{(2,3)}=\frac{5}{2}.$$

根据定理 10-6，若在某区域 D 内满足 $\dfrac{\partial P}{\partial y}=\dfrac{\partial Q}{\partial x}$，则可用积分法求 $P\mathrm{d}x+Q\mathrm{d}y$ 在区域 D 内的原函数，做法如下.

取定点 $P_0(x_0,y_0)\in D$ 及动点 $P(x,y)\in D$，如图 10-22 所示，原函数为

$$u(x,y)=\int_{(x_0,y_0)}^{(x,y)}P(x,y)\,\mathrm{d}x+Q(x,y)\,\mathrm{d}y,$$

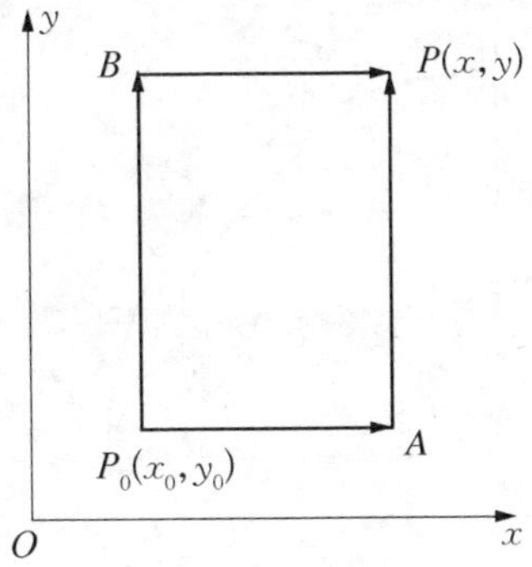

图 10-22

若取折线 P_0AP 为积分路径，则

$$u(x,y)=\int_{x_0}^{x}P(x,y_0)\,\mathrm{d}x+\int_{y_0}^{y}Q(x,y)\,\mathrm{d}y;$$

若取折线 P_0BP 为积分路径，则

$$u(x,y)=\int_{y_0}^{y}Q(x_0,y)\,\mathrm{d}y+\int_{x_0}^{x}P(x,y)\,\mathrm{d}x.$$

例 10-17　验证在整个 xOy 面内，$(x^2+2xy-y^2)\mathrm{d}x+(x^2-2xy-y^2)\mathrm{d}y$ 存在原函数，并求出一个这样的原函数.

证　这里 $P=x^2+2xy-y^2$，$Q=x^2-2xy-y^2$，则

$$\frac{\partial P}{\partial y}=2x-2y=\frac{\partial Q}{\partial x}$$

在整个 xOy 面内恒成立，由定理 10-6 可知，

$$(x^2+2xy-y^2)\mathrm{d}x+(x^2-2xy-y^2)\mathrm{d}y$$

存在原函数 $u(x,y)$，取积分路线如图 10-23 所示，得

$$\begin{aligned}u(x,y)&=\int_{(0,0)}^{(x,y)}(x^2+2xy-y^2)\mathrm{d}x+(x^2-2xy-y^2)\mathrm{d}y\\&=\int_0^x x^2\mathrm{d}x+\int_0^y(x^2-2xy-y^2)\mathrm{d}y\\&=\frac{x^3}{3}+x^2y-xy^2-\frac{y^3}{3}.\end{aligned}$$

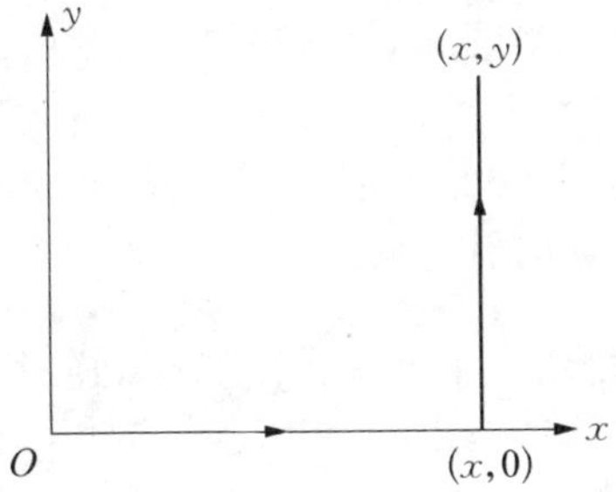

图 10-23

例 10-18　设一质点在力 $\boldsymbol{F}=\dfrac{y}{r^2}\boldsymbol{i}-\dfrac{x}{r^2}\boldsymbol{j}$ 作用下，从点 $A\left(0,\dfrac{\pi}{2}\right)$ 沿曲线 L：$y=\dfrac{\pi}{2}\cos x$ 移动到点 $B\left(\dfrac{\pi}{2},0\right)$，求力 $\boldsymbol{F}$ 所做的功 W（其中 $r=\sqrt{x^2+y^2}>0$）.

扫码演示

解　力 $\boldsymbol{F}$ 所做的功为

$$W=\int_L\boldsymbol{F}\cdot\mathrm{d}\boldsymbol{r}=\int_L\frac{1}{r^2}(y\,\mathrm{d}x-x\,\mathrm{d}y),$$

令 $P=\dfrac{y}{r^2}$，$Q=-\dfrac{x}{r^2}$，因为

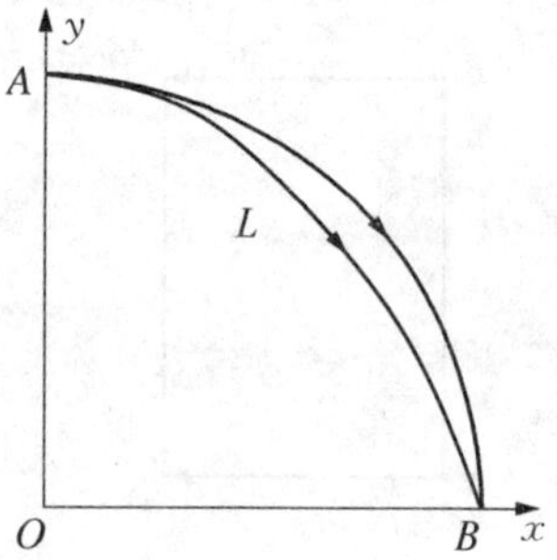

图 10-24

$$\frac{\partial P}{\partial y}=\frac{x^2-y^2}{r^4}=\frac{\partial Q}{\partial x}\quad (x^2+y^2\neq 0),$$

所以W在不含原点的单连通区域内与路径无关. 可取圆弧

$$\widehat{AB}:\ x=\frac{\pi}{2}\cos\theta,\quad y=\frac{\pi}{2}\sin\theta,$$

参数θ从$\frac{\pi}{2}$变化到 0, 如图 10-24 所示, 于是

$$W=\int_{\widehat{AB}}\frac{1}{r^2}(y\,dx-x\,dy)$$
$$=\int_{\frac{\pi}{2}}^{0}-(\sin^2\theta+\cos^2\theta)\,d\theta=\frac{\pi}{2}.$$

习　题　10-3

1. 计算 $\oint_L -ydx+xdy$, 其中L为圆周$(x-1)^2+(y-1)^2=1$, 方向取逆时针方向.

2. 计算 $\int_L (e^x\sin y-3y+x^2)dx+(e^x\cos y-x)dy$, 其中$L$为由点$A(3,0)$经椭圆$\begin{cases}x=3\cos t,\\ y=2\sin t\end{cases}$的上半弧到点$B(-3,0)$再沿直线回到$A$的路径.

3. 计算$\oint_L\left(e^x\sin y-\frac{y^2}{2}\right)dx+\left(e^x\cos y-\frac{1}{2}\right)dy$, 其中$L$是上半圆周$x^2+y^2=2x\ (y>0)$和$x$轴围成的平面区域的正向边界.

4. 计算 $\oint_L xy^2dy-x^2ydx$, 其中L为$x^2+y^2=1$, 方向取逆时针方向.

5. 计算 $\oint_L (yx^3+e^y)dx+(xy^3+xe^y-2x)dy$, 其中$L$为圆周 $x^2+y^2=a^2$, 方向取逆时针方向.

6. 计算曲线积分

(1) $\oint_{ABOA}(e^x\sin y-y)dx+(e^x\cos y-1)dy$;

(2) $\int_{AB}(e^x\sin y-y)dx+(e^x\cos y-1)dy$.

其中, $A(0,a)$, $B(a,0)$, $O(0,0)$, $ABOA$是折线, AB是由A到B的直线段.

7. 计算$\int_L(x^2-y)dx-(x+\sin^2 y)dy$, 其中$L$是在圆周 $y=\sqrt{2x-x^2}$ 上由$(0,0)$到$(1,1)$的一段弧.

8. 计算$I=\int_L\frac{(x+4y)dy+(x-y)dx}{x^2+4y^2}$, 其中$L$为单位圆周 $x^2+y^2=1$, 方向取逆时针方向.

9. 验证xy^2dx+x^2ydy是某个函数的全微分, 并求出这个函数.

10. 利用曲线积分, 求下列微分表达式的所有原函数.

(1) $(x+2y)\mathrm{d}x+(2x+y)\mathrm{d}y$;

(2) $\dfrac{x\mathrm{d}y-y\mathrm{d}x}{x^2+y^2}\ (x>0)$;

(3) $(2x\cos y+y^2\cos x)\mathrm{d}x+(2y\sin x-x^2\sin y)\mathrm{d}y$.

第四节　对面积的曲面积分

一、对面积的曲面积分的概念与性质

引例(曲面形构件的质量)　设曲面形构件在空间占有曲面 Σ, 其面密度为 $\rho(x,y,z)$, 且 $\rho(x,y,z)$ 在 Σ 上连续, 求此曲面形构件的质量 M, 如图 10-25 所示. 与求曲线形构件的质量类似, 采用“分割、近似代替、求和、取极限”的方法, 可得

$$M=\lim_{\lambda\to 0}\sum_{i=1}^{n}\rho(\xi_i,\eta_i,\zeta_i)\Delta S_i,$$

其中, ΔS_i 为 Σ 上的一小块曲面(ΔS_i 同时也表示该小块曲面的面积), $(\xi_i,\eta_i,\zeta_i)\in\Delta S_i\ (i=1,2,\cdots,n)$, λ 表示 n 个小块曲面的直径[①]的最大值.

不考虑问题的实际意义, 抽象出对面积的曲面积分的概念.

定义 10-3　设函数 $f(x,y,z)$ 在光滑曲面 Σ 上有界, 把 Σ 任意分成 n 小块 $\Delta S_1,\Delta S_2,\cdots,\Delta S_n$, 其中 ΔS_i 既表示第 i 小块曲面, 也表示它的面积, 在 ΔS_i 上任取一点 (ξ_i,η_i,ζ_i), 作乘积 $f(\xi_i,\eta_i,\zeta_i)\Delta S_i(i=1,2,\cdots,n)$, 并作和 $\sum\limits_{i=1}^{n}f(\xi_i,\eta_i,\zeta_i)\Delta S_i$, 用 λ 表示 n 个小块曲面的直径的最大值, 若 $\lim\limits_{\lambda\to 0}\sum\limits_{i=1}^{n}f(\xi_i,\eta_i,\zeta_i)\Delta S_i$ 总存在, 则称此极限为 $f(x,y,z)$ 在 Σ 上对面积的曲面积分或第一类曲面积分, 记为 $\iint\limits_{\Sigma}f(x,y,z)\mathrm{d}S$, 即

$$\iint\limits_{\Sigma}f(x,y,z)\mathrm{d}S=\lim_{\lambda\to 0}\sum_{i=1}^{n}f(\xi_i,\eta_i,\zeta_i)\Delta S_i, \tag{10-15}$$

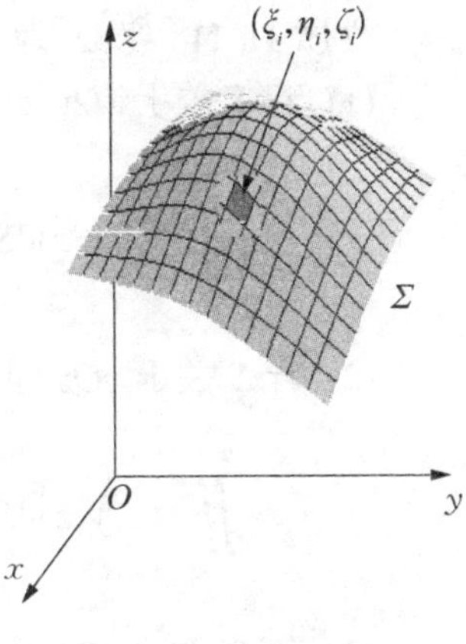

图 10-25

其中, $f(x,y,z)$ 称为被积函数, Σ 称为积分曲面.

定理 10-7　若函数 $f(x,y,z)$ 在光滑曲面 Σ 上连续, 则对面积的曲面积分

① 曲面的直径是指曲面上任意两点间距离的最大者.

$\iint\limits_{\Sigma} f(x,y,z)\mathrm{d}S$ 存在.

此定理的证明见定理 10-8. 如果没有特别说明, 以后总假定曲面 Σ 是光滑的或分片光滑①的, $f(x,y,z)$ 在 Σ 上连续.

当 Σ 为封闭曲面时, 可记为 $\oiint\limits_{\Sigma} f(x,y,z)\mathrm{d}S$.

特别地, 当 $f(x,y,z)\equiv 1$ 时, $\iint\limits_{\Sigma} 1\mathrm{d}S=\iint\limits_{\Sigma}\mathrm{d}S=A$, 其中 A 为曲面 Σ 的面积.

根据定义 10-3, 引例中曲面形构件的质量为

$$M=\iint\limits_{\Sigma}\rho(x,y,z)\mathrm{d}S.$$

对面积的曲面积分与对弧长的曲线积分的性质类似, 具体如下.

性质 10-8　设 α,β 为常数, 则

$$\iint\limits_{\Sigma}[\alpha f(x,y,z)+\beta g(x,y,z)]\mathrm{d}S=\alpha\iint\limits_{\Sigma} f(x,y,z)\mathrm{d}S+\beta\iint\limits_{\Sigma} g(x,y,z)\mathrm{d}S.$$

性质 10-9　若曲面 Σ 可分成两片光滑曲面 Σ_1 及 Σ_2 (记作 $\Sigma=\Sigma_1+\Sigma_2$), 则

$$\iint\limits_{\Sigma} f(x,y,z)\mathrm{d}S=\iint\limits_{\Sigma_1} f(x,y,z)\mathrm{d}S+\iint\limits_{\Sigma_2} f(x,y,z)\mathrm{d}S.$$

性质 10-10　设在曲面 Σ 上 $f(x,y,z)\leqslant g(x,y,z)$, 则

$$\iint\limits_{\Sigma} f(x,y,z)\mathrm{d}S\leqslant\iint\limits_{\Sigma} g(x,y,z)\mathrm{d}S.$$

性质 10-11　设 Σ 为空间光滑或分片光滑曲面,

(1) 若 Σ 关于 xOy 面对称, Σ_1 为 Σ 在 xOy 面上侧部分的曲面, 则

$$\iint\limits_{\Sigma} f(x,y,z)\mathrm{d}S=\begin{cases}0, & 在\Sigma上f(x,y,-z)=-f(x,y,z),\\ 2\iint\limits_{\Sigma_1} f(x,y,z)\mathrm{d}S, & 在\Sigma上f(x,y,-z)=f(x,y,z);\end{cases}$$

(2) 若 Σ 关于 yOz 面对称, Σ_1 为 Σ 在 yOz 面前侧部分的曲面, 则

$$\iint\limits_{\Sigma} f(x,y,z)\mathrm{d}S=\begin{cases}0, & 在\Sigma上f(-x,y,z)=-f(x,y,z),\\ 2\iint\limits_{\Sigma_1} f(x,y,z)\mathrm{d}S, & 在\Sigma上f(-x,y,z)=f(x,y,z);\end{cases}$$

(3) 若 Σ 关于 zOx 面对称, Σ_1 为 Σ 在 zOx 面右侧部分的曲面, 则

$$\iint\limits_{\Sigma} f(x,y,z)\mathrm{d}S=\begin{cases}0, & 在\Sigma上f(x,-y,z)=-f(x,y,z),\\ 2\iint\limits_{\Sigma_1} f(x,y,z)\mathrm{d}S, & 在\Sigma上f(x,-y,z)=f(x,y,z).\end{cases}$$

---

① 分片光滑的曲面是指由有限个光滑曲面组成的曲面.

二、对面积的曲面积分的计算

定理 10-8　设函数 $f(x,y,z)$ 在光滑曲面 Σ 上有定义且连续，曲面 Σ 的方程为 $z=z(x,y)$，它在 xOy 面上的投影区域为 D_{xy}，且 $z=z(x,y)$ 在 D_{xy} 上具有连续偏导数，则曲面积分 $\iint\limits_{\Sigma} f(x,y,z)\mathrm{d}S$ 存在，且

$$\iint\limits_{\Sigma} f(x,y,z)\mathrm{d}S=\iint\limits_{D_{xy}} f[x,y,z(x,y)]\sqrt{1+z_x^2(x,y)+z_y^2(x,y)}\mathrm{d}x\mathrm{d}y. \tag{10-16}$$

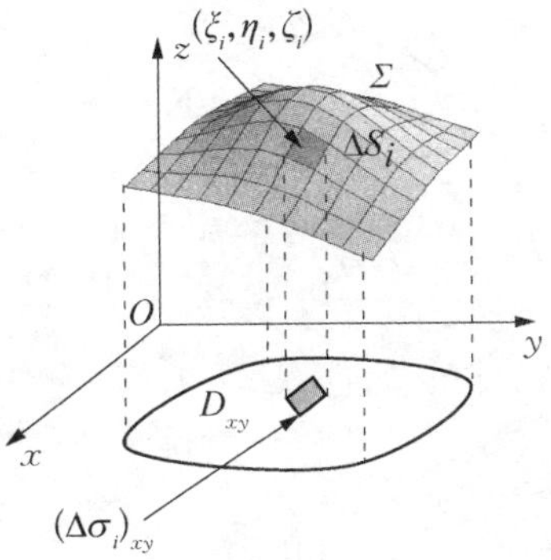

图 10-26

证　由定义 10-3 知

$$\iint\limits_{\Sigma} f(x,y,z)\mathrm{d}S=\lim_{\lambda\to 0}\sum_{i=1}^{n} f(\xi_i,\eta_i,\zeta_i)\Delta S_i,$$

将 ΔS_i 在 xOy 面上的投影区域记为 $(\Delta\sigma_i)_{xy}$，如图 10-26 所示，根据曲面面积的计算公式和二重积分的中值定理，得

$$\Delta S_i=\iint\limits_{(\Delta\sigma_i)_{xy}}\sqrt{1+z_x^2(x,y)+z_y^2(x,y)}\mathrm{d}x\mathrm{d}y$$
$$=\sqrt{1+z_x^2(\xi_i',\eta_i')+z_y^2(\xi_i',\eta_i')}(\Delta\sigma_i)_{xy},$$

其中 $(\xi_i',\eta_i')\in(\Delta\sigma_i)_{xy}$，又 $\zeta_i=z(\xi_i,\eta_i)$，于是

$$\iint\limits_{\Sigma} f(x,y,z)\mathrm{d}S=\lim_{\lambda\to 0}\sum_{i=1}^{n} f[\xi_i,\eta_i,z(\xi_i,\eta_i)]\sqrt{1+z_x^2(\xi_i',\eta_i')+z_y^2(\xi_i',\eta_i')}(\Delta\sigma_i)_{xy}.$$

由 $\sqrt{1+z_x^2(x,y)+z_y^2(x,y)}$ 在 D_{xy} 上的连续性，可以证明

$$\iint\limits_{\Sigma} f(x,y,z)\mathrm{d}S=\lim_{\lambda\to 0}\sum_{i=1}^{n} f[\xi_i,\eta_i,z(\xi_i,\eta_i)]\sqrt{1+z_x^2(\xi_i,\eta_i)+z_y^2(\xi_i,\eta_i)}(\Delta\sigma_i)_{xy},$$

因为函数 $f[x,y,z(x,y)]\sqrt{1+z_x^2(x,y)+z_y^2(x,y)}$ 在 D_{xy} 上连续，所以上式右端就是该函数在 D_{xy} 上的二重积分，从而

$$\iint\limits_{\Sigma} f(x,y,z)\mathrm{d}S=\iint\limits_{D_{xy}} f[x,y,z(x,y)]\sqrt{1+z_x^2(x,y)+z_y^2(x,y)}\mathrm{d}x\mathrm{d}y.$$

类似地，若曲面 Σ 的方程为 $x=x(y,z)$，在 yOz 面上的投影区域为 D_{yz}，且 $x=x(y,z)$ 在 D_{yz} 上具有连续偏导数，则

$$\iint\limits_{\Sigma} f(x,y,z)\mathrm{d}S=\iint\limits_{D_{yz}} f[x(y,z),y,z]\sqrt{1+x_y^2(y,z)+x_z^2(y,z)}\mathrm{d}y\mathrm{d}z.$$

若曲面 Σ 的方程为 $y=y(x,z)$，在 zOx 面上的投影区域为 D_{zx}，且 $y=y(x,z)$ 在 D_{zx} 上具有连续偏导数，则

$$\iint_{\Sigma} f(x,y,z)\mathrm{d}S = \iint_{D_{zx}} f[x,y(x,z),z]\sqrt{1+y_x^2(x,z)+y_z^2(x,z)}\mathrm{d}z\mathrm{d}x .$$

例 10-19 计算 $\iint\limits_{\Sigma} z\mathrm{d}S$，其中 Σ 是球面 $x^2+y^2+z^2=a^2$ 被平面 $z=h(0<h<a)$ 截出的顶部，如图 10-27 所示.

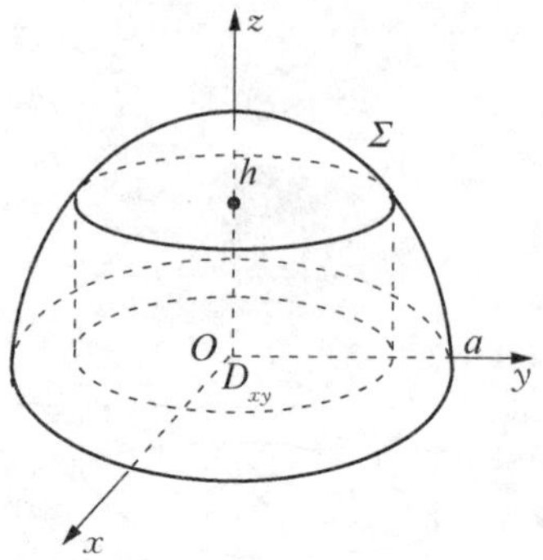

图 10-27

解 积分曲面 Σ 的方程为 $z=\sqrt{a^2-x^2-y^2}$，它在 xOy 面上的投影区域为

$$D_{xy}=\left\{(x,y)\middle| x^2+y^2\leqslant a^2-h^2\right\},$$

又

$$\sqrt{1+z_x^2+z_y^2}=\frac{a}{\sqrt{a^2-x^2-y^2}},$$

所以

$$\iint_{\Sigma} z\mathrm{d}S=\iint_{D_{xy}} a\mathrm{d}x\mathrm{d}y=\pi a(a^2-h^2).$$

例 10-20 计算 $\iint\limits_{\Sigma}(x+y+z)\mathrm{d}S$，其中 Σ 为平面 $y+z=5$ 被柱面 $x^2+y^2=25$ 所截得的部分.

解 积分曲面 Σ 的方程为 $z=5-y$，在 xOy 面上的投影区域为

$$D_{xy}=\{(x,y)|x^2+y^2\leqslant 25\},$$

则

$$\mathrm{d}S=\sqrt{1+z_x^2+z_y^2}\mathrm{d}x\mathrm{d}y=\sqrt{1+0+(-1)^2}\mathrm{d}x\mathrm{d}y=\sqrt{2}\mathrm{d}x\mathrm{d}y,$$

于是

$$\begin{aligned}\iint_{\Sigma}(x+y+z)\mathrm{d}S&=\sqrt{2}\iint_{D_{xy}}(5+x)\mathrm{d}x\mathrm{d}y\\&=\sqrt{2}\int_0^{2\pi}\mathrm{d}\theta\int_0^5(5+\rho\cos\theta)\rho\mathrm{d}\rho=125\sqrt{2}\pi.\end{aligned}$$

例 10-21 计算 $\oiint\limits_{\Sigma} xyz\mathrm{d}S$，其中 Σ 是由平面 $x=0,y=0$, $z=0$ 及 $x+y+z=1$ 所围四面体的整个边界曲面.

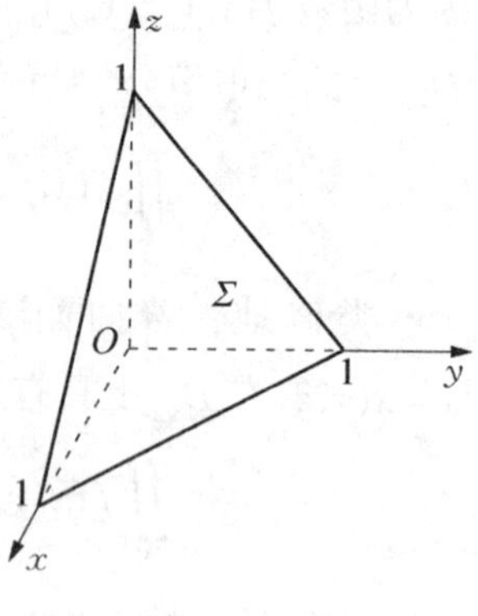

图 10-28

解 记 Σ 在平面 $x=0,y=0,z=0$ 及 $x+y+z=1$ 上的部分依次为 $\Sigma_1,\Sigma_2,\Sigma_3$ 和 Σ_4，如图 10-28 所示，于是

$$\oiint_{\Sigma} xyz\mathrm{d}S=\iint_{\Sigma_1} xyz\mathrm{d}S+\iint_{\Sigma_2} xyz\mathrm{d}S+\iint_{\Sigma_3} xyz\mathrm{d}S+\iint_{\Sigma_4} xyz\mathrm{d}S .$$

显然在 $\Sigma_1,\Sigma_2,\Sigma_3$ 上，被积函数 $f(x,y,z)=0$，则

$$\iint\limits_{\Sigma_1} xyz\mathrm{d}S = \iint\limits_{\Sigma_2} xyz\mathrm{d}S = \iint\limits_{\Sigma_3} xyz\mathrm{d}S = 0,$$

在 Σ_4 上，$z=1-x-y$，有

$$\sqrt{1+z_x^2+z_y^2} = \sqrt{1+(-1)^2+(-1)^2} = \sqrt{3},$$

且 Σ_4 在 xOy 面上的投影区域为 $D_{xy} = \{(x,y) | 0 \leqslant y \leqslant 1-x, 0 \leqslant x \leqslant 1\}$，于是

$$\begin{aligned}\iint\limits_{\Sigma_4} xyz\mathrm{d}S &= \iint\limits_{D_{xy}} \sqrt{3}xy(1-x-y)\mathrm{d}x\mathrm{d}y = \sqrt{3}\int_0^1 x\mathrm{d}x \int_0^{1-x} y(1-x-y)\mathrm{d}y \\ &= \frac{\sqrt{3}}{6}\int_0^1 (x-3x^2+3x^3-x^4)\mathrm{d}x = \frac{\sqrt{3}}{120},\end{aligned}$$

所以

$$\oiint\limits_{\Sigma} xyz\mathrm{d}S = \iint\limits_{\Sigma_1} xyz\mathrm{d}S + \iint\limits_{\Sigma_2} xyz\mathrm{d}S + \iint\limits_{\Sigma_3} xyz\mathrm{d}S + \iint\limits_{\Sigma_4} xyz\mathrm{d}S = \frac{\sqrt{3}}{120}.$$

例 10-22　利用 Mathematica 计算 $\iint\limits_{\Sigma} \frac{\mathrm{d}S}{z}$，其中 Σ 是球面 $x^2+y^2+z^2=a^2$ 被平面 $z=h\ (0<h<a)$ 截出的顶部.

解　首先作图形:

```
In[1]:=ParametricPlot3D[{Sin[v]*Cos[u],Sin[v]*Sin[u], Cos[v]},
        {v, 0, 1/3 Pi}, {u, 0, 2*Pi}, Ticks->None, AxesLabel->
        {"x", "y", "z"}]
Out[1]=
```

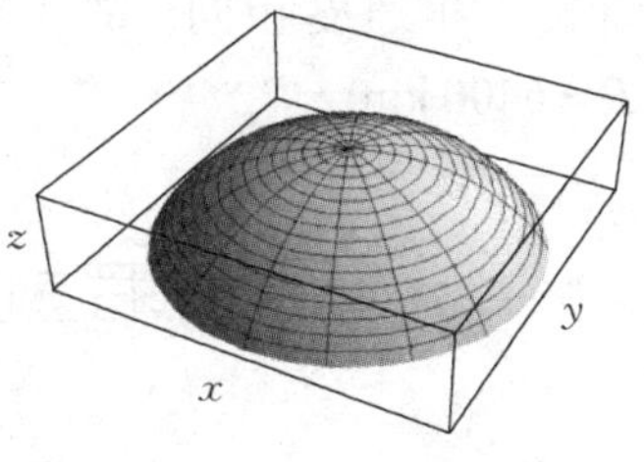

图 10-29

Σ 的方程为 $z=\sqrt{a^2-x^2-y^2}$，如图 10-29 所示，Σ 在 xOy 面上的投影区域为

$$D_{xy} = \left\{(x,y) \middle| x^2+y^2 \leqslant a^2-h^2\right\},$$

又因为

$$\sqrt{1+z_x^2+z_y^2} = \frac{a}{\sqrt{a^2-x^2-y^2}},$$

所以

$$\iint\limits_{\Sigma} \frac{\mathrm{d}S}{z} = \iint\limits_{D_{xy}} \frac{a\mathrm{d}x\mathrm{d}y}{a^2-x^2-y^2}.$$

然后在极坐标系中计算该二重积分，得

$$\iint\limits_{\Sigma} \frac{\mathrm{d}S}{z} = a\int_0^{2\pi} \mathrm{d}\theta \int_0^{\sqrt{a^2-h^2}} \frac{\rho}{a^2-\rho^2}\mathrm{d}\rho.$$

最后利用 Mathematica 计算上述积分，即

```
In[2]:= Integrate[a r/(a^2-r^2),{t,0,2 Pi},{r,0, Sqrt[a^2-h^2]}]
```

```
Out[2]=aπ(Log[a^2]-Log[h^2])
```

所以

$$\iint_{\Sigma}\frac{\mathrm{d}S}{z}=2a\pi\ln\frac{a}{h}.$$

习 题 10-4

1. 计算 $\iint_{\Sigma}(x^2+y^2)\mathrm{d}S$，其中 Σ 为锥面 $z^2=3(x^2+y^2)$ 被平面 $z=0$ 和 $z=3$ 所截得的部分.

2. 使用曲面积分计算半径为 a 的球的表面积.

3. 计算 $\oiint_{\Sigma}x\mathrm{d}S$，其中 Σ 是圆柱面 $x^2+y^2=1$，平面 $z=x+2$ 及 $z=0$ 所围成的空间立体的表面.

4. 计算 $\iint_{\Sigma}|xyz|\mathrm{d}S$，其中 Σ 为抛物面 $z=x^2+y^2\ (0\leqslant z\leqslant 1)$.

5. 计算 $\oiint_{\Sigma}(x^2+y^2+z^2)\mathrm{d}S$，其中 Σ 为内接于球面 $x^2+y^2+z^2=a^2$ 的八面体 $|x|+|y|+|z|=a$ 的表面.

6. 计算 $\oiint_{\Sigma}(x^2+y^2+z^2)\mathrm{d}S$，其中 Σ 是 $x^2+y^2+z^2=a^2\ (x\geqslant 0,y\geqslant 0)$，以及坐标平面 $x=0,y=0$ 所围成的闭曲面.

7. 设有一颗地球同步轨道卫星，距地面的高度为 h=36000 km，运行的角速度与地球自转的角速度相同，试计算该通信卫星的覆盖面积与地球表面积的比值(地球半径 $R=6400$ km).

第五节 对坐标的曲面积分

一、对坐标的曲面积分的概念与性质

曲面有双侧与单侧之分，通常遇到的曲面都是双侧的，如一张纸有正、反两面，一个球面有内、外两面. 这里讨论的都是双侧曲面. 对于双侧曲面 Σ，可以用其法向量的指向来定出曲面的侧. 例如，对于曲面 $z=z(x,y)$，如果取它的法向量 $\boldsymbol{n}$ 的指向朝上，就认为取定了曲面的上侧；又如，对于封闭曲面，如果取它的法向量 $\boldsymbol{n}$ 的指向朝外，就认为取定了曲面的外侧. 这种指定了侧的曲面称为有向曲面.

设 Σ 为有向曲面，在 Σ 上取一小块 ΔS，它在 xOy 面上的投影区域的面积记为 $(\Delta\sigma)_{xy}$. 假定 ΔS 上各点处的法向量与 z 轴的夹角 γ 的余弦 $\cos\gamma$ 有相同的符号，则规定

ΔS 在 xOy 面上的投影 $(\Delta S)_{xy}$ 为

$$(\Delta S)_{xy}=\begin{cases}(\Delta\sigma)_{xy}, & \cos\gamma>0,\\ 0, & \cos\gamma=0,\\ -(\Delta\sigma)_{xy}, & \cos\gamma<0.\end{cases}$$

类似地，可规定 $(\Delta S)_{yz}$ 和 $(\Delta S)_{zx}$.

引例(流向曲面一侧的流量)　在物理学中，流量是指单位时间内从曲面的一侧流向另一侧的流体的质量.

设稳定流动(速度不随时间变化)的不可压缩流体(假定密度为 1)的速度场为

$$\boldsymbol{v}(x,y,z)=P(x,y,z)\boldsymbol{i}+Q(x,y,z)\boldsymbol{j}+R(x,y,z)\boldsymbol{k},$$

Σ 是速度场中的一片有向曲面，函数 $P(x,y,z)$， $Q(x,y,z)$， $R(x,y,z)$ 均在 Σ 上连续，求流过有向曲面 Σ 指定侧的流量 Φ.

若 Σ 是面积为 S 的平面，法向量 $\boldsymbol{n}=(\cos\alpha,\cos\beta,\cos\gamma)$，流速为常向量 $\boldsymbol{v}$，如图 10-30 所示，则流量

$$\Phi=S|\boldsymbol{v}|\cos\theta=\boldsymbol{v}\cdot\boldsymbol{n}S.$$

对于一般的有向曲面 Σ，流速 $\boldsymbol{v}$ 不为常向量的情形，所求流量就不能用上述公式计算，但仍然可以利用积分的思想解决，做法如下.

1) 分割

把 Σ 任意分成 n 小块 ΔS_1， ΔS_2， $\cdots$， ΔS_n，其中 ΔS_i 既表示第 i 小块曲面，又表示它的面积.

2) 近似代替

在 ΔS_i 上任取一点 (ξ_i,η_i,ζ_i)，在该点处的流速为

$$\boldsymbol{v}_i=\boldsymbol{v}(\xi_i,\eta_i,\zeta_i)=P(\xi_i,\eta_i,\zeta_i)\boldsymbol{i}+Q(\xi_i,\eta_i,\zeta_i)\boldsymbol{j}+R(\xi_i,\eta_i,\zeta_i)\boldsymbol{k},$$

同时点 (ξ_i,η_i,ζ_i) 处曲面 Σ 的单位法向量为

$$\boldsymbol{n}_i=\cos\alpha_i\boldsymbol{i}+\cos\beta_i\boldsymbol{j}+\cos\gamma_i\boldsymbol{k},$$

由于曲面 ΔS_i 光滑且直径很小，从而通过 ΔS_i 流向指定侧的流量近似为

$$\boldsymbol{v}_i\cdot\boldsymbol{n}_i\Delta S_i\quad(i=1,2,\cdots,n),$$

如图 10-31 所示.

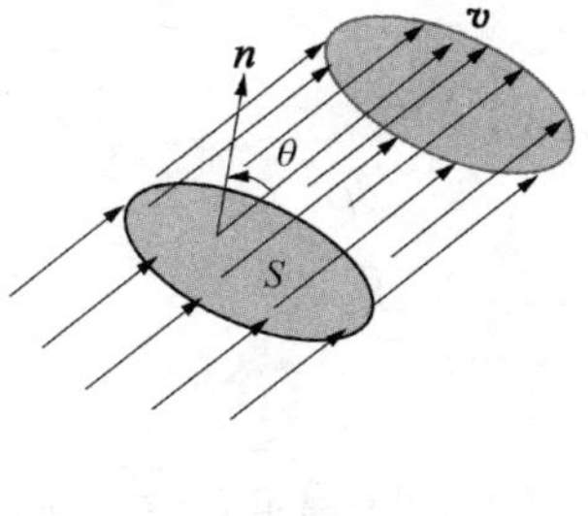

图 10-30

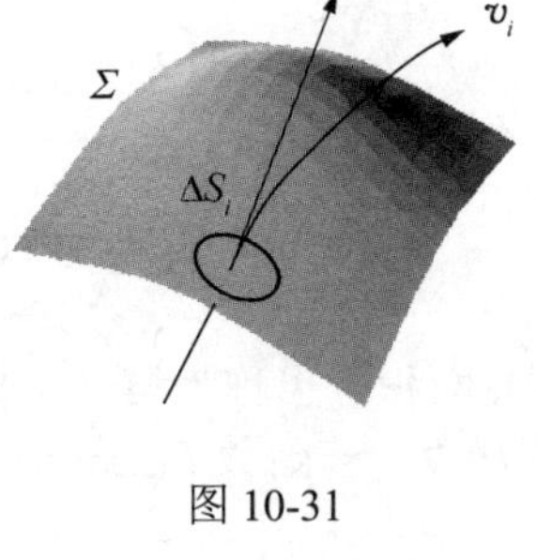

图 10-31

3) 求和

通过 Σ 流向指定侧的流量为

$$\begin{aligned}\Phi &\approx \sum_{i=1}^{n} \boldsymbol{v}_i \cdot \boldsymbol{n}_i \Delta S_i \\ &= \sum_{i=1}^{n} [P(\xi_i,\eta_i,\zeta_i)\cos\alpha_i + Q(\xi_i,\eta_i,\zeta_i)\cos\beta_i + R(\xi_i,\eta_i,\zeta_i)\cos\gamma_i]\Delta S_i,\end{aligned}$$

注意到

$$\cos\alpha_i \cdot \Delta S_i \approx (\Delta S_i)_{yz},\ \cos\beta_i \cdot \Delta S_i \approx (\Delta S_i)_{zx},\ \cos\gamma_i \cdot \Delta S_i \approx (\Delta S_i)_{xy},$$

从而有

$$\Phi \approx \sum_{i=1}^{n} [P(\xi_i,\eta_i,\zeta_i)(\Delta S_i)_{yz} + Q(\xi_i,\eta_i,\zeta_i)(\Delta S_i)_{zx} + R(\xi_i,\eta_i,\zeta_i)(\Delta S_i)_{xy}].$$

4) 取极限

用 λ 表示各小块曲面的直径的最大值，当 λ 趋于零时，就得到流量的精确值

$$\Phi = \lim_{\lambda\to 0}\sum_{i=1}^{n} [P(\xi_i,\eta_i,\zeta_i)(\Delta S_i)_{yz} + Q(\xi_i,\eta_i,\zeta_i)(\Delta S_i)_{zx} + R(\xi_i,\eta_i,\zeta_i)(\Delta S_i)_{xy}].$$

不考虑问题的实际意义，抽象出对坐标的曲面积分的定义.

定义 10-4　设函数 $R(x,y,z)$ 在光滑有向曲面 Σ 上有界，把 Σ 任意分成 n 小块 $\Delta S_i\ (i=1,2,\cdots,n)$，$\Delta S_i$ 在 xOy 平面上的投影为 $(\Delta S_i)_{xy}$，在 ΔS_i 上任取一点 (ξ_i,η_i,ζ_i)，用 λ 表示 n 个小块曲面的直径的最大值，若 $\lim\limits_{\lambda\to 0}\sum\limits_{i=1}^{n} R(\xi_i,\eta_i,\zeta_i)(\Delta S_i)_{xy}$ 总存在，则称此极限为函数 $R(x,y,z)$ 在有向曲面 Σ 上对坐标 x，y 的曲面积分，记为 $\iint\limits_{\Sigma} R(x,y,z)\mathrm{d}x\mathrm{d}y$，即

$$\iint_{\Sigma} R(x,y,z)\mathrm{d}x\mathrm{d}y = \lim_{\lambda\to 0}\sum_{i=1}^{n} R(\xi_i,\eta_i,\zeta_i)(\Delta S_i)_{xy},$$

其中，$R(x,y,z)$ 称为被积函数，Σ 称为积分曲面.

类似地，可定义函数 $P(x,y,z)$ 在有向曲面 Σ 上对坐标 y,z 的曲面积分 $\iint\limits_{\Sigma} P(x,y,z)\mathrm{d}y\mathrm{d}z$ 及函数 $Q(x,y,z)$ 在有向曲面 Σ 上对坐标 z,x 的曲面积分 $\iint\limits_{\Sigma} Q(x,y,z)\mathrm{d}z\mathrm{d}x$ 分别为

$$\iint_{\Sigma} P(x,y,z)\mathrm{d}y\mathrm{d}z = \lim_{\lambda\to 0}\sum_{i=1}^{n} P(\xi_i,\eta_i,\zeta_i)(\Delta S_i)_{yz},$$

$$\iint_{\Sigma} Q(x,y,z)\mathrm{d}z\mathrm{d}x = \lim_{\lambda\to 0}\sum_{i=1}^{n} Q(\xi_i,\eta_i,\zeta_i)(\Delta S_i)_{zx},$$

以上三个曲面积分也称为第二类曲面积分.

定理 10-9　若函数 $P(x,y,z)$，$Q(x,y,z)$，$R(x,y,z)$ 在有向光滑曲面 Σ 上连续，则对

坐标的曲面积分 $\iint\limits_{\Sigma} P(x,y,z)\mathrm{d}y\mathrm{d}z$, $\iint\limits_{\Sigma} Q(x,y,z)\mathrm{d}z\mathrm{d}x$, $\iint\limits_{\Sigma} R(x,y,z)\mathrm{d}x\mathrm{d}y$ 都存在.

此定理的证明参考定理 10-10. 如果没有特别说明, 以后总假定 $P(x,y,z)$, $Q(x,y,z)$ 和 $R(x,y,z)$ 在 Σ 上都连续.

在实际应用中, 经常出现组合形式

$$\iint\limits_{\Sigma} P(x,y,z)\mathrm{d}y\mathrm{d}z+\iint\limits_{\Sigma} Q(x,y,z)\mathrm{d}z\mathrm{d}x+\iint\limits_{\Sigma} R(x,y,z)\mathrm{d}x\mathrm{d}y ,$$

为简单起见, 将上式记为

$$\iint\limits_{\Sigma} P(x,y,z)\mathrm{d}y\mathrm{d}z+Q(x,y,z)\mathrm{d}z\mathrm{d}x+R(x,y,z)\mathrm{d}x\mathrm{d}y .$$

根据定义, 引例中流过有向曲面 Σ 的流体的流量为

$$\Phi=\iint\limits_{\Sigma} P(x,y,z)\mathrm{d}y\mathrm{d}z+Q(x,y,z)\mathrm{d}z\mathrm{d}x+R(x,y,z)\mathrm{d}x\mathrm{d}y .$$

对坐标的曲面积分与对坐标的曲线积分的性质类似, 具体如下.

性质 10-12　若曲面 Σ 可分成两片光滑曲面 Σ_1 及 Σ_2 (记作 $\Sigma=\Sigma_1+\Sigma_2$), 则

$$\begin{aligned}&\iint\limits_{\Sigma} P\mathrm{d}y\mathrm{d}z+Q\mathrm{d}z\mathrm{d}x+R\mathrm{d}x\mathrm{d}y\\=&\iint\limits_{\Sigma_1} P\mathrm{d}y\mathrm{d}z+Q\mathrm{d}z\mathrm{d}x+R\mathrm{d}x\mathrm{d}y+\iint\limits_{\Sigma_2} P\mathrm{d}y\mathrm{d}z+Q\mathrm{d}z\mathrm{d}x+R\mathrm{d}x\mathrm{d}y.\end{aligned}$$

性质 10-13　设 Σ 是有向曲面, Σ^- 是与 Σ 取相反侧的有向曲面, 则

$$\iint\limits_{\Sigma^-} P\mathrm{d}y\mathrm{d}z+Q\mathrm{d}z\mathrm{d}x+R\mathrm{d}x\mathrm{d}y=-\iint\limits_{\Sigma} P\mathrm{d}y\mathrm{d}z+Q\mathrm{d}z\mathrm{d}x+R\mathrm{d}x\mathrm{d}y ,$$

这表明第二类曲面积分与积分曲面的侧有关.

二、对坐标的曲面积分的计算

定理 10-10　设函数 $R(x,y,z)$ 在有向光滑曲面 Σ 上有定义且连续, 曲面 Σ 的方程为 $z=z(x,y)$, 它在 xOy 面上的投影区域为 D_{xy} , 且 $z=z(x,y)$ 在 D_{xy} 上具有连续偏导数, 则对坐标的曲面积分 $\iint\limits_{\Sigma} R(x,y,z)\mathrm{d}x\mathrm{d}y$ 存在, 且

$$\iint\limits_{\Sigma} R(x,y,z)\mathrm{d}x\mathrm{d}y=\pm\iint\limits_{D_{xy}} R[x,y,z(x,y)]\mathrm{d}x\mathrm{d}y . \tag{10-17}$$

若积分曲面 Σ 取上侧, 则取正号; 若积分曲面 Σ 取下侧, 则取负号.

证　根据定义 10-4, 有

$$\iint\limits_{\Sigma} R(x,y,z)\mathrm{d}x\mathrm{d}y=\lim_{\lambda\to 0}\sum_{i=1}^{n} R(\xi_i,\eta_i,\zeta_i)(\Delta S_i)_{xy} ,$$

若曲面 Σ 取上侧，这时 $\cos\gamma>0$，则 $(\Delta S)_{xy}=(\Delta\sigma)_{xy}$，且 $\zeta_i=z(\xi_i,\eta_i)$，从而有

$$\lim_{\lambda\to 0}\sum_{i=1}^{n}R(\xi_i,\eta_i,\zeta_i)(\Delta S_i)_{xy}=\lim_{\lambda\to 0}\sum_{i=1}^{n}R[\xi_i,\eta_i,z(\xi_i,\eta_i)](\Delta\sigma)_{xy},$$

因为函数 $R[x,y,z(x,y)]$ 连续，所以上式右端的和式极限就是该函数在 D_{xy} 上的二重积分，即

$$\iint_{D_{xy}}R\left[x,y,z(x,y)\right]\mathrm{d}x\mathrm{d}y=\lim_{\lambda\to 0}\sum_{i=1}^{n}R[\xi_i,\eta_i,z(\xi_i,\eta_i)](\Delta\sigma)_{xy},$$

故

$$\iint_{\Sigma}R(x,y,z)\mathrm{d}x\mathrm{d}y=\iint_{D_{xy}}R[x,y,z(x,y)]\mathrm{d}x\mathrm{d}y.$$

若积分曲面 Σ 取下侧，这时 $\cos\gamma<0$，则 $(\Delta S)_{xy}=-(\Delta\sigma)_{xy}$，于是

$$\iint_{\Sigma}R(x,y,z)\mathrm{d}x\mathrm{d}y=-\iint_{D_{xy}}R[x,y,z(x,y)]\mathrm{d}x\mathrm{d}y,$$

式(10-17)得证.

类似地，若函数 $P(x,y,z)$ 在 Σ 上连续，Σ 的方程为 $x=x(y,z)$，它在 yOz 面上的投影区域为 D_{yz}，且 $x=x(y,z)$ 在 D_{yz} 上具有连续偏导数，则

$$\iint_{\Sigma}P(x,y,z)\mathrm{d}y\mathrm{d}z=\pm\iint_{D_{yz}}P[x(y,z),y,z]\mathrm{d}y\mathrm{d}z,\tag{10-18}$$

若积分曲面 Σ 取前侧，则取正号；若积分曲面 Σ 取后侧，则取负号.

若函数 $Q(x,y,z)$ 在 Σ 上连续，曲面 Σ 的方程为 $y=y(z,x)$，它在 zOx 面上的投影区域为 D_{zx}，且 $y=y(z,x)$ 在 D_{zx} 上具有连续偏导数，则

$$\iint_{\Sigma}Q(x,y,z)\mathrm{d}z\mathrm{d}x=\pm\iint_{D_{zx}}Q[x,y(z,x),z]\mathrm{d}z\mathrm{d}x,\tag{10-19}$$

若积分曲面 Σ 取右侧，若取正号；若积分曲面 Σ 取左侧，若取负号.

例 10-23　计算 $\oiint_{\Sigma}z\mathrm{d}x\mathrm{d}y$，其中 Σ 为球面 $x^2+y^2+z^2=a^2$ 的外侧 $(a>0)$.

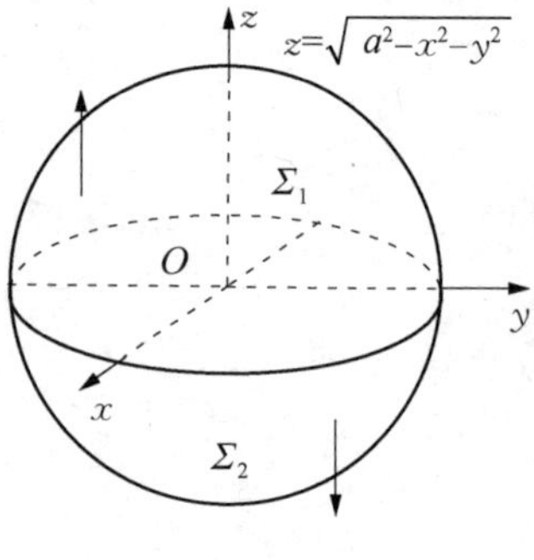

图 10-32

解　可以把 Σ 分成两片光滑曲面 Σ_1 及 Σ_2，即 $\Sigma=\Sigma_1+\Sigma_2$，其中 Σ_1 的方程为 $z=\sqrt{a^2-x^2-y^2}$，取上侧，Σ_2 的方程为 $z=-\sqrt{a^2-x^2-y^2}$，取下侧，Σ_1，Σ_2 在 xOy 面上的投影区域均为 $D_{xy}=\left\{(x,y)\,|\,x^2+y^2\leqslant a^2\right\}$，如图 10-32 所示，于是

$$\oiint_{\Sigma} z\mathrm{d}x\mathrm{d}y=\iint_{\Sigma_1} z\mathrm{d}x\mathrm{d}y+\iint_{\Sigma_2} z\mathrm{d}x\mathrm{d}y=\iint_{D_{xy}}\sqrt{a^2-x^2-y^2}\mathrm{d}x\mathrm{d}y-\iint_{D_{xy}}(-\sqrt{a^2-x^2-y^2})\mathrm{d}x\mathrm{d}y$$

$$=2\iint_{D_{xy}}\sqrt{a^2-x^2-y^2}\mathrm{d}x\mathrm{d}y=2\int_0^{2\pi}\mathrm{d}\theta\int_0^a\sqrt{a^2-\rho^2}\cdot\rho\mathrm{d}\rho$$

$$=4\pi\cdot\left[-\frac{1}{2}\int_0^a\sqrt{a^2-\rho^2}\mathrm{d}(a^2-\rho^2)\right]=\frac{4}{3}\pi a^3.$$

例 10-24　计算 $\oiint_{\Sigma} zx\mathrm{d}y\mathrm{d}z$，其中 Σ 是柱面 $x^2+y^2=1\ (x\geqslant 0,y\geqslant 0)$，平面 $z=1$ 及坐标平面所构成的闭曲面的外侧表面.

解　把有向曲面 Σ 分成五部分，记成 $\Sigma=\Sigma_1+\Sigma_2+\Sigma_3+\Sigma_4+\Sigma_5$，其中 Σ_1 为 $z=0$ $(x^2+y^2\leqslant 1,x\geqslant 0,y\geqslant 0)$ 的下侧，Σ_2 为 $y=0$ $(0\leqslant x\leqslant 1,0\leqslant z\leqslant 1)$ 的左侧，Σ_3 为 $x=0$ $(0\leqslant y\leqslant 1,0\leqslant z\leqslant 1)$ 的后侧，Σ_4 为 $z=1$ $(x^2+y^2\leqslant 1,x\geqslant 0,y\geqslant 0)$ 的上侧，Σ_5 为 $x^2+y^2=1$ $(x\geqslant 0,y\geqslant 0,0\leqslant z\leqslant 1)$ 的前侧，如图 10-33 所示.

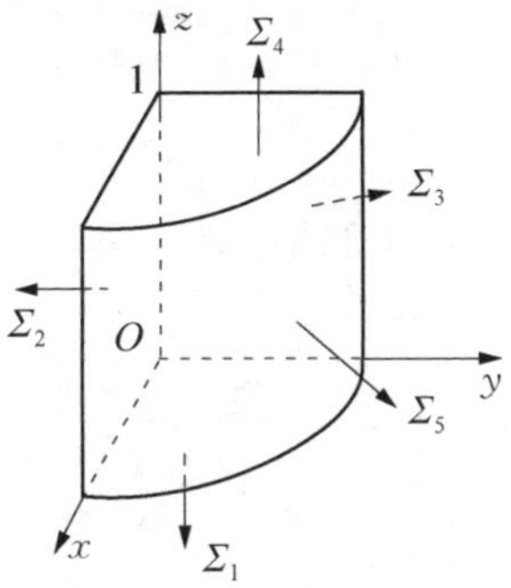

图 10-33

在 Σ_1 和 Σ_3 上，显然有

$$\iint_{\Sigma_1} zx\mathrm{d}y\mathrm{d}z=\iint_{\Sigma_3} zx\mathrm{d}y\mathrm{d}z=0,$$

而 Σ_2 和 Σ_4 在 yOz 面上的投影为零，于是

$$\iint_{\Sigma_2} zx\mathrm{d}y\mathrm{d}z=\iint_{\Sigma_4} zx\mathrm{d}y\mathrm{d}z=0,$$

又 Σ_5 在 yOz 面上的投影区域为 $D_{yz}=\{(y,z)\mid 0\leqslant y\leqslant 1,0\leqslant z\leqslant 1\}$，于是

$$\iint_{\Sigma_5} zx\mathrm{d}y\mathrm{d}z=\iint_{D_{yz}} z\cdot\sqrt{1-y^2}\mathrm{d}y\mathrm{d}z=\int_0^1 z\mathrm{d}z\int_0^1\sqrt{1-y^2}\mathrm{d}y$$

$$=\frac{1}{2}\int_0^1\sqrt{1-y^2}\mathrm{d}y=\frac{\pi}{8},$$

所以

$$\oiint_{\Sigma} zx\mathrm{d}y\mathrm{d}z=\frac{\pi}{8}.$$

三、两类曲面积分的联系

设函数 $R(x,y,z)$ 在有向光滑曲面 Σ 上连续，Σ 的方程为 $z=z(x,y)$，它在 xOy 面上的投影区域为 D_{xy}，且 $z=z(x,y)$ 在 D_{xy} 上具有连续偏导数，如果 Σ 取上侧，有

$$\iint_{\Sigma} R(x,y,z)\mathrm{d}x\mathrm{d}y=\iint_{D_{xy}} R[x,y,z(x,y)]\mathrm{d}x\mathrm{d}y.$$

另外，当 Σ 取上侧时，法向量与 z 轴正向的夹角 γ 为锐角，故 $\cos\gamma>0$，该有向曲面 Σ 的

法向量的方向余弦为

$$\cos\alpha=\frac{-z_x}{\sqrt{1+z_x^2+z_y^2}},\qquad \cos\beta=\frac{-z_y}{\sqrt{1+z_x^2+z_y^2}},\qquad \cos\gamma=\frac{1}{\sqrt{1+z_x^2+z_y^2}},$$

从而由对面积的曲面积分的计算公式得

$$\iint\limits_{\Sigma}R(x,y,z)\cos\gamma\mathrm{d}S=\iint\limits_{D_{xy}}R[x,y,z(x,y)]\mathrm{d}x\mathrm{d}y,$$

于是

$$\iint\limits_{\Sigma}R(x,y,z)\mathrm{d}x\mathrm{d}y=\iint\limits_{\Sigma}R(x,y,z)\cos\gamma\mathrm{d}S.$$

若 Σ 取下侧, 这时 $\cos\gamma<0$, 有

$$\iint\limits_{\Sigma}R(x,y,z)\mathrm{d}x\mathrm{d}y=-\iint\limits_{D_{xy}}R[x,y,z(x,y)]\mathrm{d}x\mathrm{d}y,$$

注意到 $\cos\gamma=\dfrac{-1}{\sqrt{1+z_x^2+z_y^2}}$, 因此仍有

$$\iint\limits_{\Sigma}R(x,y,z)\mathrm{d}x\mathrm{d}y=\iint\limits_{\Sigma}R(x,y,z)\cos\gamma\mathrm{d}S.$$

类似地, 可推得

$$\iint\limits_{\Sigma}P(x,y,z)\mathrm{d}y\mathrm{d}z=\iint\limits_{\Sigma}P(x,y,z)\cos\alpha\mathrm{d}S,$$

$$\iint\limits_{\Sigma}Q(x,y,z)\mathrm{d}z\mathrm{d}x=\iint\limits_{\Sigma}P(x,y,z)\cos\beta\mathrm{d}S,$$

合并得

$$\iint\limits_{\Sigma}P\mathrm{d}y\mathrm{d}z+Q\mathrm{d}z\mathrm{d}x+R\mathrm{d}x\mathrm{d}y=\iint\limits_{\Sigma}(P\cos\alpha+Q\cos\beta+R\cos\gamma)\mathrm{d}S,\tag{10-20}$$

其中, $\cos\alpha$, $\cos\beta$, $\cos\gamma$ 是有向曲面 Σ 上点 (x,y,z) 处的法向量的方向余弦.

两类曲面积分之间的联系也可写成如下向量的形式:

$$\iint\limits_{\Sigma}\boldsymbol{A}\cdot\mathrm{d}\boldsymbol{S}=\iint\limits_{\Sigma}\boldsymbol{A}\cdot\boldsymbol{n}\mathrm{d}S\left(\text{或}\iint\limits_{\Sigma}\boldsymbol{A}\cdot\mathrm{d}\boldsymbol{S}=\iint\limits_{\Sigma}A_n\mathrm{d}S\right),$$

其中, $\boldsymbol{A}=(P,Q,R)$, $\boldsymbol{n}=(\cos\alpha,\cos\beta,\cos\gamma)$ 是有向曲面 Σ 上点 (x,y,z) 处的单位法向量, $\mathrm{d}\boldsymbol{S}=\boldsymbol{n}\mathrm{d}S=(\mathrm{d}y\mathrm{d}z,\mathrm{d}z\mathrm{d}x,\mathrm{d}x\mathrm{d}y)$ 称为有向曲面元, A_n 为向量 $\boldsymbol{A}$ 在法向量 $\boldsymbol{n}$ 上的投影.

例 10-25 计算 $\iint\limits_{\Sigma}(z^2+x)\mathrm{d}y\mathrm{d}z-z\mathrm{d}x\mathrm{d}y$, 其中 Σ 是旋转抛物面 $z=\dfrac{1}{2}(x^2+y^2)$ 介于平面 $z=0$ 及 $z=2$ 之间的部分的下侧.

解 先利用 Mathematica 作出曲面图形:

```
In[1]:= ContourPlot3D[{x^2/2+y^2/2-z==
        0, z==2, z==0}, {x, -3, 3}, {y,
        -3, 3}, {z, 0, 2}, PlotRange->
        {{-2, 2}, {-2, 2}}, Ticks->None,
        AxesLabel->{"x", "y", "z"}]
Out[1]=
```

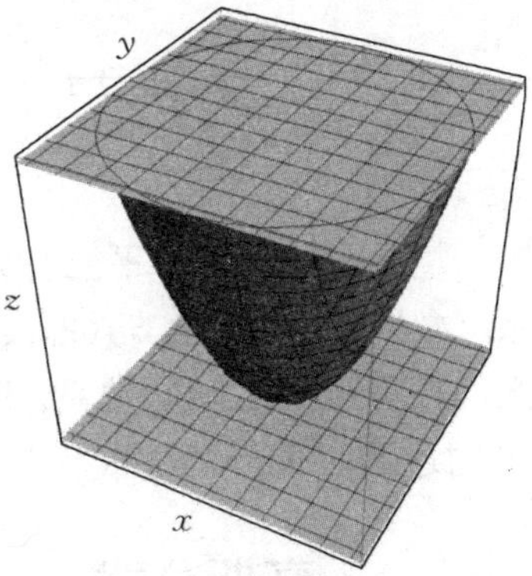

图 10-34

如图 10-34 所示. 由两类曲面积分之间的联系, 得

$$\iint_{\Sigma}(z^2+x)\mathrm{d}y\mathrm{d}z=\iint_{\Sigma}(z^2+x)\cos\alpha\mathrm{d}S=\iint_{\Sigma}(z^2+x)\frac{\cos\alpha}{\cos\gamma}\mathrm{d}x\mathrm{d}y.$$

在曲面 Σ 上, 因为 $\dfrac{\cos\alpha}{\cos\gamma}=\dfrac{z_x}{-1}=\dfrac{x}{-1}=-x$, 所以

$$\begin{aligned}\iint_{\Sigma}(z^2+x)\mathrm{d}y\mathrm{d}z-z\mathrm{d}x\mathrm{d}y&=\iint_{\Sigma}[(z^2+x)(-x)-z]\mathrm{d}x\mathrm{d}y\\&=-\iint_{D_{xy}}\left\{\left[\frac{1}{4}(x^2+y^2)^2+x\right]\cdot(-x)-\frac{1}{2}(x^2+y^2)\right\}\mathrm{d}x\mathrm{d}y\\&=\iint_{D_{xy}}\left[x^2+\frac{1}{2}(x^2+y^2)\right]\mathrm{d}x\mathrm{d}y=\int_0^{2\pi}\mathrm{d}\theta\int_0^2\left(\rho^2\cos^2\theta+\frac{1}{2}\rho^2\right)\rho\mathrm{d}\rho\\&=\int_0^{2\pi}(4\cos^2\theta+2)\mathrm{d}\theta=8\pi.\end{aligned}$$

习　题　10-5

1. 计算 $\iint_{\Sigma}x^2\mathrm{d}y\mathrm{d}z+y^2\mathrm{d}z\mathrm{d}x+z^2\mathrm{d}x\mathrm{d}y$, 其中 Σ 是长方体 $\Omega=\{(x,y,z)\,|\,0\leqslant x\leqslant a,0\leqslant y\leqslant b,0\leqslant z\leqslant c\}$ 的整个表面的外侧.

2. 计算 $\iint_{\Sigma}xyz\mathrm{d}x\mathrm{d}y$, 其中 Σ 是球面 $x^2+y^2+z^2=1$ 外侧在 $x\geqslant 0,y\geqslant 0$ 的部分.

3. 计算 $\iint_{\Sigma}z\mathrm{d}x\mathrm{d}y+x\mathrm{d}y\mathrm{d}z+y\mathrm{d}z\mathrm{d}x$, 其中 Σ 是柱面 $x^2+y^2=1$ 被平面 $z=0$ 及 $z=3$ 所截得的在第 I 卦限内的部分的前侧.

4. 计算 $\oiint_{\Sigma}\dfrac{x\mathrm{d}y\mathrm{d}z+y\mathrm{d}z\mathrm{d}x+z\mathrm{d}x\mathrm{d}y}{(x^2+y^2+z^2)^{\frac{3}{2}}}$, 其中 Σ 为球面 $x^2+y^2+z^2=a^2$ 的外侧.

5. 设 Σ 是平面 $3x+2y+2\sqrt{3}z=6$ 在第 I 卦限的部分的上侧, 把对坐标的曲面积分 $\iint_{\Sigma}P\mathrm{d}y\mathrm{d}z+Q\mathrm{d}z\mathrm{d}x+R\mathrm{d}x\mathrm{d}y$ 化为对面积的曲面积分.

第六节　高斯公式与斯托克斯公式

格林公式揭示了平面有界闭区域上的二重积分与其边界曲线上的曲线积分之间的关系. 本节要介绍的高斯(Gauss)公式则揭示了空间有界闭区域上的三重积分与其边界曲面上的曲面积分之间的关系, 斯托克斯(Stokes)公式则建立了空间曲面 Σ 的曲面积分与沿 Σ 的边界曲线 Γ 的曲线积分之间的联系, 这两个重要公式都是格林公式的推广.

一、高斯公式

定理 10-11　设空间有界闭区域 Ω 由光滑或分片光滑的闭曲面 Σ 所围成, 函数 $P(x,y,z)$, $Q(x,y,z)$, $R(x,y,z)$ 在 Ω 上具有一阶连续偏导数, 则有

$$\iiint_{\Omega}\left(\frac{\partial P}{\partial x}+\frac{\partial Q}{\partial y}+\frac{\partial R}{\partial z}\right)\mathrm{d}v=\oiint_{\Sigma}P\mathrm{d}y\mathrm{d}z+Q\mathrm{d}z\mathrm{d}x+R\mathrm{d}x\mathrm{d}y, \tag{10-21}$$

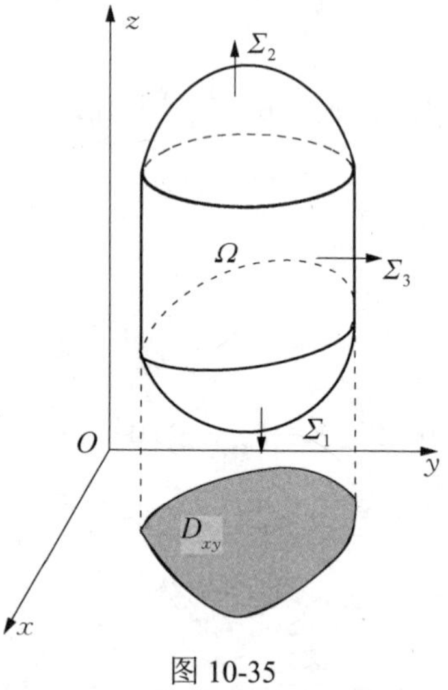

图 10-35

其中, Σ 是 Ω 的整个边界曲面的外侧.

证　先假定穿过 Ω 内部且平行于坐标轴的直线与 Ω 的边界曲面 Σ 的交点恰好为两点, 如图 10-35 所示, 下边界曲面为 Σ_1: $z=z_1(x,y)$, 取下侧; 上边界曲面为 Σ_2: $z=z_2(x,y)$, 取上侧; 侧面为柱面 Σ_3, 取外侧. Ω 在 xOy 上的投影区域记为 D_{xy}, 根据三重积分的计算方法, 有

$$\iiint_{\Omega}\frac{\partial R}{\partial z}\mathrm{d}v=\iint_{D_{xy}}\mathrm{d}x\mathrm{d}y\int_{z_1(x,y)}^{z_2(x,y)}\frac{\partial R}{\partial z}\mathrm{d}z$$

$$=\iint_{D_{xy}}\{R[x,y,z_2(x,y)]-R[x,y,z_1(x,y)]\}\mathrm{d}x\mathrm{d}y.$$

另外, Σ_1, Σ_2 在 xOy 上的投影区域都为 D_{xy}, 根据曲面积分的计算公式, 有

$$\iint_{\Sigma_1}R(x,y,z)\mathrm{d}x\mathrm{d}y=-\iint_{D_{xy}}R[x,y,z_1(x,y)]\mathrm{d}x\mathrm{d}y,$$

$$\iint_{\Sigma_2}R(x,y,z)\mathrm{d}x\mathrm{d}y=\iint_{D_{xy}}R[x,y,z_2(x,y)]\mathrm{d}x\mathrm{d}y,$$

$$\iint_{\Sigma_3}R(x,y,z)\mathrm{d}x\mathrm{d}y=0,$$

三式相加, 得

$$\oiint_{\Sigma}R(x,y,z)\mathrm{d}x\mathrm{d}y=\iint_{D_{xy}}\{R[x,y,z_2(x,y)]-R[x,y,z_1(x,y)]\}\mathrm{d}x\mathrm{d}y,$$

所以

$$\iiint_{\Omega}\frac{\partial R}{\partial z}\mathrm{d}v=\oint\!\!\!\oint_{\Sigma}R(x,y,z)\mathrm{d}x\mathrm{d}y.$$

类似地，有

$$\iiint_{\Omega}\frac{\partial P}{\partial x}\mathrm{d}v=\oint\!\!\!\oint_{\Sigma}P(x,y,z)\mathrm{d}y\mathrm{d}z,$$

$$\iiint_{\Omega}\frac{\partial Q}{\partial y}\mathrm{d}v=\oint\!\!\!\oint_{\Sigma}Q(x,y,z)\mathrm{d}z\mathrm{d}x,$$

把以上三式两端分别相加，即得式(10-21).

若 Ω 不满足以上条件，则可通过加辅助面将其分割为有限个上述形式的区域，结论依然成立，请读者自行证明.

式(10-21)称为高斯公式，若利用两类曲面积分之间的联系，则得另外一种形式:

$$\iiint_{\Omega}\left(\frac{\partial P}{\partial x}+\frac{\partial Q}{\partial y}+\frac{\partial R}{\partial z}\right)\mathrm{d}v=\oint\!\!\!\oint_{\Sigma}(P\cos\alpha+Q\cos\beta+R\cos\gamma)\mathrm{d}S, \tag{10-22}$$

其中，$\cos\alpha$，$\cos\beta$，$\cos\gamma$ 是有向曲面 Σ 上点 (x,y,z) 处的外法线的方向余弦.

例 10-26　利用高斯公式计算 $\oint\!\!\!\oint_{\Sigma}yz\mathrm{d}x\mathrm{d}y+zx\mathrm{d}y\mathrm{d}z+xy\mathrm{d}z\mathrm{d}x$，其中 Σ 为柱面 $x^2+y^2=1$ 及平面 $z=0$，$z=4$ 所围成的空间闭区域 Ω 的整个边界曲面的外侧.

解　这里 $P=zx$，$Q=xy$，$R=yz$，则

$$\frac{\partial P}{\partial x}=z,\qquad \frac{\partial Q}{\partial y}=x,\qquad \frac{\partial R}{\partial z}=y,$$

扫码演示

由高斯公式，有

$$\oint\!\!\!\oint_{\Sigma}yz\mathrm{d}x\mathrm{d}y+zx\mathrm{d}y\mathrm{d}z+xy\mathrm{d}z\mathrm{d}x=\iiint_{\Omega}(z+x+y)\mathrm{d}v,$$

因为 Ω 分别关于 yOz 面和 zOx 面对称，所以 $\iiint_{\Omega}x\mathrm{d}v=\iiint_{\Omega}y\mathrm{d}v=0$.

Ω 在 xOy 面上的投影区域为 $D_{xy}=\{(x,y)\,|\,x^2+y^2\leqslant 1\}$，于是

$$\iiint_{\Omega}(z+x+y)\mathrm{d}v=\iiint_{\Omega}z\mathrm{d}v=\iint_{D_{xy}}\mathrm{d}x\mathrm{d}y\int_0^4 z\mathrm{d}z=8\pi.$$

例 10-27　计算 $\iint_{\Sigma}(z^2-y)\mathrm{d}z\mathrm{d}x+(x^2-z)\mathrm{d}x\mathrm{d}y$，其中 Σ 为旋转抛物面 $z=1-x^2-y^2$ 在 $0\leqslant z\leqslant 1$ 部分的上侧.

解　作辅助平面 Σ_1：$z=0\ (x^2+y^2\leqslant 1)$，取下侧，记平面 Σ_1 与曲面 Σ 围成的空间有界闭区域为 Ω，如图 10-36 所示，于是

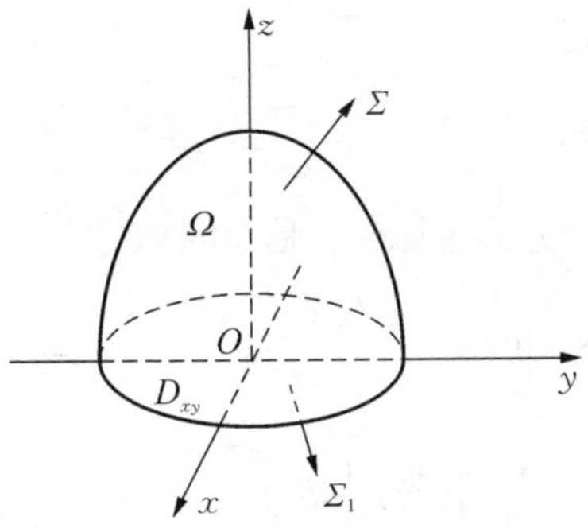

图 10-36

$$\iint_{\Sigma}(z^2-y)\mathrm{d}z\mathrm{d}x+(x^2-z)\mathrm{d}x\mathrm{d}y$$
$$=\oiint_{\Sigma+\Sigma_1}(z^2-y)\mathrm{d}z\mathrm{d}x+(x^2-z)\mathrm{d}x\mathrm{d}y-\iint_{\Sigma_1}(z^2-y)\mathrm{d}z\mathrm{d}x+(x^2-z)\mathrm{d}x\mathrm{d}y,$$

由高斯公式得

$$\oiint_{\Sigma+\Sigma_1}(z^2-y)\mathrm{d}z\mathrm{d}x+(x^2-z)\mathrm{d}x\mathrm{d}y=\iiint_{\Omega}(-2)\mathrm{d}v$$
$$=-2\int_0^{2\pi}\mathrm{d}\theta\int_0^1\rho\mathrm{d}\rho\int_0^{1-\rho^2}\mathrm{d}z=-4\pi\int_0^1\rho(1-\rho^2)\mathrm{d}\rho=-\pi.$$

另外，由于 Σ_1 为 $z=0\ (x^2+y^2\leqslant 1)$ 的下侧，则

$$\iint_{\Sigma_1}(z^2-y)\mathrm{d}z\mathrm{d}x+(x^2-z)\mathrm{d}x\mathrm{d}y=\iint_{\Sigma_1}(x^2-z)\mathrm{d}x\mathrm{d}y=\iint_{\Sigma_1}x^2\mathrm{d}x\mathrm{d}y,$$

Σ_1 在 xOy 面上的投影区域为 $D_{xy}=\left\{(x,y)\,|\,x^2+y^2\leqslant 1\right\}$，由曲面积分的计算公式得

$$\iint_{\Sigma_1}x^2\mathrm{d}x\mathrm{d}y=-\iint_{D_{xy}}x^2\mathrm{d}x\mathrm{d}y=-\int_0^{2\pi}\mathrm{d}\theta\int_0^1\rho^2\cos^2\theta\cdot\rho\mathrm{d}\rho=-\frac{\pi}{4},$$

所以

$$\iint_{\Sigma}(z^2-y)\mathrm{d}z\mathrm{d}x+(x^2-z)\mathrm{d}x\mathrm{d}y=-\pi-\left(-\frac{\pi}{4}\right)=-\frac{3\pi}{4}.$$

例 10-28　设函数 $u(x,y,z)$ 和 $v(x,y,z)$ 在闭区域 Ω 上具有一阶及二阶连续偏导数，证明

$$\iiint_{\Omega}u\Delta v\mathrm{d}x\mathrm{d}y\mathrm{d}z=\oiint_{\Sigma}u\frac{\partial v}{\partial \boldsymbol{n}}\mathrm{d}S-\iiint_{\Omega}\left(\frac{\partial u}{\partial x}\frac{\partial v}{\partial x}+\frac{\partial u}{\partial y}\frac{\partial v}{\partial y}+\frac{\partial u}{\partial z}\frac{\partial v}{\partial z}\right)\mathrm{d}x\mathrm{d}y\mathrm{d}z,\qquad(10\text{-}23)$$

其中，Σ 是闭区域 Ω 的整个边界曲面，$\dfrac{\partial v}{\partial \boldsymbol{n}}$ 为函数 $v(x,y,z)$ 沿 Σ 的外法线方向的方向导数，符号 $\Delta=\dfrac{\partial^2}{\partial x^2}+\dfrac{\partial^2}{\partial y^2}+\dfrac{\partial^2}{\partial z^2}$ 称为拉普拉斯算子. 式(10-23)称为格林第一公式.

证　由于方向导数

$$\frac{\partial v}{\partial \boldsymbol{n}}=\frac{\partial v}{\partial x}\cos\alpha+\frac{\partial v}{\partial y}\cos\beta+\frac{\partial v}{\partial z}\cos\gamma,$$

其中，$\cos\alpha$，$\cos\beta$，$\cos\gamma$ 是 Σ 在点 (x,y,z) 处的外法线的方向余弦，于是曲面积分

$$\oiint_{\Sigma}u\frac{\partial v}{\partial \boldsymbol{n}}\mathrm{d}S=\oiint_{\Sigma}u\left(\frac{\partial v}{\partial x}\cos\alpha+\frac{\partial v}{\partial y}\cos\beta+\frac{\partial v}{\partial z}\cos\gamma\right)\mathrm{d}S$$
$$=\oiint_{\Sigma}\left[\left(u\frac{\partial v}{\partial x}\right)\cos\alpha+\left(u\frac{\partial v}{\partial y}\right)\cos\beta+\left(u\frac{\partial v}{\partial z}\right)\cos\gamma\right]\mathrm{d}S,$$

由高斯公式得

$$\oiint_{\Sigma} u\frac{\partial v}{\partial \boldsymbol{n}}\mathrm{d}S=\iiint_{\Omega}\left[\frac{\partial}{\partial x}\left(u\frac{\partial v}{\partial x}\right)+\frac{\partial}{\partial y}\left(u\frac{\partial v}{\partial y}\right)+\frac{\partial}{\partial z}\left(u\frac{\partial v}{\partial z}\right)\right]\mathrm{d}x\mathrm{d}y\mathrm{d}z$$

$$=\iiint_{\Omega}\left(u\frac{\partial^2 v}{\partial x^2}+\frac{\partial u}{\partial x}\frac{\partial v}{\partial x}+u\frac{\partial^2 v}{\partial y^2}+\frac{\partial u}{\partial y}\frac{\partial v}{\partial y}+u\frac{\partial^2 v}{\partial z^2}+\frac{\partial u}{\partial z}\frac{\partial v}{\partial z}\right)\mathrm{d}x\mathrm{d}y\mathrm{d}z$$

$$=\iiint_{\Omega} u\Delta v\mathrm{d}x\mathrm{d}y\mathrm{d}z+\iiint_{\Omega}\left(\frac{\partial u}{\partial x}\frac{\partial v}{\partial x}+\frac{\partial u}{\partial y}\frac{\partial v}{\partial y}+\frac{\partial u}{\partial z}\frac{\partial v}{\partial z}\right)\mathrm{d}x\mathrm{d}y\mathrm{d}z,$$

将上式右端第二个积分移至左端便得式(10-23).

二、斯托克斯公式

定理 10-12 设 Γ 为光滑或分段光滑的空间有向闭曲线，Σ 是以 Γ 为边界的分片光滑的有向曲面，Γ 的正向与 Σ 的侧符合右手规则①，函数 $P(x,y,z)$, $Q(x,y,z)$, $R(x,y,z)$ 在包含曲面 Σ 在内的一个空间区域内具有一阶连续偏导数，则有

$$\iint_{\Sigma}\left(\frac{\partial R}{\partial y}-\frac{\partial Q}{\partial z}\right)\mathrm{d}y\mathrm{d}z+\left(\frac{\partial P}{\partial z}-\frac{\partial R}{\partial x}\right)\mathrm{d}z\mathrm{d}x+\left(\frac{\partial Q}{\partial x}-\frac{\partial P}{\partial y}\right)\mathrm{d}x\mathrm{d}y=\oint_{\Gamma} P\mathrm{d}x+Q\mathrm{d}y+R\mathrm{d}z. \quad (10\text{-}24)$$

证 先假定曲面 Σ 与平行于坐标轴的直线只交于一点，设其方程为

$$z=f(x,y),\ (x,y)\in D_{xy}.$$

不妨设 Σ 取上侧，Σ 的正向边界曲线 Γ 在 xOy 面上的投影为平面有向曲线 C，如图 10-37 所示. 因为函数 $P[x,y,f(x,y)]$ 在曲线 C 上点 (x,y) 处的值与函数 $P(x,y,z)$ 在曲线 Γ 上对应的点 (x,y,z) 处的值是一样的，并且两曲线上的对应小弧段在 x 轴上的投影也一样，根据曲线积分的定义，有

$$\oint_{\Gamma} P(x,y,z)\mathrm{d}x=\oint_{C} P[x,y,f(x,y)]\mathrm{d}x,$$

利用格林公式和曲面积分计算公式，得

$$\oint_{C} P[x,y,f(x,y)]\mathrm{d}x=-\iint_{D_{xy}}\frac{\partial}{\partial y}P[x,y,f(x,y)]\mathrm{d}x\mathrm{d}y$$

$$=-\iint_{D_{xy}}\left(\frac{\partial P}{\partial y}+\frac{\partial P}{\partial z}\frac{\partial z}{\partial y}\right)\mathrm{d}x\mathrm{d}y$$

$$=-\iint_{\Sigma}\left(\frac{\partial P}{\partial y}+\frac{\partial P}{\partial z}f_y\right)\cos\gamma\mathrm{d}S,$$

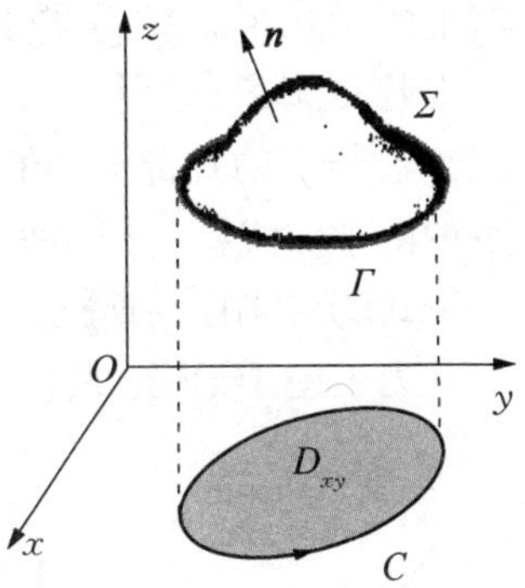

图 10-37

其中，$(\cos\alpha,\cos\beta,\cos\gamma)$ 为有向曲面 Σ 的单位法向量，且

① 当右手除拇指外的四指依 Γ 的绕行方向时，拇指所指的方向与 Σ 上的法向量的指向相同，这时称 Γ 是有向曲面 Σ 的正向边界曲线.

$$\cos\beta = \frac{-f_y}{\sqrt{1+f_x^2+f_y^2}}, \qquad \cos\gamma = \frac{1}{\sqrt{1+f_x^2+f_y^2}},$$

从而

$$f_y = -\frac{\cos\beta}{\cos\gamma},$$

因此

$$\begin{aligned}\oint_\Gamma P(x,y,z)\,\mathrm{d}x &= -\iint_\Sigma \left(\frac{\partial P}{\partial y} - \frac{\partial P}{\partial z}\frac{\cos\beta}{\cos\gamma}\right)\cos\gamma \mathrm{d}S \\ &= \iint_\Sigma \left(\frac{\partial P}{\partial z}\cos\beta - \frac{\partial P}{\partial y}\cos\gamma\right)\mathrm{d}S \\ &= \iint_\Sigma \frac{\partial P}{\partial z}\mathrm{d}z\mathrm{d}x - \frac{\partial P}{\partial y}\mathrm{d}x\mathrm{d}y.\end{aligned}$$

同理可证

$$\oint_\Gamma Q(x,y,z)\mathrm{d}y = \iint_\Sigma \frac{\partial Q}{\partial x}\mathrm{d}x\mathrm{d}y - \frac{\partial Q}{\partial z}\mathrm{d}y\mathrm{d}z,$$

$$\oint_\Gamma R(x,y,z)\mathrm{d}x = \iint_\Sigma \frac{\partial R}{\partial y}\mathrm{d}y\mathrm{d}z - \frac{\partial R}{\partial x}\mathrm{d}z\mathrm{d}x,$$

将上面三式相加,即得式(10-24).

若曲面 Σ 与平行于 z 轴的直线的交点多于一个, 则可通过作辅助线把 Σ 分成与 z 轴只交于一点的几部分, 在每一部分上应用式(10-24), 然后相加, 因为沿辅助曲线方向相反的两个曲线积分相加刚好抵消, 所以对这类曲面式(10-24)仍成立.

式(10-24)称为斯托克斯公式.

为了便于记忆, 斯托克斯公式常写成如下形式:

$$\iint_\Sigma \begin{vmatrix} \mathrm{d}y\mathrm{d}z & \mathrm{d}z\mathrm{d}x & \mathrm{d}x\mathrm{d}y \\ \dfrac{\partial}{\partial x} & \dfrac{\partial}{\partial y} & \dfrac{\partial}{\partial z} \\ P & Q & R \end{vmatrix} = \oint_\Gamma P\mathrm{d}x + Q\mathrm{d}y + R\mathrm{d}z, \tag{10-25}$$

利用两类曲面积分之间的联系, 斯托克斯公式也可写成

$$\iint_\Sigma \begin{vmatrix} \cos\alpha & \cos\beta & \cos\gamma \\ \dfrac{\partial}{\partial x} & \dfrac{\partial}{\partial y} & \dfrac{\partial}{\partial z} \\ P & Q & R \end{vmatrix}\mathrm{d}S = \oint_\Gamma P\mathrm{d}x + Q\mathrm{d}y + R\mathrm{d}z, \tag{10-26}$$

其中, $\boldsymbol{n} = (\cos\alpha, \cos\beta, \cos\gamma)$ 为有向曲面 Σ 在点 (x,y,z) 处的单位法向量.

注　若 Σ 是 xOy 面上的一块平面区域, 则斯托克斯公式就变为格林公式, 故格林公式是斯托克斯公式的特殊情形.

例 10-29　计算 $\oint_{\Gamma} \mathrm{d}x - \mathrm{d}y + y\mathrm{d}z$，其中 Γ 为有向闭折线 $ABCA$，这里，A, B, C 依次为点 $(1,0,0)$，$(0,1,0)$，$(0,0,1)$，如图 10-38 所示.

解　取 Σ 为平面 $x+y+z=1$ 被 Γ 所围成的部分，取上侧，由斯托克斯公式，有

$$\oint_{\Gamma} \mathrm{d}x - \mathrm{d}y + y\mathrm{d}z = \iint_{\Sigma} \begin{vmatrix} \mathrm{d}y\mathrm{d}z & \mathrm{d}z\mathrm{d}x & \mathrm{d}x\mathrm{d}y \\ \dfrac{\partial}{\partial x} & \dfrac{\partial}{\partial y} & \dfrac{\partial}{\partial z} \\ 1 & -1 & y \end{vmatrix}$$

$$= \iint_{\Sigma} 1\mathrm{d}y\mathrm{d}z + 0\mathrm{d}z\mathrm{d}x + 0\mathrm{d}x\mathrm{d}y = \iint_{\Sigma} \mathrm{d}y\mathrm{d}z,$$

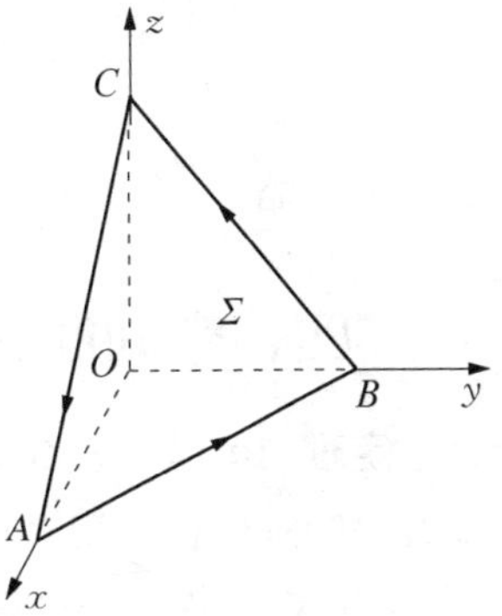

图 10-38

Σ 在 yOz 面上的投影区域为 $D_{yz} = \{(y,z) \mid 0 \leqslant z \leqslant 1-y, 0 \leqslant y \leqslant 1\}$，于是

$$\iint_{\Sigma} \mathrm{d}y\mathrm{d}z = \iint_{D_{yz}} \mathrm{d}y\mathrm{d}z = \frac{1}{2}.$$

例 10-30　计算 $I = \oint_{\Gamma} y^2\mathrm{d}x + xy\mathrm{d}y + xz\mathrm{d}z$，其中 Γ 为柱面 $x^2 + y^2 = 2y$ 与平面 $y = z$ 的交线，从 z 轴正向看为顺时针.

解　设 Σ 为平面 $y = z$ 上被 Γ 所围成的部分，取下侧，则其法向量的方向余弦为 $\cos\alpha = 0$，$\cos\beta = \dfrac{\sqrt{2}}{2}$，$\cos\gamma = -\dfrac{\sqrt{2}}{2}$，由斯托克斯公式得

$$I = \iint_{\Sigma} \begin{vmatrix} \cos\alpha & \cos\beta & \cos\gamma \\ \dfrac{\partial}{\partial x} & \dfrac{\partial}{\partial y} & \dfrac{\partial}{\partial z} \\ P & Q & R \end{vmatrix} \mathrm{d}S = \iint_{\Sigma} \begin{vmatrix} 0 & \dfrac{\sqrt{2}}{2} & -\dfrac{\sqrt{2}}{2} \\ \dfrac{\partial}{\partial x} & \dfrac{\partial}{\partial y} & \dfrac{\partial}{\partial z} \\ y^2 & xy & xz \end{vmatrix} \mathrm{d}S = \frac{1}{\sqrt{2}} \iint_{\Sigma} (y-z)\,\mathrm{d}S = 0.$$

*三、沿任意闭曲面的曲面积分为零的条件

对于空间区域 G，若 G 内任一闭曲面所围成的区域全属于 G，则称 G 为空间二维单连通域；若 G 内任一闭曲线总可以张一片全属于 G 的曲面，则称 G 为空间一维单连通域. 例如，球面所围区域既是空间一维单连通域也是空间二维单连通域；环面所围区域是空间二维单连通域但不是空间一维单连通域；立方体中挖去一个小球所成的区域是空间一维单连通域但不是空间二维单连通域.

定理 10-13　设 G 是空间二维单连通域，函数 $P(x,y,z)$，$Q(x,y,z)$，$R(x,y,z)$ 在 G 内具有一阶连续偏导数，Σ 为 G 内任一闭曲面，则

$$\oiint_{\Sigma} P\mathrm{d}y\mathrm{d}z + Q\mathrm{d}z\mathrm{d}x + R\mathrm{d}x\mathrm{d}y = 0$$

的充分必要条件是

$$\frac{\partial P}{\partial x}+\frac{\partial Q}{\partial y}+\frac{\partial R}{\partial z}=0 \quad \left((x,y,z)\in G\right).$$

证　略.

*四、空间曲线积分与路径无关的条件

定理 10-14　设 G 是空间一维单连通域，函数 $P(x,y,z)$, $Q(x,y,z)$, $R(x,y,z)$ 在 G 内具有一阶连续偏导数，则下列四个条件等价.

(1) 对 G 内任一分段光滑闭曲线 $\varGamma$, 有

$$\oint_{\varGamma} P\mathrm{d}x + Q\mathrm{d}y + R\mathrm{d}z = 0;$$

(2) 对 G 内任一分段光滑曲线 $\varGamma$, $\int_{\varGamma} P\mathrm{d}x + Q\mathrm{d}y + R\mathrm{d}z$ 与路径无关;

(3) 在 G 内存在某一函数 u, 使

$$\mathrm{d}u = P\mathrm{d}x + Q\mathrm{d}y + R\mathrm{d}z;$$

(4) 在 G 内处处有

$$\frac{\partial P}{\partial y}=\frac{\partial Q}{\partial x}, \qquad \frac{\partial Q}{\partial z}=\frac{\partial R}{\partial y}, \qquad \frac{\partial R}{\partial x}=\frac{\partial P}{\partial z}.$$

证　略.

习　题　10-6

1. 利用高斯公式计算 $\oiint_{\Sigma}(x-y)\mathrm{d}x\mathrm{d}y+(y-z)x\mathrm{d}y\mathrm{d}z$，其中 Σ 为柱面 $x^2+y^2=1$ 及平面 $z=0$，$z=3$ 所围成的空间闭区域 Ω 的整个边界曲面的外侧.

2. 计算 $\iint_{\Sigma}(x^2\cos\alpha+y^2\cos\beta+z^2\cos\gamma)\mathrm{d}S$，其中 Σ 为锥面 $x^2+y^2=z^2$ 介于平面 $z=0$ 及 $z=h(h>0)$ 之间的部分的下侧，$\cos\alpha$，$\cos\beta$，$\cos\gamma$ 是 Σ 上点 (x,y,z) 处的法向量的方向余弦.

3. 计算 $\iint_{\Sigma}2(1-x^2)\mathrm{d}y\mathrm{d}z+8xy\mathrm{d}z\mathrm{d}x-4zx\mathrm{d}x\mathrm{d}y$，其中 Σ 是 yOz 面上的曲线 $z=y^2$, $0\leqslant y\leqslant a$ 绕 z 轴旋转而成的旋转曲面的下侧.

4. 计算 $\oiint_{\Sigma}xz^2\mathrm{d}y\mathrm{d}z+(x^2y-z^3)\mathrm{d}z\mathrm{d}x+(2xy+y^2z)\mathrm{d}x\mathrm{d}y$，其中 Σ 为上半球体 $0\leqslant z\leqslant\sqrt{a^2-x^2-y^2}$ 的表面外侧.

5. 证明: 若 Σ 为包围有界域 Ω 的光滑曲面, 则

$$\oiint_{\Sigma}\frac{\partial u}{\partial \boldsymbol{n}}\mathrm{d}S=\iiint_{\Omega}\Delta u\mathrm{d}x\mathrm{d}y\mathrm{d}z,$$

其中, $\Delta=\frac{\partial^2}{\partial x^2}+\frac{\partial^2}{\partial y^2}+\frac{\partial^2}{\partial z^2}$ 称为拉普拉斯算子, $\frac{\partial u}{\partial \boldsymbol{n}}$ 是 u 沿曲面 Σ 外侧法向量 $\boldsymbol{n}$ 的方向导数.

6. 计算 $\oint_{\Gamma} z\mathrm{d}x+x\mathrm{d}y+y\mathrm{d}z$, 其中 Γ 是平面 $x+y+z=1$ 被三个坐标面所截成的三角形的整个边界, 从 z 轴正向看去, Γ 取逆时针方向.

7. 计算 $\oint_{\Gamma} y\mathrm{d}x+z\mathrm{d}y+x\mathrm{d}z$, 其中 Γ 为圆周 $\begin{cases}x^2+y^2+z^2=a^2,\\ x+y+z=0,\end{cases}$ 从 z 轴正向看去, Γ 取逆时针方向.

8. 计算 $\oint_{\Gamma}(y^2-z^2)\mathrm{d}x+(z^2-x^2)\mathrm{d}y+(x^2-y^2)\mathrm{d}z$, 其中 Γ 是平面 $x+y+z=\frac{3}{2}$ 截立方体 $0\leqslant x\leqslant 1,\ 0\leqslant y\leqslant 1,\ 0\leqslant z\leqslant 1$ 的表面所得的截痕, 从 x 轴的正向看去, Γ 取逆时针方向.

9. 计算 $\int_{\widehat{AB}}(x^2-yz)\mathrm{d}x+(y^2-xz)\mathrm{d}y+(z^2-xy)\mathrm{d}z$, 其中 $\widehat{AB}$ 是螺旋线 $x=a\cos\varphi$, $y=a\sin\varphi$, $z=\frac{h\varphi}{2\pi}$ 从 $A(a,0,0)$ 到 $B(a,0,h)$ 的一段曲线.

*10. 验证曲线积分 $\int_{(1,1,2)}^{(3,5,10)} yz\mathrm{d}x+zx\mathrm{d}y+xy\mathrm{d}z$ 与路径无关, 并求其值.

第七节　场论初步

一、向量场与有势场

若对于空间区域 G 内的任一点 $M(x,y,z)$, 都有一个确定的数量 $u(x,y,z)$, 则称在空间区域 G 内确定了一个数量场, 如温度场、密度场等. 一个数量场可用数量函数 $u(x,y,z)$ 来确定.

若与点 $M(x,y,z)$ 相对应的是一个向量 $\boldsymbol{A}(x,y,z)$, 则称在空间区域 G 内确定了一个向量场, 如力场、速度场和电磁场等. 一个向量场可用向量值函数

$$\boldsymbol{A}(x,y,z)=(P(x,y,z),Q(x,y,z),R(x,y,z))=P(x,y,z)\boldsymbol{i}+Q(x,y,z)\boldsymbol{j}+R(x,y,z)\boldsymbol{k}$$

来确定, 其中 $P(x,y,z)$, $Q(x,y,z)$, $R(x,y,z)$ 是点 M 的数量函数.

定义 10-5　若向量场 $\boldsymbol{A}$ 是函数 $u(x,y,z)$ 的梯度 $\mathbf{grad}u=\left(\frac{\partial u}{\partial x},\frac{\partial u}{\partial y},\frac{\partial u}{\partial z}\right)$, 则称 $\boldsymbol{A}$ 为有势场或保守场, 称 $u(x,y,z)$ 是 $\boldsymbol{A}$ 的一个势函数.

采用符号向量 $\nabla=\left(\dfrac{\partial}{\partial x},\dfrac{\partial}{\partial y},\dfrac{\partial}{\partial z}\right)$，显然，梯度可写作 $\mathbf{grad}u=\nabla u$.

注 任意一个向量场并不一定都是有势场，因为它不一定是某个数量函数的梯度.

二、散度与旋度

定义 10-6 设 $\boldsymbol{A}(x,y,z)=(P(x,y,z),Q(x,y,z),R(x,y,z))$ 为空间区域 G 内的向量值函数，其中 $P(x,y,z)$, $Q(x,y,z)$, $R(x,y,z)$ 具有一阶连续偏导数，对于 G 内任一点 (x,y,z) ，定义数量函数

$$\mathrm{div}\boldsymbol{A}=\frac{\partial P}{\partial x}+\frac{\partial Q}{\partial y}+\frac{\partial R}{\partial z}, \tag{10-27}$$

称它为 $\boldsymbol{A}$ 在点 (x,y,z) 的散度，并称由 $\boldsymbol{A}$ 的散度所定义的数量场为散度场.

显然，有 $\mathrm{div}\boldsymbol{A}=\nabla\cdot\boldsymbol{A}$.

定义 10-7 设 $\boldsymbol{A}(x,y,z)=(P(x,y,z),Q(x,y,z),R(x,y,z))$ 为空间区域 G 内的向量值函数，其中 $P(x,y,z)$, $Q(x,y,z)$, $R(x,y,z)$ 具有一阶连续偏导数，对于 G 内任一点 (x,y,z) ，定义向量值函数

$$\mathbf{rot}\,\boldsymbol{A}=\left(\frac{\partial R}{\partial y}-\frac{\partial Q}{\partial z},\frac{\partial P}{\partial z}-\frac{\partial R}{\partial x},\frac{\partial Q}{\partial x}-\frac{\partial P}{\partial y}\right), \tag{10-28}$$

称它为 $\boldsymbol{A}$ 在点 (x,y,z) 的旋度，并称由 $\boldsymbol{A}$ 的旋度所定义的向量场为旋度场.

显然，有 $\mathbf{rot}\,\boldsymbol{A}=\nabla\times\boldsymbol{A}$.

旋度也可以写成如下便于记忆的形式:

$$\mathbf{rot}\,\boldsymbol{A}=\begin{vmatrix}\boldsymbol{i} & \boldsymbol{j} & \boldsymbol{k}\\ \dfrac{\partial}{\partial x} & \dfrac{\partial}{\partial y} & \dfrac{\partial}{\partial z}\\ P & Q & R\end{vmatrix}. \tag{10-29}$$

例 10-31 求向量场 $\boldsymbol{A}(x,y,z)=(yz,zx,xy)$ 的散度及旋度.

解 $\mathrm{div}\boldsymbol{A}=\nabla\cdot\boldsymbol{A}=\left(\dfrac{\partial}{\partial x},\dfrac{\partial}{\partial y},\dfrac{\partial}{\partial z}\right)\cdot(yz,zx,xy)=0+0+0=0$;

$$\mathbf{rot}\,\boldsymbol{A}=\nabla\times\boldsymbol{A}=\left(\frac{\partial}{\partial x},\frac{\partial}{\partial y},\frac{\partial}{\partial z}\right)\times(yz,zx,xy)=(0,0,0).$$

例 10-32 求向量场 $\boldsymbol{A}=x^2\boldsymbol{i}-2xy\boldsymbol{j}+z^2\boldsymbol{k}$ 在点 $M(1,1,2)$ 处的散度及旋度.

解 这里 $P=x^2$ ， $Q=-2xy$ ， $R=z^2$ ，由式(10-27)可得

$$\mathrm{div}\boldsymbol{A}=\frac{\partial P}{\partial x}+\frac{\partial Q}{\partial y}+\frac{\partial R}{\partial z}=2x+(-2x)+2z=2z,$$

于是

$$\mathrm{div}\boldsymbol{A}\big|_M=4.$$

由式(10-28)可得

$$\mathbf{rot}\,\boldsymbol{A}=\left(\frac{\partial R}{\partial y}-\frac{\partial Q}{\partial z}\right)\boldsymbol{i}+\left(\frac{\partial P}{\partial z}-\frac{\partial R}{\partial x}\right)\boldsymbol{j}+\left(\frac{\partial Q}{\partial x}-\frac{\partial P}{\partial y}\right)\boldsymbol{k}=-2y\boldsymbol{k},$$

于是

$$\mathbf{rot}\,\boldsymbol{A}\big|_M=-2\boldsymbol{k}\,.$$

例 10-33　设$u=x^2y+2xy^2-3yz^2$，求$\mathbf{grad}u$，$\mathrm{div}(\mathbf{grad}u)$，$\mathbf{rot}(\mathbf{grad}u)$.

解　$\mathbf{grad}u=\left(\dfrac{\partial u}{\partial x},\dfrac{\partial u}{\partial y},\dfrac{\partial u}{\partial z}\right)=(2xy+2y^2,x^2+4xy-3z^2,-6yz)$,

$$\mathrm{div}(\mathbf{grad}u)=2y+4x-6y=4(x-y),$$

$$\mathbf{rot}(\mathbf{grad}u)=\begin{vmatrix}\boldsymbol{i} & \boldsymbol{j} & \boldsymbol{k}\\ \dfrac{\partial}{\partial x} & \dfrac{\partial}{\partial y} & \dfrac{\partial}{\partial z}\\ \dfrac{\partial u}{\partial x} & \dfrac{\partial u}{\partial y} & \dfrac{\partial u}{\partial z}\end{vmatrix}=\big(-6z-(-6z),\,0-0,\,2x+4y-(2x+4y)\big)=\mathbf{0}\,.$$

例 10-33 说明，若$\boldsymbol{A}$为有势场，则$\mathbf{rot}\boldsymbol{A}=\mathbf{0}$.

例 10-34　设一刚体以等角速度$\boldsymbol{\omega}=\omega_x\boldsymbol{i}+\omega_y\boldsymbol{j}+\omega_z\boldsymbol{k}$绕定轴$L$旋转，求刚体内任意一点$M$的线速度$\boldsymbol{v}$的旋度.

解　取定轴L为z轴，点M的向径$\boldsymbol{r}=\overrightarrow{OM}=x\boldsymbol{i}+y\boldsymbol{j}+z\boldsymbol{k}$，则点$M$的线速度为

$$\boldsymbol{v}=\boldsymbol{\omega}\times\boldsymbol{r}=\begin{vmatrix}\boldsymbol{i} & \boldsymbol{j} & \boldsymbol{k}\\ \omega_x & \omega_y & \omega_z\\ x & y & z\end{vmatrix}=(\omega_y z-\omega_z y)\boldsymbol{i}+(\omega_z x-\omega_x z)\boldsymbol{j}+(\omega_x y-\omega_y x)\boldsymbol{k}\,,$$

于是

$$\mathbf{rot}\,\boldsymbol{v}=\begin{vmatrix}\boldsymbol{i} & \boldsymbol{j} & \boldsymbol{k}\\ \dfrac{\partial}{\partial x} & \dfrac{\partial}{\partial y} & \dfrac{\partial}{\partial z}\\ \omega_y z-\omega_z y & \omega_z x-\omega_x z & \omega_x y-\omega_y x\end{vmatrix}=2(\omega_x\boldsymbol{i}+\omega_y\boldsymbol{j}+\omega_z\boldsymbol{k})=2\boldsymbol{\omega},$$

即速度场$\boldsymbol{v}$的旋度等于角速度$\boldsymbol{\omega}$的 2 倍.

三、通量与环流量

定义 10-8　设$\boldsymbol{A}(x,y,z)=(P(x,y,z),Q(x,y,z),R(x,y,z))$为空间区域$G$内的向量值函数，其中$P(x,y,z)$，$Q(x,y,z)$，$R(x,y,z)$具有一阶连续偏导数，$\Sigma$是场内的一片有向曲面，$\boldsymbol{n}$是$\Sigma$上点$(x,y,z)$处的单位法向量，称曲面积分

$$\iint\limits_{\Sigma}\boldsymbol{A}\cdot\boldsymbol{n}\mathrm{d}S$$

为 $\boldsymbol{A}$ 通过曲面 Σ 指定侧的通量(或流量).

由两类曲面积分的联系, 通量可写为

$$\iint_{\Sigma} \boldsymbol{A}\cdot\boldsymbol{n}\mathrm{d}S=\iint_{\Sigma}\boldsymbol{A}\cdot\mathrm{d}\boldsymbol{S}=\iint_{\Sigma}P\mathrm{d}y\mathrm{d}z+Q\mathrm{d}z\mathrm{d}x+R\mathrm{d}x\mathrm{d}y .$$

例 10-35 设圆锥体 Ω 由锥面 $x^2+y^2=z^2$ 和平面 $z=h(h>0)$ 所围成, 求向量场 $\boldsymbol{A}=x\boldsymbol{i}+y\boldsymbol{j}+z\boldsymbol{k}$ 通过该圆锥体全表面流向外侧的通量.

解 这里 $P=x$, $Q=y$, $R=z$, 设 Σ 为圆锥体的全表面, 则穿过 Σ 流向外侧的通量为

$$\begin{aligned}\Phi&=\oiint_{\Sigma}\boldsymbol{A}\cdot\mathrm{d}\boldsymbol{S}=\oiint_{\Sigma}P\mathrm{d}y\mathrm{d}z+Q\mathrm{d}z\mathrm{d}x+R\mathrm{d}x\mathrm{d}y\\&=\iiint_{\Omega}\left(\frac{\partial P}{\partial x}+\frac{\partial Q}{\partial y}+\frac{\partial R}{\partial z}\right)\mathrm{d}v=3\iiint_{\Omega}\mathrm{d}v=\pi h^3.\end{aligned}$$

若 $\boldsymbol{A}(x,y,z)=(P(x,y,z),Q(x,y,z),R(x,y,z))$ 为空间闭区域 Ω 的向量场, Σ 是 Ω 的边界曲面的外侧, $\boldsymbol{n}$ 是 Σ 上点 (x,y,z) 处的单位法向量, $\mathrm{div}\boldsymbol{A}$ 为 $\boldsymbol{A}$ 的散度, 则由高斯公式可知

$$\oiint_{\Sigma}\boldsymbol{A}\cdot\boldsymbol{n}\mathrm{d}S=\iiint_{\Omega}\mathrm{div}\boldsymbol{A}\mathrm{d}v .$$

例如, 例 10-35 中, $\mathrm{div}\boldsymbol{A}=\frac{\partial P}{\partial x}+\frac{\partial Q}{\partial y}+\frac{\partial R}{\partial z}=3$, 因此所求通量为

$$\Phi=\oiint_{\Sigma}\boldsymbol{A}\cdot\mathrm{d}\boldsymbol{S}=\iiint_{\Omega}\mathrm{div}\boldsymbol{A}\mathrm{d}v=\iiint_{\Omega}3\mathrm{d}v=\pi h^3 .$$

定义 10-9 设 $\boldsymbol{A}(x,y,z)=(P(x,y,z),Q(x,y,z),R(x,y,z))$ 为空间区域 G 内的向量值函数, 其中 $P(x,y,z)$, $Q(x,y,z)$, $R(x,y,z)$ 具有一阶连续偏导数, Γ 是场内的一条分段光滑的有向闭曲线, $\boldsymbol{\tau}$ 是 Γ 上点 (x,y,z) 处的单位切向量, 称曲线积分

$$\oint_{\Gamma}\boldsymbol{A}\cdot\boldsymbol{\tau}\mathrm{d}s$$

为 $\boldsymbol{A}$ 沿有向闭曲线 Γ 的环流量.

由两类曲线积分的联系, 环流量可写为

$$\oint_{\Gamma}\boldsymbol{A}\cdot\boldsymbol{\tau}\mathrm{d}s=\oint_{\Gamma}\boldsymbol{A}\cdot\mathrm{d}\boldsymbol{r}=\oint_{\Gamma}P\mathrm{d}x+Q\mathrm{d}y+R\mathrm{d}z .$$

例 10-36 求向量场 $\boldsymbol{A}=-y\boldsymbol{i}+x\boldsymbol{j}+2\boldsymbol{k}$ 沿闭曲线 Γ 的环流量, 其中 Γ 为 xOy 面上的圆周 $x^2+y^2=1$, 取逆时针方向.

解 这里 $P=-y$, $Q=x$, $R=2$, Γ 的参数方程为 $\begin{cases}x=\cos\theta,\\y=\sin\theta,\\z=0,\end{cases}$ θ 从 0 变到 2π, 则沿闭曲线 Γ 的环流量为

$$\oint_\Gamma \boldsymbol{A}\cdot\boldsymbol{\tau}\mathrm{d}s=\oint_\Gamma P\mathrm{d}x+Q\mathrm{d}y+R\mathrm{d}z$$
$$=\int_0^{2\pi}(\cos^2\theta+\sin^2\theta)\mathrm{d}\theta=2\pi.$$

设 Σ 为分片光滑的有向曲面，Γ 为 Σ 的边界曲线，Γ 的正向与 Σ 的侧符合右手规则，若 $\boldsymbol{A}(x,y,z)=(P(x,y,z),Q(x,y,z),R(x,y,z))$ 为包含曲面 Σ 的空间上的向量场，$\boldsymbol{\tau}$ 是 Γ 上点 (x,y,z) 处的单位切向量，$\boldsymbol{n}$ 是 Σ 上点 (x,y,z) 处的单位法向量，$\mathbf{rot}\,\boldsymbol{A}$ 为 $\boldsymbol{A}$ 的旋度，则由斯托克斯公式可知

$$\oint_\Gamma \boldsymbol{A}\cdot\boldsymbol{\tau}\mathrm{d}s=\iint_\Sigma \mathbf{rot}\boldsymbol{A}\cdot\boldsymbol{n}\mathrm{d}S=\iint_\Sigma(\mathbf{rot}\boldsymbol{A})_n\mathrm{d}S.$$

例如，例10-36中，$\mathbf{rot}\,\boldsymbol{A}=\left(\frac{\partial R}{\partial y}-\frac{\partial Q}{\partial z},\frac{\partial P}{\partial z}-\frac{\partial R}{\partial x},\frac{\partial Q}{\partial x}-\frac{\partial P}{\partial y}\right)=(0,0,2)$，$\Sigma$ 为平面 $z=0$ $(x^2+y^2\leqslant 1)$ 的上侧，它的单位法向量 $\boldsymbol{n}=(0,0,1)$，因此所求环流量为

$$\oint_\Gamma \boldsymbol{A}\cdot\boldsymbol{\tau}\mathrm{d}s=\iint_\Sigma \mathbf{rot}\boldsymbol{A}\cdot\boldsymbol{n}\mathrm{d}S=\iint_\Sigma 2\mathrm{d}S=2\pi.$$

习　题　10-7

1. 求下列向量场 $\boldsymbol{A}$ 的散度.

(1) $\boldsymbol{A}=(x^2y+y^3)\boldsymbol{i}+(x^3-xy^2)\boldsymbol{j}+(x^3-xy^2)\boldsymbol{k}$；

(2) $\boldsymbol{A}=\mathrm{e}^{xy}\boldsymbol{i}+\cos(xy)\boldsymbol{j}+\cos(xz^2)\boldsymbol{k}$.

2. 求向量场 $\boldsymbol{A}=x^2y\boldsymbol{i}-y^2z\boldsymbol{j}+z^2x\boldsymbol{k}$ 在点 $(2,0,1)$ 处的散度及旋度.

3. 求下列向量场 $\boldsymbol{A}$ 穿过曲面 Σ 流向指定侧的流量.

(1) $\boldsymbol{A}=3yz\boldsymbol{i}+3zx\boldsymbol{j}+3xy\boldsymbol{k}$，$\Sigma$ 为圆柱 $x^2+y^2\leqslant a^2$ $(0\leqslant z\leqslant h)$ 的全表面，流向外侧；

(2) $\boldsymbol{A}=(2x+5z)\boldsymbol{i}-(3xz+y)\boldsymbol{j}+(7y^2+2z)\boldsymbol{k}$，$\Sigma$ 是以点 $(3,-1,2)$ 为球心，半径 $R=3$ 的球面，流向外侧.

4. 求向量场 $\boldsymbol{A}=(-2y+x)\boldsymbol{i}+(2x-y)\boldsymbol{j}+c\boldsymbol{k}$（$c$ 为常数）沿闭曲线 $\Gamma: x^2+y^2=1$, $z=0$（从 z 轴正向看去，Γ 取逆时针方向）的环流量.

5. 设数量场 $u(x,y,z)$ 具有二阶连续偏导数，证明 $\mathbf{rot}(\mathbf{grad}u)=\mathbf{0}$.

总 习 题 十

1. 设 L 为椭圆 $\frac{x^2}{4}+\frac{y^2}{3}=1$，其周长记为 a，则 $\oint_L(12xy+3x^2+4y^2)\mathrm{d}s=$____________.

2. 若函数 $P(x,y)$ 及 $Q(x,y)$ 在单连通域 D 内有连续的一阶偏导数，则在 D 内，曲线积分 $\int_L P\mathrm{d}x+Q\mathrm{d}y$ 与路径无关的充分必要条件是(　　).

A. 在区域 D 内恒有 $\dfrac{\partial P}{\partial x}=\dfrac{\partial Q}{\partial y}$

B. 在区域 D 内恒有 $\dfrac{\partial Q}{\partial x}=\dfrac{\partial P}{\partial y}$

C. 在 D 内任一条闭曲线 L' 上, 曲线积分 $\oint_{L'} P\mathrm{d}x+Q\mathrm{d}y\neq 0$

D. 在 D 内任一条闭曲线 L' 上, 曲线积分 $\oint_{L'} P\mathrm{d}x+Q\mathrm{d}y=0$

3. 设积分路径 L 的方程为 $\begin{cases}x=\varphi(t),\\ y=\psi(t)\end{cases}$ (t 从 α 变化到 β), 那么第二类曲线积分计算公式 $\int_L P(x,y)\mathrm{d}x+Q(x,y)\mathrm{d}y=($　　$)$.

A. $\int_\alpha^\beta \{P[\varphi(t),\psi(t)]\varphi'(t)+Q[\varphi(t),\psi(t)]\psi'(t)\}\mathrm{d}t$

B. $\int_\alpha^\beta \{P[\varphi(t),\psi(t)]+Q[\varphi(t),\psi(t)]\}\varphi'(t)\mathrm{d}t$

C. $\int_\alpha^\beta \{P[\varphi(t),\psi(t)]+Q[\varphi(t),\psi(t)]\}\psi'(t)\mathrm{d}t$

D. $\int_\alpha^\beta \{P[\varphi(t),\psi(t)]+Q[\varphi(t),\psi(t)]\}\mathrm{d}t$

4. 计算 $\oint_L \mathrm{e}^{\sqrt{x^2+y^2}}\mathrm{d}s$, 其中 L 为正向圆周 $x^2+y^2=a^2$, 直线 $y=x$ 及 x 轴在第一象限内所围成的扇形的整个边界.

5. 计算 $\int_\Gamma z\mathrm{d}s$, 其中 Γ 为圆柱面 $\left(x-\dfrac{a}{2}\right)^2+y^2=\dfrac{a^2}{4}$ 与锥面 $z=\sqrt{x^2+y^2}$ 的交线.

6. 设 Γ 为曲线 $x=t,y=t^2,z=t^3$ 上相应于 t 从 0 变到 1 的一段曲线弧, 把对坐标的曲线积分 $\int_\Gamma P\mathrm{d}x+Q\mathrm{d}y+R\mathrm{d}z$ 化为对弧长的曲线积分.

7. 质点 P 在变力 $\boldsymbol{F}$ 的作用下, 沿以 AB 为直径的半圆周, 逆时针方向从点 $A(1,2)$ 运动至点 $B(3,4)$, $\boldsymbol{F}$ 的大小等于点 P 与原点 O 之间的距离, 其方向垂直于线段 OP, 且与 y 轴正向的夹角小于 $\dfrac{\pi}{2}$, 求变力 $\boldsymbol{F}$ 对质点所做的功.

8. 求参数 λ, 使曲线积分 $\int_{(x_0,y_0)}^{(x,y)} \dfrac{x}{y}r^\lambda\mathrm{d}x-\dfrac{x^2}{y^2}r^\lambda\mathrm{d}y$ $(r=\sqrt{x^2+y^2})$ 在 $y\neq 0$ 区域内与路径无关, 并求此积分.

9. 计算 $\oint_L \dfrac{y\mathrm{d}x-(x-1)\mathrm{d}y}{(x-1)^2+y^2}$, 其中 L 为曲线 $|x|+|y|=2$, 方向取逆时针方向.

10. 计算 $\int_L \dfrac{(x+y)\mathrm{d}x+(y-x)\mathrm{d}y}{x^2+y^2}$, 其中 L 是沿 $y=\pi\cos x$ 由 $A(\pi,-\pi)$ 到 $B(-\pi,-\pi)$ 的曲线段.

11. 设函数 $f(x)$ 在 $(-\infty,+\infty)$ 有连续导函数，计算

$$\int_L \frac{1+y^2f(xy)}{y}\mathrm{d}x+\frac{x}{y^2}[y^2f(xy)-1]\mathrm{d}y,$$

其中 L 是从点 $A\left(3,\frac{2}{3}\right)$ 到点 $B(1,2)$ 的直线段.

12. 计算 $I=\int_L \frac{x\mathrm{d}y-y\mathrm{d}x}{4x^2+y^2}$，其中 L 是以点 $(1,0)$ 为圆心、R 为半径的圆周（$R>1$），取逆时针方向.

13. 确定常数 λ，使在右半平面 $(x>0)$ 上的向量

$$\boldsymbol{A}(x,y)=2xy(x^4+y^2)^{\lambda}\boldsymbol{i}-x^2(x^4+y^2)^{\lambda}\boldsymbol{j}$$

为某个二元函数 $u(x,y)$ 的梯度，并求 $u(x,y)$.

14. 设函数 $\varphi(y)$ 具有连续导数，在围绕原点的任意分段光滑简单闭曲线 L 上，曲线积分 $\oint_L \frac{\varphi(y)\mathrm{d}x+2xy\mathrm{d}y}{2x^2+y^4}$ 的值恒为常数.

(1) 证明：对右半平面 $(x>0)$ 内的任意分段光滑简单闭曲线 C，有

$$\oint_C \frac{\varphi(y)\mathrm{d}x+2xy\mathrm{d}y}{2x^2+y^4}=0;$$

(2) 求函数 $\varphi(y)$ 的表达式.

15. 计算 $\iint\limits_{\Sigma} z\mathrm{d}S$，其中 Σ 为曲面 $z=\sqrt{x^2+y^2}$ 在柱体 $x^2+y^2\leqslant 2x$ 内部的部分.

16. 设 $f(x,y,z)$ 为连续函数，计算

$$\iint\limits_{\Sigma}\left[f(x,y,z)+x\right]\mathrm{d}y\mathrm{d}z+\left[2f(x,y,z)+y\right]\mathrm{d}z\mathrm{d}x+\left[f(x,y,z)+z\right]\mathrm{d}x\mathrm{d}y,$$

其中 Σ 是平面 $x-y+z=1$ 在第Ⅳ卦限部分的上侧.

17. 计算 $\iint\limits_{\Sigma}\frac{ax\mathrm{d}y\mathrm{d}z+(z+a)^2\mathrm{d}x\mathrm{d}y}{(x^2+y^2+z^2)^{\frac{1}{2}}}$，其中 Σ 为下半球面 $z=-\sqrt{a^2-x^2-y^2}$ 的上侧（$a>0$）.

18. 设 $f(u)$ 有连续的导数，计算 $\oiint\limits_{\Sigma}\frac{1}{y}f\left(\frac{x}{y}\right)\mathrm{d}y\mathrm{d}z+\frac{1}{x}f\left(\frac{x}{y}\right)\mathrm{d}z\mathrm{d}x+z\mathrm{d}x\mathrm{d}y$，其中 Σ 是 $y=x^2+z^2$，$y=8-x^2-z^2$ 所围立体的外侧.

19. 计算 $\iint\limits_{\Sigma}(y^2-x)\mathrm{d}y\mathrm{d}z+(z^2-y)\mathrm{d}z\mathrm{d}x+(x^2-z)\mathrm{d}x\mathrm{d}y$，其中 Σ 为抛物面 $z=2-x^2-y^2$ 位于 $z\geqslant 0$ 的部分的上侧.

20. 计算 $\oint_{\Gamma} y^2\mathrm{d}x+x^2\mathrm{d}z$，其中 Γ 为曲线 $z=x^2+y^2$，$x^2+y^2=2ay$，且从 z 轴正向看去为顺时针方向.

第十一章 无穷级数

无穷级数是高等数学(微积分)的一个重要组成部分，它在函数的研究、数值计算等方面有着广泛的应用. 本章将在极限理论的基础上，先介绍常数项级数的基础知识，然后讨论幂级数的一些基本性质及函数展开成幂级数的方法，最后研究傅里叶级数.

第一节 常数项级数的概念和性质

一、常数项级数的概念

在初等数学中遇到的数的加法，都是有限的和式，可是在某些实际问题中，会出现无穷多项相加的情形.

引例 将分数$\frac{1}{3}$写成循环小数形式时为$0.333\cdots$. 在作近似计算时，可根据不同的精度要求，取小数点后的n位作为$\frac{1}{3}$的近似值. 因为

$$0.3=\frac{3}{10},\quad 0.03=\frac{3}{10^2},\quad \cdots,\quad \underbrace{0.00\cdots 0}_{n个}3=\frac{3}{10^n},$$

所以有

$$\frac{1}{3}\approx\frac{3}{10}+\frac{3}{10^2}+\cdots+\frac{3}{10^n}.$$

显然，当n越来越大时，这个近似值越来越接近$\frac{1}{3}$. 于是，利用极限概念可知

$$\frac{1}{3}=\lim_{n\to\infty}\left(\frac{3}{10}+\frac{3}{10^2}+\cdots+\frac{3}{10^n}\right),$$

即

$$\frac{1}{3}=\frac{3}{10}+\frac{3}{10^2}+\cdots+\frac{3}{10^n}\cdots.$$

这样，就得到了一个“无穷和式”.

对于数列$\{u_n\}$，将其各项依次相加所得到的式子

$$u_1+u_2+\cdots+u_n+\cdots \tag{11-1}$$

称为常数项无穷级数，简称为常数项级数，记作$\sum_{n=1}^{\infty}u_n$，其中第 n 项u_n称为级数的一般项或通项.

如何理解定义中的无穷多个数相加呢？基于引例，首先定义级数$\sum_{n=1}^{\infty}u_n$的前n项的部分和为

$$s_n = u_1 + u_2 + \cdots + u_n . \tag{11-2}$$

当n依次取 1, 2, …时，它们构成一个新的数列$\{s_n\}$：

$$s_1 = u_1,\ s_2 = u_1 + u_2,\ \cdots,\ s_n = u_1 + u_2 + \cdots + u_n,\ \cdots,$$

称为级数$\sum_{n=1}^{\infty}u_n$的部分和数列.

定义 11-1 对于级数$\sum_{n=1}^{\infty}u_n$，若其部分和数列$\{s_n\}$收敛，且其极限为s，即$\lim\limits_{n\to\infty}s_n = s$，则称级数$\sum_{n=1}^{\infty}u_n$收敛，并称极限值$s$为此级数的和，记为$s=\sum_{n=1}^{\infty}u_n$. 若部分和数列$\{s_n\}$发散，则称级数$\sum_{n=1}^{\infty}u_n$发散.

显然，当级数$\sum_{n=1}^{\infty}u_n$收敛时，其部分和s_n是这个级数和s的近似值. 它们之间的差

$$r_n = s - s_n = u_{n+1} + u_{n+2} + \cdots$$

称为级数的余项，$|r_n|$表示用s_n近似代替s所产生的误差.

例 11-1 讨论等比(几何)级数$\sum_{n=0}^{\infty}aq^n$ ($a\neq 0$)的敛散性.

解 由等比数列的求和公式可知，当$q\neq 1$时，所给级数的部分和为

$$s_n = a + aq + aq^2 + \cdots + aq^{n-1} = \frac{a - aq^n}{1-q} .$$

由定义 11-1 知，当$|q|<1$时，$\lim\limits_{n\to\infty}s_n = \dfrac{a}{1-q}$，级数收敛，其和为$\dfrac{a}{1-q}$；当$|q|>1$时，$\lim\limits_{n\to\infty}s_n=\infty$，级数发散.

当$q=-1$时，部分和$s_n = \dfrac{a[1-(-1)^n]}{2}$，极限$\lim\limits_{n\to\infty}s_n$不存在，从而级数发散.

当$q=1$时，部分和$s_n = na$，极限$\lim\limits_{n\to\infty}s_n=\infty$，级数也发散.

综上所述，等比级数在$|q|<1$时收敛，其和为$\dfrac{a}{1-q}$；在$|q|\geqslant 1$时发散.

例如，级数$\sum_{n=0}^{\infty}\dfrac{2^n}{9^n}=\sum_{n=0}^{\infty}\left(\dfrac{2}{9}\right)^n$收敛，而级数$\sum_{n=0}^{\infty}\dfrac{9^n}{2^n}=\sum_{n=0}^{\infty}\left(\dfrac{9}{2}\right)^n$发散.

例 11-2　讨论级数 $\sum_{n=1}^{\infty}\frac{1}{n(n+1)}$ 的敛散性.

解　所给级数的部分和为

$$
\begin{aligned}
s_n &= \frac{1}{1\cdot 2}+\frac{1}{2\cdot 3}+\cdots+\frac{1}{n\cdot(n+1)} \\
&= \left(1-\frac{1}{2}\right)+\left(\frac{1}{2}-\frac{1}{3}\right)+\cdots+\left(\frac{1}{n}-\frac{1}{n+1}\right) \\
&= 1-\frac{1}{n+1},
\end{aligned}
$$

因为 $\lim_{n\to\infty}s_n=\lim_{n\to\infty}\left(1-\frac{1}{n+1}\right)=1$，所以级数 $\sum_{n=1}^{\infty}\frac{1}{n(n+1)}$ 收敛，且其和为 1.

例 11-3　判定级数 $\sum_{n=2}^{\infty}\ln\left(1-\frac{1}{n^2}\right)$ 的敛散性.

解　由

$$
\ln\left(1-\frac{1}{n^2}\right)=\ln\frac{n^2-1}{n^2}=\ln(n+1)+\ln(n-1)-2\ln n
$$

得所给级数的部分和为

$$
\begin{aligned}
s_n &= (\ln 3+\ln 1-2\ln 2)+(\ln 4+\ln 2-2\ln 3)+\cdots+[\ln(n+1)+\ln(n-1)-2\ln n] \\
&= -\ln 2+\ln(n+1)-\ln n \\
&= \ln\left(1+\frac{1}{n}\right)-\ln 2.
\end{aligned}
$$

因为

$$
\lim_{n\to\infty}s_n=-\ln 2,
$$

所以级数 $\sum_{n=2}^{\infty}\ln\left(1-\frac{1}{n^2}\right)$ 收敛，且其和为 $-\ln 2$.

由定义 11-1 可知，级数 $\sum_{n=1}^{\infty}u_n$ 的敛散性实质上就是它的部分和数列 $\{s_n\}$ 的敛散性.

二、无穷级数的基本性质

根据级数敛散性的定义和数列极限的性质，可以得到级数的几个基本性质.

定理 11-1　如果级数 $\sum_{n=1}^{\infty}u_n$ 收敛，k 为任一常数，则级数 $\sum_{n=1}^{\infty}ku_n$ 也收敛.

证　设级数 $\sum_{n=1}^{\infty}u_n$ 的部分和为 s_n，因为级数 $\sum_{n=1}^{\infty}u_n$ 收敛，设和为 s，则

$$
\lim_{n\to\infty}s_n=s.
$$

又设级数 $\sum_{n=1}^{\infty} ku_n$ 的部分和为 s'_n，显然 $s'_n = ks_n$，再按数列极限的性质知

$$\lim_{n\to\infty} s'_n = \lim_{n\to\infty} ks_n = ks,$$

故级数 $\sum_{n=1}^{\infty} ku_n$ 收敛.

由以上证明可知，当级数 $\sum_{n=1}^{\infty} u_n$ 收敛时，有

$$\sum_{n=1}^{\infty} ku_n = ks = k\sum_{n=1}^{\infty} u_n .$$

定理 11-2　设级数 $\sum_{n=1}^{\infty} u_n$ 与 $\sum_{n=1}^{\infty} v_n$ 都收敛，则级数 $\sum_{n=1}^{\infty}(u_n \pm v_n)$ 也收敛，且

$$\sum_{n=1}^{\infty}(u_n \pm v_n) = \sum_{n=1}^{\infty} u_n \pm \sum_{n=1}^{\infty} v_n .$$

证　设级数 $\sum_{n=1}^{\infty}(u_n \pm v_n)$，$\sum_{n=1}^{\infty} u_n$，$\sum_{n=1}^{\infty} v_n$ 的部分和分别为 s_n，σ_n，τ_n，显然有

$$s_n = \sigma_n \pm \tau_n,$$

因为级数 $\sum_{n=1}^{\infty} u_n$ 与 $\sum_{n=1}^{\infty} v_n$ 都收敛，所以数列 $\{\sigma_n\}$ 和 $\{\tau_n\}$ 的极限都存在，从而

$$\lim_{n\to\infty} s_n = \lim_{n\to\infty}(\sigma_n \pm \tau_n) = \lim_{n\to\infty}\sigma_n \pm \lim_{n\to\infty}\tau_n,$$

即级数 $\sum_{n=1}^{\infty}(u_n \pm v_n)$ 也收敛，且

$$\sum_{n=1}^{\infty}(u_n \pm v_n) = \sum_{n=1}^{\infty} u_n \pm \sum_{n=1}^{\infty} v_n .$$

定理 11-3　级数 $\sum_{n=1}^{\infty} u_n$ 去掉、添加或改变有限项，均不会改变级数的敛散性.

证　仅证明“去掉级数前面的有限项，不会改变级数的敛散性”．设将级数 $\sum_{n=1}^{\infty} u_n$ 的前 k 项去掉，则得级数

$$u_{k+1} + u_{k+2} + \cdots + u_n + \cdots, \tag{11-3}$$

分别记级数 $\sum_{n=1}^{\infty} u_n$ 与级数(11-3)的部分和为 s_n，s'_n，则

$$s'_n = u_{k+1} + u_{k+2} + \cdots + u_{k+n} = s_{k+n} - s_k.$$

因为 s_k 是一个常数，所以数列 $\{s'_n\}$ 和 $\{s_{k+n}\}$ 有相同的敛散性，故级数 $\sum_{n=1}^{\infty} u_n$ 与级数(11-3)有相同的敛散性．类似地可以证明其他情形.

由以上证明可知，对于收敛级数，去掉、添加或改变其有限项后，它依然收敛，但一

般会改变它的和.

定理 11-4 若级数 $\sum_{n=1}^{\infty} u_n$ 收敛, 则对级数的项任意加括号后的新级数也收敛, 且其和不变.

请读者自行证明.

定理 11-4 说明, 收敛级数满足结合律.

注 加括号后的级数收敛时, 不能断言原级数也是收敛的. 例如,

$$(1-1)+(1-1)+\cdots+(1-1)+\cdots$$

收敛于 0, 但级数

$$1-1+1-1+\cdots+(-1)^{n-1}+\cdots$$

是发散的.

推论 11-1 若加括号后的级数发散, 则原级数发散.

定理 11-5 (级数收敛的必要条件) 如果级数 $\sum_{n=1}^{\infty} u_n$ 收敛, 则 $\lim_{n\to\infty} u_n = 0$.

证 设级数 $\sum_{n=1}^{\infty} u_n$ 的部分和数列为 $\{s_n\}$, 且 $\lim_{n\to\infty} s_n = s$, 因为

$$u_n = s_n - s_{n-1},$$

所以

$$\lim_{n\to\infty} u_n = \lim_{n\to\infty}(s_n - s_{n-1}) = \lim_{n\to\infty} s_n - \lim_{n\to\infty} s_{n-1} = s - s = 0.$$

推论 11-2 对于级数 $\sum_{n=1}^{\infty} u_n$, 如果 $\lim_{n\to\infty} u_n \neq 0$, 则级数 $\sum_{n=1}^{\infty} u_n$ 发散.

注 定理 11-5 的逆命题不成立.

例 11-4 证明调和级数

$$\sum_{n=1}^{\infty}\frac{1}{n} = 1+\frac{1}{2}+\frac{1}{3}+\cdots+\frac{1}{n}+\cdots \tag{11-4}$$

发散.

证 虽然 $\lim_{n\to\infty}\frac{1}{n} = 0$, 但级数(11-4)发散. 事实上, 依次将其第一、二项, 第三、四项, 第五至八项, … 分别加括号, 得级数

$$\left(1+\frac{1}{2}\right)+\left(\frac{1}{3}+\frac{1}{4}\right)+\left(\frac{1}{5}+\frac{1}{6}+\frac{1}{7}+\frac{1}{8}\right)+\left(\frac{1}{9}+\frac{1}{10}+\cdots+\frac{1}{16}\right)+\cdots,$$

按此规律加括号后的新级数的部分和

$$\begin{aligned} s_n &> \frac{1}{2}+\left(\frac{1}{4}+\frac{1}{4}\right)+\left(\frac{1}{8}+\frac{1}{8}+\frac{1}{8}+\frac{1}{8}\right)+\cdots+\left(\frac{1}{2^n}+\frac{1}{2^n}+\cdots+\frac{1}{2^n}\right) \\ &= \frac{1}{2}+\frac{1}{2}+\frac{1}{2}+\cdots+\frac{1}{2} = \frac{n}{2}, \end{aligned}$$

于是 $\lim\limits_{n\to\infty} s_n = \infty$，即加括号后得到的级数发散，所以原级数 $\sum\limits_{n=1}^{\infty}\frac{1}{n}$ 发散.

例 11-5 判断级数

$$\frac{1}{2}+\frac{3}{4}+\frac{5}{6}+\cdots+\frac{2n-1}{2n}+\cdots$$

的敛散性.

解 因为

$$\lim_{n\to\infty}\frac{2n-1}{2n}=1,$$

所以级数 $\sum\limits_{n=1}^{\infty}\frac{2n-1}{2n}$ 是发散的.

三、利用 Mathematica 判断无穷级数的敛散性

由上面的几个例子知，判断无穷级数的敛散性可以转化为求该级数的部分和的极限问题. 因此，在 Mathematica 中判断无穷级数的敛散性可以通过如下两个步骤进行.

(1) 利用 `Sum[]` 求无穷级数的部分和.

(2) 利用 `Limit[]` 求部分和的极限.

在 Mathematica 中求和语句 `Sum[xn, {n, s, m}]` 可以给出和式 $x_s + x_{s+1} + \cdots + x_m$ 的计算结果; `Sum[xn, {n, s, Infinity}]` 可以给出级数 $x_s + x_{s+1} + \cdots + x_m + \cdots$ 的计算结果.

例 11-6 利用 Mathematica 判断 $\sum\limits_{n=1}^{\infty}\frac{1}{n(n+1)}$ 的敛散性.

解 (1) 求无穷级数的部分和:

```
In[1]: = Sum[1/(n(n+1)), {n, 1, n}]
```

Out[1]= $\frac{\text{n}}{\text{n+1}}$

(2) 求部分和极限:

```
In[2]: = Limit[n/(n+1), n->Infinity]
Out[2]= 1
```

由于部分和极限存在，故级数收敛.

例 11-7 利用 Mathematica 判断 $\sum\limits_{n=1}^{\infty}\frac{n^2}{3^n}$ 的敛散性.

解 直接利用 `Sum[xn, {n, s, Infinity}]` 来判断.

```
In[1]: = Sum[n^2/(3^n), {n, 1, Infinity}]
```

Out[1]= $\frac{3}{2}$

因为部分和的极限存在，所以级数收敛.

例 11-8　利用 Mathematica 判断$\sum_{n=1}^{\infty}\ln\frac{\sqrt{n+1}}{\sqrt{n}}$的敛散性.

解
```
In[1]: = Sum[Log[Sqrt[n+1]/Sqrt[n]], {n, 1, Infinity}]
```
则输出级数发散的提示:
```
Sum: div: Sum does not converge. >>
```

习　题　11-1

1. 写出下列级数的一般项.

(1) $1+\frac{1}{3}+\frac{1}{5}+\frac{1}{7}+\frac{1}{9}+\cdots$;　　(2) $\frac{2}{1}-\frac{3}{2}+\frac{4}{3}-\frac{5}{4}+\frac{6}{5}-\cdots$;

(3) $1+\frac{3}{5}+\frac{4}{10}+\frac{5}{17}+\frac{6}{26}+\cdots$;　　(4) $\frac{a}{3}-\frac{a^2}{5}+\frac{a^3}{7}-\frac{a^4}{9}+\frac{a^5}{11}-\cdots$.

2. 利用级数收敛与发散的定义判别下列级数的敛散性.

(1) $\sum_{n=1}^{\infty}\left(\sqrt{n+1}-\sqrt{n}\right)$;　　(2) $\sum_{n=1}^{\infty}\frac{1}{(2n-1)(2n+1)}$.

3. 判断题(对的划“√”，错的划“×”).

(1) 级数部分和的极限存在或者为无穷，则级数收敛；若部分和的极限不存在，则级数发散.　(　　)

(2) 改变级数的有限项不会改变级数的和.　(　　)

(3) 当$\lim\limits_{n\to\infty}u_n=0$时，级数$\sum_{n=1}^{\infty}u_n$不一定收敛.　(　　)

4. 利用级数的性质判别下列级数的敛散性.

(1) $1-\frac{3}{4}+\frac{3^2}{4^2}-\frac{3^3}{4^3}+\frac{3^4}{4^4}-\cdots$;　　(2) $\frac{1}{2}+\frac{2}{3}+\frac{3}{4}+\frac{4}{5}+\frac{5}{6}+\cdots$;

(3) $1!+2!+3!+\cdots$;　　(4) $\left(\frac{1}{2}+\frac{1}{3}\right)+\left(\frac{1}{2^2}+\frac{1}{3^2}\right)+\cdots+\left(\frac{1}{2^n}+\frac{1}{3^n}\right)+\cdots$.

5. 判别下列级数的敛散性.

(1) $\frac{1}{1\cdot 6}+\frac{1}{6\cdot 11}+\frac{1}{11\cdot 16}+\cdots+\frac{1}{(5n-4)(5n+1)}+\cdots$;

(2) $\sum_{n=1}^{\infty}\frac{3^n+(-2)^n}{6^n}$;

(3) $\frac{1}{1\cdot 2\cdot 3}+\frac{1}{2\cdot 3\cdot 4}+\frac{1}{3\cdot 4\cdot 5}+\cdots$.

6. 已知级数$\sum_{n=1}^{\infty}(u_n+v_n)$收敛，判断下列结论是否正确.

(1) $\sum_{n=1}^{\infty}u_n$与$\sum_{n=1}^{\infty}v_n$均收敛;

(2) $\sum_{n=1}^{\infty}u_n$ 与 $\sum_{n=1}^{\infty}v_n$ 中至少有一个收敛;

(3) $\sum_{n=1}^{\infty}u_n$ 与 $\sum_{n=1}^{\infty}v_n$ 或者同时收敛, 或者同时发散;

(4) $\sum_{n=1}^{\infty}(u_n+v_n)=\sum_{n=1}^{\infty}u_n+\sum_{n=1}^{\infty}v_n$;

(5) 数列 $\left\{\sum_{k=1}^{n}(u_k+v_k)\right\}$ 有界;

(6) $n\to\infty$ 时, $u_n\to 0$ 且 $v_n\to 0$.

7. 已知级数 $\sum_{n=1}^{\infty}u_n$ 收敛, 且和为 s , 证明:

(1) 级数 $\sum_{n=1}^{\infty}(u_n+u_{n+2})$ 收敛, 且和为 $2s-u_1-u_2$;

(2) 级数 $\sum_{n=1}^{\infty}\left(u_n+\frac{1}{n}\right)$ 发散.

第二节 常数项级数敛散性的判别法

第一节中, 通过定义来判别级数的敛散性, 即先将级数的部分和求出, 然后再判别部分和数列的敛散性. 然而, 大部分级数的部分和不易求出甚至无法求出, 此时, 如何判别其敛散性呢?

一、正项级数敛散性的判别法

常数项级数的各项可以是正数、负数或者零, 下面先讨论各项都是正数或者零的级数, 这种级数称为正项级数. 正项级数是一类特殊且重要的级数, 一些其他级数的敛散性问题可以归结为正项级数的敛散性问题.

定理 11-6 正项级数 $\sum_{n=1}^{\infty}u_n$ 收敛的充分必要条件是它的部分和数列 $\{S_n\}$ 有界.

证 必要性. 若 $\sum_{n=1}^{\infty}u_n$ 收敛, 则它的部分和数列 $\{s_n\}$ 收敛, 故 $\{s_n\}$ 有界.

充分性. 显然正项级数 $\sum_{n=1}^{\infty}u_n$ 的部分和数列 $\{s_n\}$ 单调增加, 若数列 $\{s_n\}$ 有界, 由单调有界原理知 $\{s_n\}$ 收敛, 从而 $\sum_{n=1}^{\infty}u_n$ 收敛.

从定理 11-6 可以得到下面的判别方法.

定理 11-7 (比较判别法)　设 $\sum_{n=1}^{\infty} u_n$ 与 $\sum_{n=1}^{\infty} v_n$ 均为正项级数，且满足 $u_n \leqslant v_n (n=1,2,\cdots)$，则有

(1) 若级数 $\sum_{n=1}^{\infty} v_n$ 收敛，则级数 $\sum_{n=1}^{\infty} u_n$ 也收敛.

(2) 若级数 $\sum_{n=1}^{\infty} u_n$ 发散，则级数 $\sum_{n=1}^{\infty} v_n$ 也发散.

证　(1) 设级数 $\sum_{n=1}^{\infty} v_n$ 收敛于 σ，则级数 $\sum_{n=1}^{\infty} u_n$ 的部分和

$$s_n = u_1 + u_2 + \cdots + u_n \leqslant v_1 + v_2 + \cdots + v_n \leqslant \sigma,$$

即部分和数列 $\{s_n\}$ 有界，故级数 $\sum_{n=1}^{\infty} u_n$ 收敛.

(2) 用反证法，假设 $\sum_{n=1}^{\infty} v_n$ 收敛，由结论(1)可知 $\sum_{n=1}^{\infty} u_n$ 收敛，与假设矛盾，故 $\sum_{n=1}^{\infty} v_n$ 发散.

由于级数的每一项同乘一个非零常数及去掉级数前面的有限项不影响级数的敛散性，可得到如下推论.

推论 11-3　设 $\sum_{n=1}^{\infty} u_n$ 和 $\sum_{n=1}^{\infty} v_n$ 都是正项级数，若 $\sum_{n=1}^{\infty} v_n$ 收敛，且存在正常数 c 及正整数 N，使得当 $n \geqslant N$ 时，有 $u_n \leqslant cv_n$，则 $\sum_{n=1}^{\infty} u_n$ 收敛；若 $\sum_{n=1}^{\infty} v_n$ 发散，且当 $n \geqslant N$ 时，有 $u_n \geqslant cv_n$，则 $\sum_{n=1}^{\infty} u_n$ 发散.

例 11-9　判别级数 $\sum_{n=1}^{\infty} \frac{1}{n^n} = 1 + \frac{1}{2^2} + \frac{1}{3^3} + \cdots + \frac{1}{n^n} + \cdots$ 的敛散性.

解　当 $n \geqslant 1$ 时，有

$$\frac{1}{n^n} \leqslant \frac{1}{2^{n-1}},$$

而等比级数 $\sum_{n=1}^{\infty} \frac{1}{2^{n-1}}$ 是收敛的，由比较判别法知，级数 $\sum_{n=1}^{\infty} \frac{1}{n^n}$ 是收敛的.

例 11-10　讨论 p- 级数 $1 + \frac{1}{2^p} + \frac{1}{3^p} + \cdots + \frac{1}{n^p} + \cdots$ 的敛散性，其中常数 $p > 0$.

解　当 $0 < p \leqslant 1$ 时，有

$$\frac{1}{n^p} \geqslant \frac{1}{n} \quad (n=1,2,\cdots),$$

而调和级数 $\sum_{n=1}^{\infty} \frac{1}{n}$ 发散，故由比较判别法可知，此时 p- 级数发散.

扫码演示

当 $p > 1$ 时，p- 级数的部分和

$$
\begin{aligned}
s_n &= 1+\frac{1}{2^p}+\frac{1}{3^p}+\cdots+\frac{1}{n^p} \\
&= 1+\int_1^2 \frac{1}{2^p}\mathrm{d}x+\int_2^3 \frac{1}{3^p}\mathrm{d}x+\cdots+\int_{n-1}^n \frac{1}{n^p}\mathrm{d}x \\
&< 1+\int_1^2 \frac{1}{x^p}\mathrm{d}x+\int_2^3 \frac{1}{x^p}\mathrm{d}x+\cdots+\int_{n-1}^n \frac{1}{x^p}\mathrm{d}x \\
&= 1+\int_1^n \frac{1}{x^p}\mathrm{d}x \\
&= 1+\frac{1}{p-1}-\frac{1}{(p-1)n^{p-1}} \\
&< 1+\frac{1}{p-1},
\end{aligned}
$$

即部分和数列$\{s_n\}$有上界, 故当$p>1$时, p-级数收敛.

综上所述, p-级数$\sum\limits_{n=1}^{\infty}\frac{1}{n^p}$当$p>1$时收敛; 当$0<p\leqslant 1$时发散.

利用p-级数的敛散性结论, 可得下述推论.

推论 11-4 设$\sum\limits_{n=1}^{\infty}u_n$为正项级数,

(1) 若存在$p\leqslant 1$, 使得$u_n\geqslant\frac{1}{n^p}$ $(n=1,2,\cdots)$, 则$\sum\limits_{n=1}^{\infty}u_n$发散.

(2) 若存在$p>1$, 使得$u_n\leqslant\frac{1}{n^p}(n=1,2,\cdots)$, 则$\sum\limits_{n=1}^{\infty}u_n$收敛.

例 11-11 讨论级数$\sum\limits_{n=1}^{\infty}\frac{1}{\sqrt{n(n+1)}}$的敛散性.

解 因为

$$
\frac{1}{\sqrt{n(n+1)}}>\frac{1}{n+1}\quad(n=1,2,\cdots),
$$

而级数$\sum\limits_{n=1}^{\infty}\frac{1}{n+1}$发散, 由比较判别法可知, 级数$\sum\limits_{n=1}^{\infty}\frac{1}{\sqrt{n(n+1)}}$发散.

下面给出比较判别法的极限形式.

定理 11-8 (比较判别法的极限形式) 设$\sum\limits_{n=1}^{\infty}u_n$与$\sum\limits_{n=1}^{\infty}v_n$都是正项级数, 且$\lim\limits_{n\to\infty}\frac{u_n}{v_n}=\rho$, 则

(1) 当$0<\rho<+\infty$时, 级数$\sum\limits_{n=1}^{\infty}v_n$与级数$\sum\limits_{n=1}^{\infty}u_n$有相同的敛散性.

(2) 当$\rho=0$时, 如果级数$\sum\limits_{n=1}^{\infty}v_n$收敛, 那么级数$\sum\limits_{n=1}^{\infty}u_n$收敛.

(3) 当$\rho=+\infty$时, 如果级数$\sum\limits_{n=1}^{\infty}v_n$发散, 那么级数$\sum\limits_{n=1}^{\infty}u_n$发散.

证　只证(1). 利用数列极限的定义证明此结论, 取 $\varepsilon=\frac{1}{2}\rho$, 则存在正整数 N, 使得当 $n\geqslant N$ 时, 有

$$\left|\frac{u_n}{v_n}-\rho\right|<\frac{1}{2}\rho,$$

从而有

$$\frac{1}{2}\rho<\frac{u_n}{v_n}<\frac{3}{2}\rho.$$

因此, 由推论 11-3 知, 当 $\sum\limits_{n=1}^{\infty}u_n$ 收敛时, 由于 $v_n<\frac{2}{\rho}u_n\ (n\geqslant N)$, 则 $\sum\limits_{n=1}^{\infty}v_n$ 收敛; 当 $\sum\limits_{n=1}^{\infty}u_n$ 发散时, 由于 $\frac{2}{3\rho}u_n<v_n\ (n\geqslant N)$, 则 $\sum\limits_{n=1}^{\infty}v_n$ 也发散.

用类似的方法, 可以证明余下两种情形.

例 11-12　判别级数 $\sum\limits_{n=1}^{\infty}\sin\frac{1}{n}$ 的敛散性.

解　因为

$$\lim_{n\to\infty}\frac{\sin\frac{1}{n}}{\frac{1}{n}}=1,$$

而级数 $\sum\limits_{n=1}^{\infty}\frac{1}{n}$ 发散, 所以级数 $\sum\limits_{n=1}^{\infty}\sin\frac{1}{n}$ 发散.

例 11-13　判别级数 $\sum\limits_{n=1}^{\infty}\ln\left(1+\frac{1}{n^2}\right)$ 的敛散性.

解　因为

$$\lim_{n\to\infty}\frac{\ln\left(1+\frac{1}{n^2}\right)}{\frac{1}{n^2}}=1,$$

而级数 $\sum\limits_{n=1}^{\infty}\frac{1}{n^2}$ 收敛, 所以级数 $\sum\limits_{n=1}^{\infty}\ln\left(1+\frac{1}{n^2}\right)$ 收敛.

比较判别法是借助一个已知级数(比较对象)的敛散性来判别另一个级数的敛散性, 而下面介绍的两个判别法, 则只需利用级数通项本身的性质就可以判别级数的敛散性.

定理 11-9 (比值判别法)　对正项级数 $\sum\limits_{n=1}^{\infty}u_n$, 若

$$\lim_{n\to\infty}\frac{u_{n+1}}{u_n}=l,$$

则

(1) 当 $l<1$ 时，级数 $\sum_{n=1}^{\infty}u_n$ 收敛.

(2) 当 $l>1$ 或 $l=+\infty$ 时，级数 $\sum_{n=1}^{\infty}u_n$ 发散.

(3) 当 $l=1$ 时，级数 $\sum_{n=1}^{\infty}u_n$ 可能收敛，也可能发散.

证　(1) 当 $l<1$ 时，取 $\varepsilon=\dfrac{1-l}{2}$，由数列极限定义知，存在正整数 N，使得当 $n\geqslant N$ 时，有

$$\left|\frac{u_{n+1}}{u_n}-l\right|<\frac{1-l}{2},$$

由此可得

$$\frac{u_{n+1}}{u_n}<l+\frac{1-l}{2}=\frac{1+l}{2}\quad(n=N,N+1,\cdots),$$

即有

$$u_{n+1}<\frac{1+l}{2}u_n\quad(n=N,N+1,\cdots),$$

因此，

$$u_{N+1}<\frac{1+l}{2}u_N,\ u_{N+2}<\frac{1+l}{2}u_{N+1}<\left(\frac{1+l}{2}\right)^2u_N,\ \ldots,\ u_{N+k}<\left(\frac{1+l}{2}\right)^ku_N,\ \ldots,$$

而级数 $\sum_{k=1}^{\infty}u_N\left(\dfrac{1+l}{2}\right)^k$ 是收敛的等比级数，由推论 11-3 知 $\sum_{n=1}^{\infty}u_n$ 收敛.

(2) 当 $l>1$ 时，取 $\varepsilon=\dfrac{l-1}{2}$，由数列极限定义，存在正整数 N，使得当 $n\geqslant N$ 时，有

$$\left|\frac{u_{n+1}}{u_n}-l\right|<\frac{l-1}{2},$$

于是

$$\frac{u_{n+1}}{u_n}>l-\frac{l-1}{2}=\frac{l+1}{2}>1,$$

由此得 $u_{n+1}>u_n$，故 $\lim\limits_{n\to\infty}u_n=0$ 不可能成立，由级数收敛的必要条件知级数 $\sum_{n=1}^{\infty}u_n$ 发散.

(3) 当 $l=1$ 时，比值判别法失效.

例如，对于级数 $\sum_{n=1}^{\infty}\dfrac{1}{n^2}$ 和 $\sum_{n=1}^{\infty}\dfrac{1}{n}$，它们都满足 $l=1$，但 $\sum_{n=1}^{\infty}\dfrac{1}{n^2}$ 收敛，而 $\sum_{n=1}^{\infty}\dfrac{1}{n}$ 是发散的.

例 11-14　判别级数 $\sum_{n=1}^{\infty}\dfrac{n^2}{2^n}$ 的敛散性.

解　因为

$$\lim_{n\to\infty}\frac{u_{n+1}}{u_n}=\lim_{n\to\infty}\frac{(n+1)^2}{2^{n+1}}.\frac{2^n}{n^2}=\lim_{n\to\infty}\frac{1}{2}.\left(\frac{n+1}{n}\right)^2=\frac{1}{2}<1,$$

所以$\sum_{n=1}^{\infty}\frac{n^2}{2^n}$是收敛的.

例 11-15　判别级数$\sum_{n=1}^{\infty}\frac{x^n}{n}\ (x>0)$的敛散性.

解　因为

$$\lim_{n\to\infty}\frac{u_{n+1}}{u_n}=\lim_{n\to\infty}\frac{\frac{x^{n+1}}{n+1}}{\frac{x^n}{n}}=\lim_{n\to\infty}\frac{n}{n+1}x=x\,,$$

所以当$0<x<1$时，级数$\sum_{n=1}^{\infty}\frac{x^n}{n}$收敛；当$x>1$时，级数$\sum_{n=1}^{\infty}\frac{x^n}{n}$发散；当$x=1$时，级数$\sum_{n=1}^{\infty}\frac{x^n}{n}=\sum_{n=1}^{\infty}\frac{1}{n}$是发散的.

例 11-16　判别级数$\sum_{n=1}^{\infty}\frac{n^2\sin^2\frac{n\pi}{4}}{2^n}$的敛散性.

解　因为

$$\frac{n^2\sin^2\frac{n\pi}{4}}{2^n}\leqslant\frac{n^2}{2^n}\quad(n=1,2,\cdots)\,,$$

对于级数$\sum_{n=1}^{\infty}\frac{n^2}{2^n}$,

$$\lim_{n\to\infty}\frac{u_{n+1}}{u_n}=\lim_{n\to\infty}\frac{(n+1)^2}{2^{n+1}}.\frac{2^n}{n^2}=\frac{1}{2}<1\,,$$

所以级数$\sum_{n=1}^{\infty}\frac{n^2}{2^n}$收敛. 因此，由比较判别法可知$\sum_{n=1}^{\infty}\frac{n^2\sin^2\frac{n\pi}{4}}{2^n}$收敛.

定理 11-10 (根值判别法)　对正项级数$\sum_{n=1}^{\infty}u_n$，若$\lim_{n\to\infty}\sqrt[n]{u_n}=l$，则

(1) 当$l<1$时，级数$\sum_{n=1}^{\infty}u_n$收敛.

(2) 当$l>1$或$l=+\infty$时，级数$\sum_{n=1}^{\infty}u_n$发散.

(3) 当$l=1$时，级数$\sum_{n=1}^{\infty}u_n$可能收敛，也可能发散.

证明略.

例 11-17 判定级数$\sum_{n=1}^{\infty}\left(\frac{na}{n+1}\right)^n$ $(a>0)$的敛散性.

扫码演示

解 因为

$$\lim_{n\to\infty}\sqrt[n]{u_n}=\lim_{n\to\infty}\frac{na}{n+1}=a,$$

所以当$a<1$时，级数收敛；当$a>1$时，级数发散；当$a=1$时，由于

$$u_n=\left(\frac{n}{n+1}\right)^n\to\frac{1}{\mathrm{e}}\neq 0,$$

故级数发散.

例 11-18 利用 Mathematica 判断级数$\sum_{n=1}^{\infty}\frac{3^n}{n2^n}$的敛散性.

```
In[1]:  =  Limit[(3^(n+1)/((n+1)*2^(n+1))/(3^n/(n*2^n))),n->
               Infinity]
```

Out[1]=$\frac{3}{2}$

由于极限大于 1, 根据定理 11-9 知, 无穷级数$\sum_{n=1}^{\infty}\frac{3^n}{n2^n}$发散.

二、交错级数及其敛散性的判别法

形如

$$\sum_{n=1}^{\infty}(-1)^{n-1}u_n=u_1-u_2+u_3-u_4+\cdots\quad(u_n>0,n=1,2,\cdots)\tag{11-5}$$

的级数称为交错级数, 它的各项是正负交错的.

关于交错级数收敛性的判定, 有下面的定理.

定理 11-11 (莱布尼茨判别法) 若交错级数$\sum_{n=1}^{\infty}(-1)^{n-1}u_n$满足

(1) $u_n\geqslant u_{n+1}\ (n=1,2,\cdots)$;

(2) $\lim_{n\to\infty}u_n=0$,

则级数$\sum_{n=1}^{\infty}(-1)^{n-1}u_n$收敛, 其和$s\leqslant u_1$.

证 记级数$\sum_{n=1}^{\infty}(-1)^{n-1}u_n$的部分和为$s_n$，由于数列$\{u_n\}$单调递减, 有

$$s_{2n}=u_1-(u_2-u_3)-\cdots-(u_{2n-2}-u_{2n-1})-u_{2n}\leqslant u_1,$$

又

$$s_{2n}=(u_1-u_2)+(u_3-u_4)+\cdots+(u_{2n-1}-u_{2n}),$$

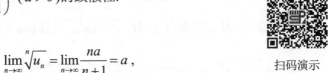

即数列$\{s_{2n}\}$单调增加且有上界，故$\lim\limits_{n\to\infty}s_{2n}$存在. 而

$$\lim_{n\to\infty}s_{2n+1}=\lim_{n\to\infty}(s_{2n}+u_{2n+1})=\lim_{n\to\infty}s_{2n},$$

所以$\lim\limits_{n\to\infty}s_n$存在，从而级数$\sum\limits_{n=1}^{\infty}(-1)^{n-1}u_n$收敛，且其和$s\leqslant u_1$.

当级数$\sum\limits_{n=1}^{\infty}(-1)^{n-1}u_n$收敛时，其余项的绝对值为

$$|r_n|=u_{n+1}-u_{n+2}+\cdots,$$

上式右端仍是一个交错级数，它也满足定理 11-11 的两个条件，因此

$$|r_n|\leqslant u_{n+1}.$$

例如，交错级数

$$\sum_{n=1}^{\infty}(-1)^{n-1}\frac{1}{n}=1-\frac{1}{2}+\frac{1}{3}-\frac{1}{4}+\cdots+(-1)^{n-1}\frac{1}{n}+\cdots,$$

因为数列$\left\{\frac{1}{n}\right\}$单调递减且$\lim\limits_{n\to\infty}\frac{1}{n}=0$，所以由莱布尼茨判别法知它收敛，且其和$s\leqslant u_1=1$.

三、绝对收敛与条件收敛

对于任意项级数的敛散性，有下面的定理.

定理 11-12 若级数$\sum\limits_{n=1}^{\infty}|u_n|$收敛，则级数$\sum\limits_{n=1}^{\infty}u_n$必收敛.

证 令

$$v_n=\frac{1}{2}(u_n+|u_n|),$$

显然

$$0\leqslant v_n\leqslant|u_n|,$$

由级数$\sum\limits_{n=1}^{\infty}|u_n|$收敛，可知正项级数$\sum\limits_{n=1}^{\infty}v_n$也收敛. 又

$$u_n=2v_n-|u_n|,$$

由收敛级数的性质可知，级数$\sum\limits_{n=1}^{\infty}u_n$收敛.

定义 11-2 若级数$\sum\limits_{n=1}^{\infty}|u_n|$收敛，则称级数$\sum\limits_{n=1}^{\infty}u_n$绝对收敛；若级数$\sum\limits_{n=1}^{\infty}u_n$收敛，而级数$\sum\limits_{n=1}^{\infty}|u_n|$发散，则称级数$\sum\limits_{n=1}^{\infty}u_n$条件收敛.

对于任意项级数$\sum\limits_{n=1}^{\infty}u_n$，若用正项级数敛散性的判别法判定出级数$\sum\limits_{n=1}^{\infty}|u_n|$收敛，则级

数$\sum_{n=1}^{\infty}u_n$也收敛. 这就使得一大类级数的敛散性判别问题可以转化为正项级数的敛散性判别问题. 一般来说, 若级数$\sum_{n=1}^{\infty}|u_n|$发散, 不能判定级数$\sum_{n=1}^{\infty}u_n$也发散, 但是如果用比值判别法或根值判别法判定级数$\sum_{n=1}^{\infty}|u_n|$发散, 则可以断定级数$\sum_{n=1}^{\infty}u_n$必发散, 这是因为上述两种判别法判定发散的依据都是$\lim\limits_{n\to\infty}|u_n|\neq 0$, 从而$\lim\limits_{n\to\infty}u_n\neq 0$, 因此级数$\sum_{n=1}^{\infty}u_n$也发散.

例 11-19 判别级数$\sum_{n=1}^{\infty}\dfrac{\sin n\alpha}{n^2}$的敛散性.

解 因为

$$\left|\frac{\sin n\alpha}{n^2}\right|\leqslant\frac{1}{n^2}\quad(n=1,2,\cdots),$$

而级数$\sum_{n=1}^{\infty}\dfrac{1}{n^2}$收敛, 所以正项级数$\sum_{n=1}^{\infty}\left|\dfrac{\sin n\alpha}{n^2}\right|$也收敛, 由上述定义知, 级数$\sum_{n=1}^{\infty}\dfrac{\sin n\alpha}{n^2}$绝对收敛, 从而级数$\sum_{n=1}^{\infty}\dfrac{\sin n\alpha}{n^2}$也收敛.

例 11-20 判别级数$\sum_{n=1}^{\infty}\dfrac{x^n}{n!}$的敛散性.

解 当$x=0$时, 级数$\sum_{n=1}^{\infty}\dfrac{x^n}{n!}$显然绝对收敛.

当$x\neq 0$时, 对于正项级数$\sum_{n=1}^{\infty}\dfrac{|x|^n}{n!}$, 由

$$\lim_{n\to\infty}\left|\frac{u_{n+1}}{u_n}\right|=\lim_{n\to\infty}\frac{|x|^{n+1}}{(n+1)!}\cdot\frac{n!}{|x|^n}=\lim_{n\to\infty}\frac{|x|}{n+1}=0<1$$

知$\sum_{n=1}^{\infty}\dfrac{|x|^n}{n!}$收敛, 从而级数$\sum_{n=1}^{\infty}\dfrac{x^n}{n!}$绝对收敛, 所以对任意$x\in\mathbf{R}$, 级数$\sum_{n=1}^{\infty}\dfrac{x^n}{n!}$绝对收敛.

例 11-21 判断级数$\sum_{n=1}^{\infty}\dfrac{(-1)^n}{\ln(1+n)}$的敛散性.

解 因为

$$\sum_{n=1}^{\infty}\left|\frac{(-1)^n}{\ln(1+n)}\right|=\sum_{n=1}^{\infty}\frac{1}{\ln(1+n)},$$

且

$$\frac{1}{\ln(1+n)}>\frac{1}{1+n}\quad(n=1,2,\cdots),$$

级数$\sum\limits_{n=1}^{\infty}\frac{1}{n+1}$发散，所以$\sum\limits_{n=1}^{\infty}\frac{1}{\ln(1+n)}$发散.

同时，$\sum\limits_{n=1}^{\infty}\frac{(-1)^n}{\ln(1+n)}$是一个交错级数，数列$\left\{\frac{1}{\ln(1+n)}\right\}$单调递减，且

$$\lim_{n\to\infty}\frac{1}{\ln(1+n)}=0,$$

所以$\sum\limits_{n=1}^{\infty}\frac{(-1)^n}{\ln(1+n)}$收敛，级数$\sum\limits_{n=1}^{\infty}\frac{(-1)^n}{\ln(1+n)}$条件收敛.

例 11-22 利用 Mathematica 证明级数$\sum\limits_{n=1}^{\infty}(-1)^n\frac{n!}{n^n}$绝对收敛.

证
```
In[1]: = Limit[((n!*(n+1))/((n+1)^(n+1)))/(n!/n^n), n->
                    Infinity]
Out[1]=1/e
```

因为$\lim\limits_{n\to\infty}\frac{|u_{n+1}|}{|u_n|}$的值小于 1，所以原级数绝对收敛.

*四、绝对收敛级数的性质

收敛级数分为绝对收敛级数和条件收敛级数两大类. 这里不加证明地给出绝对收敛级数的两个性质，而条件收敛级数不具备这些特征. 因此，将收敛级数分为绝对收敛级数和条件收敛级数是重要的.

定理 11-13 (交换律) 设级数$\sum\limits_{n=1}^{\infty}u_n$绝对收敛，则任意交换级数项的位置，得到的新级数$\sum\limits_{n=1}^{\infty}u_n'$仍然绝对收敛，且和不变，即$\sum\limits_{n=1}^{\infty}u_n=\sum\limits_{n=1}^{\infty}u_n'$.

为介绍级数的另一个性质，先介绍级数的乘积.

收敛级数乘一个常数k等于各项乘以k后的和，即

$$k\sum_{n=1}^{\infty}u_n=\sum_{n=1}^{\infty}ku_n.$$

此式可推广到收敛级数$\sum\limits_{n=1}^{\infty}u_n$与有限和的乘积，即

$$(k_1+k_2+\cdots+k_m)\sum_{n=1}^{\infty}u_n=\sum_{n=1}^{\infty}\sum_{j=1}^{m}k_ju_n.$$

现在讨论在什么条件下能把它推广到无穷级数的乘积上去.

设级数$\sum\limits_{n=1}^{\infty}u_n$和$\sum\limits_{n=1}^{\infty}v_n$都收敛，其和分别为$A$和$B$，即

$$A=u_1+u_2+\cdots+u_n+\cdots, \tag{11-6}$$

$$B=v_1+v_2+\cdots+v_n+\cdots, \tag{11-7}$$

将级数(11-6)与级数(11-7)中的每一项的所有可能乘积排列如下:

$$\begin{array}{c} u_1v_1,u_1v_2,u_1v_3,\cdots,u_1v_j,\cdots,\\ u_2v_1,u_2v_2,u_2v_3,\cdots,u_2v_j,\cdots,\\ u_3v_1,u_3v_2,u_3v_3,\cdots,u_3v_j,\cdots,\\ \cdots,\\ u_iv_1,u_iv_2,u_iv_3,\cdots,u_iv_j,\cdots,\\ \cdots. \end{array} \tag{11-8}$$

这些乘积可以有许多方式将它们排列成一个数列. 例如, 可按“对角线法”或者“正方形法”排成下列形状的数列(图 11-1):

$u_1v_1;u_1v_2,u_2v_1;u_1v_3,u_2v_2,u_3v_1;\cdots$(对角线法).

$u_1v_1;u_1v_2,u_2v_2,u_2v_1;u_1v_3,u_2v_3,u_3v_3,u_3v_2,u_3v_1;\cdots$(正方形法).

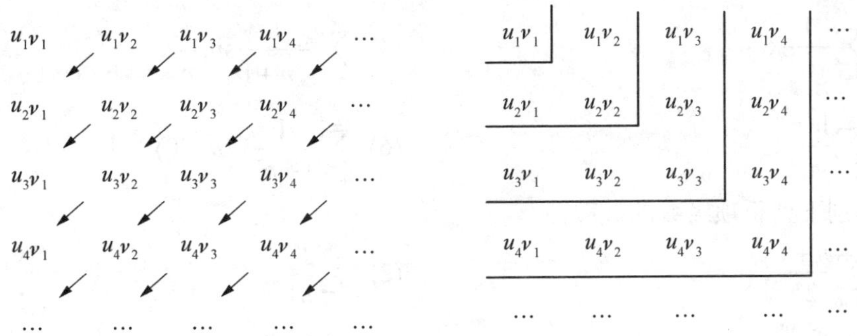

(a)　　　　(b)

图 11-1

将上面排列好的数列用加号相连, 就组成无穷级数. 若按对角线法所组成的级数 $\sum_{n=1}^{\infty}c_n$, 其一般项是

$$c_n=u_1v_n+u_2v_{n-1}+u_3v_{n-2}+\cdots+u_{n-1}v_2+u_nv_1,$$

则称级数 $\sum_{n=1}^{\infty}c_n$ 为两个级数 $\sum_{n=1}^{\infty}u_n$ 和 $\sum_{n=1}^{\infty}v_n$ 的柯西乘积.

定理 11-14 (柯西定理)　设级数(11-6)与级数(11-7)绝对收敛, 则对(11-8)中所有乘积 u_iv_j 按任意顺序排列所得到的新级数 $\sum_{n=1}^{\infty}w_n$ 仍然绝对收敛, 且和为 AB.

例如, 等比级数

$$\frac{1}{1-q}=1+q+q^2+\cdots+q^n+\cdots\quad(|q|<1)$$

绝对收敛, 把它按对角线法自乘, 得到

$$\frac{1}{(1-q)^2}=1+(q+q)+(q^2+q^2+q^2)+\cdots+(q^n+q^n+\cdots+q^n)+\cdots$$
$$=1+2q+3q^2+\cdots+(n+1)q^n+\cdots\quad(|q|<1).$$

习　题　11-2

1. 用“收敛”或“发散”填空.

(1) $\sum\limits_{n=1}^{\infty}\frac{1}{\sqrt[3]{n}}$(　　);　　(2) $\sum\limits_{n=1}^{\infty}\frac{\ln^2 2}{2^n}$(　　);

(3) $\sum\limits_{n=1}^{\infty}n!$(　　);　　(4) $\sum\limits_{n=1}^{\infty}\frac{1}{n^{\frac{3}{2}}}$(　　).

2. 用比较判别法判别下列正项级数的敛散性.

(1) $\sum\limits_{n=1}^{\infty}\frac{(n+1)^2}{n^3}$;　　(2) $\sum\limits_{n=2}^{\infty}\frac{1}{\sqrt{n^2-1}}$;

(3) $\sum\limits_{n=1}^{\infty}\frac{1}{n^{1+\frac{1}{n}}}$;　　(4) $\sum\limits_{n=1}^{\infty}\frac{1}{\sqrt{n+1}}\sin\frac{1}{n}$;

(5) $\sum\limits_{n=1}^{\infty}\frac{\ln n}{n^2}$;　　(6) $\sum\limits_{n=1}^{\infty}\frac{1}{1+a^n}\ (a>0)$.

3. 判别下列正项级数的敛散性.

(1) $\sum\limits_{n=1}^{\infty}\frac{n+1}{2^n}$;　　(2) $\sum\limits_{n=1}^{\infty}\frac{3^n}{n!}$;

(3) $\sum\limits_{n=1}^{\infty}\frac{n^2 2^n}{n!}$;　　(4) $\sum\limits_{n=1}^{\infty}\frac{n^2\ln n}{2^n}$;

(5) $\sum\limits_{n=1}^{\infty}\left(\frac{n}{2n+1}\right)^n$;　　(6) $\sum\limits_{n=1}^{\infty}\frac{2^n\cdot n!}{n^n}$;

(7) $\frac{1}{a+b}+\frac{1}{2a+b}+\frac{1}{3a+b}+\cdots\ (a,b>0)$;　(8) $\sum\limits_{n=1}^{\infty}\frac{n}{(n+1)(n+2)(n+3)}$.

4. 判别下列级数是否收敛. 如果是收敛的, 是条件收敛还是绝对收敛?

(1) $\sum\limits_{n=1}^{\infty}\frac{(-1)^n}{\ln(2+n)}$;　　(2) $\sum\limits_{n=1}^{\infty}(-1)^n\frac{n}{n+1}$;

(3) $\sum\limits_{n=1}^{\infty}(-1)^{n-1}\ln\left(1+\frac{1}{n}\right)$;　　(4) $\frac{1}{3}\cdot\frac{1}{2}-\frac{1}{3}\cdot\frac{1}{2^2}+\frac{1}{3}\cdot\frac{1}{2^3}-\frac{1}{3}\cdot\frac{1}{2^4}+\cdots$;

(5) $\sum\limits_{n=1}^{\infty}(-2)^n\sin\frac{\pi}{3^n}$;　　(6) $\sum\limits_{n=1}^{\infty}(-1)^{n-1}\arcsin\frac{1}{3n}$.

5. 如果级数 $\sum\limits_{n=1}^{\infty}u_n$ 的部分和 $s_n=5-\frac{n}{2^n}$, 求 u_n 及级数 $\sum\limits_{n=1}^{\infty}u_n$ 的和.

6. 判别下列结论是否正确.

(1) 若$u_n \leqslant v_n$ $(n=1,2,\cdots)$成立，则由级数$\sum_{n=1}^{\infty}u_n$发散，可推得级数$\sum_{n=1}^{\infty}v_n$发散；

(2) 若$\frac{u_{n+1}}{u_n}<1$ $(n=1,2,\cdots)$成立，则正项级数$\sum_{n=1}^{\infty}u_n$收敛；

(3) 若$\frac{u_{n+1}}{u_n}>1\,(n=1,2,\cdots)$成立，则正项级数$\sum_{n=1}^{\infty}u_n$发散；

(4) 若级数$\sum_{n=1}^{\infty}u_n$收敛，则级数$\sum_{n=1}^{\infty}(-1)^n u_n$条件收敛；

(5) 若交错级数$\sum_{n=1}^{\infty}(-1)^n u_n$收敛，则必为条件收敛；

(6) 若$\lim_{n\to\infty}\left|\frac{u_{n+1}}{u_n}\right|>1$成立，则级数$\sum_{n=1}^{\infty}u_n$必然发散.

7. 设正项级数$\sum_{n=1}^{\infty}u_n$收敛，证明级数$\sum_{n=1}^{\infty}u_n^2$也收敛；试问反之是否成立.

第三节　幂　级　数

一、函数项级数的概念

由第一节知，当$|q|<1$时，等比级数$\sum_{n=0}^{\infty}aq^n$ $(a\neq 0)$收敛. 如果将q看成可以在区间$(-1,1)$内取值的变量x，即可得到级数$\sum_{n=0}^{\infty}ax^n$ $(a\neq 0)$，它的每一项都是x的函数. 一般地，有如下定义.

定义 11-3　对任意一个定义在区间I上的函数列$\{u_n(x)\}$，称和式

$$\sum_{n=1}^{\infty}u_n(x)=u_1(x)+u_2(x)+\cdots+u_n(x)+\cdots \tag{11-9}$$

为定义在区间I上的函数项无穷级数，简称为函数项级数.

对每个给定的点$x_0\in I$，函数项级数(11-9)成为常数项级数$\sum_{n=1}^{\infty}u_n(x_0)$. 若$\sum_{n=1}^{\infty}u_n(x_0)$收敛，则称点$x_0$为函数项级数(11-9)的一个收敛点；若$\sum_{n=1}^{\infty}u_n(x_0)$发散，则称点$x_0$为函数项级数(11-9)的一个发散点. $\sum_{n=1}^{\infty}u_n(x)$的全体收敛点的集合称为函数项级数(11-19)的收敛域，全体发散点的集合称为函数项级数(11-9)的发散域.

在收敛域D上，函数项级数(11-9)的和显然是关于x的函数，称为和函数，记作$s(x)$，

即在 D 上，有 $\sum_{n=1}^{\infty} u_n(x) = s(x)$.

类似于常数项级数的情形，称

$$s_n(x) = \sum_{k=1}^{n} u_k(x)$$

为函数项级数(11-9)的部分和. 于是，当 $x \in D$ 时，有

$$\lim_{n \to +\infty} s_n(x) = s(x).$$

在 D 上，称 $r_n(x) = s(x) - s_n(x)$ 为函数项级数的余项，显然

$$\lim_{n \to +\infty} r_n(x) = 0 \quad (x \in D).$$

例如，等比级数

$$\sum_{n=0}^{\infty} x^n = 1 + x + x^2 + \cdots + x^{n-1} + \cdots$$

的收敛域为 $(-1,1)$，其和函数为 $s(x) = \dfrac{1}{1-x}$，因此有

$$\frac{1}{1-x} = 1 + x + x^2 + \cdots + x^{n-1} + \cdots \quad \left(x \in (-1,1)\right).$$

二、幂级数及其收敛域

幂级数是一种常用的函数项级数，其一般形式为

$$\sum_{n=0}^{\infty} a_n (x - x_0)^n = a_0 + a_1(x - x_0) + a_2(x - x_0)^2 + \cdots + a_n(x - x_0)^n + \cdots, \tag{11-10}$$

特别地，令 $x_0 = 0$，式(11-10)变为

$$\sum_{n=0}^{\infty} a_n x^n = a_0 + a_1 x + a_2 x^2 + \cdots + a_n x^n + \cdots, \tag{11-11}$$

其中，$a_0, a_1, a_2, \cdots, a_n, \cdots$ 均为常数，称为幂级数的系数. 通过变换 $x - x_0 = t$，可将幂级数的一般形式化为形如(11-11)的幂级数. 因此，本节主要就幂级数(11-11)进行讨论.

下面先讨论幂级数(11-11)的敛散性问题. 显然，任一个幂级数 $\sum_{n=0}^{\infty} a_n x^n$ 总在 $x = 0$ 处收敛，除此之外，它还在哪些点收敛？有下面的重要定理.

定理 11-15 (阿贝尔定理)　若幂级数 $\sum_{n=0}^{\infty} a_n x^n$ 在某点 $x = x_0$ $(x_0 \neq 0)$ 处收敛，则对满足不等式 $|x| < |x_0|$ 的任何 x，幂级数 $\sum_{n=0}^{\infty} a_n x^n$ 绝对收敛；若幂级数 $\sum_{n=0}^{\infty} a_n x^n$ 在某点 $x = x_1$ 处发散，则对满足不等式 $|x| > |x_1|$ 的任何点 x，幂级数 $\sum_{n=0}^{\infty} a_n x^n$ 发散.

证　因为级数 $\sum_{n=0}^{\infty} a_n x_0^n$ 收敛，所以

$$\lim_{n\to\infty} a_n x_0^n = 0,$$

于是存在一个正数 M，使得

$$\left| a_n x_0^n \right| \leqslant M \quad (n = 0,1,2,\cdots),$$

从而

$$\left|a_n x^n\right| = \left|a_n x_0^n \cdot \frac{x^n}{x_0^n}\right| = \left|a_n x_0^n\right| \cdot \left|\frac{x}{x_0}\right|^n \leqslant M \cdot \left|\frac{x}{x_0}\right|^n \quad (n = 0,1,2,\cdots),$$

当 $|x| < |x_0|$ 时，$\left|\frac{x}{x_0}\right| < 1$，等比级数 $\sum_{n=0}^{\infty} M \cdot \left|\frac{x}{x_0}\right|^n$ 收敛，从而级数 $\sum_{n=0}^{\infty} \left|a_n x^n\right|$ 收敛，即级数 $\sum_{n=0}^{\infty} a_n x^n$ 绝对收敛.

现在证明定理 11-15 的第二部分. 假设幂级数 $\sum_{n=0}^{\infty} a_n x^n$ 当 $x = x_1$ 时发散，而存在一点 x_0 满足 $|x_0| > |x_1|$ 使级数收敛，根据定理 11-15 的第一部分，级数当 $x = x_1$ 时是收敛的，这与定理的条件相矛盾，故定理的第二部分成立.

阿贝尔定理揭示了幂级数的收敛域的结构.

若幂级数 $\sum_{n=0}^{\infty} a_n x^n$ 在 $x = x_0$ $(x_0 \neq 0)$ 处收敛，则在开区间 $(-|x_0|, |x_0|)$ 内也收敛；若 $\sum_{n=0}^{\infty} a_n x^n$ 在 $x = x_0$ 处发散，则在开区间 $(-|x_0|, |x_0|)$ 之外也发散.

于是有如下推论.

推论 11-5　如果幂级数 $\sum_{n=0}^{\infty} a_n x^n$ 不是仅在一点收敛，也不是在整个数轴上都收敛，则必有一个确定的正数 R 存在，它具有下列性质.

(1) 当 $|x| < R$ 时，幂级数绝对收敛.

(2) 当 $|x| > R$ 时，幂级数发散.

(3) 当 $x = \pm R$ 时，幂级数可能收敛，也可能发散.

正数 R 通常称为幂级数 $\sum_{n=0}^{\infty} a_n x^n$ 的收敛半径，区间 $(-R, R)$ 称为幂级数 $\sum_{n=0}^{\infty} a_n x^n$ 的收敛区间. 再根据幂级数在 $x = \pm R$ 处的敛散性，就可以得到幂级数的收敛域.

特别地，若幂级数只在点 $x = 0$ 处收敛，则规定收敛半径 $R = 0$，这时幂级数 $\sum_{n=0}^{\infty} a_n x^n$ 的收敛域仅含一点 $x = 0$；若幂级数对一切 x 都收敛，则规定收敛半径 $R = +\infty$，这时幂级数的收敛域为 $(-\infty, +\infty)$.

关于幂级数的收敛半径 R 的求法，有下面的定理.

定理 11-16　对于幂级数 $\sum_{n=0}^{\infty} a_n x^n$，若

$$\lim_{n\to\infty}\left|\frac{a_{n+1}}{a_n}\right| = \rho,$$

则

(1) 当 $0<\rho<+\infty$ 时，幂级数 $\sum_{n=0}^{\infty} a_n x^n$ 的收敛半径 $R=\frac{1}{\rho}$.

(2) 当 $\rho=0$ 时，幂级数 $\sum_{n=0}^{\infty} a_n x^n$ 的收敛半径 $R=+\infty$.

(3) 当 $\rho=+\infty$ 时，幂级数 $\sum_{n=0}^{\infty} a_n x^n$ 的收敛半径 $R=0$.

证　对于正项级数 $\sum_{n=0}^{\infty}\left|a_n x^n\right|$，

$$\lim_{n\to\infty}\frac{\left|a_{n+1}x^{n+1}\right|}{\left|a_n x^n\right|} = \lim_{n\to\infty}\left|\frac{a_{n+1}}{a_n}\right|\cdot|x| = \rho\cdot|x|.$$

(1) 若 $\rho\neq 0$，根据比值判别法，当

$$\lim_{n\to\infty}\frac{\left|a_{n+1}x^{n+1}\right|}{\left|a_n x^n\right|} = \rho\cdot|x|<1,$$

即 $|x|<\frac{1}{\rho}$ 时，级数 $\sum_{n=0}^{\infty}\left|a_n x^n\right|$ 收敛，从而幂级数 $\sum_{n=0}^{\infty} a_n x^n$ 绝对收敛；当 $\rho\cdot|x|>1$，即 $|x|>\frac{1}{\rho}$ 时，级数 $\sum_{n=0}^{\infty}\left|a_n x^n\right|$ 发散，并且从某个 n 开始，有

$$\left|a_{n+1}x^{n+1}\right| > \left|a_n x^n\right|,$$

从而 $\lim_{n\to\infty}\left|a_n x^n\right|\neq 0$，进而 $\lim_{n\to\infty} a_n x^n\neq 0$，因此幂级数 $\sum_{n=0}^{\infty} a_n x^n$ 发散. 于是，收敛半径 $R=\frac{1}{\rho}$.

(2) 若 $\rho=0$，则对任意 $x\ (x\neq 0)$，有

$$\lim_{n\to\infty}\frac{\left|a_{n+1}x^{n+1}\right|}{\left|a_n x^n\right|} = \lim_{n\to\infty}\left|\frac{a_{n+1}}{a_n}\right|\cdot|x| = \rho|x| = 0,$$

从而级数 $\sum_{n=0}^{\infty}\left|a_n x^n\right|$ 收敛，幂级数 $\sum_{n=0}^{\infty} a_n x^n$ 绝对收敛，收敛半径 $R=+\infty$.

(3) 若 $\rho=+\infty$，则对任意 $x\neq 0$，有

$$\lim_{n\to\infty}\frac{\left|a_{n+1}x^{n+1}\right|}{\left|a_n x^n\right|} = \lim_{n\to\infty}\left|\frac{a_{n+1}}{a_n}\right|\cdot|x| = +\infty,$$

于是从某个 n 开始，有

$$\frac{\left|a_{n+1}x^{n+1}\right|}{\left|a_nx^n\right|}>1,\qquad \left|a_{n+1}x^{n+1}\right|>\left|a_nx^n\right|,$$

因而 $\lim\limits_{n\to\infty}\left|a_nx^n\right|\neq 0$，从而 $\lim\limits_{n\to\infty}a_nx^n\neq 0$，原幂级数发散，故收敛半径 $R=0$.

例 11-23　求下列幂级数的收敛半径与收敛域.

(1) $\sum\limits_{n=1}^{\infty}(-1)^{n-1}\dfrac{x^n}{n}$；　　(2) $\sum\limits_{n=1}^{\infty}\dfrac{2n-1}{2^n}x^{2n-2}$.

解　(1) 因为

$$\rho=\lim_{n\to\infty}\left|\frac{a_{n+1}}{a_n}\right|=\lim_{n\to\infty}\frac{n}{n+1}=1,$$

所以 $R=1$.

在左端点 $x=-1$，幂级数成为

$$-1-\frac{1}{2}-\frac{1}{3}-\frac{1}{4}-\cdots-\frac{1}{n}-\cdots,$$

它是发散的；在右端点 $x=1$，幂级数成为

$$1-\frac{1}{2}+\frac{1}{3}-\frac{1}{4}+\cdots+(-1)^{n-1}\frac{1}{n}+\cdots,$$

它是收敛的. 故该幂级数的收敛域为 $(-1,1]$.

(2) 此幂级数缺少奇次幂项，可根据数项级数的比值判别法来求收敛半径.

由

$$\lim_{n\to\infty}\left|\frac{u_{n+1}}{u_n}\right|=\lim_{n\to\infty}\left|\frac{\dfrac{2n+1}{2^{n+1}}x^{2n}}{\dfrac{2n-1}{2^n}x^{2n-2}}\right|=\frac{1}{2}|x|^2$$

可知：当 $\dfrac{1}{2}|x|^2<1$，即 $|x|<\sqrt{2}$ 时，幂级数收敛；当 $\dfrac{1}{2}|x|^2>1$，即 $|x|>\sqrt{2}$ 时，幂级数发散. 故原幂级数的收敛半径为 $\sqrt{2}$.

当 $x=\pm\sqrt{2}$ 时，幂级数成为

$$\sum_{n=1}^{\infty}\frac{2n-1}{2^n}(\pm\sqrt{2})^{2n-2}=\sum_{n=1}^{\infty}\frac{2n-1}{2},$$

这个级数发散，故原幂级数的收敛域为 $(-\sqrt{2},\sqrt{2})$.

例 11-24　求幂级数 $\sum\limits_{n=1}^{\infty}n2^{2n}(x-1)^n$ 的收敛域.

解　作变量替换 $t=x-1$，则级数变成 $\sum\limits_{n=1}^{\infty}n2^{2n}t^n$，因为

$$\rho=\lim_{n\to\infty}\left|\frac{(n+1)2^{2(n+1)}}{n2^{2n}}\right|=\lim_{n\to\infty}\frac{4(n+1)}{n}=4,$$

所以收敛半径 $R=\frac{1}{4}$.

当 $t=-\frac{1}{4}$ 时, 幂级数成为

$$\sum_{n=1}^{\infty}n2^{2n}\left(-\frac{1}{4}\right)^n=\sum_{n=1}^{\infty}(-1)^n n,$$

它是发散的; 当 $t=\frac{1}{4}$ 时, 幂级数成为

$$\sum_{n=1}^{\infty}n2^{2n}\left(\frac{1}{4}\right)^n=\sum_{n=1}^{\infty}n,$$

它也是发散的.

当 $-\frac{1}{4}<t<\frac{1}{4}$ 时, 幂级数 $\sum_{n=1}^{\infty}n2^{2n}t^n$ 收敛, 即当 $-\frac{1}{4}<x-1<\frac{1}{4}$ 时, 原幂级数收敛, 所以原幂级数的收敛域为 $\left(\frac{3}{4},\frac{5}{4}\right)$.

例 11-25 利用 Mathematica 求幂级数 $\sum_{n=1}^{\infty}\frac{(x-1)^n}{2^n n}$ 的收敛域.

解 作变量替换 $t=x-1$, 则级数转化为 $\sum_{n=1}^{\infty}\frac{t^n}{2^n n}$, 利用 Mathematica 求收敛半径.

```
In[1]: = Limit[Abs[1/(2^(n+1) (n+1))/(1/(2^n n))], n->Infinity]
```

Out[1]= $\frac{1}{2}$

于是由定理 11-16 知级数 $\sum_{n=1}^{\infty}\frac{t^n}{2^n n}$ 的收敛半径 $R=2$, 收敛区间为 $|t|<2$, 即 $-1<x<3$.

当 $x=-1$ 时, 级数成为 $\sum_{n=1}^{\infty}\frac{(-1)^n}{n}$,

```
In[2]: = Sum[(-1)^n/n, {n, 1, Infinity}]
Out[2]= -Log[2]
```

说明级数 $\sum_{n=1}^{\infty}\frac{(-1)^n}{n}$ 在 $x=-1$ 时收敛. 当 $x=3$ 时, 级数成为 $\sum_{n=1}^{\infty}\frac{1}{n}$,

```
In[3]: = Sum[1/n, {n, 1, Infinity}]
```

输出级数发散的提示

```
Sum: div: Sum does not converge. >>
```

综上所述, 原级数的收敛域是 $[-1,3)$.

三、幂级数的运算

利用常数项级数的性质，有如下结论.

定理 11-17 设幂级数$\sum_{n=0}^{\infty}a_nx^n$及$\sum_{n=0}^{\infty}b_nx^n$的收敛半径分别为$R_1$与$R_2$，则有

$$\sum_{n=0}^{\infty}a_nx^n \pm \sum_{n=0}^{\infty}b_nx^n = \sum_{n=0}^{\infty}(a_n \pm b_n)x^n \quad (|x|<R),$$

$$\lambda\sum_{n=0}^{\infty}a_nx^n = \sum_{n=0}^{\infty}\lambda a_nx^n \quad (|x|<R_1),$$

$$\left(\sum_{n=0}^{\infty}a_nx^n\right)\left(\sum_{n=0}^{\infty}b_nx^n\right) = \sum_{n=0}^{\infty}c_nx^n \quad (|x|<R),$$

其中，$R=\min\{R_1, R_2\}$，λ为常数，$c_n=\sum_{k=0}^{n}a_kb_{n-k}$.

下面讨论幂级数的分析运算性质.

对幂级数$\sum_{n=0}^{\infty}a_nx^n$的每一项$a_nx^n$先求导数，再求和，得级数$\sum_{n=1}^{\infty}na_nx^{n-1}$，称为对该级数逐项求导；对幂级数$\sum_{n=0}^{\infty}a_nx^n$的每一项$a_nx^n$先从 0 到$x$积分，再求和，得级数$\sum_{n=0}^{\infty}\frac{a_n}{n+1}x^{n+1}$，称为对该级数逐项积分.

定理 11-18 对幂级数$\sum_{n=0}^{\infty}a_nx^n$逐项求导或逐项积分所得的幂级数与原幂级数的收敛半径都相等，即逐项求导与逐项积分不改变幂级数的收敛半径.

定理 11-19 (幂级数的和函数的连续性) 幂级数$\sum_{n=0}^{\infty}a_nx^n$的和函数$s(x)$在收敛域上连续.

定理 11-20 (幂级数可逐项积分) 幂级数$\sum_{n=0}^{\infty}a_nx^n$的和函数$s(x)$在收敛域上可积，且对收敛域上的任一点$x$，有逐项积分公式:

$$\int_0^x s(x)\mathrm{d}x = \int_0^x\left(\sum_{n=0}^{\infty}a_nx^n\right)\mathrm{d}x = \sum_{n=0}^{\infty}\int_0^x a_nx^n\mathrm{d}x = \sum_{n=0}^{\infty}\frac{a_n}{n+1}x^{n+1}.$$

定理 11-21 (幂级数可逐项求导) 幂级数$\sum_{n=0}^{\infty}a_nx^n$的和函数$s(x)$在收敛区间$(-R,R)$内可导，且对$(-R,R)$内任一点$x$，有逐项求导公式:

$$s'(x) = \left(\sum_{n=0}^{\infty}a_nx^n\right)' = \sum_{n=0}^{\infty}(a_nx^n)' = \sum_{n=1}^{\infty}na_nx^{n-1}.$$

反复应用定理 11-21 可知：幂级数$\sum_{n=0}^{\infty}a_nx^n$的和函数$s(x)$在收敛区间$(-R,R)$内具有任意阶导数.

以上结论的证明从略.

利用幂级数逐项求导与逐项积分的运算性质，可求得某些幂级数的和函数.

例 11-26 求幂级数 $\sum_{n=1}^{\infty} nx^n$ 的和函数.

解 显然，幂级数的收敛域为 $(-1,1)$．令

$$s(x)=\sum_{n=1}^{\infty} nx^n \quad (x\in(-1,1)),$$

扫码演示

则

$$s(x)=x\sum_{n=1}^{\infty} nx^{n-1}=x\sum_{n=1}^{\infty}(x^n)'=x(\sum_{n=1}^{\infty}x^n)',$$

因为

$$\sum_{n=1}^{\infty}x^n=\frac{x}{1-x} \quad (x\in(-1,1)),$$

所以

$$s(x)=x\left(\frac{x}{1-x}\right)'=\frac{x}{(1-x)^2} \quad (x\in(-1,1)).$$

例 11-27 求幂级数 $\sum_{n=0}^{\infty}\frac{x^n}{n+1}$ 的和函数.

解 不难求得幂级数的收敛域为 $[-1,1)$．令

$$s(x)=\sum_{n=0}^{\infty}\frac{x^n}{n+1} \quad (x\in[-1,1)),$$

于是

$$xs(x)=\sum_{n=0}^{\infty}\frac{x^{n+1}}{n+1} \quad (x\in[-1,1)),$$

逐项求导，得

$$[xs(x)]'=\left(\sum_{n=0}^{\infty}\frac{x^{n+1}}{n+1}\right)'=\sum_{n=0}^{\infty}\left(\frac{x^{n+1}}{n+1}\right)'=\sum_{n=0}^{\infty}x^n=\frac{1}{1-x} \quad (x\in(-1,1)),$$

将上式两端从 0 到 x 积分，得

$$xs(x)=\int_0^x\frac{1}{1-x}\mathrm{d}x=-\ln(1-x) \quad (-1\leqslant x<1)$$

(根据和函数的连续性，当 $x=-1$ 时，此式也成立).

于是，当 $x\neq 0$ 时，$s(x)=-\frac{1}{x}\ln(1-x)$. 又 $s(0)=1$，故

$$s(x)=\begin{cases}-\frac{1}{x}\ln(1-x), & x\in[-1,0)\cup(0,1),\\ 1, & x=0.\end{cases}$$

例 11-28 利用 Mathematica 求幂级数$\sum_{n=0}^{\infty}\frac{x^n}{n+1}$的和函数.

扫码演示

解 (1) 求收敛域:

```
In[1]: = Limit[1/(n+2)/(1/(n+1)), n->Infinity]
Out[1]=1
```

由此可知收敛半径为$R=1$. 当$x=-1$时, 幂级数成为$\sum_{n=0}^{\infty}\frac{(-1)^n}{n+1}$, 是收敛的交错级数; 当$x=1$时, 幂级数成为$\sum_{n=0}^{\infty}\frac{1}{n+1}$, 是发散的. 因此, 收敛域为$I=[-1,1)$.

(2) 求和函数:

```
In[2]: = Sum[x^n/(n+1), {n, 0, Infinity}]
Out[2]=-Log(1-x)/x
```

当$x=0$时, 有

```
In[3]: = Limit[-Log[1-x]/x, x->0]
Out[3]=1
```

故该幂级数的和函数为

$$s(x)=\begin{cases}-\frac{1}{x}\ln(1-x), & x\in[-1,0)\cup(0,1),\\ 1, & x=0.\end{cases}$$

习 题 11-3

1. 求下列幂级数的收敛半径、收敛区间和收敛域.

(1) $\sum_{n=0}^{\infty}\frac{(-1)^n}{2n+1}x^n$;　　(2) $\sum_{n=2}^{\infty}\frac{x^n}{n!}$;

(3) $\sum_{n=1}^{\infty}\frac{1}{3^n}x^{2n}$;　　(4) $\sum_{n=1}^{\infty}\frac{(-1)^n}{\sqrt{n+1}}x^n$;

(5) $\sum_{n=1}^{\infty}\frac{1}{n(n+1)}(2x-1)^n$;　　(6) $\sum_{n=1}^{\infty}(-1)^n\frac{x^{2n+1}}{2n+1}$;

(7) $\sum_{n=1}^{\infty}\frac{2n-1}{2^n}x^{2n-2}$;　　(8) $\sum_{n=1}^{\infty}\frac{(x+1)^n}{n\cdot 3^n}$;

(9) $\sum_{n=1}^{\infty}(-1)^n\frac{x^n}{n^2}+\sum_{n=1}^{\infty}\frac{2^n x^n}{n^2+1}$.

2. 求下列级数的收敛域及它们在收敛域内的和函数.

(1) $\sum_{n=1}^{\infty}\frac{1}{n}x^n$;　　(2) $\sum_{n=1}^{\infty}n^2x^{n-1}$;

(3) $\sum_{n=0}^{\infty}(n+1)x^{n+1}$；　　(4) $\sum_{n=1}^{\infty}\frac{1}{n(n+1)}x^{n+1}$.

第四节　函数的幂级数展开

第三节讨论了幂级数的收敛域及其和函数的性质，本节将讨论相反的问题：给定函数 $f(x)$，将其表示成(展开成)幂级数.

首先，假设函数 $f(x)$ 在 x_0 的某邻域 $U(x_0,\delta)$ 内能展开成幂级数，即在 $U(x_0,\delta)$ 内有

$$f(x)=a_0+a_1(x-x_0)+a_2(x-x_0)^2+\cdots+a_n(x-x_0)^n+\cdots, \tag{11-12}$$

那么它在这个邻域内有任意阶导数，且

$$f^{(n)}(x)=n!a_n+\frac{(n+1)!}{1!}a_{n+1}(x-x_0)+\cdots \quad (n=0,1,2,\cdots).$$

令 $x=x_0$，得

$$f^{(n)}(x_0)=n!a_n \quad (n=0,1,2,\cdots).$$

这说明若函数 $f(x)$ 能够展开成 $x-x_0$ 的幂级数，则其系数为

$$a_0=f(x_0),\quad a_1=\frac{f'(x_0)}{1!},\quad a_2=\frac{f''(x_0)}{2!},\quad \cdots,\quad a_n=\frac{f^{(n)}(x_0)}{n!},\quad \cdots. \tag{11-13}$$

定义 11-4　若函数 $f(x)$ 在点 $x=x_0$ 处具有任意阶导数，则称幂级数

$$f(x_0)+\frac{f'(x_0)}{1!}(x-x_0)+\frac{f''(x_0)}{2!}(x-x_0)^2+\cdots+\frac{f^{(n)}(x_0)}{n!}(x-x_0)^n+\cdots \tag{11-14}$$

为函数 $f(x)$ 在点 x_0 处的泰勒级数，记作

$$f(x)\sim f(x_0)+\frac{f'(x_0)}{1!}(x-x_0)+\frac{f''(x_0)}{2!}(x-x_0)^2+\cdots+\frac{f^{(n)}(x_0)}{n!}(x-x_0)^n+\cdots. \tag{11-15}$$

特别地，当 $x_0=0$ 时，称幂级数

$$f(0)+\frac{f'(0)}{1!}x+\frac{f''(0)}{2!}x^2+\cdots+\frac{f^{(n)}(0)}{n!}x^n+\cdots \tag{11-16}$$

为 $f(x)$ 的麦克劳林级数，记作

$$f(x)\sim f(0)+\frac{f'(0)}{1!}x+\frac{f''(0)}{2!}x^2+\cdots+\frac{f^{(n)}(0)}{n!}x^n+\cdots. \tag{11-17}$$

由以上讨论可知，若函数 $f(x)$ 在 x_0 处能展开成幂级数，则其系数 a_n 必由式(11-13)确定，从而这个幂级数必定是 $f(x)$ 在 x_0 处的泰勒级数，这也说明函数的幂级数展开式是唯一的.

值得注意的是，以上讨论是在 $f(x)$ 可以展开成幂级数(11-12)的情况下进行的. 事实上，只要 $f^{(n)}(x_0)$ $(n=0,1,2,\cdots)$ 都存在，就可以形式地作出 $f(x)$ 在 x_0 处的泰勒级数(11-14)，但不能保证它收敛；即使收敛，也不能保证它收敛于 $f(x)$. 这就是式(11-15)中

写“～”而不写“=”的原因. 在什么条件下可写成“=”呢？下面的定理将回答这一问题, 它给出了函数能够展开成幂级数的一个充分必要条件.

定理 11-22　设函数 $f(x)$ 在点 $x=x_0$ 的某邻域 $U(x_0,\delta)$ 内具有任意阶导数, 则 $f(x)$ 在该邻域内可展开成泰勒级数

$$f(x)=f(x_0)+\frac{f'(x_0)}{1!}(x-x_0)+\frac{f''(x_0)}{2!}(x-x_0)^2+\cdots+\frac{f^{(n)}(x_0)}{n!}(x-x_0)^n+\cdots \tag{11-18}$$

的充分必要条件是

$$\lim_{n\to\infty}R_n(x)=0\quad \big(x\in U(x_0,\delta)\big),$$

其中, $R_n(x)$ 是 $f(x)$ 在点 $x=x_0$ 处的 n 阶泰勒公式中的拉格朗日型余项.

证　因为函数 $f(x)$ 在点 $x=x_0$ 的某邻域 $U(x_0,\delta)$ 内具有任意阶导数, 所以 $f(x)$ 在 $U(x_0,\delta)$ 内的泰勒公式为

$$f(x)=s_{n+1}(x)+R_n(x)=\sum_{k=0}^{n}\frac{f^{(k)}(x_0)}{k!}(x-x_0)^k+R_n(x),$$

其中 $R_n(x)$ 是 $f(x)$ 在点 $x=x_0$ 处的 n 阶泰勒公式中的拉格朗日型余项, 即

$$R_n(x)=\frac{f^{(n+1)}(\xi)}{(n+1)!}(x-x_0)^{n+1}\quad (\xi \text{ 介于 } x_0 \text{ 与 } x \text{ 之间}).$$

由此可见, 式(11-18)在 $U(x_0,\delta)$ 内成立的充分必要条件是

$$\lim_{n\to\infty}s_{n+1}(x)=f(x)\quad \big(x\in U(x_0,\delta)\big),$$

即

$$\lim_{n\to\infty}\big[s_{n+1}(x)-f(x)\big]=0\quad \big(x\in U(x_0,\delta)\big),$$

故

$$\lim_{n\to\infty}R_n(x)=0\quad \big(x\in U(x_0,\delta)\big).$$

下面主要讨论如何将函数展开为麦克劳林级数.

例 11-29　求函数 $f(x)=\mathrm{e}^x$ 的麦克劳林级数展开式.

解　因为 $f^{(n)}(x)=\mathrm{e}^x, f^{(n)}(0)=1\ (n=0,1,2,\cdots)$, 于是得麦克劳林级数

$$1+\frac{x}{1!}+\frac{x^2}{2!}+\cdots+\frac{x^n}{n!}+\cdots,$$

容易求出, 它的收敛半径 $R=+\infty$. 对于任意 $x\in(-\infty,+\infty)$,

$$|R_n(x)|=\left|\frac{\mathrm{e}^{\theta x}}{(n+1)!}\cdot x^{n+1}\right|\leqslant \mathrm{e}^{|x|}\cdot\frac{|x|^{n+1}}{(n+1)!}\quad (0<\theta<1),$$

这里 $\mathrm{e}^{|x|}$ 与 n 无关. 考虑幂级数 $\sum\limits_{n=1}^{\infty}\frac{|x|^{n+1}}{(n+1)!}$ 的敛散性, 由比值判别法有

$$\lim_{n\to\infty}\left|\frac{u_{n+1}(x)}{u_n(x)}\right|=\lim_{n\to\infty}\frac{|x|}{n+2}=0,$$

故级数 $\sum_{n=1}^{\infty}\frac{|x|^{n+1}}{(n+1)!}$ 收敛, 从而 $\lim_{n\to\infty}\frac{|x|^{n+1}}{(n+1)!}=0$. 因此,

$$\lim_{n\to\infty}R_n(x)=0,$$

故可得到展开式如下:

$$e^x=1+\frac{x}{1!}+\frac{x^2}{2!}+\cdots+\frac{x^n}{n!}+\cdots\quad(-\infty<x<+\infty).\tag{11-19}$$

例 11-30　求函数 $f(x)=\sin x$ 的麦克劳林级数展开式.

解　因为

$$f^{(n)}(x)=\sin\left(x+n\cdot\frac{\pi}{2}\right)\quad(n=0,1,2,\cdots),$$

于是

$$f^{(n)}(0)=\sin\left(n\cdot\frac{\pi}{2}\right)=\begin{cases}0, & n=2k,\\(-1)^k, & n=2k+1,\end{cases}$$

所以得麦克劳林级数

$$\frac{x}{1!}-\frac{x^3}{3!}+\frac{x^5}{5!}-\cdots+(-1)^n\frac{x^{2n+1}}{(2n+1)!}+\cdots,$$

容易求出, 它的收敛半径 $R=+\infty$. 对于任意的 $x\in(-\infty,+\infty)$, 有

$$|R_n(x)|=\left|\frac{\sin\left[\theta\cdot x+\frac{(n+1)\pi}{2}\right]}{(n+1)!}\cdot x^{n+1}\right|\leqslant\frac{|x|^{n+1}}{(n+1)!}\quad(0<\theta<1).$$

由例 11-29 可知

$$\lim_{n\to\infty}\frac{|x|^{n+1}}{(n+1)!}=0,$$

故

$$\lim_{n\to\infty}R_n(x)=0,$$

因此, 可得到展开式如下:

$$\sin x=\frac{x}{1!}-\frac{x^3}{3!}+\frac{x^5}{5!}-\cdots+(-1)^n\frac{x^{2n+1}}{(2n+1)!}+\cdots\quad\left(x\in(-\infty,+\infty)\right).\tag{11-20}$$

将函数展开成幂级数, 对于少数比较简单的函数, 能直接从定义出发, 并根据定理 11-22 求得其展开式, 这种方法称为直接展开法. 一般情况下, 则是从已知的展开式出发, 采用变量代换、四则运算, 或者逐项求导、逐项积分等办法求出其展开式, 这种方法称为间接展开法.

例 11-31　求函数 $f(x)=\cos x$ 的麦克劳林级数展开式.

解 因为

$$\sin x = x - \frac{x^3}{3!} + \frac{x^5}{5!} - \cdots + (-1)^n \frac{x^{2n+1}}{(2n+1)!} + \cdots \quad (x \in (-\infty, +\infty)),$$

逐项求导，得

$$\cos x = 1 - \frac{x^2}{2!} + \frac{x^4}{4!} - \cdots + (-1)^n \frac{x^{2n}}{(2n)!} + \cdots \quad (x \in (-\infty, +\infty)). \tag{11-21}$$

例 11-32 求函数 $f(x) = \ln(1+x)$ 的麦克劳林级数展开式.

解 因为 $f'(x) = \dfrac{1}{1+x}$，而

$$\frac{1}{1+x} = 1 - x + x^2 - x^3 + \cdots + (-1)^n x^n + \cdots \quad (-1 < x < 1),$$

将上式从 0 到 x 逐项积分得

$$\ln(1+x) = x - \frac{x^2}{2} + \frac{x^3}{3} - \cdots + (-1)^n \frac{x^{n+1}}{n+1} + \cdots.$$

易知，当 $x=-1$ 时，级数发散；当 $x=1$ 时，级数收敛. 又由于 $\ln(1+x)$ 在点 $x=1$ 处连续，于是得

$$\ln(1+x) = x - \frac{x^2}{2} + \frac{x^3}{3} - \cdots + (-1)^n \frac{x^{n+1}}{n+1} + \cdots \quad (-1 < x \leqslant 1). \tag{11-22}$$

上面得到的四个初等函数的麦克劳林级数展开式式(11-19)～式(11-22)应用广泛，应将其作为公式熟记.

例 11-33 求函数 $f(x) = \dfrac{1}{1+x^2}$ 的麦克劳林级数展开式.

解 因为

$$\frac{1}{1+x} = 1 - x + x^2 - \cdots + (-1)^n x^n + \cdots \quad (-1 < x < 1),$$

所以将上式中的 x 换成 x^2 得

$$\frac{1}{1+x^2} = 1 - x^2 + x^4 - x^6 + \cdots + (-1)^n x^{2n} + \cdots \quad (-1 < x < 1).$$

例 11-34 将函数 $f(x) = \dfrac{1}{x^2+4x+3}$ 展开成 $x-1$ 的幂级数.

扫码演示

解 因为

$$f(x) = \frac{1}{(x+3)(x+1)} = \frac{1}{2(1+x)} - \frac{1}{2(3+x)}$$
$$= \frac{1}{4\left(1+\dfrac{x-1}{2}\right)} - \frac{1}{8\left(1+\dfrac{x-1}{4}\right)},$$

而

$$\frac{1}{4\left(1+\frac{x-1}{2}\right)}=\frac{1}{4}\sum_{n=0}^{\infty}(-1)^n\left(\frac{x-1}{2}\right)^n \quad (-1<x<3),$$

$$\frac{1}{8\left(1+\frac{x-1}{4}\right)}=\frac{1}{8}\sum_{n=0}^{\infty}(-1)^n\left(\frac{x-1}{4}\right)^n \quad (-3<x<5),$$

于是

$$f(x)=\sum_{n=0}^{\infty}(-1)^n\left(\frac{1}{2^{n+2}}-\frac{1}{2^{2n+3}}\right)(x-1)^n \quad (-1<x<3).$$

下面, 再举一个用直接法展开的例子.

例 11-35　求函数 $f(x)=(1+x)^m$ 的麦克劳林级数展开式, 其中 m 为任意实数.

解　容易求得

$$f(0)=1,\quad f'(0)=m,\quad f''(0)=m(m-1),\quad \cdots,\quad f^{(n)}(0)=m(m-1)\cdots(m-n+1),\quad \cdots,$$

于是得麦克劳林级数

$$1+\frac{m}{1!}x+\frac{m(m-1)}{2!}x^2+\cdots+\frac{m(m-1)\cdots(m-n+1)}{n!}x^n+\cdots, \tag{11-23}$$

因为

$$\lim_{n\to\infty}\left|\frac{a_{n+1}}{a_n}\right|=\lim_{n\to\infty}\left|\frac{m-n}{n+1}\right|=1,$$

所以级数(11-23)的收敛半径为 1, 从而对任意实数 m, 它在 $(-1,1)$ 内收敛.

为避免直接研究余项, 设级数(11-23)在 $(-1,1)$ 内的和函数为

$$F(x)=1+\frac{m}{1!}x+\frac{m(m-1)}{2!}x^2+\cdots+\frac{m(m-1)\cdots(m-n+1)}{n!}x^n+\cdots \quad (-1<x<1),$$

下面证明 $F(x)=(1+x)^m\ \ (-1<x<1)$.

对 $F(x)$ 逐项求导得

$$F'(x)=m\left[1+\frac{m-1}{1}x+\cdots+\frac{(m-1)\cdots(m-n+1)}{(n-1)!}x^{n-1}+\cdots\right],$$

两边同乘 $(1+x)$, 并把含有 $x^n\ (n=1,2,\cdots)$ 的项合并起来, 再根据恒等式

$$\frac{(m-1)\cdots(m-n+1)}{(n-1)!}+\frac{(m-1)\cdots(m-n)}{n!}=\frac{m(m-1)\cdots(m-n+1)}{n!} \quad (n=1,2,\cdots),$$

可得

$$\begin{aligned}(1+x)F'(x)&=m\left[1+mx+\frac{m(m-1)}{2!}x^2+\cdots+\frac{m(m-1)\cdots(m-n+1)}{n!}x^n+\cdots\right]\\&=mF(x)\quad(-1<x<1).\end{aligned}$$

上式是以 $F(x)$ 为未知函数的微分方程, 解得

$$\int_0^x \frac{F'(x)}{F(x)}\mathrm{d}x = \int_0^x \frac{m}{1+x}\mathrm{d}x,$$

$$\ln F(x) - \ln F(0) = m\ln(1+x).$$

注意到$F(0)=1$，有

$$F(x) = (1+x)^m \quad (-1<x<1).$$

因此，在$(-1,1)$内有展开式

$$(1+x)^m = 1+\frac{m}{1!}x+\frac{m(m-1)}{2!}x^2+\cdots+\frac{m(m-1)\cdots(m-n+1)}{n!}x^n+\cdots \quad (-1<x<1).\tag{11-24}$$

在区间的端点，展开式是否成立由m的取值确定.

式(11-24)称为二项展开式. 特别地，当m为正整数时，式(11-24)右端称为x的m次多项式，从而式(11-24)成为众所周知的二项式定理.

也可利用 Mathematica 中的`Series[]`将函数展开成幂级数，即

```
Series[f(x), {x, x0, n}]
```

其含义为将$f(x)$展开到$x-x_0$的n次幂.

例 11-36 利用 Mathematica 求函数$f(x)=\dfrac{1}{1+x^2}$的 6 阶麦克劳林级数展开式.

解 `In[1]: = Series[1/(1+x^2), {x, 0, 6}]`

`Out[1]=`$1-x^2+x^4-x^6+O[x]^7$

其中，$O[x]^7$为余项.

例 11-37 利用 Mathematica 求函数$f(x)=\dfrac{1}{x^2+4x+3}$的 4 阶$x-1$的泰勒展开式.

解 `In[1]: = Series[1/(x^2+4x+3), {x, 1, 4}]`

`Out[1]=`$\dfrac{1}{8}-\dfrac{3(x-1)}{32}+\dfrac{7}{128}(x-1)^2-\dfrac{15}{512}(x-1)^3+\dfrac{31(x-1)^4}{2048}+O[x-1]^5$

习 题 11-4

1. 求下列函数的麦克劳林级数展开式，并指出展开式成立的区间.

(1) e^{2x}；

(2) $a^x\ (a>0, 且 a\neq 1)$；

(3) $\sin\dfrac{x}{2}$；

(4) $\sin^2 x$；

(5) x^2e^{-x}；

(6) $\arctan x$；

(7) $\dfrac{1}{(x-1)(x-2)}$；

(8) $\displaystyle\int_0^x e^{-t^2}\mathrm{d}t$；

(9) $\dfrac{x}{\sqrt{1+x^2}}$.

2. 将函数$f(x)=\dfrac{1}{x}$展开成$x-3$的幂级数.

3. 将函数 $f(x)=\cos x$ 展开成 $x+\frac{\pi}{3}$ 的幂级数.

4. 将函数 $f(x)=\frac{x-1}{4-x}$ 展开成 $x-1$ 的幂级数，并求 $f^{(n)}(1)$.

5. 证明：当 $|x|<\frac{1}{2}$ 时，$\frac{1}{1-3x+2x^2}=1+3x+7x^2+\cdots+(2^n-1)x^{n-1}+\cdots$.

第五节　幂级数的简单应用

一、函数值的近似计算

利用函数的幂级数展开式，可以进行近似计算，即在展开式的收敛区间内，按精度要求计算函数值的近似值.

例 11-38　利用 $\sin x\approx x-\frac{x^3}{3!}$ 求 $\sin 9°$ 的值，并估计误差.

解　首先把角度化为弧度：

$$9°=\frac{\pi}{180}\times 9=\frac{\pi}{20},$$

从而

$$\sin\frac{\pi}{20}\approx\frac{\pi}{20}-\frac{1}{3!}\left(\frac{\pi}{20}\right)^3.$$

为了估计这个近似值的精确度，在 $\sin x$ 的幂级数展开式中令 $x=\frac{\pi}{20}$ 可得

$$\sin\frac{\pi}{20}=\frac{\pi}{20}-\frac{1}{3!}\left(\frac{\pi}{20}\right)^3+\frac{1}{5!}\left(\frac{\pi}{20}\right)^5-\frac{1}{7!}\left(\frac{\pi}{20}\right)^7+\cdots.$$

等式右端是一个收敛的交错级数，且各项的绝对值单调递减. 上述近似值的误差为

$$|R_5|\leqslant\frac{1}{5!}\left(\frac{\pi}{20}\right)^5<\frac{1}{120}\cdot 0.2^5<\frac{1}{300\,000},$$

因此取

$$\frac{\pi}{20}\approx 0.157\,080,\qquad \left(\frac{\pi}{20}\right)^3\approx 0.003\,878,$$

于是得 $\sin 9°\approx 0.156\,43$，这时误差不超过 10^{-5}.

例 11-39　计算 $\ln 2$ 的近似值，误差不超过 10^{-5}.

解　在展开式

$$\ln(1+x)=x-\frac{x^2}{2}+\frac{x^3}{3}-\frac{x^4}{4}+\cdots+(-1)^{n-1}\frac{x^n}{n}+\cdots\quad(-1<x\leqslant 1)$$

中取 $x=1$ 可得

$$\ln 2=1-\frac{1}{2}+\frac{1}{3}-\frac{1}{4}+\cdots+(-1)^{n-1}\frac{1}{n}+\cdots,$$

若取

$$\ln 2\approx 1-\frac{1}{2}+\frac{1}{3}-\frac{1}{4}+\cdots+(-1)^{n-1}\frac{1}{n},$$

误差为

$$|R_n|=\left|(-1)^n\frac{1}{n+1}+(-1)^{n+1}\frac{1}{n+2}+\cdots\right|<\frac{1}{n+1}.$$

利用此数项级数来计算 $\ln 2$ 的近似值，理论上来说是可行的，但要保证误差不超过 10^{-5}，就要取前 100 000 项之和作为 $\ln 2$ 的近似值，计算量太大，应选择收敛速度快的级数来取代.

将展开式

$$\ln(1+x)=x-\frac{x^2}{2}+\frac{x^3}{3}-\frac{x^4}{4}+\cdots+(-1)^{n-1}\frac{x^n}{n}+\cdots\quad(-1<x\leqslant 1)$$

中的 x 换成 $-x$，得

$$\ln(1-x)=-x-\frac{x^2}{2}-\frac{x^3}{3}-\frac{x^4}{4}-\cdots-\frac{x^n}{n}-\cdots\quad(-1\leqslant x<1),$$

两式相减得

$$\ln\frac{1+x}{1-x}=2\left(\frac{x}{1}+\frac{x^3}{3}+\frac{x^5}{5}+\frac{x^7}{7}+\cdots\right)\quad(-1<x<1).$$

令 $\frac{1+x}{1-x}=2$，解出 $x=\frac{1}{3}$. 将 $x=\frac{1}{3}$ 代入得

$$\ln 2=2\left(\frac{1}{1}\cdot\frac{1}{3}+\frac{1}{3}\cdot\frac{1}{3^3}+\frac{1}{5}\cdot\frac{1}{3^5}+\frac{1}{7}\cdot\frac{1}{3^7}+\cdots\right),$$

取前 5 项之和为

$$\ln 2\approx 2\left(\frac{1}{1}\cdot\frac{1}{3}+\frac{1}{3}\cdot\frac{1}{3^3}+\frac{1}{5}\cdot\frac{1}{3^5}+\frac{1}{7}\cdot\frac{1}{3^7}+\frac{1}{9}\cdot\frac{1}{3^9}\right)\approx 0.69314,$$

误差为

$$|2R_9|=2\left(\frac{1}{11}\cdot\frac{1}{3^{11}}+\frac{1}{13}\cdot\frac{1}{3^{13}}+\cdots\right)<\frac{2}{11}\cdot\frac{1}{3^{11}}\cdot\left(1+\frac{1}{3^2}+\frac{1}{3^4}+\cdots\right)$$

$$=\frac{2}{11}\cdot\frac{1}{3^{11}}\cdot\frac{9}{8}<1.2\times 10^{-6}.$$

二、定积分的近似计算

利用函数的幂级数展开不仅可以计算函数值的近似值，而且可以计算定积分的近似值.

例 11-40　计算定积分 $I=\int_0^1 \frac{\sin x}{x}\mathrm{d}x$ 的近似值，误差不超过 10^{-4}.

解　因为

$$\lim_{x\to 0}\frac{\sin x}{x}=1,$$

所给积分不是反常积分，只需定义函数在 $x=0$ 处的值为 1，则它在 $[0,1]$ 上便连续了. 展开被积函数，有

$$\frac{\sin x}{x}=1-\frac{x^2}{3!}+\frac{x^4}{5!}-\cdots+(-1)^n\frac{x^{2n}}{(2n+1)!}+\cdots\quad(-\infty<x<\infty),$$

在区间 $[0,1]$ 上逐项积分，得

$$\int_0^1\frac{\sin x}{x}\mathrm{d}x=1-\frac{1}{3\cdot 3!}+\frac{1}{5\cdot 5!}-\frac{1}{7\cdot 7!}+\cdots+(-1)^n\frac{1}{(2n+1)\cdot(2n+1)!}+\cdots,$$

因为第 4 项为

$$\frac{1}{7\cdot 7!}=\frac{1}{35\,280}<2.9\times 10^{-5},$$

所以可取前 3 项的和作为积分的近似值，即

$$\int_0^1\frac{\sin x}{x}\mathrm{d}x\approx 1-\frac{1}{3\cdot 3!}+\frac{1}{5\cdot 5!}\approx 0.946\,11.$$

习　题　11-5

1. 利用函数的幂级数展开式求下列各数的近似值.

(1) $\ln 3$ (误差不超过 10^{-4});

(2) $\sqrt[5]{240}$ (误差不超过 10^{-4});

(3) $\sin 2^\circ$ (误差不超过 10^{-4}).

2. 利用被积函数的幂级数展开式求下列定积分的近似值.

(1) $\frac{2}{\sqrt{\pi}}\int_0^{\frac{1}{2}}\mathrm{e}^{-x^2}\mathrm{d}x$ (误差不超过 10^{-4});

(2) $\int_0^{0.1}\cos\sqrt{x}\mathrm{d}x$ (误差不超过 10^{-4}).

第六节　傅里叶级数

一、周期为 2π 的函数的傅里叶级数及其收敛性

在物理学等学科中，常常会遇到周期运动. 最简单的周期运动可用正弦函数

$$y=A\sin(\omega x+\varphi)\tag{11-25}$$

来表示. 由式(11-25)所表达的周期运动也称为简谐振动, 其中 A 为振幅, ω 为角频率, φ 为初相角. 对于较为复杂的周期运动, 则常用几个简谐振动

$$y_k = A_k \sin(k\omega x + \varphi_k) \quad (k = 1, 2, \cdots, n)$$

的叠加

$$y = \sum_{k=1}^{n} A_k \sin(k\omega x + \varphi_k) \tag{11-26}$$

来表示. 若无穷多个简谐振动进行叠加得到无穷级数

$$A_0 + \sum_{n=1}^{\infty} A_n \sin(n\omega x + \varphi_n), \tag{11-27}$$

如果级数(11-27)收敛, 那么它描述的是更一般的周期运动.

对于级数(11-27), 只讨论 $\omega = 1$ ($\omega \neq 1$, 可作代换 $\omega x = t$)的情况. 因为

$$\sin(nx + \varphi_n) = \sin\varphi_n \cos nx + \cos\varphi_n \sin nx,$$

所以级数(11-27)可变为

$$A_0 + \sum_{n=1}^{\infty} (A_n \sin\varphi_n \cos nx + A_n \cos\varphi_n \sin nx). \tag{11-27$'$}$$

若记

$$A_0 = \frac{a_0}{2}, \quad A_n \sin\varphi_n = a_n, \quad A_n \cos\varphi_n = b_n,$$

则级数(11-27′)就变为

$$\frac{a_0}{2} + \sum_{n=1}^{\infty} (a_n \cos nx + b_n \sin nx). \tag{11-28}$$

由于 $\cos nx$, $\sin nx$ 是周期为 2π 的函数, 如果级数(11-28)收敛, 不难验证, 它的和函数 $s(x)$ 也是一个以 2π 为周期的函数. 故只要弄清楚了级数(11-28)在 $[-\pi, \pi]$ 上的性态, 由周期性, 其余部分的情况也就确定了.

形如(11-28)的函数项级数称为三角级数, 而 a_n, b_n 称为此三角级数的系数. 函数集合 $\{1, \cos x, \sin x, \cos 2x, \sin 2x, \cdots, \cos nx, \sin nx, \cdots\}$ 称为三角函数系.

对于三角函数系, 有如下重要公式.

(1) $\int_{-\pi}^{\pi} \cos nx \mathrm{d}x = 0$.

(2) $\int_{-\pi}^{\pi} \sin nx \mathrm{d}x = 0$.

(3) $\int_{-\pi}^{\pi} \cos^2 nx \mathrm{d}x = \pi$.

(4) $\int_{-\pi}^{\pi} \sin^2 nx \mathrm{d}x = \pi$.

(5) $\int_{-\pi}^{\pi} \cos mx \cos nx \mathrm{d}x = 0 \quad (m \neq n)$.

(6) $\int_{-\pi}^{\pi}\sin mx\cos nx\mathrm{d}x=0$.

(7) $\int_{-\pi}^{\pi}\sin mx\sin nx\mathrm{d}x=0 \quad (m\neq n)$.

(1)～(7)表明，在三角函数系中，任意两个不同函数的乘积在$[-\pi,\pi]$上的积分等于零，而两个相同函数的乘积在$[-\pi,\pi]$上的积分不等于零，这一性质称为三角函数系的正交性.

设函数$f(x)$能展开为三角级数(11-28)，即

$$f(x)=\frac{a_0}{2}+\sum_{k=1}^{\infty}(a_k\cos kx+b_k\sin kx), \tag{11-29}$$

下面考察系数$a_0,a_1,b_1,\cdots$与$f(x)$的关系.

为了不使问题过于复杂，假设式(11-29)能逐项积分，且分别用$\sin nx$或$\cos nx$去乘式(11-29)的两边后所得到的级数仍能逐项积分.

对式(11-29)从$-\pi$到π积分得

$$\int_{-\pi}^{\pi}f(x)\mathrm{d}x=\int_{-\pi}^{\pi}\frac{a_0}{2}\mathrm{d}x+\sum_{k=1}^{\infty}\left(a_k\int_{-\pi}^{\pi}\cos kx\mathrm{d}x+b_k\int_{-\pi}^{\pi}\sin kx\mathrm{d}x\right),$$

由三角函数系的正交性得

$$a_0=\frac{1}{\pi}\int_{-\pi}^{\pi}f(x)\mathrm{d}x. \tag{11-30}$$

用$\cos nx$(n为正整数)乘式(11-29)两边，再逐项积分，由三角函数系的正交性，得

$$\begin{aligned}\int_{-\pi}^{\pi}f(x)\cos nx\mathrm{d}x&=\frac{a_0}{2}\int_{-\pi}^{\pi}\cos nx\mathrm{d}x+\sum_{k=1}^{\infty}\left(a_k\int_{-\pi}^{\pi}\cos kx\cos nx\mathrm{d}x+b_k\int_{-\pi}^{\pi}\sin kx\cos nx\mathrm{d}x\right)\\&=a_n\int_{-\pi}^{\pi}\cos^2 nx\mathrm{d}x=a_n\pi,\end{aligned}$$

于是

$$a_n=\frac{1}{\pi}\int_{-\pi}^{\pi}f(x)\cos nx\mathrm{d}x \quad (n=1,2,\cdots). \tag{11-31}$$

用$\sin nx$(n为正整数)乘式(11-29)两边，同理可得

$$b_n=\frac{1}{\pi}\int_{-\pi}^{\pi}f(x)\sin nx\mathrm{d}x \quad (n=1,2,\cdots). \tag{11-32}$$

定义 11-5　设$f(x)$是以2π为周期的可积函数，令

$$a_n=\frac{1}{\pi}\int_{-\pi}^{\pi}f(x)\cos nx\mathrm{d}x \quad (n=0,1,2,\cdots),$$

$$b_n=\frac{1}{\pi}\int_{-\pi}^{\pi}f(x)\sin nx\mathrm{d}x \quad (n=1,2,\cdots),$$

作三角级数

$$\frac{a_0}{2}+\sum_{n=1}^{\infty}(a_n\cos nx+b_n\sin nx), \tag{11-33}$$

此级数称为 $f(x)$ 的傅里叶级数，而 a_n, b_n 称为 $f(x)$ 的傅里叶系数.

为表示级数(11-33)与函数 $f(x)$ 的关系，常用记号：

$$f(x) \sim \frac{a_0}{2} + \sum_{n=1}^{\infty}(a_n \cos nx + b_n \sin nx).$$

作出一个函数的傅里叶级数以后，自然要问，它何时收敛，若收敛，是否收敛于 $f(x)$.

定理 11-23 (狄利克雷收敛定理，展开定理) 设 $f(x)$ 是周期为 2π 的函数，如果 $f(x)$ 满足以下条件.

(1) 在一个周期内连续或只有有限个第一类间断点.

(2) 在一个周期内至多有有限个极值点.

则 $f(x)$ 的傅里叶级数收敛，并且

(1) 当 x 是 $f(x)$ 的连续点时，$f(x)$ 的傅里叶级数收敛于 $f(x)$.

(2) 当 x 是 $f(x)$ 的间断点时，$f(x)$ 的傅里叶级数收敛于 $\dfrac{f(x^-)+f(x^+)}{2}$.

定理的证明从略.

注 (1) 定理条件至多有有限个极值点的直观含义是不做无限次振动；

(2) 若函数 $f(x)$ 只在 $[-\pi,\pi)$ (或 $(-\pi,\pi]$)上有定义，则可在 $[-\pi,\pi)$ (或 $(-\pi,\pi]$)外补充函数的定义，使之成为以 2π 为周期的周期函数 $F(x)$，这种拓广函数定义域的过程称为周期延拓. 例如，$f(x)$ 为 $[-\pi,\pi)$ 上的解析表达式，那么周期延拓后的函数为

$$F(x)=\begin{cases} f(x), & x \in [-\pi,\pi), \\ f(x-2k\pi), & x \in [(2k-1)\pi,(2k+1)\pi), \end{cases}$$

其中，$k=\pm 1, \pm 2, \cdots$. 将 $F(x)$ 展开成傅里叶级数后，将 x 限制在 $[-\pi,\pi)$ (或 $(-\pi,\pi]$)内，此时 $F(x)=f(x)$，由此得到 $f(x)$ 的傅里叶级数展开式.

例 11-41 设 $f(x)$ 是周期为 2π 的周期函数，它在 $[-\pi,\pi)$ 上的表达式为

$$f(x)=\begin{cases} x, & 0 \leqslant x < \pi, \\ 0, & -\pi \leqslant x < 0, \end{cases}$$

求 $f(x)$ 的傅里叶级数展开式.

解 $f(x)$ 的图像如图 11-2 所示. 显然，$f(x)$ 满足定理 11-23 的条件，它可以展开成傅里叶级数. 计算傅里叶系数：

$$a_0 = \frac{1}{\pi}\int_{-\pi}^{\pi} f(x)\mathrm{d}x = \frac{1}{\pi}\int_0^{\pi} x\mathrm{d}x = \frac{\pi}{2}. \qquad ,$$

当 $n \geqslant 1$ 时，

$$\begin{aligned} a_n &= \frac{1}{\pi}\int_{-\pi}^{\pi} f(x)\cos nx\mathrm{d}x = \frac{1}{\pi}\int_0^{\pi} x\cos nx\mathrm{d}x \\ &= \frac{1}{n\pi}\left[x\sin nx\right]_0^{\pi} - \frac{1}{n\pi}\int_0^{\pi}\sin nx\mathrm{d}x \\ &= \frac{1}{n^2\pi}\left[\cos nx\right]_0^{\pi} = \frac{1}{n^2\pi}(\cos n\pi - 1) \end{aligned}$$

$$
\begin{aligned}
&= \frac{1}{n^2\pi}[(-1)^n - 1] \\
&= \begin{cases} -\dfrac{2}{n^2\pi}, & n\text{为奇数}, \\ 0, & n\text{为偶数}; \end{cases}
\end{aligned}
$$

$$
\begin{aligned}
b_n &= \frac{1}{\pi}\int_{-\pi}^{\pi} f(x)\sin nx\mathrm{d}x = \frac{1}{\pi}\int_0^{\pi} x\sin nx\mathrm{d}x \\
&= -\frac{1}{n\pi}\big[x\cos nx\big]_0^{\pi} + \frac{1}{n\pi}\int_0^{\pi}\cos nx\mathrm{d}x \\
&= \frac{(-1)^{n+1}}{n} + \frac{1}{n^2\pi}\big[\sin nx\big]_0^{\pi} = \frac{(-1)^{n+1}}{n},
\end{aligned}
$$

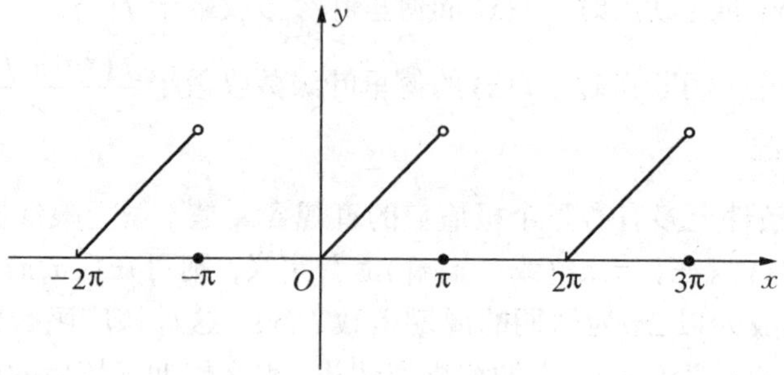

图 11-2

所以

$$
f(x) = \frac{\pi}{4} + \sum_{n=1}^{\infty}\left\{\frac{1}{n^2\pi}[(-1)^n - 1]\cos nx + \frac{(-1)^{n+1}}{n}\sin nx\right\}
$$

$$
(-\infty < x < +\infty, x \neq (2k+1)\pi, k \in \mathbf{Z}),
$$

当 $x = (2k+1)\pi\ (k \in \mathbf{Z})$ 时，上式右端收敛于

$$
\frac{f(\pi^-) + f(-\pi^+)}{2} = \frac{\pi + 0}{2} = \frac{\pi}{2},
$$

于是 $f(x)$ 的傅里叶级数的和函数图像如图 11-3 所示.

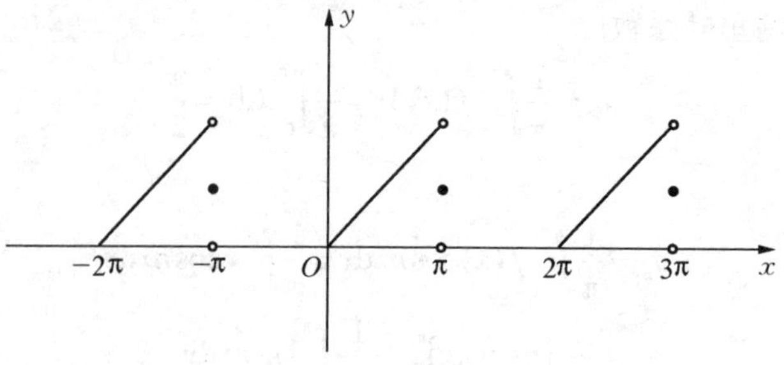

图 11-3

例 11-42 设

$$f(x)=\begin{cases}-x, & -\pi\leqslant x\leqslant 0,\\ x, & 0<x<\pi,\end{cases}$$

求 $f(x)$ 的傅里叶级数展开式.

解 $f(x)$ 周期延拓后的图像如图 11-4 所示, 它满足定理 11-23 的条件, 且

$$a_0=\frac{1}{\pi}\int_{-\pi}^{\pi}f(x)\mathrm{d}x=\frac{1}{\pi}\int_{-\pi}^{0}(-x)\mathrm{d}x+\frac{1}{\pi}\int_{0}^{\pi}x\mathrm{d}x=\pi,$$

$$\begin{aligned}a_n&=\frac{1}{\pi}\int_{-\pi}^{\pi}f(x)\cos nx\mathrm{d}x=\frac{2}{\pi}\int_{0}^{\pi}x\cos nx\mathrm{d}x\\&=\frac{2}{\pi}\left[\frac{x\sin nx}{n}+\frac{\cos nx}{n^2}\right]_0^{\pi}=\frac{2}{n^2\pi}(\cos n\pi-1)\\&=\begin{cases}-\dfrac{4}{n^2\pi}, & n=1,3,5,\cdots,\\ 0, & n=2,4,6,\cdots,\end{cases}\end{aligned}$$

$$b_n=\frac{1}{\pi}\int_{-\pi}^{\pi}f(x)\sin nx\mathrm{d}x=0,$$

于是, 当 $x\in[-\pi,\pi)$ 时,

$$f(x)=\frac{\pi}{2}-\frac{4}{\pi}\left(\cos x+\frac{1}{3^2}\cos 3x+\frac{1}{5^2}\cos 5x+\cdots\right).$$

由于 $f(x)$ 连续, 在 $[-\pi,\pi)$ 上, $f(x)$ 的傅里叶级数的和函数的图像与 $f(x)$ 的图像一致.

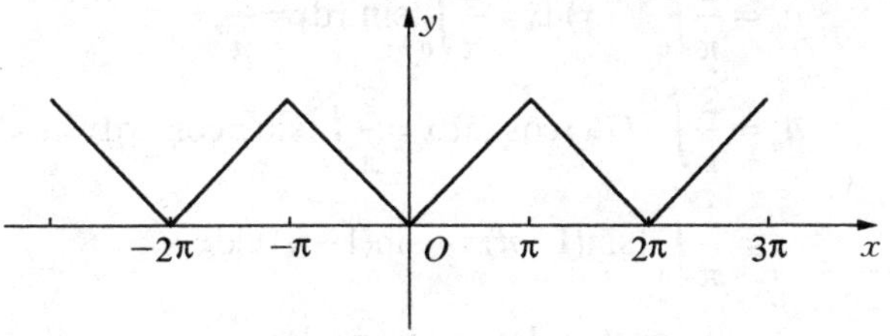

图 11-4

二、正弦级数与余弦级数

一般地, 一个函数的傅里叶级数既含有正弦项, 又含有余弦项, 如例 11-41. 可是, 有些函数的傅里叶级数只含正弦项或只含余弦项, 如例 11-42 就只含余弦项, 这与函数 $f(x)$ 的奇偶性有关.

若 $f(x)$ 是以 2π 为周期的偶函数, 则傅里叶系数为

$$\begin{cases}a_n=\dfrac{1}{\pi}\displaystyle\int_{-\pi}^{\pi}f(x)\cos nx\mathrm{d}x=\dfrac{2}{\pi}\int_{0}^{\pi}f(x)\cos nx\mathrm{d}x, & n=0,1,\cdots,\\ b_n=\dfrac{1}{\pi}\displaystyle\int_{-\pi}^{\pi}f(x)\sin nx\mathrm{d}x=0, & n=1,2,\cdots,\end{cases}\tag{11-34}$$

于是，$f(x)$ 的傅里叶级数只含常数项和余弦项，即

$$\frac{a_0}{2}+\sum_{n=1}^{\infty}a_n\cos nx, \tag{11-35}$$

称级数(11-35)为余弦级数.

同理，若 $f(x)$ 为奇函数，则傅里叶系数为

$$\begin{cases} a_n=\dfrac{1}{\pi}\displaystyle\int_{-\pi}^{\pi}f(x)\cos nx\mathrm{d}x=0, & n=0,1,\cdots, \\ b_n=\dfrac{2}{\pi}\displaystyle\int_{-\pi}^{\pi}f(x)\sin nx\mathrm{d}x, & n=1,2,\cdots, \end{cases} \tag{11-36}$$

于是，$f(x)$ 的傅里叶级数只含正弦项，即

$$\sum_{n=1}^{\infty}b_n\sin nx, \tag{11-37}$$

称级数(11-37)为正弦级数.

例 11-43　设 $f(x)$ 是以 2π 为周期的函数，它在一个周期上的表达式为

$$f(x)=|\sin x| \quad (-\pi\leqslant x<\pi),$$

求其傅里叶级数展开式.

解　$f(x)$ 满足定理 11-23 的条件，且在 $\mathbf{R}$ 上连续，因此它的傅里叶级数处处收敛于 $f(x)$.

因为 $f(x)$ 是偶函数，所以它的傅里叶级数是余弦级数，且

$$a_0=\frac{2}{\pi}\int_0^{\pi}f(x)\mathrm{d}x=\frac{2}{\pi}\int_0^{\pi}\sin x\mathrm{d}x=\frac{4}{\pi},$$

$$\begin{aligned} a_n&=\frac{2}{\pi}\int_0^{\pi}f(x)\cos nx\mathrm{d}x=\frac{2}{\pi}\int_0^{\pi}\sin x\cos nx\mathrm{d}x \\ &=\frac{1}{\pi}\int_0^{\pi}[\sin(1-n)x+\sin(1+n)x]\mathrm{d}x \\ &=\frac{1}{\pi}\left[\frac{\cos(n-1)x}{n-1}-\frac{\cos(n+1)x}{n+1}\right]_0^{\pi} \\ &=\frac{1}{\pi}\frac{2}{n^2-1}[\cos(n-1)\pi-1] \quad (n\neq 1) \\ &=\begin{cases} 0, & n=3,5,\cdots, \\ -\dfrac{4}{\pi(n^2-1)}, & n=2,4,\cdots, \end{cases} \end{aligned}$$

又易得 $a_1=0$，因此

$$|\sin x|=\frac{2}{\pi}-\sum_{n=1}^{\infty}\frac{4}{\pi(4n^2-1)}\cos 2nx$$

$$=\frac{2}{\pi}\left(1-2\sum_{n=1}^{\infty}\frac{\cos 2nx}{4n^2-1}\right)\quad(-\infty<x<+\infty).$$

$f(x)$ 的傅里叶级数的和函数图像(即 $f(x)$ 的图像)如图 11-5 所示.

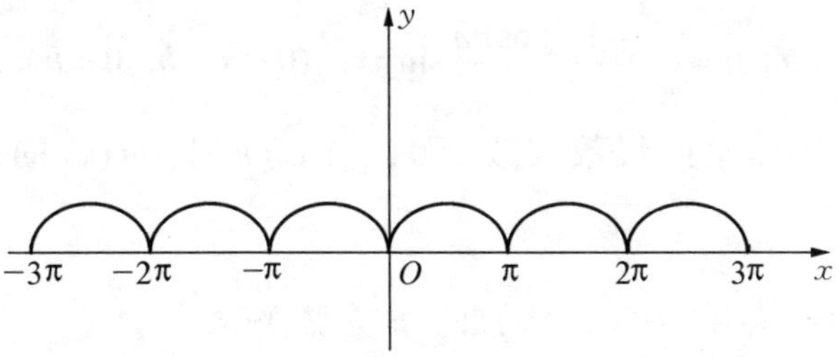

图 11-5

在实际问题中，有时还需把定义在 $[0,\pi]$ 上的函数 $f(x)$ 展开成正弦级数(或余弦级数)，为此可以补充 $f(x)$ 在 $[-\pi,0]$ 上的定义，使之成为定义在 $[-\pi,\pi]$ 上的奇函数(或偶函数) $F(x)$. 这种拓广函数定义域的过程称为奇延拓(或偶延拓)(图 11-6、图 11-7).

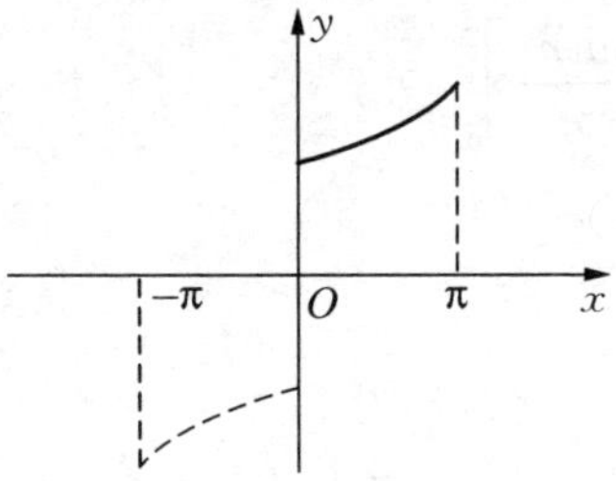

图 11-6

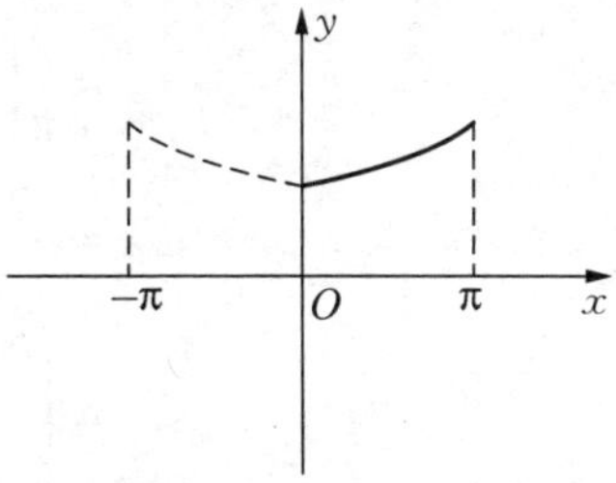

图 11-7

将 $F(x)$ 周期延拓为 $G(x)$，然后将 $G(x)$ 展开为傅里叶级数，这个级数当然是正弦级数(或余弦级数)，再限制 x 在 $[0,\pi]$ 上，此时 $G(x)=f(x)$，这样就得到 $f(x)$ 的正弦级数(或余弦级数).

注　对 $f(x)$ 作奇延拓时，若 $f(0)\neq 0$，应定义 $F(0)=0$.

例 11-44　将定义在 $[0,\pi]$ 上的函数

$$f(x)=\begin{cases}1, & 0\leqslant x<h,\\ \dfrac{1}{2}, & x=h,\\ 0, & h<x\leqslant\pi\end{cases}$$

展开成正弦级数.

解　$f(x)$ 的图像如图 11-8 所示，对函数 $f(x)$ 作奇延拓和周期延拓，其傅里叶系数为

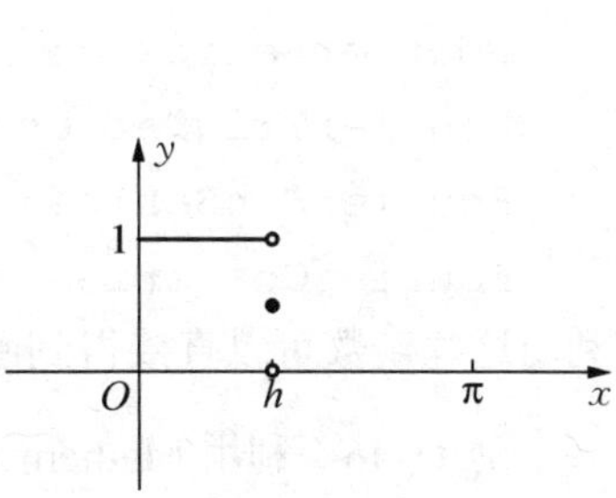

图 11-8

$$b_n=\frac{2}{\pi}\int_0^{\pi}f(x)\sin nx\mathrm{d}x=\frac{2}{\pi}\int_0^{h}\sin nx\mathrm{d}x$$

$$=\frac{2}{\pi}\cdot\left[\frac{-\cos nx}{n}\right]_0^h=\frac{2}{n\pi}(1-\cos nh),$$

所以

$$f(x)=\frac{2}{\pi}\sum_{n=1}^{\infty}\frac{1-\cos nh}{n}\sin nx \quad (0<x<h,\ 0<h<\pi).$$

当 $x=0,\pi$ 时，$f(x)$ 的傅里叶级数收敛于 0，当 $x=h$ 时，$f(x)$ 的傅里叶级数收敛于 $\frac{1+0}{2}=\frac{1}{2}$.

例 11-45 将 $f(x)=x+1\ (0\leqslant x\leqslant\pi)$ 展开成余弦级数.

解 对函数 $f(x)$ 作偶延拓和周期延拓, 其傅里叶系数为

$$a_0=\frac{2}{\pi}\int_0^{\pi}(x+1)\mathrm{d}x=\pi+2,$$

$$a_n=\frac{2}{\pi}\int_0^{\pi}(x+1)\cos nx\mathrm{d}x$$

$$=\frac{2}{\pi}\left[\frac{x\sin nx}{n}+\frac{\cos nx}{n^2}+\frac{\sin nx}{n}\right]_0^{\pi}$$

$$=\frac{2}{n^2\pi}(\cos n\pi-1)$$

$$=\begin{cases}0, & n=2,4,\cdots,\\ -\dfrac{4}{n^2\pi}, & n=1,3,\cdots,\end{cases}$$

于是

$$x+1=\frac{\pi}{2}+1-\frac{4}{\pi}\left(\cos x+\frac{1}{3^2}\cos 3x+\frac{1}{5^2}\cos 5x+\cdots\right)\quad(0\leqslant x\leqslant\pi).$$

三、利用 Mathematica 将函数展开成傅里叶级数

从 Mathematica 7. 0 开始, Mathematica 全面覆盖数值和符号傅里叶分析, 对于函数展开成傅里叶级数而言, Mathematica 主要提供了如下一些函数:

`FourierSeries`——给出复数形式的傅里叶级数展开式;

`FourierTrigSeries`——给出傅里叶三角级数展开式;

`FourierSinSeries`——给出傅里叶正弦级数展开式;

`FourierCosSeries`——给出傅里叶余弦级数展开式.

利用这些函数可以直接得到函数的傅里叶级数展开式.

例 11-46 利用 Mathematica 将 $f(x)=\begin{cases}x, & -\pi\leqslant x<0,\\ 0, & 0\leqslant x<\pi\end{cases}$ 展开成傅里叶级数.

解 在 Mathematica 中输入如下代码:

```
f[x_]=Piecewise[{{0, 0<=x<Pi}, {x, -Pi<=x<0}}];
Pic1=Plot[f[x], {x, -Pi, Pi}, PlotStyle->{Thickness[0. 01], Red},
    PlotRange->{-3. 5, 0. 5}];
i=Input[];
fs=FourierTrigSeries[f[x], x, i]
Pic=Plot[fs, {x, -Pi, Pi}, PlotStyle->{Thickness[0. 01], Blue}];
Show[Pic1, Pic]
```

运行上述程序, 当输入4时, 得到该函数傅里叶级数展开式的前4阶部分和表达式为

$$-\frac{\pi}{4}+\frac{2\text{Cos}[x]}{\pi}+\frac{2\text{Cos}[3x]}{9\pi}+\text{Sin}[x]-\frac{1}{2}\text{Sin}[2x]+\frac{1}{3}\text{Sin}[3x]-\frac{1}{4}\text{Sin}[4x]$$

和函数的图形及其傅里叶级数的前 4 阶对应的图形如图 11-9 所示.

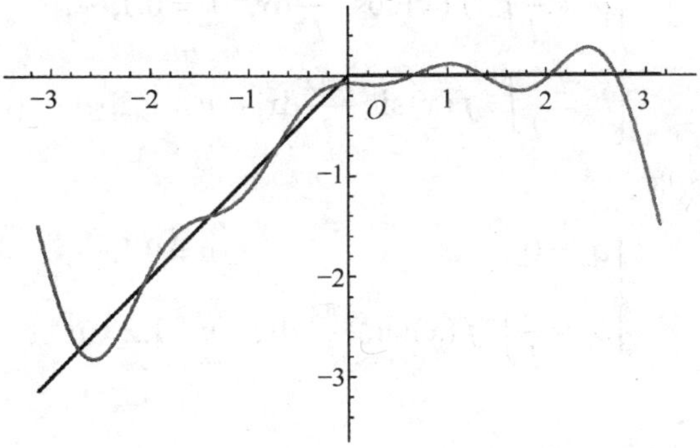

图 11-9

四、以 $2l$ 为周期的函数的傅里叶级数

前面讨论了以 2π 为周期的周期函数展开成傅里叶级数的方法, 它有比较普遍的应用价值, 下面介绍以 $2l$ 为周期的周期函数的傅里叶级数展开问题.

设 $f(x)$ 是以 $2l$ 为周期的周期函数, 通过代换

$$\frac{\pi x}{l}=t \quad \left(\text{或} x=\frac{lt}{\pi}\right), \tag{11-38}$$

可把 $f(x)$ 变换成函数 $F(t)$, 即 $F(t)=f\left(\frac{lt}{\pi}\right)$, 又因为

$$F(t+2\pi)=f\left[\frac{l(t+2\pi)}{\pi}\right]=f\left(\frac{lt}{\pi}+2l\right)=f\left(\frac{lt}{\pi}\right)=F(t),$$

所以 $F(t)$ 是以 2π 为周期的周期函数.

若 $f(x)$ 在 $[-l,l]$ 上满足定理 11-23 的条件(1)和(2), 则 $F(t)$ 在 $[-\pi,\pi]$ 上满足收敛定理的条件, 于是 $F(t)$ 的傅里叶级数展开式为

$$\frac{F(t^-)+F(t^+)}{2}=\frac{a_0}{2}+\sum_{n=1}^{\infty}(a_n\cos nt+b_n\sin nt), \tag{11-39}$$

其中,

$$\begin{cases} a_n = \dfrac{1}{\pi}\displaystyle\int_{-\pi}^{\pi} F(t)\cos nt\mathrm{d}t, & n=0,1,\cdots, \\ b_n = \dfrac{1}{\pi}\displaystyle\int_{-\pi}^{\pi} F(t)\sin nt\mathrm{d}t, & n=1,2,\cdots. \end{cases} \tag{11-40}$$

由 $t=\dfrac{\pi x}{l}$ 知 $F(t)=f\left(\dfrac{lt}{\pi}\right)=f(x)$，于是式(11-39)、式(11-40)分别为

$$\frac{f(x^-)+f(x^+)}{2}=\frac{a_0}{2}+\sum_{n=1}^{\infty}\left(a_n\cos\frac{n\pi x}{l}+b_n\sin\frac{n\pi x}{l}\right) \tag{11-41}$$

与

$$\begin{cases} a_n = \dfrac{1}{l}\displaystyle\int_{-l}^{l} f(x)\cos\frac{n\pi x}{l}\mathrm{d}x, & n=0,1,\cdots, \\ b_n = \dfrac{1}{l}\displaystyle\int_{-l}^{l} f(x)\sin\frac{n\pi x}{l}\mathrm{d}x, & n=1,2,\cdots. \end{cases} \tag{11-42}$$

易知, 当 $f(x)$ 为奇函数时,

$$\begin{cases} a_n = 0, & n=0,1,\cdots, \\ b_n = \dfrac{2}{l}\displaystyle\int_{0}^{l} f(x)\sin\frac{n\pi x}{l}\mathrm{d}x, & n=1,2,\cdots; \end{cases} \tag{11-43}$$

当 $f(x)$ 为偶函数时,

$$\begin{cases} b_n = 0, & n=1,2,\cdots, \\ a_n = \dfrac{2}{l}\displaystyle\int_{0}^{l} f(x)\cos\frac{n\pi x}{l}\mathrm{d}x, & n=0,1,\cdots. \end{cases} \tag{11-44}$$

于是, 当 $f(x)$ 为奇函数时, 可将 $f(x)$ 展开成正弦级数; 当 $f(x)$ 为偶函数时, 可将 $f(x)$展开成余弦级数.

例 11-47　设函数 $f(x)$ 是周期为 10 的周期函数, 它在 $[-5,5)$ 上的表达式为

$$f(x)=\begin{cases} 0, & -5\leqslant x<0, \\ 3, & 0\leqslant x<5, \end{cases}$$

将 $f(x)$ 展开成傅里叶级数.

解　这时 $l=5$，且 $f(x)$ 满足收敛定理的条件, 由式(11-42)有

$$a_0=\frac{1}{5}\int_{-5}^{5} f(x)\mathrm{d}x=\frac{1}{5}\int_{0}^{5}3\mathrm{d}x=3,$$

$$\begin{aligned} a_n &= \frac{1}{5}\int_{-5}^{0}0\cdot\cos\frac{n\pi x}{5}\mathrm{d}x+\frac{1}{5}\int_{0}^{5}3\cos\frac{n\pi x}{5}\mathrm{d}x \\ &= \frac{3}{5}\cdot\frac{5}{n\pi}\left[\sin\frac{n\pi x}{5}\right]_0^5=0 \quad (n=1,2,\cdots), \end{aligned}$$

$$b_n=\frac{1}{5}\int_{-5}^{5}f(x)\sin\frac{n\pi x}{5}\mathrm{d}x=\frac{1}{5}\int_{0}^{5}3\sin\frac{n\pi x}{5}\mathrm{d}x$$
$$=\frac{3}{5}\cdot\left[-\frac{5}{n\pi}\cos\frac{n\pi x}{5}\right]_0^5=\frac{3(1-\cos n\pi)}{n\pi}$$
$$=\begin{cases}\dfrac{6}{n\pi}, & n=1,3,5,\cdots,\\ 0, & n=2,4,\cdots.\end{cases}$$

由式(11-41), 得

$$f(x)=\frac{3}{2}+\frac{6}{\pi}\left(\sin\frac{\pi x}{5}+\frac{1}{3}\sin\frac{3\pi x}{5}+\frac{1}{5}\sin\frac{5\pi x}{5}+\cdots\right)$$
$$(-\infty<x<+\infty, x\neq 0,\pm 5,\pm 10,\cdots),$$

当 $x=0,\pm 5,\pm 10,\cdots$ 时, 级数收敛于 $\frac{3}{2}$.

例 11-48 将函数 $f(x)=x$ 在 $[0,2]$ 内展开成正弦级数.

解 为把 $f(x)$ 展开成正弦级数, 需对 $f(x)$ 作奇延拓和周期延拓(图 11-10), 于是

$$a_n=0 \quad (n=0,1,\cdots),$$
$$b_n=\frac{2}{2}\int_0^2 x\sin\frac{n\pi x}{2}\mathrm{d}x=-\frac{4}{n\pi}\cos n\pi$$
$$=\frac{4}{n\pi}(-1)^{n+1} \quad (n=1,2,\cdots).$$

当 $x\in(0,2)$ 时, 由收敛定理, 有

$$f(x)=x=\frac{4}{\pi}\left(\sin\frac{\pi x}{2}-\frac{1}{2}\sin\frac{2\pi x}{2}+\frac{1}{3}\sin\frac{3\pi x}{2}+\cdots\right),$$

但当 $x=0,2$ 时, 上式右端级数收敛于 0.

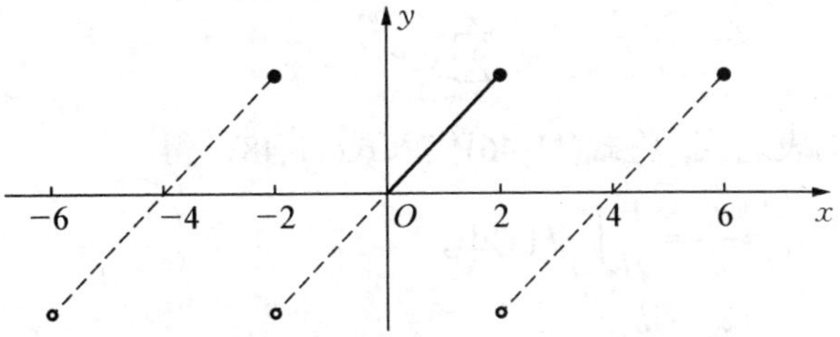

图 11-10

五、傅里叶级数的复数形式

利用欧拉公式可导出傅里叶级数的复数形式, 它在某些物理或者工程方面的应用上是比较方便的.

设 $f(x)$ 是以 $2l$ 为周期的周期函数, 其傅里叶级数为

$$\frac{a_0}{2}+\sum_{n=1}^{\infty}\left(a_n\cos\frac{n\pi x}{l}+b_n\sin\frac{n\pi x}{l}\right), \tag{11-45}$$

其中系数 a_n，b_n 为

$$\begin{cases} a_n=\dfrac{1}{l}\displaystyle\int_{-l}^{l}f(x)\cos\frac{n\pi x}{l}\mathrm{d}x, & n=0,1,\cdots, \\ b_n=\dfrac{1}{l}\displaystyle\int_{-l}^{l}f(x)\sin\frac{n\pi x}{l}\mathrm{d}x, & n=1,2,\cdots. \end{cases} \tag{11-46}$$

利用欧拉公式

$$\cos t=\frac{\mathrm{e}^{\mathrm{i}t}+\mathrm{e}^{-\mathrm{i}t}}{2},\qquad \sin t=\frac{\mathrm{e}^{\mathrm{i}t}-\mathrm{e}^{-\mathrm{i}t}}{2},$$

可将式(11-45)化为

$$\begin{aligned} &\frac{a_0}{2}+\sum_{n=1}^{\infty}\left[\frac{a_n}{2}\left(\mathrm{e}^{\mathrm{i}\frac{n\pi x}{l}}+\mathrm{e}^{-\mathrm{i}\frac{n\pi x}{l}}\right)-\frac{\mathrm{i}b_n}{2}\left(\mathrm{e}^{\mathrm{i}\frac{n\pi x}{l}}-\mathrm{e}^{-\mathrm{i}\frac{n\pi x}{l}}\right)\right] \\ =&\frac{a_0}{2}+\sum_{n=1}^{\infty}\left(\frac{a_n-\mathrm{i}b_n}{2}\mathrm{e}^{\mathrm{i}\frac{n\pi x}{l}}+\frac{a_n+\mathrm{i}b_n}{2}\mathrm{e}^{-\mathrm{i}\frac{n\pi x}{l}}\right). \end{aligned} \tag{11-47}$$

记

$$\frac{a_0}{2}=c_0,\qquad \frac{a_n-\mathrm{i}b_n}{2}=c_n,\qquad \frac{a_n+\mathrm{i}b_n}{2}=c_{-n}\quad (n=1,2,\cdots), \tag{11-48}$$

式(11-47)就表示为

$$c_0+\sum_{n=1}^{\infty}\left(c_n\mathrm{e}^{\mathrm{i}\frac{n\pi x}{l}}+c_{-n}\mathrm{e}^{-\mathrm{i}\frac{n\pi x}{l}}\right),$$

注意到 $c_0=c_n\mathrm{e}^{\mathrm{i}\frac{n\pi x}{l}}\Big|_{n=0}$，即得傅里叶级数的复数形式为

$$\sum_{n=-\infty}^{\infty}c_n\mathrm{e}^{\mathrm{i}\frac{n\pi x}{l}}. \tag{11-49}$$

为求出系数 c_n 的表达式，将式(11-46)代入式(11-48)，得

$$\begin{aligned} c_0&=\frac{a_0}{2}=\frac{1}{2l}\int_{-l}^{l}f(x)\mathrm{d}x, \\ c_n&=\frac{a_n-\mathrm{i}b_n}{2} \\ &=\frac{1}{2}\left[\frac{1}{l}\int_{-l}^{l}f(x)\cos\frac{n\pi x}{l}\mathrm{d}x-\frac{\mathrm{i}}{l}\int_{-l}^{l}f(x)\sin\frac{n\pi x}{l}\mathrm{d}x\right] \\ &=\frac{1}{2l}\int_{-l}^{l}f(x)\left(\cos\frac{n\pi x}{l}-\mathrm{i}\sin\frac{n\pi x}{l}\right)\mathrm{d}x \\ &=\frac{1}{2l}\int_{-l}^{l}f(x)\mathrm{e}^{-\mathrm{i}\frac{n\pi x}{l}}\mathrm{d}x\quad (n=1,2,\cdots). \end{aligned}$$

类似地, 可得

$$c_{-n}=\frac{a_n+\mathrm{i}b_n}{2}=\frac{1}{2l}\int_{-l}^{l}f(x)\mathrm{e}^{\mathrm{i}\frac{n\pi x}{l}}\mathrm{d}x\quad(n=1,2,\cdots).$$

于是, 上面三式可合并写成

$$c_n=\frac{1}{2l}\int_{-l}^{l}f(x)\mathrm{e}^{-\mathrm{i}\frac{n\pi x}{l}}\mathrm{d}x\quad(n=0,\pm1,\pm2,\cdots).\tag{11-50}$$

这就是傅里叶系数的复数形式.

从以上讨论可知, 傅里叶级数的两种形式本质上是一致的, 但复数形式更为简便.

例 11-49 设 $f(x)$ 是以 2π 为周期的函数, 它在一个周期上的表达式为

$$f(x)=\begin{cases}1, & 0\leqslant x<\pi,\\ -1, & -\pi\leqslant x<0,\end{cases}$$

求 $f(x)$ 的傅里叶级数的复数形式.

解 $c_n=\dfrac{1}{2\pi}\displaystyle\int_{-\pi}^{\pi}f(x)\mathrm{e}^{-inx}\mathrm{d}x=\dfrac{1}{2\pi}\int_{-\pi}^{0}-\mathrm{e}^{-inx}\mathrm{d}x+\dfrac{1}{2\pi}\int_{0}^{\pi}\mathrm{e}^{-inx}\mathrm{d}x$

$$=\frac{1}{2\pi}\left[\frac{1}{\mathrm{i}n}\mathrm{e}^{-inx}\right]_{-\pi}^{0}+\frac{1}{2\pi}\left[-\frac{1}{\mathrm{i}n}\mathrm{e}^{-inx}\right]_{0}^{\pi}$$

$$=\frac{1}{2\pi\mathrm{i}n}[1-(-1)^n]+\frac{1}{2\pi\mathrm{i}n}[(-1)^{n+1}+1]$$

$$=\begin{cases}0, & n=2k,\\ \dfrac{2}{(2k+1)\pi\mathrm{i}}, & n=2k+1\end{cases}(k=0,\pm1,\pm2,\cdots),$$

于是 $f(x)$ 的傅里叶级数的复数形式为

$$f(x)=\frac{2}{\pi\mathrm{i}}\sum_{k=-\infty}^{\infty}\frac{1}{2k+1}\mathrm{e}^{\mathrm{i}(2k+1)x}\quad(-\infty<x<\infty,x\neq k\pi,k\in\mathbf{Z}).$$

习 题 11-6

1. 将以 2π 为周期的函数 $f(x)$ 展开成傅里叶级数, 其中 $f(x)$ 在 $[-\pi,\pi)$ 上的表达式如下.

(1) $f(x)=3x^2+1\quad(-\pi\leqslant x<\pi)$;

(2) $f(x)=\begin{cases}1, & -\pi\leqslant x<0,\\ 3, & 0\leqslant x<\pi;\end{cases}$

(3) $f(x)=\begin{cases}bx, & -\pi\leqslant x<0,\\ ax, & 0\leqslant x<\pi\end{cases}$ (a,b 为常数, 且 $a>b>0$).

2. 将下列函数 $f(x)$ 展开成傅里叶级数.

(1) $f(x)=2\sin\dfrac{x}{3}\quad(-\pi<x\leqslant\pi)$;

(2) $f(x)=\begin{cases} e^x, & -\pi \leqslant x < 0, \\ 1, & 0 \leqslant x \leqslant \pi. \end{cases}$

3. 将函数 $f(x)=\dfrac{\pi}{2}-x\ (0 \leqslant x \leqslant \pi)$ 展开成余弦级数.

4. 将函数 $f(x)=2x^2\ (0 \leqslant x \leqslant \pi)$ 分别展开成正弦级数和余弦级数.

5. 将下列周期函数 $f(x)$ 展开成傅里叶级数(下面给出 $f(x)$ 在一个周期内的表达式).

(1) $f(x)=1-x^2\quad \left(-\dfrac{1}{2} \leqslant x < \dfrac{1}{2}\right)$;

(2) $f(x)=\begin{cases} 2x+1, & -3 \leqslant x < 0, \\ 1, & 0 \leqslant x < 3. \end{cases}$

6. 设函数 $f(x)$ 是以 2π 为周期的周期函数, 其在 $(-\pi,\pi]$ 的表达式为

$$f(x)=\begin{cases} -1, & -\pi < x \leqslant 0, \\ 1+x^2, & 0 < x \leqslant \pi, \end{cases}$$

则其傅里叶级数在点 $x=0,\ x=\pi, x=\dfrac{\pi}{2}, x=10, x=-10,\ x=-10\pi$ 处分别收敛于何值?

7. 将函数 $f(x)=e^x$ 在 $[-\pi,\pi]$ 内展开成傅里叶级数, 并求级数 $\sum\limits_{n=1}^{\infty}\dfrac{1}{1+n^2}$ 的和.

总习题十一

1. 填空题.

(1) 对级数 $\sum\limits_{n=1}^{\infty}u_n$, $\lim\limits_{n\to\infty}u_n=0$ 是它收敛的__________条件, 而不是它收敛的__________条件.

(2) 若级数 $\sum\limits_{n=1}^{\infty}u_n$ 绝对收敛, 则级数 $\sum\limits_{n=1}^{\infty}u_n$ 必定__________; 若级数 $\sum\limits_{n=1}^{\infty}u_n$ 条件收敛, 则级数 $\sum\limits_{n=1}^{\infty}|u_n|$ 必定__________.

(3) 若 $\lim\limits_{n\to\infty}\dfrac{1}{nu_n}=\dfrac{1}{2}$, 则 $\sum\limits_{n=1}^{\infty}u_n$ 必定__________.

(4) 幂级数 $\sum\limits_{n=1}^{\infty}\dfrac{(-1)^n}{n}x^n$ 的收敛半径为__________.

(5) 设幂级数 $\sum\limits_{n=1}^{\infty}a_n(x-2)^n$ 在 $x=-1$ 处收敛, 则在 $x=4$ 处必定__________.

2. 选择题.

(1) 当(   )时, 无穷级数 $\sum_{n=1}^{\infty}(-1)^n u_n (u_n > 0)$ 收敛.

A. $\sum_{n=1}^{\infty}u_n$ 收敛 B. $\lim_{n\to\infty}u_n = 0$

C. $u_{n+1} \leqslant u_n (n=1,2,\cdots)$ D. 以上都不对

(2) 若级数 $\sum_{n=1}^{\infty}u_n$ 收敛, 那么下列级数收敛的是(   ).

A. $\sum_{n=1}^{\infty}100u_n$ B. $\sum_{n=1}^{\infty}(u_n + 100)$

C. $\sum_{n=1}^{\infty}\frac{100}{u_n}$ D. $\sum_{n=1}^{\infty}|100u_n|$

(3) 级数 $\sum_{n=1}^{\infty}u_n$ 和 $\sum_{n=1}^{\infty}v_n$ 满足 $0 \leqslant u_n \leqslant v_n (n=1,2,\cdots)$, 则(   ).

A. $\sum_{n=1}^{\infty}u_n$ 收敛时, $\sum_{n=1}^{\infty}v_n$ 也收敛 B. $\sum_{n=1}^{\infty}v_n$ 收敛时, $\sum_{n=1}^{\infty}u_n$ 也收敛

C. $\sum_{n=1}^{\infty}v_n$ 发散时, $\sum_{n=1}^{\infty}u_n$ 也发散 D. $\sum_{n=1}^{\infty}u_n$ 收敛时, $\sum_{n=1}^{\infty}v_n$ 发散

(4) 级数 $\sum_{n=1}^{\infty}\frac{(-1)^{n-1}}{n^2+1}$ 是(   )的.

A. 条件收敛 B. 发散

C. 绝对收敛 D. 不能判断

(5) 函数 $f(x) = \mathrm{e}^{-x^2}$ 展成 x 的幂级数为(   ).

A. $1 + x^2 + \frac{x^4}{2!} + \frac{x^6}{3!} + \cdots$ B. $1 - x^2 + \frac{x^4}{2!} - \frac{x^6}{3!} + \cdots$

C. $1 + x + \frac{x^2}{2!} + \frac{x^3}{3!} + \cdots$ D. $1 - x + \frac{x^2}{2!} - \frac{x^3}{3!} + \cdots$

3. 判别下列级数的敛散性.

(1) $\left(\frac{1}{2}+\frac{1}{3}\right)+\left(\frac{1}{4}+\frac{1}{9}\right)+\left(\frac{1}{8}+\frac{1}{27}\right)+\cdots$; (2) $\sum_{n=1}^{\infty}\frac{1}{n\sqrt{n+1}}$;

(3) $\sum_{n=1}^{\infty}2^n \sin\frac{\pi}{3^n}$; (4) $\sum_{n=1}^{\infty}\left(\frac{n}{2n+1}\right)^n$.

4. 讨论下列级数的绝对收敛与条件收敛性.

(1) $\sum_{n=1}^{\infty}\frac{(-1)^n}{n^p}$; (2) $\sum_{n=1}^{\infty}(-1)^n\frac{(n+1)!}{n^{n+1}}$;

(3) $\sum_{n=1}^{\infty}\frac{\sin na}{(n+1)^2}$; (4) $\sum_{n=1}^{\infty}(-1)^{n-1}\frac{\ln n}{n}$.

5. 求下列极限.

(1) $\lim\limits_{n\to\infty}\dfrac{1}{n}\sum\limits_{k=1}^{n}\dfrac{1}{3^k}\left(1+\dfrac{1}{k}\right)^{k^2}$；　(2) $\lim\limits_{n\to\infty}\left[2^{\frac{1}{3}}\cdot 4^{\frac{1}{9}}\cdot 8^{\frac{1}{27}}\cdots(2^n)^{\frac{1}{3^n}}\right]$.

6. 求下列幂级数的收敛域.

(1) $\sum\limits_{n=1}^{\infty}(-1)^{n-1}\dfrac{x^n}{\sqrt{n}}$；　(2) $\sum\limits_{n=1}^{\infty}\dfrac{(x-2)^n}{n^2}$；

(3) $\sum\limits_{n=1}^{\infty}\dfrac{2^n}{\sqrt{n}}(x+1)^n$；　(4) $\sum\limits_{n=1}^{\infty}2^n(x+2)^{2n}$.

7. 求下列幂级数的收敛域及和函数.

(1) $\sum\limits_{n=1}^{\infty}\dfrac{2n-1}{2^n}x^{2(n-1)}$；　(2) $\sum\limits_{n=1}^{\infty}2nx^{2n-1}$；　(3) $\sum\limits_{n=1}^{\infty}n(x-1)^n$.

8. 求下列级数的和.

(1) $\sum\limits_{n=1}^{\infty}\dfrac{n^2}{n!}$；　(2) $\sum\limits_{n=0}^{\infty}(-1)^n\dfrac{n+1}{(2n+1)!}$.

9. 将函数 $f(x)=\ln(x+1)$ 展开为 $x-3$ 的幂级数，并确定其收敛域.

10. 将下列函数展开成 x 的幂级数，并指出其收敛区间.

(1) $f(x)=\dfrac{1}{(3-x)^2}$；　(2) $\ln(x+\sqrt{1+x^2})$.

11. 设周期函数 $f(x)$ 的周期为 2π. 证明:

(1) 如果 $f(x-\pi)=-f(x)$，则 $f(x)$ 的傅里叶系数 $a_0=0, a_{2k}=0, b_{2k}=0\ (k=1,2,\cdots)$;

(2) 如果 $f(x-\pi)=f(x)$，则 $f(x)$ 的傅里叶系数 $a_{2k+1}=0, b_{2k+1}=0\ (k=1,2,\cdots)$.

部分习题答案与提示

习题 7-1

1. 点 A 在第Ⅳ卦限; 点 B 在第Ⅴ卦限; 点 C 在第Ⅶ卦限; 点 D 在第Ⅷ卦限.

2. $(-2,-1,-3)$, $(2,1,3)$, $(-2,1,3)$.

3. $5\sqrt{2}$, $\sqrt{41}$, 3.

5. $(-2,0,0)$, $(-4,0,0)$.

6. (1) $(3,0,6)$; (2) $(-1,4,0)$; (3) $(-4,10,-3)$; (4) $3\sqrt{5}$, $\sqrt{17}$.

7. $\overrightarrow{AB}=-3\boldsymbol{i}+8\boldsymbol{j}+2\boldsymbol{k}$; $\left|\overrightarrow{AB}\right|=\sqrt{77}$; $\cos\alpha=\dfrac{-3}{\sqrt{77}}$, $\cos\beta=\dfrac{8}{\sqrt{77}}$, $\cos\gamma=\dfrac{2}{\sqrt{77}}$;

$\boldsymbol{e}_{\overrightarrow{AB}}=\pm\dfrac{1}{\sqrt{77}}(-3\boldsymbol{i}+8\boldsymbol{j}+2\boldsymbol{k})$.

8. $B(18,17,-17)$. 9. $p=9$, $q=12$.

10. $(0,1,-2)$.

11. 13, $7\boldsymbol{j}$.

13. $M\left(\dfrac{\sqrt{2}b}{2},\dfrac{b}{2},-\dfrac{b}{2}\right)$.

习题 7-2

1. (1) $\dfrac{\sqrt{21}}{14}$; (2) $\dfrac{\sqrt{6}}{2}$ 及 $\dfrac{3\sqrt{14}}{14}$; (3) $(5,1,7)$; (4) -18 及 $(10,2,14)$.

2. $\lambda=2\mu$. 5. $\pm\dfrac{1}{\sqrt{14}}(2,-1,-3)$.

6. (1) $\pm\dfrac{1}{25}(15,12,16)$; (2) $\dfrac{25}{2}$; (3) 5.

7. 24.

习题 7-3

1. (1) $3x-7y+5z-4=0$; (2) $x-3y-2z=0$;
   (3) $2y+z+3=0$; (4) $x+y+z-2=0$;
   (5) $9y-z-2=0$; (6) $47x+13y+z=0$.

2. $\dfrac{1}{3}$.

3. (1)平行，$\theta=0$； (2) 相交，$\theta=\dfrac{\pi}{3}$； (3) 垂直，$\theta=\dfrac{\pi}{2}$.

4. $6x+2y+3z-42=0$.

5. $x\pm\sqrt{26}y+3z-3=0$.

6. $d=3$. 7. $d=\dfrac{29}{14}$.

习题 7-4

1. (1) $\dfrac{x-2}{3}=\dfrac{y+3}{-1}=\dfrac{z-1}{4}$;

(2) $\dfrac{x-2}{2}=\dfrac{y+1}{-1}=\dfrac{z-3}{4}$;

(3) $\dfrac{x}{-2}=\dfrac{y-2}{3}=\dfrac{z-4}{1}$;

(4) $\dfrac{x+1}{12}=\dfrac{y+4}{46}=\dfrac{z-3}{-1}$.

2. $\dfrac{x-3}{1}=\dfrac{y+4}{-2}=\dfrac{z-1}{1}$ 和 $\begin{cases}x=3+t,\\ y=-4-2t,\\ z=1+t.\end{cases}$

3. $16x-14y-11z-65=0$. 4. $\arccos\dfrac{\sqrt{21}}{6}$.

5. $d=\dfrac{2\sqrt{17}}{3}$.

6. $8x-9y-22z-59=0$.

7. $x-y+z=0$.

8. 交点 $(1,2,2)$；夹角 $\varphi=\arcsin\dfrac{5}{6}$. 9. $2x+2y-3z=0$.

10. $\left(\dfrac{13}{7},\dfrac{11}{7},-\dfrac{12}{7}\right)$.

11. $\dfrac{x-1}{13}=\dfrac{y-1}{10}=\dfrac{z-1}{12}$.

习题 7-5

1. $2x-10y+2z-11=0$.

2. 球面，$(x+1)^2+(y-1)^2+(z-2)^2=9$.

3. $(x+1)^2+(y+2)^2+(z+3)^2=56$，球面.

4. $(x-4)^2+(y-4)^2+(z-4)^2=16$ 或 $(x-12)^2+(y-12)^2+(z-12)^2=144$.

6. (1) $4(x^2+y^2)-z=1$； (2) $\pm\sqrt{x^2+z^2}=2y$;

(3) 绕 x 轴为 $4x^2-9(y^2+z^2)=36$，绕 y 轴为 $4(x^2+z^2)-9y^2=36$.

习题 7-6

2. (1) 点，直线；(2) 点，直线.

3. 母线平行于 x 轴的双曲柱面为 $4z^2-y^2=12$；

母线平行于 z 轴的椭圆柱面为 $4x^2+3y^2=12$.

4. (1) $\begin{cases} x=\cos t, \\ y=\sin t, \\ z=2-\dfrac{2}{3}\cos t \end{cases}$ $(0\leqslant t\leqslant 2\pi)$；(2) $\begin{cases} x=\sqrt{2}\cos t, \\ y=\sqrt{2}\cos t, \\ z=2\sin t \end{cases}$ $(0\leqslant t\leqslant 2\pi)$.

5. $\begin{cases} 2x^2-2x+y^2=8, \\ z=0. \end{cases}$

6. 立体在 xOy 面上的投影为 $x^2+y^2\leqslant ax, z=0$；立体在 zOx 面上的投影为 $x^2+z^2\leqslant a^2, y=0,\ \ x\geqslant 0, z\geqslant 0$.

7. 在 xOy 面上的投影为 $x^2+y^2\leqslant 4, z=0$；在 zOx 面上的投影为 $x^2\leqslant z\leqslant 4, y=0$；在 yOz 面上的投影为 $y^2\leqslant z\leqslant 4, x=0$.

总习题七

1. (1) D; (2) C; (3) C; (4) B; (5) A; (6) C; (7) C; (8) D.

2. (1) $-\dfrac{3}{2}$；(2) 4；

(3) $\begin{cases} 3x+2y=7, \\ z=0; \end{cases}$ (4) -1，1；

(5) $\dfrac{x-2}{12}=\dfrac{y-3}{20}=\dfrac{z-1}{23}$；

(6) $(x-3)^2+(y+1)^2+(z-1)^2=21$；(7) $x=y^2+z^2$，$z=\sqrt[4]{x^2+y^2}$.

3. $\sqrt{30}$.

4. (1) $\arccos\dfrac{2}{\sqrt{7}}$；(2) $\dfrac{5\sqrt{3}}{2}$.

5. $\boldsymbol{c}=5\boldsymbol{a}+\boldsymbol{b}$.

6. $(-2,0,1)$.　7. $(-5,2,4)$.

8. $\dfrac{x+1}{16}=\dfrac{y}{19}=\dfrac{z-4}{28}$.

9. $7x+15y+8z-2=0$ 或 $x-z+4=0$.

10. 母线平行于 x 轴的柱面方程为 $3y^2-z^2=16$；

母线平行于 y 轴的柱面方程为 $3x^2+2z^2=16$.

11. 在 xOy 面上的投影曲线为 $\begin{cases} x^2+y^2=x+y, \\ z=0; \end{cases}$

在 yOz 面上的投影曲线为 $\begin{cases} 2y^2+2yz+z^2-4y-3z+2=0, \\ x=0; \end{cases}$

在 zOx 面上的投影曲线为 $\begin{cases} 2x^2+2xz+z^2-4x-3z+2=0, \\ y=0. \end{cases}$

习题 8-1

1. $f(x,y)=\dfrac{1}{4}(x^2+3y^2)$.

2. (1) $\{(x,y)\,|\,x+y\geqslant 0, x-y>0\}$;

   (2) $\{(x,y)\,|\,y^2\leqslant 4x, x^2+y^2<2, x^2+y^2\neq 1\}$;

   (3) $\{(x,y)\,|\,-1\leqslant x-y\leqslant 1\}$;

   (4) $\{(x,y)\,|\,2x\leqslant x^2+y^2<4\}$;

   (5) $\{(x,y)\,|\,y>x\geqslant 0, x^2+y^2<1\}$;

   (6) $\left\{(x,y)\left|\dfrac{x^2}{4}+\dfrac{y^2}{9}\leqslant 1\right.\right\}$.

3. $f(x)=2x$, $z=3x-y$.

4. (1) $\ln 2$; (2) 3; (3) 6; (4) 0; (5) e; (6) 0.

6. (1)在单位圆周 $x^2+y^2=1$ 上间断; (2) 在抛物线 $y^2=2x$ 上间断.

习题 8-2

1. $2y\mathrm{e}^{y^2}$.

2. (1) $\dfrac{\partial z}{\partial x}=y-\dfrac{1}{y}$, $\dfrac{\partial z}{\partial y}=x+\dfrac{x}{y^2}$;

   (2) $\dfrac{\partial z}{\partial x}=\dfrac{1}{2x\sqrt{\ln(xy)}}$, $\dfrac{\partial z}{\partial y}=\dfrac{1}{2y\sqrt{\ln(xy)}}$;

   (3) $\dfrac{\partial z}{\partial x}=\dfrac{1}{y}-\dfrac{y}{x^2}$, $\dfrac{\partial z}{\partial y}=\dfrac{1}{x}-\dfrac{x}{y^2}$;

   (4) $\dfrac{\partial z}{\partial x}=\cot(x-2y)$, $\dfrac{\partial z}{\partial y}=-2\cot(x-2y)$;

   (5) $\dfrac{\partial z}{\partial x}=(1+xy)^x\left[\ln(1+xy)+\dfrac{xy}{1+xy}\right]$, $\dfrac{\partial z}{\partial y}=x^2(1+xy)^{x-1}$;

(6) $\dfrac{\partial u}{\partial x}=\dfrac{z}{y}x^{\frac{z}{y}-1}$，$\dfrac{\partial u}{\partial y}=-\dfrac{z}{y^2}x^{\frac{z}{y}}\ln x$，$\dfrac{\partial u}{\partial z}=\dfrac{1}{y}x^{\frac{z}{y}}\ln x$；

(7) $\dfrac{\partial z}{\partial x}=\dfrac{2}{y}\csc\dfrac{2x}{y}$，$\dfrac{\partial z}{\partial y}=-\dfrac{2x}{y^2}\csc\dfrac{2x}{y}$；

(8) $\dfrac{\partial u}{\partial x}=\dfrac{z}{y}\left(\dfrac{x}{y}\right)^{z-1}$，$\dfrac{\partial u}{\partial y}=-\dfrac{z}{y}\left(\dfrac{x}{y}\right)^{z-1}$，$\dfrac{\partial u}{\partial z}=\left(\dfrac{x}{y}\right)^{z}\ln\dfrac{x}{y}$；

(9) $\dfrac{\partial z}{\partial x}=\dfrac{y^2}{(x^2+y^2)^{\frac{3}{2}}}$，$\dfrac{\partial z}{\partial y}=\dfrac{-xy}{(x^2+y^2)^{\frac{3}{2}}}$.

3. $\dfrac{\pi}{4}$.

6. (1) $\dfrac{\partial^2 z}{\partial x^2}=\dfrac{x+2y}{(x+y)^2}$，$\dfrac{\partial^2 z}{\partial x\partial y}=\dfrac{y}{(x+y)^2}$，$\dfrac{\partial^2 z}{\partial y^2}=\dfrac{-x}{(x+y)^2}$；

(2) $\dfrac{\partial^2 z}{\partial x^2}=\dfrac{2xy}{(x^2+y^2)^2}$，$\dfrac{\partial^2 z}{\partial x\partial y}=\dfrac{y^2-x^2}{(x^2+y^2)^2}$，$\dfrac{\partial^2 z}{\partial y^2}=\dfrac{2xy}{(x^2+y^2)^2}$；

(3) $\dfrac{\partial^2 z}{\partial x^2}=\dfrac{\mathrm{e}^{x+y}}{(\mathrm{e}^x+\mathrm{e}^y)^2}$，$\dfrac{\partial^2 z}{\partial x\partial y}=\dfrac{-\mathrm{e}^{x+y}}{(\mathrm{e}^x+\mathrm{e}^y)^2}$，$\dfrac{\partial^2 z}{\partial y^2}=\dfrac{\mathrm{e}^{x+y}}{(\mathrm{e}^x+\mathrm{e}^y)^2}$；

(4) $\dfrac{\partial^2 z}{\partial x^2}=y(y-1)x^{y-2}$，$\dfrac{\partial^2 z}{\partial x\partial y}=x^{y-1}(1+y\ln x)$，$\dfrac{\partial^2 z}{\partial y^2}=x^y\ln^2 x$.

7. $\dfrac{\partial^3 z}{\partial x^2\partial y}=0$，$\dfrac{\partial^3 z}{\partial x\partial y^2}=-\dfrac{1}{y^2}$.

习题 8-3

1. $\dfrac{1}{3}\mathrm{d}x+\dfrac{2}{3}\mathrm{d}y$. 2. $\mathrm{d}x-\mathrm{d}y$. 3. -0.119，-0.125.

4. (1) $\dfrac{1}{y}\mathrm{e}^{\frac{x}{y}}\left(\mathrm{d}x-\dfrac{x}{y}\mathrm{d}y\right)$； (2) $\dfrac{x\mathrm{d}x-y\mathrm{d}y}{2+x^2-y^2}$；

(3) $\dfrac{x\mathrm{d}y-y\mathrm{d}x}{x^2+y^2}$； (4) $\dfrac{x\mathrm{d}y-y\mathrm{d}x}{|x|\sqrt{x^2-y^2}}$；

(5) $2x\sin 3y\mathrm{d}x+[3x^2\cos 3y-z\sin(yz)]\mathrm{d}y-y\sin(yz)\mathrm{d}z$；

(6) $\dfrac{\mathrm{d}x+2y\mathrm{d}y+3z^2\mathrm{d}z}{x+y^2+z^3}$； (7) $z^{xy}\left(y\ln z\mathrm{d}x+x\ln z\mathrm{d}y+\dfrac{xy}{z}\mathrm{d}z\right)$.

5. 1.08.

6. 精确值为 13.632 m^3，近似值为 14.8 m^3.

习题 8-4

1. $4x^3+6x^2+10x+4$.

2. $\dfrac{3-12t^2}{\sqrt{1-(3t-4t^3)^2}}$.

3. $e^{ax}\sin x$.

4. $\dfrac{e^x+3x^2e^{x^3}}{e^x+e^{x^3}}$.

5. $\dfrac{\partial z}{\partial x}=e^{xy}[y\sin(x+y)+\cos(x+y)]$, $\dfrac{\partial z}{\partial y}=e^{xy}[x\sin(x+y)+\cos(x+y)]$.

6. $\dfrac{\partial z}{\partial x}=y^2(1+xy)^{y-1}$, $\dfrac{\partial z}{\partial y}=(1+xy)^y\left[\ln(1+xy)+\dfrac{xy}{1+xy}\right]$.

7. $\dfrac{\partial z}{\partial x}=\dfrac{\cos y}{y\cos^2 x}(\cos x+x\sin x)$, $\dfrac{\partial z}{\partial y}=-\dfrac{x}{y^2\cos x}(\cos y+y\sin y)$.

8. (1) $\dfrac{\partial z}{\partial x}=2xf_1'+ye^{xy}f_2'$, $\dfrac{\partial z}{\partial y}=-2yf_1'+xe^{xy}f_2'$;

(2) $\dfrac{\partial u}{\partial x}=\dfrac{1}{y}f_2'$, $\dfrac{\partial u}{\partial y}=\dfrac{1}{z}f_1'-\dfrac{x}{y^2}f_2'$, $\dfrac{\partial u}{\partial z}=-\dfrac{y}{z^2}f_1'$;

(3) $\dfrac{dz}{dx}=-\sin xf_1'+\cos xf_2'+\dfrac{1}{x}f_3'$.

10. $\dfrac{1}{(1-x+y)^2}+2x$.

11. $-\dfrac{1}{y^2}f_2'-\dfrac{x}{y^2}f_{12}''-\dfrac{x}{y^3}f_{22}''$.

12. $(x+1)y$.

习题 8-5

1. (1) $\dfrac{e^x-y^2}{\cos y+2xy}$; (2) $\dfrac{y-x}{y+x}$;

(3) $\dfrac{\partial z}{\partial x}=\dfrac{z^2}{xy+xz}$, $\dfrac{\partial z}{\partial y}=\dfrac{z}{y+z}$;

(4) $\dfrac{\partial z}{\partial x}=-1$, $\dfrac{\partial z}{\partial y}=-1$;

(5) $\dfrac{\partial z}{\partial x}=\dfrac{z^x\ln z}{y^z\ln y-xz^{x-1}}$, $\dfrac{\partial z}{\partial y}=\dfrac{zy^{z-1}}{xz^{x-1}-y^z\ln y}$;

(6) $\dfrac{\partial z}{\partial x}=\dfrac{yz-\sqrt{xyz}}{\sqrt{xyz}-xy}$, $\dfrac{\partial z}{\partial y}=\dfrac{xz+2\sqrt{xyz}}{\sqrt{xyz}-xy}$.

4. $\dfrac{z(z^4-2xyz^2-x^2y^2)}{(z^2-xy)^3}$.

5. x.

6. (1) $\dfrac{\mathrm{d}y}{\mathrm{d}x}=-\dfrac{4x}{y}$，$\dfrac{\mathrm{d}z}{\mathrm{d}x}=-\dfrac{3x}{z}$；

(2) $\dfrac{\mathrm{d}y}{\mathrm{d}x}=\dfrac{3x+z}{3y-2z}$，$\dfrac{\mathrm{d}z}{\mathrm{d}x}=\dfrac{2x+y}{3y-2z}$；

(3) $\dfrac{\partial u}{\partial x}=\dfrac{\sin v}{\mathrm{e}^u(\sin v-\cos v)}$，$\dfrac{\partial v}{\partial x}=\dfrac{1}{\sin v-\cos v}$，

$\dfrac{\partial u}{\partial y}=\dfrac{\cos v}{\mathrm{e}^u(\cos v-\sin v)}$，$\dfrac{\partial v}{\partial y}=\dfrac{1}{\cos v-\sin v}$；

(4) $\dfrac{\partial u}{\partial x}=\dfrac{-uf_1'(2yvg_2'-1)-f_2'g_1'}{(xf_1'-1)(2yvg_2'-1)-f_2'g_1'}$，

$\dfrac{\partial v}{\partial x}=\dfrac{g_1'(xf_1'+uf_1'-1)}{(xf_1'-1)(2yvg_2'-1)-f_2'g_1'}$.

习题 8-6

1. 切线方程为$\dfrac{x-a}{0}=\dfrac{y}{a}=\dfrac{z}{b}$；法平面方程为$ay+bz=0$.

2. 所求的点为$\left(-\dfrac{1}{2},\dfrac{1}{4},-\dfrac{1}{8}\right)$，切线方程为$\dfrac{x+\frac{1}{2}}{1}=\dfrac{y-\frac{1}{4}}{-1}=\dfrac{z+\frac{1}{8}}{\frac{3}{4}}$.

3. 切线方程为$\dfrac{x-2}{1}=\dfrac{y+1}{8}=\dfrac{z-1}{14}$；法平面方程为$x+8y+14z-8=0$.

4. 切线方程为$\dfrac{x-x_0}{1}=\dfrac{y-y_0}{\frac{m}{y_0}}=\dfrac{z-z_0}{-\frac{1}{z_0}}$；

法平面方程为$x-x_0+\dfrac{m}{y_0}(y-y_0)-\dfrac{1}{z_0}(z-z_0)=0$.

5. 切平面方程为$(x-2)+2(y-1)+2z=0$，即$x+2y+2z=4$；

法线方程为$\dfrac{x-2}{1}=\dfrac{y-1}{2}=\dfrac{z}{2}$.

6. 切平面方程为$12x-4y-z-14=0$；法线方程为$\dfrac{x-2}{12}=\dfrac{y+1}{-4}=\dfrac{z-14}{-1}$.

7. $x-2y+2z=\pm\sqrt{7}$.

8. $(2,-1,-2)$，法线方程为$\dfrac{x-2}{1}=\dfrac{y+1}{-2}=\dfrac{z+2}{1}$，切平面方程为$x-2y+z-2=0$.

习题 8-7

1. $-1-2\sqrt{3}$.

2. $\dfrac{1\pm 2\sqrt{3}}{5}$.

3. $\dfrac{3\sqrt{14}}{7}$.

4. $\dfrac{60\sqrt{17}}{17}$.

5. $\dfrac{\sqrt{2(a^2+b^2)}}{ab}$.

6. $x_0+y_0+z_0$.

7. 点为 $(1,0)$ 或 $(-1,0)$；方向为 $(1,0)$ 或 $(-1,0)$.

8. $(3x^2-3yz\,,3y^2-3xz\,,3z^2-3xy)$；

(1) $z^2=xy$；(2) $x=y=0$，$z\neq 0$；(3) $x=y=z$.

习题 8-8

1. 极小值为 $f(-1,-1)=-1$ 和 $f(1,1)=-1$.
2. 极大值为 $f(1,1)=-3$.
3. 极小值为 $f\left(\dfrac{1}{2},-1\right)=-\dfrac{\mathrm{e}}{2}$.
4. 最大值为 $f(3,0)=9$，最小值为 $f(0,0)=f(2,2)=0$.
5. 周长最大的是等腰直角三角形，并且两直角边长均为 $\dfrac{\sqrt{2}}{2}k$.
6. $\dfrac{\sqrt{2}}{2}$.
7. 长、宽分别为 $3\sqrt{10}$ m，$2\sqrt{10}$ m 时，所用材料费最少.
8. $\left(1,-\dfrac{1}{2},\dfrac{1}{2}\right)$.
9. $\dfrac{4\sqrt{3}}{9}R^3$.
10. 所求切点为 $\left(\dfrac{\sqrt{3}}{3},\dfrac{\sqrt{3}}{3},\dfrac{\sqrt{3}}{3}\right)$，最小体积为 $V_{\min}=\dfrac{\sqrt{3}}{2}$.

11. 最热点为$\left(-\dfrac{1}{2},\pm\dfrac{\sqrt{3}}{2}\right)$；最冷点为$\left(\dfrac{1}{2},0\right)$.

总习题八

1. (1) 充分，必要，必要，充分，充分；

   (2) $(2x+3y^2)\mathrm{d}x+6xy\mathrm{d}y$；

   (3) $\mathrm{e}^y\cos\mathrm{e}^y f'_v+\dfrac{1}{y}f'_w$；

   (4) $(2,4,-2)$；

   (5) $\sqrt{5}$；

   (6) $(0,0)$.

2. (1) C; (2) C; (3) A; (4) A.

4. $\left(-\dfrac{1}{2},-\dfrac{1}{2},\dfrac{5}{4}\right)$，$12x+8y+4z+5=0$.

6. $\varphi(0,0)=0$.

7. $\pm\dfrac{\sqrt{3}}{9}abc$.

10. $\dfrac{2}{\sqrt{\dfrac{x_0^2}{a^4}+\dfrac{y_0^2}{b^4}+\dfrac{z_0^2}{c^4}}}$.

11. 最小值为$f(4,2)=-64$；最大值为$f(2,1)=4$.

12. $\left(\dfrac{1}{2},\dfrac{1}{2},\sqrt{2}\right)$.

13. $\dfrac{2xy\mathrm{d}x+\left[2y^2-yf\left(\dfrac{z}{y}\right)+zf'\left(\dfrac{z}{y}\right)\right]\mathrm{d}y}{y\left[f'\left(\dfrac{z}{y}\right)-2z\right]}$.

习题 9-1

1. (1) $\dfrac{1}{6}$； (2) $\dfrac{5\pi}{3}$.

2. (1) $\iint\limits_D(x+y)\mathrm{d}\sigma\leqslant\iint\limits_D(x+y)^3\mathrm{d}\sigma$；

   (2) $\iint\limits_D\ln(x+y)\mathrm{d}\sigma\leqslant\iint\limits_D[\ln(x+y)]^2\mathrm{d}\sigma$；

(3) $\iiint\limits_{\Omega}(x+y+z)\mathrm{d}v \geqslant \iiint\limits_{\Omega}(x+y+z)^2\mathrm{d}v$.

3. (1) $36\pi \leqslant I \leqslant 100\pi$; (2) $4 \leqslant I \leqslant 4\mathrm{e}^4$; (3) $\dfrac{18}{\ln 13} \leqslant I \leqslant \dfrac{9}{\ln 2}$.

习题 9-2

1. (1) C; (2) C.

2. (1) $\int_0^1 \mathrm{d}x\int_x^{2x} f(x,y)\mathrm{d}y + \int_1^2 \mathrm{d}x\int_x^2 f(x,y)\mathrm{d}y$;

(2) $\int_0^2 \mathrm{d}y\int_{\frac{y}{2}}^{y} f(x,y)\mathrm{d}x + \int_2^4 \mathrm{d}y\int_{\frac{y}{2}}^{2} f(x,y)\mathrm{d}x$;

(3) $\int_{-1}^1 \mathrm{d}x\int_0^{\sqrt{1-x^2}} f(x,y)\mathrm{d}y$;

(4) $\int_0^1 \mathrm{d}y\int_{2-y}^{1+\sqrt{1-y^2}} f(x,y)\mathrm{d}x$;

(5) $\int_0^1 \mathrm{d}y\int_{\sqrt{y}}^{3-2y} f(x,y)\mathrm{d}x$;

(6) $\int_0^1 \mathrm{d}y\int_{\sqrt{1-y}}^{\mathrm{e}^y} f(x,y)\mathrm{d}x$.

4. (1) $\dfrac{16}{3}$; (2) $\dfrac{1}{2}\mathrm{e}^2-\mathrm{e}+\dfrac{1}{2}$; (3) -2 ; (4) $\pi-\dfrac{4}{9}$; (5) 18 ; (6) $\dfrac{64}{15}$; (7) $\dfrac{1}{24}$;

(8) $\dfrac{1}{6}$; (9) $\dfrac{22}{15}$; (10) $\dfrac{\mathrm{e}}{2}-1$.

5. (1) $\int_0^4 \mathrm{d}x\int_x^{2\sqrt{x}} f(x,y)\mathrm{d}y$, $\int_0^4 \mathrm{d}y\int_{\frac{y^2}{4}}^{y} f(x,y)\mathrm{d}x$;

(2) $\int_{-R}^R \mathrm{d}x\int_0^{\sqrt{R^2-x^2}} f(x,y)\mathrm{d}y$, $\int_0^R \mathrm{d}y\int_{-\sqrt{R^2-y^2}}^{\sqrt{R^2-y^2}} f(x,y)\mathrm{d}x$;

(3) $\int_1^2 \mathrm{d}x\int_{\frac{1}{x}}^{x} f(x,y)\mathrm{d}y$, $\int_{\frac{1}{2}}^1 \mathrm{d}y\int_{\frac{1}{y}}^{2} f(x,y)\mathrm{d}x + \int_1^2 \mathrm{d}y\int_y^2 f(x,y)\mathrm{d}x$.

6. (1) $\int_0^{\frac{\pi}{2}} \mathrm{d}\theta\int_0^{2a\cos\theta} f(\rho\cos\theta,\rho\sin\theta)\rho\mathrm{d}\rho$;

(2) $\int_0^{\frac{\pi}{2}} \mathrm{d}\theta \int_{\frac{1}{\sin\theta+\cos\theta}}^{1} f(\rho^2)\rho \mathrm{d}\rho$；

(3) $\int_0^{\frac{\pi}{3}} \mathrm{d}\theta \int_0^{\frac{1}{\cos\theta}} f(\tan\theta)\rho \mathrm{d}\rho$；

(4) $\int_0^{\frac{\pi}{2}} \mathrm{d}\theta \int_0^{1} f(\rho)\rho \mathrm{d}\rho$.

7. (1) $\frac{8}{3}\pi$； (2) $\frac{3\pi^2}{64}$； (3) $\frac{\pi}{4}(2\ln 2-1)$；(4) $\frac{224}{9}$；

(5) $\pi(\cos\pi^2-\cos 4\pi^2)$； (6) $\frac{3\pi}{64}a^4$.

8. (1) $\sin 1-\cos 1$； (2) $\frac{4}{3}$；

(3) π； (4) $\frac{\pi}{2}(\sin 2-\sin 1+\cos 1-2\cos 2)$；

(5) $\frac{1}{4}\left(1-\frac{2}{\mathrm{e}}\right)$.

9. (1) $\frac{1}{6}$； (2) 16π； (3) $4\pi a^2+\frac{\pi}{4}a^4$.

10. $\frac{1}{6}$.

11. $\frac{17}{6}$.

12. $\left(\frac{4\sqrt{2}}{3}-\frac{7}{6}\right)\pi a^3$.

习题 9-3

1. (1) $\int_{-1}^{1} \mathrm{d}x \int_{-\sqrt{1-x^2}}^{\sqrt{1-x^2}} \mathrm{d}y \int_{\sqrt{x^2+y^2}}^{1} f(x,y,z)\mathrm{d}z$；

(2) $\int_{-R}^{R} \mathrm{d}x \int_{-\sqrt{R^2-x^2}}^{\sqrt{R^2-x^2}} \mathrm{d}y \int_0^{\sqrt{R^2-x^2-y^2}} f(x,y,z)\mathrm{d}z$；

(3) $\int_{-1}^{1} \mathrm{d}x \int_{-\sqrt{1-x^2}}^{\sqrt{1-x^2}} \mathrm{d}y \int_{x^2+2y^2}^{2-x^2} f(x,y,z)\mathrm{d}z$.

3. (1) $\frac{1}{840}$； (2) $\frac{1}{48}$； (3) $\frac{1}{2}\left(\ln 2-\frac{5}{8}\right)$； (4) $\frac{13\pi}{4}$； (5) $\pi^3-4\pi$.

4. (1) $\frac{7}{12}\pi$； (2) $\frac{\pi}{12}$； (3) $\frac{8}{9}$； (4) $\frac{324}{5}\pi$.

5. (1) $\frac{4}{5}\pi$； (2) $\left(1-\frac{\sqrt{3}}{2}\right)\pi$； (3) $\frac{\pi}{16}(e^{16}-e)$； (4) $(8-4\sqrt{3})\pi$.

6. (1) $\frac{1}{364}$； (2) $\frac{59}{480}\pi R^5$； (3) 8π； (4) $\frac{2\pi}{5}(b^5-a^5)$； (5) $\frac{1}{8}$.

7. (1) $\frac{\pi}{6}$； (2) 81π.

8. $k\pi a^4$ (k 为常数，且 $k>0$).

习题 9-4

1. $\frac{1}{2}\sqrt{a^2b^2+b^2c^2+c^2a^2}$.

2. $\frac{2a^3}{3}$.

3. $4\pi a^2$.

4. $\sqrt{2}\pi$.

5. $\frac{2-\sqrt{2}}{5}\pi$.

6. (1) $\left(\frac{2}{3},\frac{1}{3}\right)$； (2) $\left(0,-\frac{9}{5}\right)$； (3) $\left(0,\frac{a^2+ab+b^2}{2(a+b)}\right)$.

7. $\left(0,0,\frac{5}{4}R\right)$.

8. $\left(0,0,\frac{3(A^3+Aa^2+A^2a+a^3)}{8(A^2+Aa+a^2)}\right)$.

9. (1) $I_x=\frac{ab^3}{3}$，$I_y=\frac{a^3b}{3}$； (2) $I_x=\frac{72}{5}$，$I_y=\frac{96}{7}$.

10. $I_z=\frac{32\sqrt{2}}{35}\pi$.

11. $F_x=0, F_y=0$，$F_z=-\dfrac{GM}{a^2}$，其中，$M=\dfrac{4}{3}\pi R^3\rho_0$，$M$ 为球的质量.

12. $F_x=0, F_y=0$，$F_z=-2\pi G\mu\left(1-\dfrac{a}{\sqrt{R^2+a^2}}\right)$.

13. $V=\dfrac{5\pi}{6}$，$S_{表}=\dfrac{5\sqrt{5}+6\sqrt{2}-1}{6}\pi$.

总习题九

1. (1) 1/3;

(2) $\int_{-\frac{\pi}{2}}^{-\frac{\pi}{3}}\mathrm{d}\theta\int_0^{2\cos\theta}f(\rho\cos\theta,\rho\sin\theta)\rho\mathrm{d}\rho+\int_{-\frac{\pi}{3}}^{\frac{\pi}{3}}\mathrm{d}\theta\int_0^1 f(\rho\cos\theta,\rho\sin\theta)\rho\mathrm{d}\rho$

$+\int_{\frac{\pi}{3}}^{\frac{\pi}{2}}\mathrm{d}\theta\int_0^{2\cos\theta}f(\rho\cos\theta,\rho\sin\theta)\rho\mathrm{d}\rho$;

(3) $\dfrac{1}{2}(1-\mathrm{e}^{-4})$； (4) 2π； (5) -3.

2. (1) C; (2) C; (3) C; (4) A; (5) C.

3. (1) $\dfrac{\pi}{8}$； (2) $\pi-2$； (3) $\dfrac{\pi}{4}(\mathrm{e}^{a^2}-1)$； (4) 9π.

4. $\int_0^a\mathrm{d}y\int_{\frac{y^2}{2a}}^{a-\sqrt{a^2-y^2}}f(x,y)\mathrm{d}x+\int_0^a\mathrm{d}y\int_{a+\sqrt{a^2-y^2}}^{2a}f(x,y)\mathrm{d}x+\int_a^{2a}\mathrm{d}y\int_{\frac{y^2}{2a}}^{2a}f(x,y)\mathrm{d}x$.

5. $I=\int_0^{\frac{\pi}{2}}\mathrm{d}\theta\int_{2\cos\theta}^{4\cos\theta}f(\rho\cos\theta,\rho\sin\theta)\rho\mathrm{d}\rho$.

6. 21π.

7. $\sin1-\cos1$.

8. $\dfrac{\pi R^4}{4}\left(\dfrac{1}{a^2}+\dfrac{1}{b^2}\right)+4\pi R^2$.

9. (1) 0； (2) $\dfrac{7\pi}{3}$； (3) 336π； (4) $\dfrac{4}{5}\pi a^5$.

10. $\sqrt{1-x^2-y^2}-\dfrac{2}{3}+\dfrac{8}{9\pi}$.

13. 6.

16. $\frac{160}{3}\pi$.

17. $\frac{64}{3}\pi$.

习题 10-1

1. (1) $1+\sqrt{2}$; (2) $\frac{32a^2}{3}$; (3) 9; (4) $\frac{16\sqrt{2}}{143}$.
2. πR^3.
3. $2a^2$.
4. 18π.
5. (1) $2\pi a^2\rho\sqrt{a^2+k^2}$; (2) $(0,0,k\pi)$.
6. $\boldsymbol{F}=\left(-\frac{4G}{R},\frac{2G\pi}{R}\right)$.

习题 10-2

1. 2.
2. $-\frac{11}{2}$.
3. (1) $-\frac{4}{3}a^3$; (2) 0.
4. (1) 5; (2) 5; (3) 5.
5. $-\frac{87}{4}$.
6. $\frac{k}{2}(a^2-b^2)$.

习题 10-3

1. 2π.
2. 6π.
3. $\frac{2}{3}$.
4. $\frac{\pi}{2}$.
5. $-2\pi a^2$.
6. (1) $-\frac{1}{2}a^2$; (2) $a-\frac{a^2}{2}-\sin a$.

7. $-\frac{7}{6}+\frac{1}{4}\sin 2$.

8. π.

9. $\frac{x^2y^2}{2}$.

10. (1) $\frac{x^2}{2}+2xy+\frac{y^2}{2}+C$; (2) $\arctan\frac{y}{x}+C\ (x>0)$; (3) $x^2\cos y+y^2\sin x+C$.

习题 10-4

1. 9π.
2. $4\pi a^2$.
3. π.
4. $\frac{125\sqrt{5}-1}{420}$.
5. $2\sqrt{3}a^4$.
6. $\frac{3}{2}\pi a^4$.
7. 42.5%.

习题 10-5

1. $(a+b+c)abc$.
2. $\frac{2}{15}$.
3. $\frac{3}{2}\pi$.
4. 4π.
5. $\iint\limits_{\Sigma}\left(\frac{3}{5}P+\frac{2}{5}Q+\frac{2\sqrt{3}}{5}R\right)\mathrm{d}S$.

习题 10-6

1. $-\frac{9\pi}{2}$.
2. $-\frac{1}{2}\pi h^4$.
3. 0.
4. $\frac{2\pi a^5}{5}$.

6. $\frac{3}{2}$.

7. $-\sqrt{3}\pi a^2$.

8. $-\frac{9}{2}$.

9. $\frac{1}{3}h^3$.

10. 148.

习题 10-7

1. (1) 0;　(2) $ye^{xy} - x\sin(xy) - 2xz\sin(xz^2)$.

2. 4, $-\boldsymbol{j} - 4\boldsymbol{k}$.

3. (1) 0;　(2) 108π.

4. 4π.

总习题十

1. $12a$.　2. B.　3. A.

4. $e^a\left(2+\frac{\pi}{4}a\right)-2$.

5. $[\sqrt{2}+\ln(1+\sqrt{2})]a^2$.

6. $\int_{\Gamma}\frac{P+2xQ+3yR}{\sqrt{1+4x^2+9y^2}}ds$.

7. $2\pi - 2$.

8. $\lambda=-1, \frac{\sqrt{x^2+y^2}}{y}-\frac{\sqrt{x_0^2+y_0^2}}{y_0}$.

9. -2π.

10. $-\frac{3}{2}\pi$.

11. -4.

12. π.

13. $\lambda=-1$，$u(x, y)=-\arctan\frac{y}{x^2}+C$.

14. (2) $\varphi(y)=-y^2$.

15. $\frac{32\sqrt{2}}{9}$.

16. $\frac{1}{2}$.

17. $-\frac{1}{2}\pi a^3$.

18. 16π.

19. -5π.

20. $2\pi a^3$.

习题 11-1

1. (1) $\frac{1}{2n-1}$； (2) $(-1)^{n-1}\frac{n+1}{n}$； (3) $\frac{n+1}{1+n^2}$； (4) $\frac{(-1)^{n-1}a^n}{2n+1}$.

2. (1) 发散； (2) 收敛.

3. (1) ×； (2) ×； (3) √.

4. (1) 收敛； (2) 发散； (3) 发散； (4) 收敛.

5. (1) 收敛； (2) 收敛； (3) 收敛.

6. (3)和(5)正确.

习题 11-2

1. (1) 发散； (2) 收敛； (3) 发散； (4) 收敛.

2. (1) 发散； (2) 发散； (3) 发散； (4) 收敛；
   (5) 收敛； (6) $0<a\leqslant 1$时发散，$a>1$时收敛.

3. (1) 收敛； (2) 收敛； (3) 收敛； (4) 收敛；
   (5) 收敛； (6) 收敛； (7) 发散； (8) 收敛.

4. (1) 条件收敛； (2) 发散； (3) 条件收敛； (4) 绝对收敛；
   (5) 绝对收敛； (6) 条件收敛.

5. $u_1=\frac{9}{2},u_n=\frac{n-2}{2^n}\,(n=2,3,\cdots),\sum_{n=1}^{\infty}u_n=5$.

6. (3)和(6)正确.

习题 11-3

1. (1) $R=1$，$(-1,1)$，$(-1,1]$； (2) $R=\infty$，$(-\infty,\infty)$，$(-\infty,\infty)$；
   (3) $R=\sqrt{3}$，$(-\sqrt{3},\sqrt{3})$，$(-\sqrt{3},\sqrt{3})$； (4) $R=1$，$(-1,1)$，$(-1,1]$；

(5) $R=\frac{1}{2}$，$(0,1)$，$[0,1]$； (6) $R=1$，$(-1,1)$，$[-1,1]$；

(7) $R=\sqrt{2}$，$(-\sqrt{2},\sqrt{2})$，$(-\sqrt{2},\sqrt{2})$； (8) $R=3$，$(-4,2)$，$[-4,2)$；

(9) $R=\frac{1}{2}$，$\left(-\frac{1}{2},\frac{1}{2}\right)$，$\left[-\frac{1}{2},\frac{1}{2}\right]$.

2. (1) $[-1,1)$，$-\ln(1-x)$； (2) $(-1,1)$，$\frac{1+x}{(1-x)^3}$； (3) $(-1,1)$，$\frac{x}{(1-x)^2}$；

(4) $[-1,1]$，$\begin{cases}(1-x)\ln(1-x)+x, & x\in[-1,1),\\ 1, & x=1.\end{cases}$

习题 11-4

1. (1) $\sum_{n=0}^{\infty}\frac{(2x)^n}{n!},(-\infty,\infty)$； (2) $\sum_{n=0}^{\infty}\frac{(x\ln a)^n}{n!},(-\infty,\infty)$； (3) $\sum_{n=0}^{\infty}(-1)^n\frac{x^{2n+1}}{2^{2n+1}(2n+1)!},(-\infty,\infty)$；

(4) $\sum_{n=1}^{\infty}(-1)^{n-1}\frac{(2x)^{2n}}{2(2n)!},(-\infty,\infty)$； (5) $\sum_{n=0}^{\infty}\frac{(-1)^n x^{n+2}}{n!},(-\infty,\infty)$；

(6) $\sum_{n=0}^{\infty}(-1)^n\frac{x^{2n+1}}{(2n+1)},[-1,1]$； (7) $\sum_{n=0}^{\infty}\left(1-\frac{1}{2^{n+1}}\right)x^n,(-1,1)$； (8) $\sum_{n=0}^{\infty}\frac{(-1)^n}{n!}\frac{x^{2n+1}}{2n+1},(-\infty,\infty)$；

(9) $x+\sum_{n=1}^{\infty}(-1)^n\frac{2(2n)!}{(n!)^2}\left(\frac{x}{2}\right)^{2n+1},[-1,1]$.

2. $\sum_{n=0}^{\infty}\frac{(-1)^n(x-3)^n}{3^{n+1}}\quad(x\in(0,6))$.

3. $\frac{1}{2}\sum_{n=0}^{\infty}(-1)^n\left[\frac{\left(x+\frac{\pi}{3}\right)^{2n}}{(2n)!}+\sqrt{3}\frac{\left(x+\frac{\pi}{3}\right)^{2n+1}}{(2n+1)!}\right]\quad(x\in(-\infty,\infty))$.

4. $\sum_{n=0}^{\infty}\frac{(x-1)^{n+1}}{3^{n+1}}(x\in(-2,4)),\frac{n!}{3^n}$.

习题 11-5

1. (1) 1.0986; (2) 2.9926; (3) 0.0349.

2. (1) 0.5205; (2) 0.0975.

习题 11-6

1. (1) $f(x)=\pi^2+1+12\sum_{n=1}^{\infty}\frac{(-1)^n}{n^2}\cos nx \quad (x\in(-\infty,+\infty))$;

(2) $f(x)=2+\frac{4}{\pi}\sum_{n=1}^{\infty}\frac{\sin(2n-1)x}{2n-1} \quad (x\in(-\infty,+\infty),x\neq k\pi,k\in\mathbf{Z})$;

(3) $f(x)=\frac{a-b}{4}\pi+\sum_{n=1}^{\infty}\left\{\frac{[1-(-1)^n](b-a)}{n^2\pi}\cos nx+\frac{(-1)^{n+1}(b+a)}{n}\sin nx\right\}$

$(x\neq(2k+1)\pi,k\in\mathbf{Z})$.

2. (1) $f(x)=\frac{18\sqrt{3}}{\pi}\sum_{n=1}^{\infty}(-1)^{n-1}\frac{n\sin nx}{9n^2-1} \quad (x\in(-\pi,\pi))$；当 $x=\pi$ 时，级数收敛于 0.

(2) $f(x)=\frac{1+\pi-e^{-\pi}}{2\pi}+\frac{1}{\pi}\sum_{n=1}^{\infty}\left(\frac{1-(-1)^n e^{-\pi}}{n^2+1}\cos nx+\left\{\frac{1}{n}\left[1-(-1)^n\right]+\frac{\left[1-(-1)^n e^{-\pi}\right]n}{n^2+1}\right\}\sin nx\right)$

$\left(x\in(-\pi,\pi)\right)$；当 $x=\pm\pi$ 时，级数收敛于 $\frac{1}{2}(e^{-\pi}+1)$.

3. $f(x)=\sum_{n=1}^{\infty}\frac{2\left[1-(-1)^n\right]}{n^2\pi}\cos nx \quad (x\in[0,\pi])$.

4. $f(x)=\frac{4}{\pi}\sum_{n=1}^{\infty}\left[-\frac{2}{n^3}+(-1)^n\left(\frac{2}{n^3}-\frac{\pi^2}{n}\right)\right]\sin nx \quad (x\in[0,\pi))$;

$f(x)=\frac{2}{3}\pi^2+8\sum_{n=1}^{\infty}\frac{(-1)^n}{n^2}\cos nx \ (x\in[0,\pi])$.

5. (1) $f(x)=\frac{11}{12}+\frac{1}{\pi^2}\sum_{n=1}^{\infty}\frac{(-1)^{n+1}}{n^2}\cos 2n\pi x \quad (x\in(-\infty,\infty))$;

(2) $f(x)=-\frac{1}{2}+\sum_{n=1}^{\infty}\left\{\frac{6}{n^2\pi^2}[1-(-1)^n]\cos\frac{n\pi x}{3}+\frac{6}{n\pi}(-1)^{n+1}\sin\frac{n\pi x}{3}\right\} \quad (x\neq 3(2k+1),k=0,\pm1,$

$\pm2,\cdots)$.

6. 在 $x=0$, $x=-10\pi$ 处收敛于 0; 在 $x=\pi$ 处收敛于 $\frac{\pi^2}{2}$；在 $x=\frac{\pi}{2}$ 处收敛于 $1+\frac{\pi^2}{4}$；在 $x=10$ 处收敛于 -1；在 $x=-10$ 处收敛于 $1+(4\pi-10)^2$.

7. $f(x)=\dfrac{e^{\pi}-e^{-\pi}}{2\pi}+\dfrac{e^{\pi}-e^{-\pi}}{\pi}\sum_{n=1}^{\infty}\left[\dfrac{(-1)^n}{n^2+1}\cos nx+\dfrac{(-1)^{n-1}n}{n^2+1}\sin nx\right]$ $(x\in(-\pi,\pi))$;

$\dfrac{\pi-1}{2}+\dfrac{\pi}{e^{2\pi}-1}$.

总习题十一

1. (1) 必要, 充分; (2) 收敛, 发散; (3)发散; (4)1; (5)收敛.
2. (1) A; (2) A; (3) B; (4) C; (5) B.
3. (1) 收敛; (2) 收敛; (3) 收敛; (4) 收敛.
4. (1) $p>1$ 时绝对收敛, $0<p\leqslant 1$ 时条件收敛, $p\leqslant 0$ 时发散; (2) 绝对收敛; (3) 绝对收敛; (4) 条件收敛.
5. (1) 0; (2) $\sqrt[4]{8}$.
6. (1) $(-1,1]$; (2) $[1,3]$; (3) $\left[-\dfrac{3}{2},-\dfrac{1}{2}\right)$; (4) $\left(\dfrac{-\sqrt{2}-4}{2},\dfrac{\sqrt{2}-4}{2}\right)$.
7. (1) $(-\sqrt{2},\sqrt{2})$, $\dfrac{2+x^2}{(2-x^2)^2}$; (2) $(-1,1)$, $\dfrac{2x}{(1-x^2)^2}$; (3) $(0,2)$, $\dfrac{x-1}{(2-x)^2}$.
8. (1) $2e$; (2) $\dfrac{1}{2}(\sin 1+\cos 1)$.
9. $\ln 4+\sum_{n=1}^{\infty}\dfrac{(-1)^{n-1}}{n\cdot 4^n}(x-3)^n$, $(-1,7]$.
10. (1) $\sum_{n=1}^{\infty}\dfrac{nx^{n-1}}{3^{n+1}}$, $(-3,3)$; (2) $x+\sum_{n=1}^{\infty}(-1)^n\dfrac{(2n-1)!!}{(2n)!!}\dfrac{x^{2n+1}}{2n+1}$, $(-1,1)$.